주변에서 볼 수 있는 나무의 모든 것

나무 해설 도감

윤주복 지음

진선books

책머리에

숲을 이루고 있는 나무들은 저마다 개성이 있습니다. 줄기가 높이 자라서 공간을 넓게 차지하는 큰키나무가 있는가 하면, 숲속이나 숲 가장자리의 빈 공간에서 살아가는 키가 작은 떨기나무도 있습니다. 줄기에서 가지가 갈라지는 모습과 나무껍질의 모양도 나무마다 조금씩 다릅니다. 그리고 바늘 모양의 잎이 달리는 바늘잎나무가 있는가 하면, 크고 넓은 잎을 가진 넓은잎나무도 있습니다. 또 일 년 내내 푸른 잎을 달고 있는 늘푸른나무와 가을이면 낙엽이 지는 갈잎나무도 있습니다.

나무마다 꽃이 피는 시기도 제각각이어서 봄에 잎보다 먼저 나무 가득 꽃이 피는 나무가 있는가 하면, 잎이 다 자란 다음에야 꽃이 피는 나무도 있고 어떤 나무는 늦가을에 꽃을 피우기도 합니다. 나무마다 열리는 열매의 모양도 다르고 익는 기간도 그해에 익는 것이 대부분이지만 다음 해에 가서야 익는 것도 있습니다. 이렇게 나무의 다양한 모습을 사진에 담기 위해 꾸준히 나무를 찾아다녔습니다.

《나무 해설 도감》은 한 나무가 어떻게 생겼고 어떻게 살아가는지를 자세히 보여 주어 나무를 조금 더 가까이 사귀는 데 도움을 주고자 만든 책입니다. 그래서 나무마다 잎이 돋고 꽃을 피우며 맺힌 열매가 익어 가는 과정을 가능한 자세히 담아 보려고 했습니다.

이번에 개정증보판을 내면서 초판의 150종에 38종을 추가해 총 188종의 나무를 실었습니다. 이 책에 실린 188종의 나무는 이 땅에서 자생하는 나무와 외국에서 들어와 우리 주변에 흔히 심어지고 있는 나무를 골고루 골랐습니다. 그리고 생김새가 비슷한 같은 속에 속하는 형제 나무들은 그들의 차이점을 비교해서 쉽게 구분할 수 있도록 함께 싣기도 했습니다. 각 나무를 소개한 내용은 누구나 쉽게 이해할 수 있도록 풀어 썼고 어려운 식물 용어는 하단에 설명해 놓았습니다. 부록으로 '나무의 이해'를 따로 싣고 나무의 기본 지식을 자세히 담아 나무를 이해하는 데 도움이 되도록 했습니다.

과학의 발전에 따라 식물에 관한 새로운 정보가 추가되면서 식물의 분류와 학명이 계속 바뀌고 있습니다. 특히 1998년에 속씨식물 계통분류 그룹(Angiosperm Phylogeny Group : 이하 APG라 칭함)에 의해 새로운 속씨식물 분류 체계가 발표되었습니다. APG 분류 체계는 기존의 분류 방법에 식물의 유전자 검사를 통해 식물의 유연관계를 밝혀낸 것이 특징입니다. 사람도 유전자 검사를 통해 가족 관계를 거의 100% 맞힐 수 있는 것처럼 식물의 유전자 검사를 해 본 결과 기존의 분류 체계와 달라진 내용이 많이 나왔으며 이에 따라 많은 과와 속이 분리, 통합되었습니다. 그래서 이번 개정증보판은 나무의 정확한 유연관계를 익힐 수 있도록 2016년에 발표된 APG IV 분류 체계로 다시 정리하여 실었습니다.

잔손이 많이 가는 원고임에도 사진과 글을 꼼꼼히 다듬어서 좋은 책으로 만들어 준 진선 가족 여러분께 고마움을 전합니다.

2019년 가을 윤주복

차례

나무 해설 도감

철분을 좋아하는 나무 소철

소철과 | *Cycas revoluta*

🌿 늘푸른바늘잎나무　✳ 꽃 6~8월　🍂 열매 11~12월

소철은 지구상에서 가장 오래 살고 있는 나무 중 하나로 은행나무와 더불어 정충이 난자를 만나 수정이 이루어지는 원시 식물이다. 원통형 줄기는 2~4m 높이로 자라며 줄기 끝에 깃꼴겹잎이 돌려가며 모여난 모습이 나무고사리나 야자나무와 비슷하다. 암수딴그루로 초여름에 잎 사이에서 긴 타원형의 수솔방울이나 둥그스름한 암솔방울이 자란다.

'소철(蘇鐵)'이라는 한자 이름은 '되살아날 소(蘇)'와 '쇠 철(鐵)'이 합쳐진 이름으로 나무가 쇠약해졌을 때 철분을 주면 회복되기 때문에 붙여진 이름이다. 소철은 중국 남부와 일본에 분포하는 아열대성 나무로 남쪽 섬에서 조경수로 심어 기르며 중부 지방에서는 실내에서 기른다. 중생대에 번성했던 소철 무리는 300여 종만이 남아 열대와 아열대 지방에서 살아가고 있다.

7월의 소철

6월의 수그루 줄기 끝에 달리는 수솔방울(수구화수:雄毬花穗)은 긴 타원형의 원기둥 모양이며 40~60㎝ 길이이고 짧은 자루가 있으며 많은 작은홀씨잎(소포자엽:小胞子葉)이 돌려가며 달린다.

작은홀씨잎 연노란색의 작은홀씨잎은 부드러운 털로 덮여 있고 뒷면에는 흰색의 작고 둥근 작은홀씨주머니(소포자낭:小胞子囊)가 촘촘히 달린다.

시든 작은홀씨잎 작은홀씨잎은 위가 넓고 밑부분이 좁아지는 쐐기 모양이며 3.5~6㎝ 길이이다. 작은홀씨주머니는 황갈색으로 익으면 터지면서 수배우체가 날려 퍼진다. 수배우체는 속씨식물의 꽃가루와 같은 역할을 한다.

6월의 암그루 줄기 끝의 암솔방울(암구화수:雌毬花穗)은 큰홀씨잎(대포자엽:大胞子葉)이 촘촘히 모여 둥근 모양을 이룬다.

큰홀씨잎 큰홀씨잎은 20㎝ 정도 길이이고 윗부분은 달걀형이며 깃꼴로 갈라지고 연노란색 털로 덮여 있으며 밑부분에는 2~6개의 둥그스름한 밑씨가 겉으로 드러난 채 붙어 있다.

3월의 암솔방울 큰홀씨잎은 해를 넘기면 시들며 밑씨가 자란 씨앗은 붉은색으로 익는다.

소철과 같은 겉씨식물의 생식 기관은 밑씨가 씨방 안에 있지 않고 겉으로 드러나기 때문에 꽃이라 부르지 않고 암솔방울(암구화수), 수솔방울(수구화수)이라고 부르며, 암솔방울은 속씨식물의 암꽃차례에 해당한다.

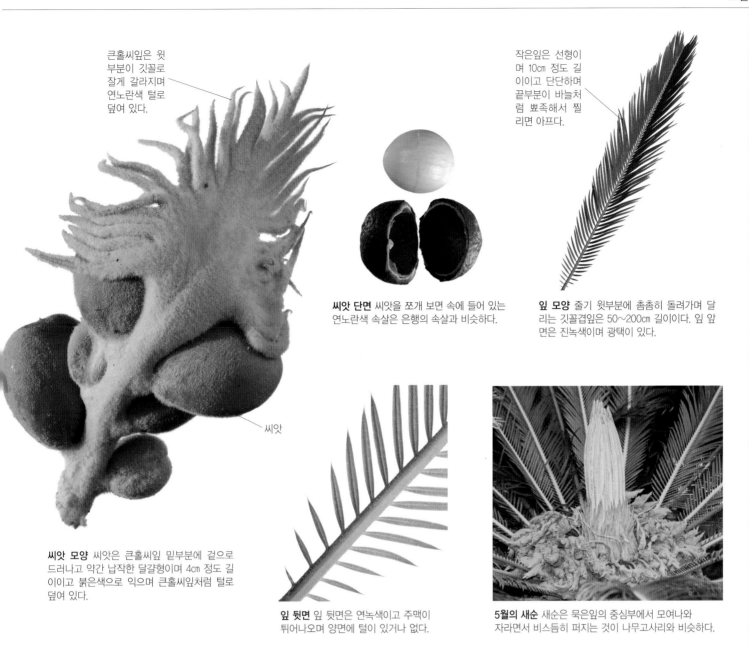

큰홀씨잎은 윗부분이 깃꼴로 잘게 갈라지며 연노란색 털로 덮여 있다.

작은잎은 선형이며 10㎝ 정도 길이이고 단단하며 끝부분이 바늘처럼 뾰족해서 찔리면 아프다.

씨앗 단면 씨앗을 쪼개 보면 속에 들어 있는 연노란색 속살은 은행의 속살과 비슷하다.

잎 모양 줄기 윗부분에 촘촘히 돌려가며 달리는 깃꼴겹잎은 50~200㎝ 길이이다. 잎 앞면은 진녹색이며 광택이 있다.

씨앗

씨앗 모양 씨앗은 큰홀씨잎 밑부분에 겉으로 드러나고 약간 납작한 달걀형이며 4cm 정도 길이이고 붉은색으로 익으며 큰홀씨잎처럼 털로 덮여 있다.

잎 뒷면 잎 뒷면은 연녹색이고 주맥이 튀어나오며 양면에 털이 있거나 없다.

5월의 새순 새순은 묵은잎의 중심부에서 모여나와 자라면서 비스듬히 퍼지는 것이 나무고사리와 비슷하다.

줄기 원통형 줄기는 표면에 잎이 떨어져 나간 흔적이 비늘처럼 되는 것이 나무고사리와 비슷하다.

*룸피소철(*Cycas rumphii*) 동남아시아 원산으로 깃꼴겹잎은 소철보다 부드러우며 큰홀씨잎은 깃꼴로 갈라지지 않는다.

*멕시코소철(*Zamia furfuracea*) 아메리카 원산으로 깃꼴겹잎에 달리는 작은잎은 긴 타원형이며 암솔방울은 원기둥 모양이다.

*태즈메니아나무고사리(*Dicksonia antarctica*) 호주 원산의 고사리식물로 4~15m 높이의 둥근 줄기 끝에 3~4회깃꼴겹잎이 빙 둘러난 것이 소철과 비슷하다.

겉씨식물의 수솔방울은 속씨식물의 수꽃차례에 해당한다. 작은홀씨잎(소포자엽)은 수꽃 역할을 하는 수배우체를 만드는 잎이고, 큰홀씨잎(대포자엽)은 암꽃 역할을 하는 부분으로 밑씨가 붙어 있다.

2억 5천만 년을 살아온 은행나무

은행나무과 | *Ginkgo biloba*   🍂 갈잎큰키나무 ✳ 꽃 4~5월 🌰 열매 10~11월

은행나무는 지구상에 살고 있는 식물 가운데 가장 오래된 나무 중 하나이다. 2억 5천만 년 전에 만들어진 고생대의 지층에서 화석으로 발견되는 나무이면서 지금까지도 살아남아서 흔히 '살아 있는 화석'으로 불리기도 한다.

은행나무는 은행나무과에 속하는데 은행나무과에는 오로지 은행나무 1종만이 살아남아 가까운 친척 하나 없는 외로운 나무이다. 낙엽이 지는 큰키나무로 높이 60m 정도까지 곧게 자라며 굵은 가지가 사방으로 갈라져 퍼진다.

은행나무는 벌레가 끼지 않고 대기오염에도 강하며 가을이면 노랗게 물드는 단풍이 아름다워서 도시의 가로수로 가장 많이 심어진다. 씨앗인 은행은 음식에 넣어 먹기도 하고 천식과 기침을 치료하는 약으로도 사용한다. 은행 잎에 들어 있는 징코민 성분은 혈액순환을 돕기 때문에 성인병 치료에 탁월한 효과가 있다고 한다.

10월 말의 은행나무

암솔방울

4월 말의 암솔방울 암그루의 짧은가지 끝에서 잎과 함께 6~7개의 암솔방울이 나오는데 크기가 작고 녹색이라서 눈에 잘 띄지 않는다.

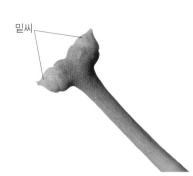

밑씨

암솔방울 암솔방울은 2~3㎝ 길이의 자루 끝에 각각 밑씨가 2개씩 달리지만 대부분 1개만 열매가 된다. 밑씨가 겉으로 드러나는 겉씨식물이다.

수솔방울

5월 초에 핀 수솔방울 암그루와 수그루가 서로 다른 암수딴그루이다. 짧은가지 끝에서 잎과 함께 나오는 수솔방울은 밑으로 처지며 가루 모양의 수배우체가 바람에 날려 퍼진다.

6월의 어린 열매 어린 열매는 위를 향해 곧추 서지만 자라면서 열매의 무게 때문에 점차 밑으로 늘어진다.

10월의 열매 둥근 열매는 지름 2~3.5㎝이며 가을에 살구처럼 노란색으로 익는다.

2개의 열매 열매는 2개가 나란히 쌍으로 달리기도 한다. 고약한 냄새가 나는 열매를 만지면 피부병을 일으키기도 한다.

은행나무는 천 년이 넘게 오래 사는데, 전국적으로 800여 그루의 거목이 천연기념물이나 보호수로 지정되어 있다.

씨앗 열매 속에 들어 있는 달걀 모양의 씨앗은 은갈색이고 2~3개의 모가 있으며 매우 단단하다.

씨앗 단면 단단한 겉껍질을 깨면 얇은 갈색 속껍질에 싸인 속씨가 드러난다.

속씨 속껍질을 벗기면 드러나는 속살은 연노란색이다.

긴가지의 잎 새로 자라는 긴가지에는 잎이 서로 어긋난다.

짧은가지의 잎 짧은가지 끝에는 잎이 촘촘히 모여난다. 부채 모양의 잎은 너비 5~7㎝이며 가운데가 2갈래로 갈라지기도 한다.

잎 뒷면 뒷면은 회녹색이며 잎맥은 좀 더 진녹색이다.

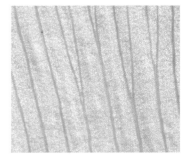

두갈래맥 잎맥은 계속 2개씩 갈라지는 두갈래맥(차상맥:叉狀脈)이다.

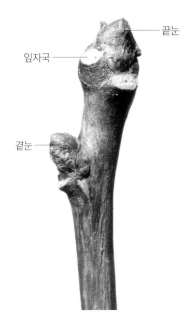

끝눈
잎자국
곁눈

긴가지의 겨울눈 곧게 벋는 긴가지(장지:長枝)는 굵고 매끈하다. 가지 끝에 달리는 겨울눈은 반구형이다.

끝눈
잎자국

짧은가지의 겨울눈 짧은가지(단지:短枝)는 해마다 조금씩 자라기 때문에 가을에 잎이 떨어져 나간 잎자국은 촘촘해서 번데기처럼 주름이 진 모양이다.

나무껍질 나무껍질은 회색을 띠고 세로로 불규칙하게 갈라진다. 나무껍질은 코르크가 발달하기 때문에 손으로 누르면 폭신하다.

용문사의 은행나무(사진 위쪽) 경기도 양평군의 용문사 은행나무는 동양에서 가장 큰 나무로 천연기념물 제30호로 지정되었고 암그루이다. 아래쪽에 있는 어린 수그루가 먼저 단풍이 들었다.

겉씨식물 대부분이 뾰족한 바늘잎을 가진 침엽수이지만, 은행나무는 겉씨식물이면서 잎이 활엽수처럼 넓적하다.

젖 같은 진액이 나오는 전나무

소나무과 | *Abies holophylla*　　늘푸른바늘잎나무　　꽃 4~5월　　열매 10월

주로 중부 이북의 높은 산에서 자라는 전나무는 곧은 줄기에 빙 둘러나는 가지가 원뿔 모양을 이루며 30~40m 높이로 곧게 자란다. 나무 모양이 반듯하기 때문에 크리스마스트리로 흔히 쓰이는 대표적인 겨울나무이다. 곧게 자라는 줄기는 재질이 좋아서 옛날부터 건축재로 널리 쓰였으며 특히 기둥을 만드는 재료로 많이 썼다. 줄기 심재의 색깔이 거의 흰색에 가깝기 때문에 고급 종이를 만드는 펄프재로도 쓰인다. 목재는 쓸모가 많아서 산에 조림을 많이 하고 관상수로도 많이 기르지만 따뜻한 남부 지방이나 공해 물질이 많은 곳에서는 잘 자라지 못한다.

줄기나 가지에 상처를 내면 하얀 젖 같은 진액(송진:松津)이 흘러나오기 때문에 '젖나무'라고 부르던 것이 변해서 '전나무'가 되었다고 한다. 북한에서도 '전나무'라고 부른다.

3월의 전나무

4월 초의 겨울눈 봄이 되면 가지 끝의 겨울눈이 부풀어 오르기 시작한다.

4월 말의 새순 겨울눈이 벌어지면서 황록색 잎가지가 나와 자라기 시작한다.

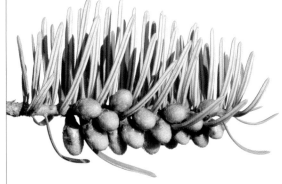

4월의 수솔방울 봉오리 가지 끝의 잎겨드랑이에 달리는 수솔방울 봉오리는 달걀형이며 황록색이다.

5월 초의 수솔방울 수솔방울은 15mm 정도 길이이고 가루 모양의 연노란색 수배우체가 바람에 날려 퍼진다.

4월의 암솔방울 높은 가지 끝에 곧게 서는 암솔방울은 긴 타원형이며 3.5cm 정도 길이이고 자루는 6mm 정도 길이이다.

암솔방울 모양 촘촘히 돌려가며 달리는 포조각은 끝이 바늘처럼 뾰족하다.

5월의 어린 솔방울열매 어린 솔방울열매 표면에는 뾰족한 포조각의 돌기가 남아 있지만 점차 떨어져 나간다.

상처에서
흘러나온 송진

9월 초의 솔방울열매 원통 모양의 솔방울열매는 6~12cm 길이이고 위를 향해 곧게 서며 돌기가 다 떨어져 나가서 매끈하게 된다.

열매기둥

10월 말의 부서진 솔방울열매 잘 익은 솔방울열매는 조각조각 부서져 나가고 열매기둥만 남는다.

씨앗

솔방울조각과 씨앗 솔방울조각은 부채 모양이며 씨앗이 2개씩 포개져 있다.

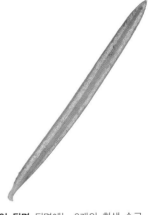

씨앗 씨앗은 한쪽이 넓은 날개로 되어 있어 바람에 잘 날아간다.

11월의 겨울눈 잎가지 가지 끝의 겨울눈은 달걀형이고 털이 없다. 가지에 촘촘히 달리는 바늘잎은 2~4cm 길이이며 선형이고 끝이 뾰족해서 찔리면 따갑다.

잎 뒷면 뒷면에는 2개의 흰색 숨구멍줄(기공선:氣孔線)이 있어서 숨쉬기와 증산작용을 한다.

나무껍질 나무껍질은 회색~진갈색이며 거칠고 얇은 조각으로 벗겨진다.

12월의 전나무 숲 곧은 줄기를 목재로 쓰기 때문에 산에 조림을 해서 기른다. 나무 모양이 아름다워 가로수로 심으며 정원수로도 많이 심는다.

*일본전나무(*A. firma*) 일본 원산으로 관상수로 심는다. 전나무와 비슷하지만 바늘잎 끝이 둘로 갈라지는 것으로 구분한다.

증산작용(蒸散作用)은 잎 뒷면에 있는 숨구멍(기공:氣孔)으로 물이 증발되어 날아가는 작용을 말한다. 증산작용은 뿌리에서 물을 끌어 올리는 원동력이 된다.

크리스마스트리로 인기가 높은 구상나무

소나무과 | *Abies koreana*   🌿 늘푸른바늘잎나무   ✳ 꽃 4~5월   🍂 열매 9~10월

구상나무는 늘푸른바늘잎나무로 높이 15m 정도까지 자란다. 구상나무는 우리나라에서만 자생하는 소중한 특산종이다. 한라산, 지리산, 덕유산의 높은 지대에서만 볼 수 있는데 특히 한라산 정상 부근에서 가장 많이 자란다. '구상나무'란 이름은 제주도에서 부르는 '쿠살낭'에서 유래했으며 촘촘한 잎가지가 쿠살(성게)을 닮아서 붙여진 이름으로 '성게나무'란 뜻이다.

구상나무는 솔방울의 색깔에 따라 검은구상, 붉은구상, 푸른구상으로 나누기도 한다. 구상나무의 솔방울열매는 가을에 갈색으로 익으면 솔방울열매가 통째로 부서지면서 솔방울조각과 씨앗이 함께 떨어져 나간다.

구상나무는 전나무와 비슷하지만 크게 자라지 않고 솔방울을 달고 있는 나무 모양이 보기 좋아 근래에 관상수로 크게 각광을 받고 있다. 서양에서는 크리스마스트리로 가장 인기가 있는 나무라고 한다.

9월의 구상나무

부풀은
수솔방울 봉오리

5월에 피기 시작한 수솔방울 암수한그루로 수솔방울은 가지마다 5~10개씩 모여 달린다.

피기 시작한
수솔방울

활짝 핀 수솔방울 수솔방울은 점차 누런색으로 변하면서 가루 모양의 노란 수배우체를 바람에 날려 보낸다.

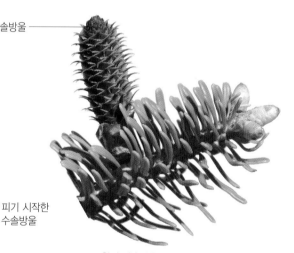

암솔방울

5월의 암솔방울 잎겨드랑이에 달리는 암솔방울은 위를 향해 곧게 선다.

암솔방울 암솔방울은 진한 자주색이며 길이가 2cm 정도이다.

*푸른구상(for. *chlorocarpa*) 구상나무의 암솔방울은 나무마다 조금씩 색깔이 다르다. 녹색 암솔방울이 달리는 것을 '푸른구상'이라고 한다.

*검은구상(for. *nigrocarpa*) 암솔방울이 검은색에 가까운 것을 '검은구상'이라고 한다.

한라산에서 자라는 구상나무의 나이테를 조사한 결과 노쇠현상이 심해지는 것으로 나타났다.

포조각

8월의 솔방울열매 솔방울열매는 길이가 4∼6cm이며 돌기의 침은 조금 남아 있고 계속 뒤로 젖혀져 있다.

만들어지고 있는 씨앗

8월 초의 어린 솔방울열매 솔방울열매 표면으로 나온 포조각이 뒤로 젖혀지는 것이 구상나무를 구분하는 특징이다.

어린 솔방울열매 단면 가운데 축을 중심으로 돌아가며 솔방울조각이 자란다.

10월의 솔방울열매 솔방울열매는 점차 갈색으로 익는다.

씨앗

솔방울조각

솔방울조각과 씨앗 솔방울조각은 부채 모양이며 밑부분이 뾰족하다. 납작한 씨앗은 한쪽에 넓은 날개가 달려 있어 바람에 잘 날아간다.

열매기둥

부서진 솔방울열매 잘 익은 솔방울열매는 솔방울조각과 씨앗이 부서져 나가고 열매기둥만 남는다.

새로 자란 잎가지

5월의 잎가지 봄에 새로 자란 가지에 바늘잎이 촘촘히 돌려난 모양은 성게(쿠살)와 비슷하다.

잎 뒷면 납작한 바늘 모양의 잎은 길이가 10∼15mm이고 끝이 약간 오목하게 들어간다. 뒷면은 2줄의 흰색 숨구멍줄이 있다.

나무껍질 나무껍질은 연갈색∼회갈색이며 오래되면 거칠어진다.

*분비나무(A. nephrolepis) 소백산 이북의 높은 산에서 자라는 바늘잎나무로 구상나무와 비슷하지만 솔방울열매 표면의 포조각이 뒤로 젖혀지지 않고 곧다.

구상나무의 노쇠현상에 대해 전문가들은 지구 온난화의 영향 때문이며 한라산의 구상나무가 멸종하지 않을까 우려하고 있다.

울릉도에서만 자라는 솔송나무

소나무과 | *Tsuga sieboldii*　　　🌳 늘푸른바늘잎나무　❋ 꽃 4~5월　🍂 열매 10~11월

솔송나무는 늘푸른바늘잎나무로 높이 20~30m 높이로 자란다. 솔송나무는 우리나라 본토에서는 자라지 않고 동해 바다의 울릉도에서만 저절로 자라는 귀한 나무이다. 하지만 동해 바다 건너 일본에서는 흔하게 자란다. 그래서 어떤 학자는 일본의 솔송나무 씨앗이 바닷물이나 폭풍우를 타고 울릉도로 날아와 퍼진 것이라고 추측하기도 한다. 솔송나무 씨앗에는 넓은 날개가 있어 바람에 잘 날려 퍼지고, 씨앗은 어디에 떨어지든지 조건만 맞으면 싹이 잘 트니 그럴 가능성도 높다.

솔송나무의 짧은 바늘잎은 가지에 돌려나는 모양이 주목과 많이 닮았다. 하지만 주목 잎은 잎 끝이 뾰족한 데 비해, 솔송나무 잎은 끝이 뭉툭하고 약간 오목하게 들어간 것이 다른 점이다. 근래에는 관상수로 많이 심고 있다.

4월의 솔송나무

암솔방울

4월의 암솔방울 암수한그루로 4~5월에 가지 끝에 달리는 암솔방울은 긴 달걀형이며 5~10mm 길이이고 자줏빛이 돈다.

수솔방울

4월의 수솔방울 수솔방울은 달걀형이고 5mm 정도 길이이며 봉오리는 붉은색을 띠고 점차 칸칸이 벌어지면서 노란색 수배우체가 바람에 날린다.

7월의 어린 솔방울열매 솔방울열매는 타원형~달걀형이며 어릴 때부터 밑을 향한다.

씨앗

5월의 어린 솔방울열매 단면 열매기둥에 돌려가며 솔방울조각이 촘촘히 붙고 그 사이마다 씨앗이 만들어지고 있다.

7월의 어린 솔방울열매 솔방울열매는 길이가 2~2.5cm로 자라고 솔방울조각은 20~30개로 적은 편이다.

7월 말의 솔방울열매 단면 솔방울열매는 자라면서 속도 빈틈이 없이 꽉 채워지고 더욱 단단해진다.

9월의 솔방울열매 다 자란 솔방울열매는 솔방울조각이 갈색으로 익기 시작한다.

활짝 벌어진 솔방울열매 잘 익은 솔방울열매는 밑부분부터 끝부분까지 활짝 벌어지면서 씨앗이 바람에 날려 퍼진다.

솔방울조각 솔방울조각은 둥그스름하고 지름 1㎝ 정도이다.

9월 말의 솔방울열매 솔방울열매는 가을에 갈색으로 익으면 조각조각 벌어지면서 씨앗이 나온다.

씨앗

날개

씨앗 씨앗은 길이가 4mm 정도이며 한쪽에 넓은 날개가 있어 바람에 잘 날린다.

다음 해 4월의 묵은 솔방울열매 다음 해 봄에 새순이 돋을 때에도 묵은 솔방울열매가 매달려 있다.

새순

봄에 돋은 새순 겨울눈에서 연녹색 잎이 촘촘히 달린 어린 가지가 자란다.

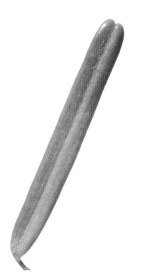

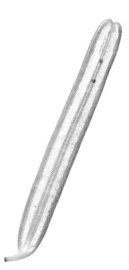

잎 모양 바늘잎은 길이가 1~2cm이며 광택이 있고 끝부분이 오목하게 들어간다.

잎 뒷면 뒷면에는 2개의 흰색 숨구멍줄이 있다.

10월의 단풍잎 솔송나무는 늘푸른나무이지만 오래된 가지의 잎은 노랗게 단풍이 든 후에 낙엽이 진다.

나무껍질 나무껍질은 적갈색~회갈색이며 오래되면 세로로 얇게 벗겨진다.

솔방울열매가 밑으로 처지는 독일가문비

소나무과 | *Picea abies*　🌲 늘푸른바늘잎나무　✳ 꽃 4~5월　🌀 열매 10월

독일가문비는 늘푸른바늘잎나무로 원산지인 유럽에서는 50m 이상 높이로 곧게 자라며 줄기 지름이 2m나 되는 것도 있다. 유럽 전역과 시베리아까지 널리 분포하며 목재의 질이 좋아서 유럽에서는 조림수종으로 널리 심는다.

어릴 때는 곧게 자라는 줄기에 가지가 가지런히 돌려나며 원뿔 모양의 수형이 아름답기 때문에 일제 시대에 우리나라에 들어와 관상수로 널리 심어 기르고 있다. 하지만 독일가문비는 노목이 되면 작은 가지가 밑으로 처지면서 나무 모양이 흐트러지는 경향이 있다.

독일가문비가 속한 가문비나무속(*Picea*)은 솔송나무속과 함께 솔방울열매가 밑으로 처지는데 솔송나무속은 솔방울열매의 크기가 작아서 구분이 된다. '가문비'란 이름은 '검은피(皮)'라고 하던 것이 변한 이름으로 추정된다.

5월의 독일가문비

4월의 수솔방울 봉오리
암수한그루로 가지 끝의 수솔방울은 원기둥 모양이고 1~2.5㎝ 길이이며 봉오리 때는 붉은빛이 돌지만 점차 노란색으로 변한다.

5월의 수솔방울 노랗게 변한 수솔방울은 수배우체를 바람에 퍼뜨리면 점차 황갈색으로 변하면서 떨어져 나간다.

4월의 암솔방울 2년생 가지 끝에서 곧게 서는 암솔방울은 2~3㎝ 길이이고 긴 타원형이며 흔히 붉은빛이 돈다.

어린 솔방울열매 세로 단면 솔방울조각은 열매기둥을 중심으로 돌려가며 촘촘히 포개져 있다.

5월 말의 어린 솔방울열매 어린 솔방울열매는 점차 밑으로 늘어지면서 자라기 시작한다. 새로 돋는 잎가지는 연두색이다.

독일가문비는 관상수로 많이 심고 있지만 산성비나 배기가스 등의 공해에 약하므로 심는 곳을 잘 골라야 한다.

12월의 솔방울열매 원기둥 모양의 솔방울열매는 10~18cm 길이이며 익으면 조각조각 벌어지면서 씨앗이 나온다.

솔방울열매 끝부분 솔방울열매 끝부분은 솔방울조각이 방사상으로 벌어진 모양이 꽃과 비슷하다.

솔방울열매 가로 단면 솔방울열매를 가로로 잘라 보면 솔방울조각이 열매기둥에 촘촘히 돌려가며 붙어 있다. 솔방울조각은 다 익어도 부서지지 않는다.

씨앗 갈색 씨앗은 달걀형이고 한쪽에 큰 날개가 있어서 바람에 잘 날린다.

솔방울조각 솔방울조각은 거꿀달걀형이며 씨앗이 2개씩 포개져 있다.

잎 모양 바늘 모양의 선형 잎은 2cm 정도 길이이며 곧거나 굽고 단단하며 끝이 뾰족하다. 잎 뒷면은 미세한 흰색 숨구멍줄이 있다.

잎 가로 단면 바늘잎의 가로 단면은 찌그러진 마름모꼴이다.

나무껍질 나무껍질은 회색~적갈색이고 약간 거칠며 오래되면 비늘조각처럼 불규칙하게 갈라진다.

알프스산맥의 독일가문비 숲 유럽의 산악 지대에는 잘 가꾸어진 독일가문비 숲을 흔히 만날 수 있다.

가문비나무속(*Picea*) 나무의 비교

종비나무(*P. koraiensis*) 압록강 유역의 산지에서 자라며 잎은 가로 단면이 네모꼴이다. 밑으로 처지는 원통형 솔방울열매는 5~8cm 길이이다.

가문비나무(*P. jezoensis*) 지리산 이북의 높은 산에서 자라며 잎은 가로 단면이 렌즈형이다. 밑으로 처지는 달걀형 솔방울열매는 3~7cm 길이이다.

풍겐스가문비(*P. pungens*) 북미 원산으로 바늘잎은 푸른빛이 도는 녹색이며 원통형 솔방울열매는 5~10cm 길이이다. 정원수로 심는다.

고소한 잣이 열리는 잣나무

소나무과 | *Pinus koraiensis* 🌲 늘푸른바늘잎나무 ✳ 꽃 5~6월 🍂 열매 다음 해 10월

잣나무는 늘푸른바늘잎나무로 줄기는 높이 30m 정도까지 곧게 자란다. 잣나무는 추운 곳에서 잘 자라는 한대성 식물로 중부 이남에서는 해발 1,000m 이상의 높은 산에서 자란다. 근래에는 씨앗인 잣을 얻기 위해 많이 심고 있어서 어디에서나 흔히 볼 수 있다. 하지만 따뜻한 곳에 심은 나무는 살기가 너무 편해서인지 잣은 잘 열리지 않고 대부분 굵게 자라기만 한다. '잣나무'는 잣이 열리는 나무란 뜻의 이름이다. 잎이 달린 가지의 모습이 소나무와 비슷하지만 5개의 바늘잎이 한 묶음이라서 '5엽송(五葉松)'이라고 한다.

잣은 맛이 고소하고 향이 뛰어나며 영양가와 열량이 높아서 허약한 몸의 기운을 보충하는 식품으로 이용되는데 흔히 잣죽을 쑤어 먹고 각종 음식에 고명으로 넣기도 한다. 잣나무는 속살이 연홍색을 띠어서 '홍송(紅松)'이라고도 하며 가구재나 건축재 또는 배를 만드는 재료로 이용된다.

9월의 잣나무

5월 말의 수솔방울 암수한그루로 5~6월에 햇가지에 수솔방울과 암솔방울이 달린다.

수솔방울 햇가지 밑부분에 촘촘히 돌려가며 수솔방울이 달리고 가지 끝에서는 잎이 자란다.

수솔방울 단면 기다란 원통형의 수솔방울은 익으면 칸칸이 터지면서 노란색 가루 모양의 수배우체가 나와 바람에 날려 퍼진다.

5월 말의 암솔방울 나무 꼭대기 부분의 햇가지 끝에 달리는 암솔방울은 긴 원통형이며 길이 2cm 정도이고 홍갈색을 띤다.

어린 솔방울열매

6월 초의 어린 솔방울열매 가지 암솔방울에 수배우체가 묻어서 수정이 되면 점차 연녹색의 어린 솔방울열매로 변한다.

8월의 어린 솔방울열매 긴 원통형 암솔방울은 점차 통통해지고 갈색으로 변하면서 솔방울열매 모양을 갖추기 시작한다.

잣은 예부터 '신선이 먹는 음식'으로 불릴 만큼 영양가가 풍부하고 맛과 향이 일품이어서 최고의 자양강장제로 여겨졌다.

다음 해 4월의 어린 솔방울열매 어린 솔방울열매는 다음 해 봄부터 크게 자라면서 타원형의 솔방울열매 모양을 갖춘다.

다음 해 9월의 솔방울열매 다음 해 가을이 되면 솔방울열매는 12~15㎝ 길이로 크게 자라고 속에서는 씨앗이 여문다.

청설모의 먹이가 된 솔방울열매 청설모는 솔방울조각을 이빨로 갉아 속에 든 씨앗을 빼 먹는다.

솔방울조각과 씨앗 마름모꼴의 솔방울조각마다 2개의 씨앗이 들어 있다. 씨앗은 길이가 1.2㎝ 정도이며 날개가 없다.

속씨 씨앗은 단단한 겉껍질을 깨고 갈색의 얇은 속껍질을 벗기면 노란 속살이 나오는데 맛이 고소하다.

잎 모양 길이 7~12㎝의 기다란 바늘 모양의 잎은 5개가 한 묶음인 5엽송(五葉松)이다.

나무껍질 나무껍질은 흑갈색이고 세로로 갈라지며 큰 비늘처럼 붙어 있다.

*섬잣나무(P. parviflora) 울릉도에서 자라며 관상수로도 심는다. 잣나무처럼 5엽송(五葉松)이지만 잎의 길이가 3.5~6㎝로 짧다.

*스트로브잣나무(P. strobus) 북아메리카 원산으로 관상수로 많이 심는다. 5엽송(五葉松)이며 바늘잎은 가늘고 길다. 기다란 원통형 솔방울열매는 밑을 향해 매달린다.

설악산의 *눈잣나무(P. pumila) 중부 이북의 높은 산에서 자라며 세찬 바람을 이겨 내기 위해 줄기는 옆으로 누워 자라면서 가지가 벋는다.

우리 민족이 가장 좋아하는 나무 소나무

소나무과 | *Pinus densiflora*　　🌳 늘푸른바늘잎나무　❋ 꽃 5월　🍂 열매 다음 해 9~10월

소나무는 우리 민족과 늘 함께한 나무이다. 한때 우리나라 삼림의 40%를 차지하기도 하였지만 지금은 조금씩 줄어들고 있다. 더구나 근래에 소나무의 에이즈라고 하는 재선충이 번져 큰 걱정거리가 되고 있다.

소나무를 우리말로는 '솔'이라고 하는데 솔은 나무 중에 가장 으뜸이라는 뜻이 담겨 있다. 한자어로는 '송(松)'이라고 하며 옛날 진시황이 소나무 밑에서 비를 피한 고마움으로 소나무에게 '나무 공작' 즉, 목공(木公)이라는 벼슬을 내렸는데 나중에 목(木)자와 공(公)자가 합쳐져서 송(松)이라는 글자가 만들어졌다고 한다.

우리나라 전국 어디에서나 흔히 볼 수 있는 소나무는 늘푸른바늘잎나무로 높이가 35m 정도까지 자란다. 소나무는 바늘처럼 생긴 잎 2개가 한 묶음이라서 '2엽송(二葉松)'이라고도 한다. 소나무는 목재나 땔감으로 널리 쓰였고 수솔방울에서 날리는 송홧가루는 전통 과자인 다식(茶食)의 재료로, 솔잎은 송편을 찌는 데 이용했다.

지리산 천년송(천연기념물 제424호)

5월에 핀 수솔방울 봄이면 햇가지에 수솔방울이 돌려가며 달린다. 수솔방울은 1㎝ 정도 길이이다.

암솔방울
수솔방울

햇가지의 암솔방울과 수솔방울 수솔방울은 긴 타원형이며 주로 햇가지의 밑부분에 촘촘히 돌려가며 달리고 햇가지 끝에는 암솔방울이 달린다.

암솔방울 햇가지 끝에 달리는 붉은색 암솔방울은 달걀 모양이며 4~7㎜ 길이이다.

어린 솔방울
새순

9월의 어린 솔방울열매 어린 솔방울열매는 암솔방울과 모양이 비슷하며 조금밖에 자라지 않았다.

수배우체가 날리는 가지 바람이 불면 수솔방울에서 가루 모양의 노란색 수배우체가 날려 퍼진다.

송홧가루 수배우체는 흔히 '송홧가루'라고 하며 모아서 꿀물에 타 먹거나 꿀로 반죽해 다식을 만들어 먹었다.

소나무 중에 곧게 자라고 나뭇결이 고우며 잘 트지 않는 것을 '금강송'이라고 하는데 주로 강원도에서 많이 자란다.

어린 솔방울열매 단면 솔방울조각은 촘촘히 포개져 있고 사이마다 씨앗이 만들어진다.

솔방울조각

씨앗

벌어진 솔방울열매 잘 익은 솔방울열매는 조각조각 벌어지기 시작한다.

다음 해 6월의 어린 솔방울열매 작은 솔방울열매는 다음 해 봄이 지나서야 점차 크게 자라기 시작한다.

솔방울조각

다음 해 9월의 솔방울열매 솔방울열매는 달걀형이며 솔방울조각이 칸칸이 포개져 있다.

잎 모양 길이 7~12cm의 기다란 바늘 모양의 잎은 2개가 한 묶음인 2엽송(二葉松)이다.

솔방울열매 뒷면 솔방울조각은 기왓장을 인 것처럼 포개진다.

무더기로 달린 솔방울열매 어떤 나무는 가지에 솔방울열매가 무더기로 열리기도 한다.

날개

씨앗

씨앗 씨앗은 길이가 4~5mm이고 한쪽에 1~1.5cm 길이의 긴 날개가 있어 바람을 타고 날아간다.

잎집

잎집 갈색을 띠는 잎집은 길이 2~3mm 정도이며 떨어지지 않고 계속 잎을 싸고 있다.

나무껍질 줄기 밑부분은 진한 회갈색이며 세로로 불규칙하게 갈라진다.

송진 채취 흔적 소나무 줄기에 상처를 내어 채집한 송진은 의약품이나 화학약품의 원료로 썼다.

함양 목현리의 구송 줄기 밑부분이 9갈래로 갈라져서 '구송(九松)'이라고 부르며 천연기념물 제358호이다.

늙은 소나무의 뿌리가 혹같이 굵어지는 것을 '복령'이라고 하며 한방에서 신장을 치료하는 약재로 쓴다.

소나무속(*Pinus*) 나무의 비교

소나무속은 전 세계적으로 150여 종이 있으며 대부분이 북반구의 온대 지방에 분포한다. 우리나라에는 5종

솔방울열매	씨앗	새순	특징
			**● 잣나무**(*P. koraiensis*) 지리산 이북의 높은 산에서 자란다. 잎은 5개가 한 묶음인 5엽송이며 6~12㎝ 길이이다. 달걀형 솔방울열매는 길이 9~15㎝로 큼직하며 꽃이 핀 다음 해 10월에 갈색으로 익는다. 세모진 달걀형 씨앗은 날개가 없다.
			**● 눈잣나무**(*P. pumila*) 강원도 설악산 이북의 높은 산에서 줄기가 누워 자란다. 잎은 5엽송이며 길이 3~6㎝이다. 달걀형 솔방울열매는 길이 3~4.5㎝이고 꽃이 핀 다음 해 7~8월에 익는다. 씨앗은 날개가 없다.
			**● 스트로브잣나무**(*P. strobus*) 북아메리카 원산으로 30m 정도 높이로 자란다. 잎은 5엽송이며 길이 6~14㎝이고 가늘다. 긴 원통형 솔방울열매는 길이 7~20㎝이고 구부러지며 꽃이 핀 다음 해 가을에 익는다. 씨앗은 한쪽에 긴 날개가 있다.
			**● 섬잣나무**(*P. parviflora*) 울릉도에서 20~30m 높이로 자란다. 잎은 5엽송이며 길이 4~8㎝이다. 달걀형 솔방울열매는 길이 5~7㎝이며 꽃이 핀 다음 해 가을에 익는다. 달걀형 씨앗 윗부분에 아주 좁은 날개가 있다.

이 자생하며 여러 종을 들여와 관상수로 심거나 산에 조림을 한다. 소나무속은 기다란 바늘잎 1~5개가 한 묶음으로 모여 난다. 솔방울열매는 위로 서거나 휘어지며 솔방울조각 끝에 돌기가 발달한다.

솔방울열매	씨앗	새순	특징

●**리기다소나무**(*P. rigida*)
북아메리카 원산으로 25m 정도 높이로 자라며 산에 조림수로 심는다. 잎은 3엽송이며 길이 7~14㎝로 거칠다. 달걀형 솔방울열매는 길이 3~7㎝이고 표면에 잔가시가 많다. 환경이 나쁘면 줄기에 새순이 많이 나와 자란다.

● **백송**(*P. bungeana*)
중국 원산으로 15m 정도 높이로 자란다. 정원수로 심으며 나무껍질에 회백색 얼룩무늬가 있다. 잎은 3엽송이며 길이 5~10㎝이고 뻣뻣하다. 달걀형 솔방울열매는 길이 5~7㎝이고 표면에 잔가시가 많다. 씨앗의 작은 날개는 떨어지기 쉽다.

●**소나무**(*P. densiflora*)
산에서 흔히 자란다. 잎은 2엽송이며 길이 8~9㎝이다. 달걀형 솔방울열매는 길이 4~5㎝이고 씨앗의 한쪽에 날개가 있다. 봄에 돋는 새순은 적갈색이 돈다. 줄기 윗부분은 적갈색이고 밑부분은 회갈색이며 거북등처럼 깊게 갈라진다.

●**곰솔/해송**(*P. thunbergii*)
바닷가에서 20~25m 높이로 자란다. 잎은 2엽송이며 길이 6~12㎝로 거칠다. 달걀형 솔방울열매는 길이 4~6㎝이다. 봄에 돋는 새순은 은백색이 돈다. 나무껍질은 전체가 흑회색~흑갈색이다.

전봇대로 쓰던 전봇대나무 일본잎갈나무

소나무과 | *Larix kaempferi*   ⬥ 갈잎바늘잎나무 ✿ 꽃 4∼5월 🍂 열매 9∼10월

잎갈나무란 해마다 잎을 새로 간다고 해서 붙여진 이름으로 '낙엽이 지는 나무'라는 뜻이다. 바늘잎을 가진 침엽수 대부분이 늘푸른나무지만 잎갈나무는 가을에 노랗게 단풍이 든 후에 낙엽이 진다. 잎갈나무는 주로 금강산 이북에서 자라는 나무로 남한에서는 쉽게 만날 수가 없고, 대신 남한에는 일본잎갈나무가 많다.

일본잎갈나무는 일본 원산으로 잎갈나무라고 해도 모를 만큼 서로 닮았다. 일본잎갈나무를 흔히 '낙엽송(落葉松)'이라고도 부르는데 '낙엽이 지는 소나무'라는 뜻으로 지어진 이름이다.

일본잎갈나무는 높이 20m 정도까지 곧게 자라는 줄기를 철도 침목이나 전봇대 등으로 쓰기 위해 산에 많이 심었기 때문에 '전봇대나무'라는 별명도 가지고 있다. 일본잎갈나무는 빨리 곧게 자라기 때문에 많이 심었지만 빨리 자란 탓에 조직이 물러 목재로 대접을 못 받고 있다.

4월의 일본잎갈나무

암솔방울

수솔방울

새로 돋은 잎

4월의 가지 암수한그루로 봄에 잎이 돋기 전에 가지에 다닥다닥 달리는 수솔방울은 밑을 향하고 드물게 달리는 암솔방울은 위를 향한다.

4월의 수솔방울 수솔방울은 달걀 모양이며 1cm 정도 길이이다.

벌어진 수솔방울

수솔방울 단면 촘촘히 돌려가며 붙어 있는 수솔방울은 점차 누렇게 변하면서 가루 모양의 노란색 수배우체가 나와 바람에 날려 퍼진다.

암솔방울

새로 돋은 잎

4월의 암솔방울 암솔방울은 달걀 모양의 타원형이며 1∼2㎝ 길이이고 밑부분에는 잎이 돌려난다.

7월의 어린 솔방울열매 솔방울열매는 달걀 모양이며 길이가 2∼3.5㎝로 자란다.

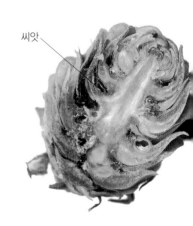

씨앗

어린 솔방울열매 단면 솔방울조각 사이마다 씨앗이 만들어진다.

씨앗 씨앗은 세모진 달걀형이며 한쪽에 8mm 정도 길이의 날개가 있어 바람에 잘 날려 퍼진다.

— 씨앗
— 날개

— 뒤로 젖혀진 솔방울조각

*잎갈나무(*L. gmelinii* var. *olgensis*) 솔방울조각이 25～40개 정도이며 솔방울조각 끝부분이 뒤로 젖혀지지 않는다.

8월의 솔방울열매 솔방울열매는 암솔방울이 달린 그해 가을에 갈색으로 익는다.

솔방울열매 모양 솔방울조각은 30～40개이며 익으면 뒤로 젖혀지면서 씨앗이 나온다. 솔방울열매는 봄에 싹이 틀 때까지도 매달려 있다.

짧은가지의 잎 짧은가지 끝에는 20～30개의 바늘잎이 촘촘히 모여난다. 바늘잎은 길이가 2～3cm이며 부드럽다.

긴가지의 잎 긴가지에는 잎이 나선 모양으로 느슨하게 돌려나며 1개씩 달린다.

10월의 단풍잎 가을이 되면 잎은 노랗게 단풍이 든다.

끝눈 —

겨울눈 —

곁눈 —

짧은가지 —

긴가지의 겨울눈 어린 가지는 황갈색～적갈색이고 겨울눈은 동그스름하다.

짧은가지의 겨울눈 일본잎갈나무는 짧은가지가 많이 발달한다.

봄에 돋은 새순 봄이 오면 겨울눈이 벌어지면서 잎이 뭉쳐난다.

나무껍질 나무껍질은 갈색～회갈색이고 조각조각 벗겨진다.

짧은가지는 마디 사이의 간격이 극히 짧아서 촘촘해 보이는 가지로 단지(短枝)라고 한다. 잎이 짧은 마디마다 달려서 모여 달린 것처럼 보인다. 긴가지는 정상적으로 길게 자란 가지로 장지(長枝)라고 한다.

잎갈나무를 닮은 상록수 개잎갈나무

소나무과 | *Cedrus deodara* ✿ 늘푸른바늘잎나무 ✿ 꽃 10~11월 ✿ 열매 다음 해 10월

개잎갈나무의 고향은 인도의 서쪽 히말라야산맥 주변이다. 전체적인 나무 모양이 기다란 원뿔 모양으로 아름다워서 대표적인 관상수로 손꼽히며 세계적으로 널리 심어지고 있다. 우리나라에서는 주로 남부 지방에서 가로수나 공원수로 주로 심는다. 개잎갈나무는 늘푸른바늘잎나무로 줄기가 높이 30m 정도로 곧게 자란다. 나무 모양이 잎갈나무와 비슷하게 생겼으나 낙엽이 지지 않는 늘푸른나무라서 '개잎갈나무'라고 한다. 나무의 모양이 삼나무와 비슷해 '히말라야삼나무'라고도 하고, 영어 이름대로 '히말라야시더'라고 부르기도 한다. 북한에서는 '설송'이라고 부른다.

암수한그루로 늦가을에 암솔방울이 달리며 솔방울열매는 다음 해 가을에 익는다. 따라서 암솔방울과 솔방울열매를 동시에 볼 수 있는 나무이다. 솔방울열매는 가을에 갈색으로 익으면 통째로 부서지면서 솔방울조각과 씨앗이 함께 떨어져 나간다.

7월의 개잎갈나무

9월의 수솔방울 봉오리 여름부터 자라기 시작하는 수솔방울 봉오리는 열매처럼 보인다.

수솔방울 봉오리 단면 수솔방울 봉오리를 세로로 잘라 보면 가장자리에는 노란색 수배우체가 가득 들어 있다.

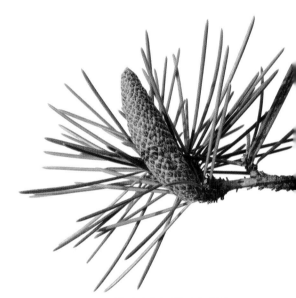

10월 말의 수솔방울 수솔방울은 긴 타원형이며 10~11월에 크게 자란다.

11월에 활짝 벌어진 수솔방울 긴 타원형 수솔방울은 길이가 4~6cm이며 10~11월에 칸칸이 갈라진다.

수솔방울 세로 단면 잘 익은 수솔방울은 칸칸이 담겨 있는 노란색 수배우체가 바람에 날려 퍼진다.

10월 말의 암솔방울 연녹색 암솔방울은 수솔방울보다 작다.

개잎갈나무는 금송, 남양삼나무와 함께 세계에서 가장 아름다운 바늘잎나무인 3대 미송(美松)에 속한다.

벌어지는 솔방울열매 잘 익은 솔방울열매는 성숙한 솔방울 조각부터 벌어지기 시작한다.

부서진 솔방울열매 솔방울열매는 칸칸이 갈라지면서 솔방울조각과 씨앗이 함께 부서져 나가고 가운데 기둥만 남는다.

다음 해 8월 초의 어린 솔방울열매 달걀 모양의 솔방울열매는 길이가 6~13cm이며 암솔방울이 달린 다음 해 가을에 익는다.

솔방울조각

씨앗

솔방울조각과 씨앗 부서진 솔방울조각은 삼각형 모양이며 납작한 씨앗이 2개씩 붙어 있다. 납작한 씨앗은 한쪽이 넓은 날개로 되어 있어 바람에 잘 날린다.

긴가지의 잎 긴가지에서는 바늘잎이 나선 모양으로 돌아가며 붙는다. 바늘잎은 길이가 4cm 정도이며 끝이 바늘처럼 뾰족하다.

짧은가지

짧은가지의 잎 짧은가지 끝에는 바늘잎이 촘촘히 돌려난다.

나무껍질

나무껍질 나무껍질은 회갈색이며 조각으로 갈라져 벗겨진다.

개잎갈나무와 함께 세계 3대 미송(美松)으로 손꼽히는 나무

금송(*Sciadopitys verticillata*) 일본 원산으로 원뿔 모양으로 곧게 자란다. 짧은가지 끝에 15~40개씩 모여나는 바늘잎은 2개가 합쳐져서 두껍고 가운데에 얕은 골이 진다. 암수한그루로 가지 끝에 달리는 솔방울열매는 타원형~달걀형이다. 정원수로 심는다.

남양삼나무/아라우카리아(*Araucaria heterophylla*) 호주 원산으로 긴 원뿔 모양으로 곧게 자란다. 짧은 바늘잎은 가지에 나선 모양으로 촘촘히 달린다. 암수딴그루로 솔방울열매는 둥근 달걀형이다. 제주도에서 정원수로 심으며 내륙에서는 실내에서 기른다.

다시 살아난 화석나무 메타세쿼이아

측백나무과 | *Metasequoia glyptostroboides* 🌳 갈잎바늘잎나무 ❀ 꽃 3월 🍂 열매 10~11월

메타세쿼이아는 아득한 옛날 공룡과 함께 살던 나무로 약 60여 년 전 중국에서 발견되면서 널리 알려지게 되어 '살아 있는 화석식물'로 불린다. 이 나무가 발견된 중국에서는 물가에서 잘 자라는 삼나무라는 의미로 '수삼목(水杉木)'이라고 하고, 북한에서는 '수삼나무'라고 부른다. 메타세쿼이아는 가을에 낙엽이 지는 바늘잎나무로 높이가 20m 정도로 곧게 자라며 나무 모양이 아름다워서 가로수나 관상수로 많이 심는다.

메타세쿼이아와 아주 가까운 나무로 '낙우송(落羽松)'이 있는데, 바늘잎가지가 깃털을 닮았고 가을에 낙엽이 지기 때문에 붙여진 이름이다. 서로 생김새가 비슷하지만 메타세쿼이아는 잎과 작은 가지가 2개씩 마주 붙고, 낙우송은 서로 어긋나게 붙는 것으로 구분할 수 있다. 물가에서 잘 자라는 낙우송은 땅속뿌리에서 땅 위로 무릎 모양의 공기뿌리가 튀어나오는 특징이 있다.

11월의 메타세쿼이아 가로수

수솔방울 봉오리

지난해 10월의 수솔방울 봉오리 암수 한그루로 가을에 잎겨드랑이에 연노란색 수솔방울 봉오리가 달린다.

2월의 수솔방울 봉오리 어린 가지마다 동그스름한 수솔방울 봉오리를 가득 단 채로 겨울을 난다.

수솔방울

3월 말의 수솔방울 수솔방울은 3월이 되면 벌어지면서 가루 모양의 연한 황갈색 수배우체가 바람에 날려 퍼진다.

마주 붙은 작은 가지

6월의 어린 솔방울열매 둥근 솔방울열매는 길이 1.5cm 정도로 자라며 2cm 정도의 자루에 매달려 밑으로 늘어진다.

어린 솔방울열매 모양 둥그스름한 솔방울열매는 가로로 골이 진다.

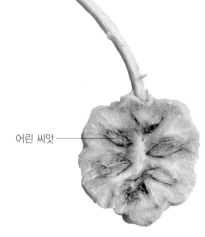

어린 씨앗

어린 솔방울열매 세로 단면 어린 솔방울열매 속에서 칸칸마다 씨앗이 자란다.

12월의 솔방울열매 솔방울열매는 가을에 갈색으로 익고 칸칸이 벌어지면서 씨앗이 나온다.

예전에는 메타세쿼이아속(Metasequoia)과 낙우송속(Taxodium)을 함께 낙우송과로 분류했지만 지금은 측백나무과에 통합되었다.

솔방울열매 가로 단면 솔방울조각은 세모진 부채 모양이다.

잎가지 납작한 바늘잎은 길이 2~3cm, 너비 1mm 정도이며 잔가지의 좌우로 참빗의 빗살처럼 나란히 붙는다.

잎가지 뒷면 잎의 뒷면은 연녹색이며 잎몸은 매우 부드럽다.

끝눈
곁눈

씨앗 넓은 달걀형 씨앗은 4~5mm 길이이며 납작하고 가장자리에 얇은 날개가 있으며 끝이 패이고 바람에 잘 날린다.

겨울눈 겨울눈은 달걀 모양이며 끝눈 양쪽에 곁눈이 함께 붙는다.

메타세쿼이아 '골드 러쉬'('Gold Rush') 메타세쿼이아의 원예 품종으로 잎이 노란색이며 관상수로 심고 있다.

단풍잎 잎이 마주 달린 잔가지도 마주 붙기 때문에 깃꼴겹잎처럼 보인다. 잎은 가을에 적갈색으로 단풍이 들고 잔가지째 낙엽이 진다.

낙우송(*Taxodium distichum*) 북아메리카 원산으로 잎과 작은 가지가 서로 어긋나고 둥근 솔방울열매는 자루가 없이 가지에 바짝 붙는다.

울레미소나무(*Wollemia nobilis*) 메타세쿼이아처럼 공룡과 함께 살던 나무로 화석으로만 출토되다가 1994년 호주의 울레미국립공원에서 살아 있는 나무가 발견되었다. 잎은 납작한 선형이며 3~8cm 길이이다. 원통형 수솔방울 이삭은 밑으로 처진다.

나무껍질 나무껍질은 적갈색이며 세로로 엉성하게 갈라져서 떨어진다.

공기뿌리

낙우송 공기뿌리 물가에서 잘 자라는 나무는 땅 위로 혹처럼 튀어나오는 공기뿌리를 이용해 숨을 쉰다.

울레미소나무 수형 남양삼나무과에 속하는 늘푸른바늘잎나무로 원산지에서는 40m 높이까지 자란다. 둥근 암솔방울은 도깨비방망이 모양이다.

울레미소나무도 메타세쿼이아처럼 화석으로만 발견되다가 1994년에 호주에서 발견되면서 '20세기 식물학의 대발견'으로 손꼽히고 있다.

바람을 막아 주는 방풍림 나무 삼나무

측백나무과 | *Cryptomeria japonica* 🌲 늘푸른바늘잎나무 ✳ 꽃 3~4월 🍂 열매 10~11월

삼나무는 일본이 원산지이며 목재로서의 가치가 높은 나무이다. 우리나라에서도 삼나무의 경제적 가치를 중요하게 생각해서 남부 지방의 산에 많이 심고 있다. 특히 호남 지방에서 삼나무로 조림된 산을 흔히 볼 수 있는데 전남 장성의 삼나무 숲은 성공적인 조림지로 손꼽힌다.

삼나무는 늘푸른바늘잎나무로 줄기는 높이가 40m 정도로 곧게 자란다. 짧은 바늘잎은 가지에 촘촘히 돌려나는데 가지와 잎의 경계선이 뚜렷하지 않아서 가지에서 잎만 뗄 수가 없다. 그래서 삼나무 주변을 살펴보면 잎만 떨어진 낙엽은 볼 수 없고 잎이 달린 잔가지째 떨어진 것을 볼 수 있다.

재질이 뛰어난 목재는 건축재나 가구재 또는 배를 만드는 데에 널리 사용된다. 제주도에서는 삼나무를 귤밭이나 마을의 가장자리에 촘촘히 심어서 바람을 막는 방풍림으로 조성한다. '삼나무'란 이름은 한자 이름 '삼목(杉木)'에서 유래되었다.

11월의 삼나무

수솔방울

지난해 11월의 수솔방울 봉오리 암수 한그루로 가을에 가지 끝에 수솔방울 봉오리가 모여 달린다.

4월 초의 수솔방울 봄이 되면 수솔방울은 연노란색이 되었다가 조금씩 황갈색으로 변한다.

암솔방울

4월 초의 암솔방울 암솔방울은 가지 끝에 1개씩 붙는다.

8월의 솔방울열매 둥근 솔방울열매는 지름 2cm 정도이고 끝이 뾰족한 돌기로 덮여 있다.

어린 솔방울열매 솔방울열매는 가운데에서 가지가 자라기도 한다.

제주도 귤밭의 삼나무 방풍림 바닷바람이 심한 제주도에서는 삼나무를 많이 심어서 방풍림을 만든다.

예전에는 삼나무속(*Cryptomeria*)을 낙우송과로 분류했지만 지금은 측백나무과에 통합되었다.

어린 씨앗

어린 솔방울열매 가로 단면 솔방울
열매는 여러 칸으로 나뉘어져 있고
칸칸이 씨앗이 만들어진다.

솔방울열매 모양 잘 익은 솔방울열매는
칸칸이 갈라진다.

낙엽 잎은 잔가지째 낙엽이 진다.

10월의 솔방울열매 솔방울열매는 가을에
갈색으로 익는다.

솔방울열매 세로 단면 갈라진 솔방울조각
사이마다 씨앗이 들어 있다.

씨앗 긴 타원형 씨앗은 길이 5~6mm이고
가장자리에 좁은 날개가 있다.

나무껍질 나무껍질은 적갈색이며 세로로 길게
갈라지면서 얇은 조각으로 벗겨진다.

***삼나무 품종** 삼나무는 원산지인 일본에서 많은
원예 품종이 개발되어 정원수로 심고 있는데 새로
돋는 잎이 연노란색이 도는 품종이다.

삼나무 숲 삼나무는 목재를 얻기 위해 남부 지방에서
많이 심어 기른다.

***넓은잎삼나무**(*Cunninghamia lanceolata*) 중국
원산으로 남부 지방에서 관상수로 심는다. 가지에
바늘잎이 새깃 모양으로 붙는다.

원산지인 일본에서는 자연적으로 형성된 삼나무 숲이 많고, 나무 나이가 2~3천 년이나 된 노거수도 많이 있다.

겉과 속이 다르지 않은 군자나무 측백나무

측백나무과 | *Platycladus orientalis*   🌳 늘푸른바늘잎나무   ✽ 꽃 4월   🍂 열매 9~11월

측백나무는 늘푸른바늘잎나무로 충북이나 경북의 석회암 지대에서 드물게 자란다. 측백나무는 겉씨식물인 바늘잎나무에 속하지만 실제로는 바늘 모양의 잎이 자라지는 않는다. 대신 작고 납작한 잎이 비늘처럼 포개져 달리는데 이런 비늘잎을 가진 나무도 바늘잎나무에 포함된다.

측백나무의 비늘잎은 앞뒤의 색깔과 모양이 거의 비슷해서 구분하기 어렵다. 그래서 옛날 사람들은 측백나무를 보고 겉 다르고 속 다르지 않은 군자와 닮았다고 하여 '군자나무'라고 부르며 매우 귀하게 여겼다.

예전에는 측백나무를 절이나 사당에 정원수로 흔히 심었고 무덤가에도 많이 심었다. 요즈음에도 건물 가장자리나 무덤가 등에 촘촘히 심어 생울타리를 만든다. 측백나무는 한약재로도 쓰는데 잎은 피를 멈추는 지혈제로 사용하고, 씨앗은 신경 쇠약이나 불면증 등을 치료하는 데 쓴다.

12월의 측백나무

4월의 가지 암수한그루로 4월에 잔가지 끝에 암솔방울과 수솔방울이 함께 달린다.

수솔방울

4월의 수솔방울 묵은 가지 끝에 1개씩 달리는 수솔방울은 타원형이며 2~3mm 길이이고 누런색으로 변하면서 수배우체가 바람에 날린다.

암솔방울

4월의 암솔방울 묵은 가지 끝에 1개씩 달리는 동그스름한 암솔방울은 지름 3mm 정도이며 연한 자갈색이다.

5월 초의 어린 솔방울열매 꽃이 지고 나면 울퉁불퉁한 초록색 솔방울열매가 열린다.

어린 씨앗

솔방울열매 가로 단면 솔방울조각 사이에 씨앗이 만들어진다.

영천리의 측백수림 충북 단양군 매포읍 영천리의 야트막한 산에는 측백나무가 숲을 이루고 있는데 천연기념물 제62호로 지정하여 보호하고 있다.

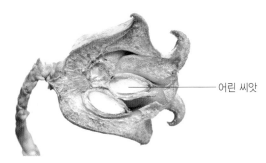

솔방울열매 세로 단면 씨앗은 타원형이며 단단한 겉껍질 속에 연한 속살이 있다.

10월의 솔방울열매 솔방울열매는 길이 1.5~3㎝이고 가을에 갈색으로 익으면 갈라져 벌어진다.

갈라진 솔방울열매 솔방울조각은 갈라져 벌어진 채로 오랫동안 매달려 있다.

씨앗 한 솔방울열매에 씨앗이 2~6개씩 들어 있다. 흑갈색 씨앗은 타원형~달걀형이며 길이가 5㎜ 정도이다.

다음 해 4월의 솔방울열매 봄에 꽃이 필 때까지 그대로 매달려 있는 솔방울열매도 있다.

잎 모양 작고 납작한 잎은 1~3㎜ 길이이며 끝이 뾰족하고 비늘처럼 포개지며 흰색 점이 약간 있다.

잎 뒷면 잎은 앞면과 뒷면의 색깔과 모양이 거의 비슷해서 구분하기 어렵다.

나무껍질 나무껍질은 회갈색~적갈색이며 세로로 종잇장처럼 얇게 갈라진다.

*서양측백(*Thuja occidentalis*) 북아메리카 원산이며 관상수로 심는다. 달걀 모양의 솔방울열매는 길이가 8~12㎜이다.

*눈측백(*T. koraiensis*) 중부 이북의 고산 지대에서 자라는 작은키나무이지만 세찬 바람 때문에 흔히 떨기나무처럼 자란다.

'측백(側柏)'은 작고 납작한 잎이 한쪽 측면으로만 자라는 모습을 보고 지은 이름이라고 한다.

피톤치드를 많이 내뿜는 **편백**

측백나무과 | *Chamaecyparis obtusa* 🌲 늘푸른바늘잎나무 ✳ 꽃 4월 🍂 열매 10~11월

편백은 일본 원산의 늘푸른바늘잎나무로 원산지인 일본에서는 높이 30m 정도까지 곧게 자란다. 곧게 자라는 줄기가 우리나라의 소나무처럼 중요한 목재로 사용돼 일본에 널리 심어지고 있다. '편백'은 한자 이름 '편백(扁柏)'에서 유래되었다.

편백은 조림수나 공원수로 많이 심고 바람을 막는 나무로도 이용된다. 추위에 약하기 때문에 주로 남부 지방에 심어 조림하는데 특히 전남 지방에 많이 심어져서 편백 숲의 80%가 전남에 있다.

결이 곧고 단단하며 광택이 아름다운 목재는 다루기가 좋아서 건축재나 가구재 등으로 널리 이용된다. 나무는 해충이나 미생물의 공격으로부터 자신을 지키기 위해 피톤치드라는 항균물질을 내뿜는다. 근래에 피톤치드의 살균작용에 의해 맑아진 공기를 마시고 스트레스를 푸는 삼림욕을 즐기는 사람들이 많다. 피톤치드는 특히 바늘잎나무 숲에 많은데 그중에서도 편백 숲이 내뿜는 양이 가장 많다고 한다.

11월의 편백

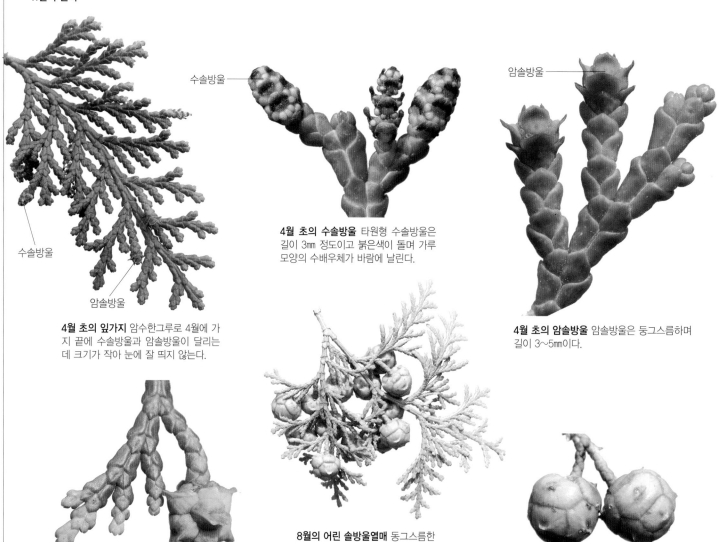

4월 초의 잎가지 암수한그루로 4월에 가지 끝에 수솔방울과 암솔방울이 달리는데 크기가 작아 눈에 잘 띄지 않는다.

수솔방울

암솔방울

수솔방울

4월 초의 수솔방울 타원형 수솔방울은 길이 3mm 정도이고 붉은색이 돌며 가루 모양의 수배우체가 바람에 날린다.

암솔방울

4월 초의 암솔방울 암솔방울은 둥그스름하며 길이 3~5mm이다.

8월의 어린 솔방울열매 동그스름한 솔방울열매는 지름 1cm 정도로 자란다.

7월의 어린 솔방울열매 암솔방울은 수정이 되면 연녹색 솔방울열매로 자라기 시작한다.

어린 솔방울열매 모양 솔방울열매는 8~10개의 솔방울조각으로 이루어지며 조각 가운데의 배꼽 부분은 작고 뾰족하다.

국립산림과학원의 실험 결과 편백에서 추출한 기름이 스트레스를 일으키는 물질을 해소하는 데 가장 효과적이라고 한다.

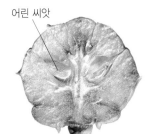

어린 씨앗

솔방울열매 단면 솔방울조각
사이마다 씨앗이 만들어진다.

10월의 솔방울열매 모양 가을에 적
갈색으로 익는 솔방울열매는 조각
조각 갈라져 벌어진다.

씨앗 조각마다 2~4개씩 들어 있는
씨앗은 양쪽에 날개가 있다.

다음 해 3월의 솔방울열매 묵은 솔방울
열매는 다음 해까지 매달려 있다.

잎 모양 비늘잎은 1~3mm 길이이며 아래위
십자 모양으로 마주나며 두껍고 광택이 있다.

잎 뒷면 뒷면은 잎이 합쳐지는 부분에 Y자 모양의
흰색 줄이 있다.

나무껍질 나무껍질은 적갈색이며 세로로 갈라져
얇게 벗겨진다.

*황금편백('Aurea') 원예 품종으로 개발된
편백 품종으로 잎이 노란색으로 물든다.

*화백(*C. pisifera*) 일본 원산의 큰키나무로 조림
수나 관상수로 심는다. 비늘잎은 끝이 뾰족하고
솔방울열매는 지름이 7mm 정도로 편백보다 작다.

실처럼
늘어진 잎가지

*실화백(*C. pisifera* 'Filifera') 일본 원산의 관상
수로 잎가지가 가는 실처럼 늘어지기 때문에 '실
화백'이라는 이름이 붙었다.

근래에는 피톤치드를 기능성 화장품이나 세제를 만드는 데 쓰기도 하며 공기를 정화시키는 방향제에도 사용한다.

향기가 나는 나무 향나무

측백나무과 | *Juniperus chinensis* ✿ 늘푸른바늘잎나무 ✹ 꽃 4월 ✿ 열매 다음 해 9~10월

향(香)나무는 '향기가 나는 나무'라는 뜻으로 목재와 잎에서 향기가 난다. 특히 목재는 진한 향기가 날 뿐 아니라 벌레도 끼지 않아 가구나 생활 도구를 만드는 데 최고로 친다. 또 향나무의 진한 향이 귀신을 물리치는 힘이 있다고 여겨졌기 때문에 제례를 지낼 때는 향불을 피웠다. 그리고 사람이 죽으면 향을 피워 놓는데 시신이 상하기 시작할 때 나는 냄새를 없애기 위해서라고 한다.

향나무는 늘푸른바늘잎나무로 높이 20m 정도로 자라며 암그루와 수그루가 서로 다른 암수딴그루이다. 하지만 드물게 암솔방울과 수솔방울이 한 그루에 따로 달리는 암수한그루도 있다. 어린 나무는 원뿔 모양으로 자라지만 나이가 많은 나무는 둥근 모양으로 변한다. 향나무는 오래 사는 나무 중 하나로 천 년이 넘게 사는 나무도 있다. 그래서 천연기념물로 지정된 나무도 여럿 있다.

전남 송광사의 쌍향수(천연기념물 제88호)

수솔방울

3월 말의 수솔방울 봄이 오면 가지 끝에 3~5mm 길이의 수솔방울이 달린다.

암솔방울

4월 초의 암솔방울 암솔방울도 가지 끝에 1개씩 달리는데 크기가 작아 눈에 잘 띄지 않는다.

5월 말의 어린 솔방울열매 암솔방울이 수정되어 자란 어린 솔방울열매는 표면이 흰색 가루로 덮여 있다.

다음 해 12월의 솔방울열매 둥근 솔방울열매는 꽃이 핀 다음 해 가을에 흑자색으로 익는다.

솔방울열매 모양 둥근 솔방울열매는 지름이 6~7mm이며 표면에 덮인 흰색 가루는 점차 없어진다. 솔방울열매가 익으면 조각조각 벌어지면서 씨앗이 나온다.

한라산의 *눈향나무(var. *sargentii*) 군락 높은 산 정상 부근에서 자라는 눈향나무는 줄기가 비스듬히 땅을 기며 자란다.

향나무 종류는 가장 널리 심어지고 있는 관상수의 하나로 정원수나 생울타리를 만드는 데 쓰인다.

씨앗 한 열매에 보통 2~3개의 씨앗이 들어 있지만 많게는 6개의 씨앗이 든 것도 있다. 둥근 달걀형 씨앗은 울퉁불퉁하며 3~6mm 길이이고 갈색이며 광택이 있다.

바늘잎 향나무는 바늘잎과 비늘잎, 두 종류의 잎이 달린다. 보통 어린 가지에는 짧은 바늘잎이 촘촘히 돌려난다.

비늘잎 5년 이상 묵은 가지에는 얇고 작은 비늘잎이 포개져 달리는데 감촉이 부드럽다. 나이가 많은 나무의 잎은 대부분 비늘잎이다.

나무껍질 나무껍질은 회갈색이며 세로로 갈라져 얇게 벗겨진다.

목재 붉은빛이 도는 목재는 향기롭고 재질이 연해서 가구재나 조각재로 귀하게 사용된다.

*나사백('Kaizuka') 향나무의 변종으로 일본에서 원예 품종으로 개발되어 조경수로 널리 심고 있다. 향나무처럼 생겼지만 바늘잎은 거의 없고 비늘잎이 많이 달린다.

*연필향나무(*J. virginiana*) 북아메리카 원산으로 관상수로 심는다. 향기가 나는 목재로 연필을 만들기 때문에 붙여진 이름이다. 둥근 솔방울열매는 암솔방울이 달린 그해 가을에 익는다.

*섬향나무(*J. procumbens*) 남쪽 바닷가에서 자라는 섬향나무는 줄기가 땅을 기며 자란다. 어린 가지에는 바늘잎이 촘촘히 돌려나고 열매 가지에는 비늘잎이 달린다.

수꽃이삭

*노간주나무(*J. rigida*) 산에서 자라며 가지에 돌아가며 달리는 잎은 모두 뾰족한 바늘잎이다. 북한에서는 '노가지나무'라고 한다.

양주 양지리의 향나무 경기도 남양주시 진건면에서 자라는 향나무로 천연기념물 제232호이다.

향나무 종류는 배나 사과에 치명적인 해충인 적성병균의 중간숙주이므로 배나무나 사과나무의 과수원 근처에는 심지 말아야 한다.

잎이 비(非)자를 닮은 나무 비자나무

주목과 | *Torreya nucifera* 🌳 늘푸른바늘잎나무 ❀ 꽃 4~5월 🌰 열매 다음 해 9~10월

비자나무는 늘푸른바늘잎나무로 줄기는 높이 25m 정도까지 곧게 자라며 가지가 사방으로 벋는다. 바늘잎나무지만 따뜻한 곳을 좋아해 제주도와 전남의 바닷가 주변에서 주로 자란다.

열매 속의 씨앗을 '비자'라고 하는데 예전부터 몸속의 기생충을 없애는 구충제로 이용했다. 또 씨앗으로 짠 기름은 먹기도 하고 머릿기름이나 등잔불 기름으로도 쓰였다. 비자나무 목재는 결이 곱고 가공이 쉬워 가구를 만들거나 조각을 하는 데 이용되는 귀한 목재이다. 비자나무 가지를 꺾으면 독특한 냄새가 나는데 여름에는 잎이 달린 가지를 잘라 태워 그 연기로 모기를 쫓기도 하였다.

비자나무와 비슷한 나무로 개비자나무(*Cephalotaxus harringtonii*)가 중부 이남의 숲속에서 자라며 비자나무와 잎이 달린 모양이 비슷해서 혼동하기 쉽다. 개비자나무는 키가 작은 떨기나무로 비자나무와 달리 잎이 부드러워 찌르지 않는다.

전남 강진 병영면의 비자나무(천연기념물 제39호)

5월에 핀 수솔방울 암수딴그루로 수솔방울은 지난해 가지의 잎겨드랑이에 달린다.

수꽃

수솔방울 수솔방울이 모여 달린 이삭은 타원형이며 1cm 정도 길이이고 가루 모양의 수배우체가 바람에 날려 퍼진다.

암꽃

5월의 암솔방울 암그루에 달리는 암솔방울은 햇가지의 잎겨드랑이에 달리는데 크기가 작아 눈에 잘 띄지 않는다.

어린 열매

9월의 어린 열매 열매는 다 자라는 데 2년이 걸린다. 봄에 암그루에 달린 어린 열매를 암솔방울로 착각하기도 하는데 묵은 가지에 달린 것은 어린 열매이다.

다음 해 7월의 어린 열매 암솔방울이 달린 다음 해 7월이 되면 열매가 타원형으로 크게 자란다. 열매는 2~4cm 길이이며 표면은 광택이 있다.

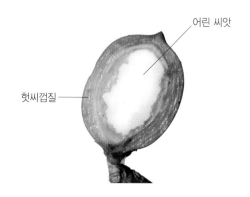

어린 씨앗

헛씨껍질

어린 열매 단면 어린 열매 속에는 아직 단단히 여물지 않은 1개의 씨앗이 들어 있고 녹색의 헛씨껍질(가종피:假種皮)은 씨앗을 완전히 둘러싼다.

상록수는 나무마다 푸른 잎의 수명이 조금씩 다른데 비자나무의 푸른 잎은 6~7년 정도 지나면 잎갈이를 한다.

씨앗 열매 속에는 단단한 타원형~달걀형 씨앗이 들어 있는데 2~3.5cm 길이이며 양 끝이 뾰족하다. 씨앗은 구충제로 이용한다.

2월의 겨울눈 어린 가지는 녹색이고 털이 없으며 겨울눈은 달걀형이고 적갈색이 돈다.

새순이 돋은 잎가지 깃털처럼 2줄로 마주 달리는 바늘잎은 한자 비(非)자를 닮아서 '비자나무'라고 한다.

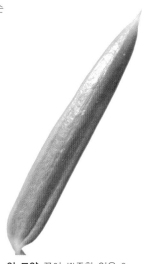

잎 모양 끝이 뾰족한 잎은 2cm 정도 길이이며 매우 단단해 찔리면 아프다.

잎 뒷면 단단한 잎은 끝이 날카롭고 뒷면에는 2개의 기다란 흰색 숨구멍줄이 있다.

나무껍질 나무껍질은 회백색을 띠며 세로로 얕게 갈라지고 가늘게 벗겨지면서 떨어진다.

제주 평대리 비자나무 숲 제주도 북제주군 구좌읍 평대리에는 5~8백 년생 비자나무 2500여 그루가 숲을 이룬 비자림이 있는데 천연기념물 제374호로 지정되었다. 비자나무 줄기에는 희귀한 난초와 고사리 등의 착생식물이 많이 자라고 있어 더욱 학술적 가치가 높다.

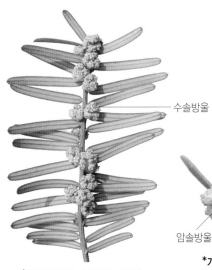

*개비자나무 수솔방울 4월에 성숙한 수솔방울은 둥그스름하다.

*개비자나무 암솔방울 5월에 성숙한 암솔방울은 자루가 있으며 1~2송이씩 모여서 밑으로 비스듬히 처진다.

*개비자나무 잎 뒷면 부드러운 잎은 끝이 덜 날카롭고 뒷면에는 2개의 기다란 흰색 숨구멍줄이 있다.

*개비자나무 열매 타원형 열매는 암솔방울이 달린 다음 해 가을에 홍자색으로 익는다.

개비자나무는 예전에는 개비자나무과로 독립시켰지만 지금은 비자나무처럼 주목과에 속한다. 북한에서는 '좀비자나무'라고 부른다.

살아서 천 년, 죽어서 천 년 주목

주목과 | *Taxus cuspidata*　　　🌲 늘푸른바늘잎나무 ✳ 꽃 4월 🌐 열매 8~9월

대부분 해발 1,000m 이상 되는 높은 산의 정상 부근에서 자라는 주목은 세찬 바람 속에서도 줄기가 곧게 자란다. 나무껍질이 붉은빛을 띠고 속살도 붉어서 붉을 주 (朱), 나무 목(木)자를 써서 '주목'이라고 한다.

주목은 늘푸른바늘잎나무로 10~20m 높이로 자란다. 아주 더디게 자라지만 오래 살고 목재는 매우 단단하다. 그래서 흔히 주목을 두고 '살아서 천 년, 죽어서 천 년' 이라고 하는데 나무 수명이 길고, 단단한 목재는 잘 썩지 않는 것을 빗댄 말이다. 색깔이 곱고 단단해 고급 목재로 쓰이는 까닭에 마구 베어 쓰다 보니 이제는 아주 귀한 나무가 되었다. 그래서 얼마 남지 않은 오래된 주목은 모두 이름표를 달아 관리, 보호하고 있다. 주목의 목재는 바둑판이나 조각재 등으로 귀하게 사용되며 나무 모양이 보기 좋아 관상수로도 많이 심는다.

1월의 주목

7월의 어린 열매 암솔방울은 수정이 되면 작고 둥근 녹색 씨앗이 자라기 시작한다.

씨앗

헛씨껍질

어린 열매 모양 타원형의 녹색 씨앗 은 겉으로 드러나 있고 씨앗 밑부분 을 둘러싸고 있는 연녹색 부분을 '헛 씨껍질'이라고 한다.

수솔방울

4월의 수솔방울 수솔방울은 구형~거 꿀달걀형이며 4mm 정도 길이이고 연한 황갈색으로 변하면서 연노란색 꽃가루 가 바람에 날려 퍼진다.

수솔방울 봉오리 암수딴그루로 봄이 되면 수 그루에는 둥근 수솔방울 봉오리가 부풀기 시 작한다.

암솔방울

5월 초의 암솔방울 암그루에 달리는 암솔방 울은 달걀형이고 4mm 정도 길이이며 잎겨드 랑이에 1개씩 달린다.

씨앗

헛씨껍질

익기 시작한 열매 밑부분의 헛씨껍질이 차츰 자라면서 씨앗을 감싸기 시작한다.

근래에 주목의 껍질에서 뽑아낸 '택솔'이라는 물질로 만든 항암제가 널리 이용되고 있다.

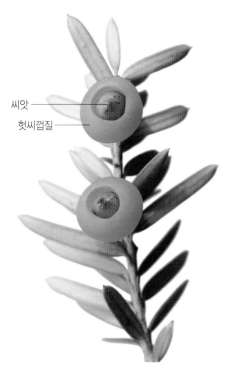

씨앗 ─

헛씨껍질 ─

열매 모양 헛씨껍질은 씨앗을 완전히 둘러싸지 않아 가운데에 구멍이 남고 속의 씨앗이 들여다 보이는데 이것은 주목 열매만 가지고 있는 특징이다.

새순 ─

10월의 열매 헛씨껍질은 둥글게 자라며 가을에 붉은색으로 익는다.

열매 뒷면 열매는 자루가 거의 없이 가지에 바짝 붙는다. 열매살은 단맛이 나며 먹을 수 있지만 많이 먹으면 설사를 하기도 한다.

새순이 돋은 잎가지 잎은 가지에 나선 모양으로 돌아가며 붙지만 곁가지에서는 좌우로 거의 나란히 붙는다.

씨앗 작은 밤톨 모양의 씨앗은 길이 5∼6mm이며 독성이 있어 먹으면 위험하다.

잎 모양 짧은 바늘잎은 길이가 1.5∼2cm 정도이며 끝이 뾰족하지만 부드러워 찌르지는 않는다. 앞면은 진녹색을 띠며 광택이 있다.

잎 뒷면 뒷면은 연녹색이며 세로줄이 있다. 잎의 수명은 2∼3년이다.

나무껍질 나무껍질은 적갈색이며 세로로 얇게 갈라져 벗겨진다.

보호 팻말 주목은 개체 수가 얼마 남지 않아 모두 이름표를 달아 관리하고 있다.

강원도 정선 두위봉의 주목 모두 3그루이며 가장 오래된 나무는 1400살로 우리나라 최고령 나무이다. 천연기념물 제433호로 지정되었다.

유럽에서는 유럽주목으로 활을 만들어 썼는데 영국의 명사수 로빈후드의 활도 유럽주목으로 만든 것이었다고 한다.

열매가 5가지 맛을 가진 오미자

오미자과 | *Schisandra chinensis* 🌀 갈잎덩굴나무 ✽ 꽃 5~6월 🍂 열매 8~10월

오미자는 낙엽이 지는 덩굴나무로 줄기는 가지가 많이 갈라지며 다른 물체를 감고 길이 8m 정도로 벋는다. 오미자는 낮은 산기슭에서부터 높은 산꼭대기까지 자라는 흔하게 볼 수 있는 나무이다.

오미자(五味子)나 구기자(枸杞子)처럼 나무 이름에 들어가는 '자(子)'자는 대부분 열매나 씨앗을 뜻한다. 그러므로 오미자는 '5가지 맛을 가진 열매'라는 뜻의 한자 이름이다. 실제로 잘 익은 오미자 열매의 맛은 단맛, 신맛, 매운맛, 쓴맛, 짠맛의 5가지 맛이 모두 나는데 특히 신맛이 강하다.

오미자 열매는 중요한 한약재로 쓰이며 기관지를 보호하거나 기침을 멎게 하는 데 효과적이다. 또 몸을 튼튼하게 하고 눈을 밝게 한다고 알려져 있다. 민간에서는 오미자 열매의 고운 빛깔을 이용해 오미자 화채처럼 음식을 만드는 데 넣거나 오미자차를 만들어 마셨다. 또 봄에 돋은 오미자의 어린순을 뜯어서 나물로 먹는다.

5월의 오미자

꽃덮이조각

암꽃 6~9장의 연노란색 꽃덮이조각은 비스듬히 벌어지고 가운데에 연녹색 암술이 다닥다닥 모여 있다. 꽃덮이조각은 꽃잎과 꽃받침을 통틀어 이르는 말이다.

6월 초에 핀 꽃 암수딴그루로 5~6월에 꽃이 핀다. 꽃자루가 2~3cm로 길어서 꽃이 비스듬히 처진다.

꽃 뒷면 꽃덮이조각은 긴 타원형이며 5~10mm 길이이다.

수그루 수그루에 피는 수꽃도 꽃자루가 길어 비스듬히 처진다.

수꽃 꽃덮이조각은 안쪽에 붉은빛이 돌고 가운데에 5개의 수술이 모여 있다.

암꽃

수꽃

암수한그루 암수딴그루이지만 암수한그루인 나무도 드물게 만날 수 있다.

예전에는 오미자속(*Schisandra*)과 남오미자속(*Kadsura*)이 목련과에 속했었는데 APG 분류 체계에서는 오미자과로 독립시켰다.

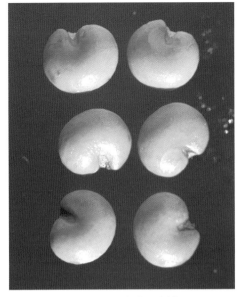

8월 초의 열매 둥근 열매가 다닥 다닥 모여 달린 열매송이는 밑으로 늘어진다.

9월의 열매 열매는 지름이 7㎜ 정도이며 가을에 붉은색으로 익는다.

씨앗 열매 속에 1~2개씩 들어 있는 씨앗은 콩팥 모양이며 표면이 매끈하다.

잎 모양 가지에 서로 어긋나는 넓은 타원형 잎은 5~10㎝ 길이이며 끝이 뾰족하고 가장자리에 잔톱니가 있다.

잎 뒷면 뒷면은 연녹색이며 잎맥 위에 털이 있다. 잎자루는 1.5~3㎝ 길이이다.

겨울눈 달걀 모양의 겨울눈은 끝이 뾰족하고 털이 없다.

나무껍질 나무껍질은 갈색~회갈색이며 껍질눈이 흩어져 나고 점차 얇게 벗겨진다.

***남오미자(Kadsura japonica) 꽃** 남쪽 섬에서 자라는 늘푸른덩굴나무로 생김새가 오미자와 비슷해서 '남오미자'라고 한다. 암수딴그루 또는 암수한그루로 여름에 꽃이 핀다.

***남오미자 열매** 둥근 열매송이는 가을에 붉은색으로 익는다.

***남오미자 열매 모양** 집합과는 지름이 2~3㎝이며 여러 개의 작은 열매가 촘촘히 모여 달린다.

꽃덮이조각은 꽃잎과 꽃받침을 통틀어 이르는 말로 '화피편(花被片)'이라고도 한다. 집합과는 2개 이상의 꽃에서 생긴 많은 과실이 밀집하여 1개의 과실처럼 보이는 것을 말한다.

만두 모양의 열매가 독특한 붓순나무

오미자과 | *Illicium anisatum*   ✿ 늘푸른작은키나무   ✳ 꽃 3~4월   ⬤ 열매 9~10월

붓순나무는 남쪽 섬에서 자라는 작은키나무로 높이 2~5m로 자란다. 잎이 사철 푸른 나무로 새잎이 돋을 때 보면 어린잎이 포개진 모양이 붓 모양과 닮았다. 납작한 만두 모양의 열매는 6~12개의 씨방으로 이루어지는데 씨앗이 여문 씨방마다 뿔 같은 돌기가 생긴다. 이처럼 각진 열매가 인도의 청연꽃을 닮았다 하여 불가에서는 부처님께 바치는 꽃으로 쓴다고 한다. 열매가 만두를 닮아서 먹음직스러워 보이지만 독 성분이 들어 있어서 먹으면 해로울 수 있으니 주의해야 한다.

붓순나무에서 나는 특유의 냄새를 짐승들이 아주 싫어해서 이 나무를 무덤가에 심기도 한다. 일본에서는 꽃이 핀 가지를 성묘 때 바치거나 관 속에 넣는다고 한다. 또 붓순나무 목재는 부드럽고 촉감이 좋아 염주 알을 만드는 데 쓰인다. 나무껍질과 잎으로는 향료를 만든다고 하니 여러모로 쓸모가 많은 나무이다.

4월의 붓순나무

4월의 꽃가지 이른 봄에 잎겨드랑이에 지름 2~3cm의 연노란색 꽃이 모여 핀다.

꽃 모양 길쭉한 꽃잎은 12장인데 길이가 조금씩 다르다.

암술

수술

꽃 단면 수술은 많고 수술대는 짧으며 꽃밥은 노란색이다. 6~12개의 기다란 암술은 가운데를 향해 둥글게 모인다.

새로 돋은 잎

수정된 어린 열매

5월의 어린 열매 수정된 암술은 밑부분이 붙어 있으며 조금씩 커진다. 새로 돋는 잎은 붉은빛이 돈다.

7월의 어린 열매 동글납작한 열매는 지름이 2~3.5cm로 자라고 암술머리가 가장자리에 남아 있다.

어린 씨앗

어린 열매 단면 열매를 가로로 잘라 보면 씨앗이 칸마다 1개씩 들어 있다.

예전에는 붓순나무속(*Illicium*)이 붓순나무과로 독립해 있었지만 APG 분류 체계에서는 오미자과에 통합되었다.

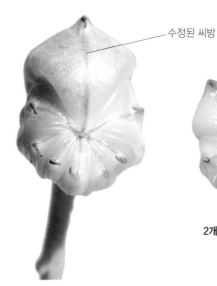

수정된 씨방

2개의 씨방이 수정된 열매

3개의 씨방이 수정된 열매

6개의 씨방이 수정된 열매

1개의 씨방이 수정된 열매 6~12개의 씨방 중 수정된 씨방의 개수에 따라 여러 가지 모양의 열매가 열린다.

씨앗 타원형 씨앗은 길이 6~7㎜이며 황갈색이고 광택이 있다.

익기 시작한 열매 열매는 가을에 익으면 칸칸이 세로로 갈라지면서 씨앗이 드러난다.

잎 모양 잎은 어긋나지만 가지 끝에서는 여러 장이 촘촘히 돌려난다. 긴 타원형 잎은 4~10㎝ 길이이며 두껍고 끝이 뾰족하며 가장자리가 밋밋하다.

잎 뒷면 잎은 양면에 털이 없고 잎을 으깨면 향기가 난다.

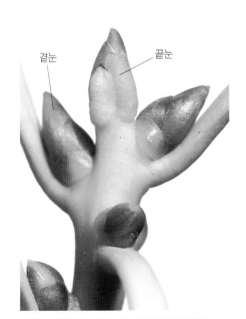

곁눈

끝눈

겨울눈 겨울눈은 달걀 모양이며 끝이 뾰족하다.

새로 돋은 잎 새로 돋는 잎은 2장씩 포개진 모습이 붓과 비슷하다.

나무껍질 나무껍질은 진한 회갈색이며 매끄럽지만 오래되면 세로로 얕게 갈라진다.

색소폰 모양의 꽃이 피는 등칡

쥐방울덩굴과 | *Aristolochia manshuriensis* ✿ 갈잎덩굴나무 ✿ 꽃 4~5월 ✿ 열매 9~10월

등칡은 낙엽이 지는 덩굴나무이다. 덩굴지는 줄기는 등나무처럼 친친 감기면서 10m 정도 길이로 벋고 잎은 칡의 작은잎을 닮았다. 그래서 등칡이라는 이름을 얻었다고 이야기하는 사람도 있다. 등칡은 보통 중부 이북의 깊은 산에서 자라지만 태백산맥의 줄기를 따라서 경상도의 가지산까지 내려와 자라기도 한다.

등칡은 꽃의 모양이 특이한데 U자형으로 꼬부라진 꽃은 색소폰이라는 악기와 많이 닮았다. 꽃의 단면을 보면 들어가는 입구는 좁고 안쪽은 조금 더 넓은 모양이다. 곤충이 냄새를 따라 안으로 들어가기는 쉽지만 꿀을 먹은 후에 빠져나오기는 쉽지 않은 구조이다. 이런 모양은 꽃 안에 곤충이 오래 머물며 버둥거리게 해서 곤충의 몸에 묻은 꽃가루를 받기에 효과적이다. 속명 '아리스토로치아(*Aristolochia*)'는 희랍어로 '가장 좋은'이라는 뜻의 Aristos와 '출산'이라는 뜻의 Lochia의 합성어로 꼬부라진 꽃의 모양을 자궁의 태아에 비유하여 지은 이름이다.

6월의 등칡

5월에 핀 꽃 꽃은 5월에 잎이 돋을 때 함께 피며 잎겨드랑이에 1개씩 매달린다.

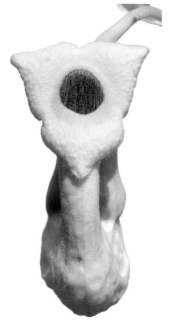

꽃 모양(앞면) 꽃은 길이 10cm 정도이며 끝부분이 세모꼴로 벌어진다.

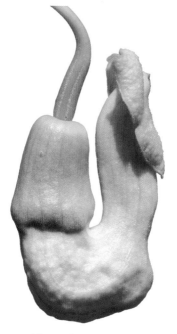

꽃 모양(옆면) 색소폰 모양의 U자형으로 꼬부라진 꽃이 긴 자루에 매달린다.

꽃 단면 U자형 꽃 안쪽의 가운데 부분은 연노란색이며 양쪽 부분은 자갈색을 띤다.

암술

수술

암술과 수술 U자형 꽃 가장 안쪽에 있는 둥근 삼각뿔 모양의 암술은 셋으로 갈라지고 가장자리에 돌려가며 붙는 수술의 꽃밥은 연노란색이다.

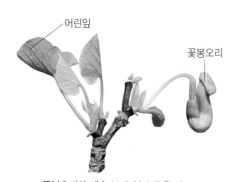

어린잎

꽃봉오리

꽃봉오리와 새순 봄에 잎이 돋을 때 꽃봉오리도 함께 나온다.

10월 초의 열매 원통형 열매는 길이 9~11㎝ 정도이며 6개의 모가 있고 가을에 익는다.

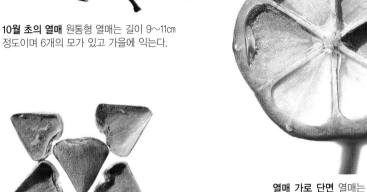

열매 가로 단면 열매는 6개의 방으로 나뉘며 씨앗이 들어 있는 칸마다 얇은 막으로 덮여 있다.

열매 세로 단면 각 칸마다 얇은 씨앗이 층층이 포개져 있다.

씨앗 납작한 세모꼴 씨앗은 모서리가 둥글다.

잎 모양 줄기에 서로 어긋나는 하트형의 잎은 10~25㎝ 길이이고 끝이 뾰족하며 가장자리가 밋밋하다.

잎 뒷면 뒷면은 연녹색이며 털이 있거나 없다.

곁눈

잎자국

잎자국과 곁눈 잎자국은 U자형이며 곁눈을 반쯤 둘러싼다.

나무껍질 회갈색 줄기는 세로로 불규칙하게 골이 지며 두꺼운 코르크질로 폭신폭신하다.

줄기 단면 줄기 단면은 가운데를 중심으로 방사상으로 무늬가 있다.

마른 줄기 말라 죽은 줄기는 오래되면 세로로 칸칸이 쪼개진다. 이런 구조의 줄기는 잘 구부러지면서도 질겨서 쉽게 끊어지지 않는다.

자주색 꽃잎이 꽃받침 같은 자주받침꽃

받침꽃과 | *Calycanthus floridus* 🌳 갈잎떨기나무 ✳️ 꽃 5~6월 🍂 열매 9~11월

자주받침꽃은 북아메리카 원산의 갈잎떨기나무로 줄기는 여러 대가 모여나 2~3m 높이로 자란다. 꽃이 아름답고 향기가 진하며 가지런한 모양의 잎도 광택이 있어 보기 좋아 정원수로 많이 심고 있다.

잎이 다 자란 5월에 가지 끝과 잎겨드랑이에 지름 5㎝ 정도의 자주색 꽃이 위를 향해 피는데 시큼한 향기가 난다. '자주받침꽃'은 저명한 임학자인 이창복 박사가 지은 이름인데 자주색 꽃잎이 꽃받침처럼 보여서 자주꽃받침꽃이란 뜻의 이름을 줄여서 간단히 부른 것이라고 한다.

자주받침꽃이 속한 받침꽃과는 녹나무목에 속하며 3속 10여 종의 나무가 북아메리카와 동아시아, 호주에서 자란다. 우리나라에는 받침꽃속의 자주받침꽃과 중국받침꽃, 납매속의 납매와 가을납매 등을 정원수로 심어 기르고 있다.

5월의 자주받침꽃

겨울눈 가지 끝은 말라 죽고 겨울눈이 숨어 있는 잎자국 부분은 튀어나온다.

4월 초의 새순 봄이 오면 겨울눈에서 연두색 새순이 돋는다.

4월의 새잎과 묵은 열매 어린잎은 연한 적갈색이 돌지만 점차 녹색으로 변한다. 묵은 열매는 여름까지 남아 있기도 한다.

5월의 꽃봉오리 잎이 다 자란 5월경에는 잔가지 끝과 잎겨드랑이에서 자주색 꽃봉오리가 나온다.

5월 말에 핀 꽃 자주색 꽃은 지름 5㎝ 정도이고 꽃잎과 꽃받침은 매우 많고 구분이 어렵다. 꽃받침은 꽃잎보다 길이가 약간 짧고 가늘며 뒷면이 약간 녹색을 띤다. 꽃이 피면 시큼한 포도주 같은 향기가 난다.

암술과 수술 꽃잎 중앙에 암술이 있고 그 둘레를 수술이 빙 둘러 있는데 꽃밥은 연노란색이다.

꽃 단면 꽃잎과 꽃받침은 나선형으로 겹겹이 포개져 있고 암술과 수술은 길이가 매우 짧다.

5월 말의 어린 열매 수정이 끝난 꽃은 꽃잎과 꽃받침이 모두 떨어져 나가고 열매로 자라기 시작한다.

7월의 어린 열매 거꿀달걀형 열매는 3~7cm 길이이며 끝이 뭉툭하고 비스듬히 처진다.

어린 열매 세로 단면 열매 속에는 5~25개의 씨앗이 들어 있다.

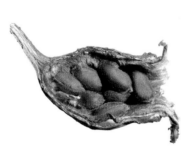

12월의 열매 세로 단면 열매 속의 씨앗은 달걀형~타원형이며 1cm 정도 길이이고 적갈색으로 여문다.

나무껍질 매끈한 나무껍질은 회색이고 껍질눈이 흩어져 난다.

잎 뒷면 잎은 마주나고 긴 타원형이며 5~15cm 길이이고 끝이 길게 뾰족하며 가장자리가 밋밋하다. 잎 앞면은 광택이 있고 뒷면은 분백색이다.

*중국받침꽃(*C. chinensis*) 중국 원산의 받침꽃으로 5~6월에 지름 4~7cm의 분홍빛이 도는 흰색 꽃이 핀다.

*납매(*Chimonanthus praecox*) 중국 원산으로 2월에 잎이 돋기 전에 피는 노란색 꽃은 향기가 진하다.

*가을납매(*Chimonanthus nitens*) 중국 원산으로 10월에 잎겨드랑이에 흰색~연노란색 겹꽃이 핀다.

생강 냄새를 풍기는 생강나무

4월의 생강나무

녹나무과 | *Lindera obtusiloba*　　🍂 갈잎떨기나무　❋ 꽃 3~4월　🍒 열매 9~10월

생강나무는 낙엽이 지는 떨기나무로 높이 2~6m로 자란다. 주로 산에서 자라는 생강나무는 이른 봄에 모든 나무가 앙상한 가지만 달고 있을 때 나무 가득 노란색 꽃을 매달고 봄이 온 것을 제일 먼저 알린다.

생강나무의 잎이나 어린 가지를 잘라 비비면 생강 냄새와 비슷한 독특한 냄새가 나기 때문에 '생강나무'라고 부른다. 중부 이북 사람들은 차나무 대신에 은은한 향기가 나는 생강나무 어린잎을 따서 말렸다가 차를 끓여 마시기도 하고, 또 어린잎을 따서 부각을 만들어 먹기도 하였다.

부인들의 머릿기름을 짜던 동백나무가 자라지 않는 중부 이북에서는 생강나무 씨앗으로 짠 기름을 머릿기름으로 썼다. 그래서 중부 이북에서는 생강나무를 '산동백나무'라고도 부른다. 한방에서는 말린 생강나무 가지를 위를 튼튼히 하는 건위제로 쓰는데 복통과 해열에도 효과가 있다고 한다.

꽃밥

수술

꽃덮이조각

수꽃 수꽃의 꽃덮이조각은 6장이고 3.5mm 정도 길이이며 뒤로 젖혀진다. 9개의 수술과 퇴화된 1개의 암술이 있다.

암술

퇴화된 수술

암꽃 암꽃의 꽃덮이조각은 6장이고 2.5mm 정도 길이이며 가운데에 1개의 암술이 있고 가장자리에 퇴화된 9개의 수술이 있다.

수꽃가지 암수딴그루로 3~4월에 가지 가득 노란색 꽃이 핀다.

암꽃가지 암그루에 피는 암꽃송이는 크기가 수꽃송이보다 조금 작다.

봄에 새로 돋은 잎 암꽃의 수정이 끝나 열매가 될 무렵 돋는 새잎은 흰색 솜털로 덮여 있다.

7월의 어린 열매 둥근 열매는 긴 자루에 달린다.

김유정의 소설 《동백꽃》에서는 동백꽃이 노랗게 핀다고 했는데, 이는 김유정의 고향인 춘천에서는 생강나무를 '동백나무'라고 불렀기 때문이다.

열매껍질

어린 씨앗

어린 열매 단면 열매 속에는 1개의
둥근 씨앗이 만들어진다.

9월의 열매 녹색 열매는 가을에
검은색으로 익는다.

열매 모양 둥근 열매는 지름이 7~8mm이고
열매자루는 끝부분이 굵어진다.

씨앗 열매에 1개씩 들어 있는 둥근
씨앗은 갈색이며 광택이 있다. 씨앗
으로 기름을 짠다.

잎가지 가지에 서로 어긋나는 잎은
둥근 달걀형이며 5~15cm 길이이고
윗부분이 3갈래로 갈라지지만 갈라
지지 않는 잎도 있다.

잎 뒷면 잎몸은 끝이 뾰족하고 가장
자리가 밋밋하며 뒷면은 연녹색이고
잎맥에 연갈색 털이 있다.

단풍잎 잎은 가을에 노란색으로
단풍이 든다.

잎눈

꽃눈

겨울눈 가지 끝의 잎눈은 타원형이고
아래쪽의 꽃눈은 둥근 모양이다.

나무껍질 나무껍질은 어두운 회색이며
둥근 껍질눈이 많다.

*털조장나무(*L. sericea*)
전남 지방의 산에서 자라는
갈잎떨기나무이다. 생강나무
와 비슷하지만 어린잎은 꽃
과 함께 피며 털로 덮여 있
다. 잎몸은 긴 타원형이다.

상큼한 향기가 나는 생강나무의 가지로 이쑤시개를 만들기도 한다.

새들이 좋아하는 열매가 열리는 비목나무

녹나무과 | *Lindera erythrocarpa* 🌳 갈잎작은키나무~큰키나무 ✿ 꽃 4~5월 🍂 열매 9~10월

지구 온난화로 기온이 올라가면서 예전에는 남부 지방에서만 자라던 나무들이 점차 중부 지방까지 올라와 자라는 현상이 두드러지고 있다. 비목나무는 환경만 맞으면 어디서나 잘 자라는 번식력이 강한 나무로 주로 남부 지방에서 자라던 나무이지만 지금은 중부 지방으로 빠르게 세력을 확장해 서울 주변의 수원이나 안양 등지에서도 쉽게 만날 수 있다.

비목나무는 낙엽이 지는 키나무로 높이 6~15m로 자라며 '보안목'이라고도 한다. 봄에 피는 노란색 꽃과 가을에 붉게 익는 열매가 아름다우며 열매는 새들이 좋아하는 먹잇감이다. 잎이나 열매를 자르면 매운 냄새가 난다.

목재는 재질이 치밀하고 잘 갈라지지 않아 가구재나 조각재로 사용된다. 가지와 잎, 열매는 열을 내리는 약으로 쓴다. 봄에 돋는 어린잎을 데쳐서 물에 우려낸 다음 나물로 먹기도 한다.

4월의 비목나무

4월 말에 핀 수꽃 암수딴그루로 4월에 잎과 함께 꽃이 핀다.

꽃덮이조각

수꽃송이 우산꽃차례에 모여 피는 수꽃은 6장의 꽃덮이조각 가운데에 9개의 수술이 있다. 꽃덮이조각은 타원형이며 3mm 정도 길이이다.

수꽃송이 뒷면 기다란 꽃자루에는 긴털이 있다.

4월 말에 핀 암꽃 암꽃송이도 수꽃송이처럼 햇가지의 잎겨드랑이에서 나온다.

암꽃송이 암꽃에는 1개의 암술과 9개의 퇴화된 헛수술이 있다.

8월의 어린 열매 꽃이 지면 지름 7mm 정도의 둥근 열매가 열린다.

헛수술은 퇴화하여 꽃밥이 생기지 않는 수술을 말한다. 한자로는 '가웅예(假雄蘂)'라고 한다.

9월의 열매 열매는 가을에 붉은색으로 익는다..

열매송이 열매자루는 길이가 12~15mm이며 끝부분이 굵어진다.

씨앗 둥근 씨앗은 연갈색이며 진한 색 얼룩무늬가 있다.

잎 모양 가지에 서로 어긋나는 거꿀 피침형 잎은 6~15㎝ 길이이며 끝이 뾰족하고 가장자리가 밋밋하다.

잎 뒷면 뒷면은 흰빛이 돌고 털이 있지만 점차 없어진다.

단풍잎 잎은 가을에 노란색으로 단풍이 든다.

나무껍질 나무껍질은 연갈색~회갈색이며 오래되면 불규칙하게 벗겨진다.

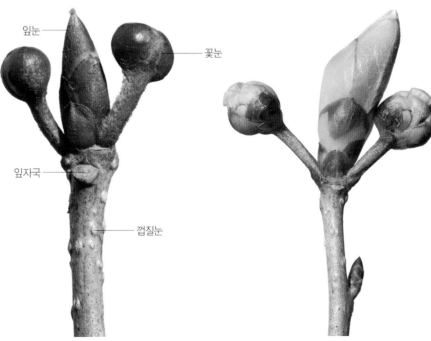

잎눈

꽃눈

잎자국

껍질눈

겨울눈 가운데의 잎눈은 원뿔 모양이고 양쪽의 꽃눈은 동그랗고 자루가 있다. 잎자국은 원형~ 반원형이다. 가지는 털이 없으며 껍질눈이 있다.

봄에 돋은 새순 봄이 오면 잎눈과 꽃눈이 함께 벌어진다.

*감태나무(*L. glauca*) 중부 이남의 산에서 자라며 비목나무와 비슷하지만 잎은 긴 타원형~ 타원형이고 열매가 가을에 검은색으로 익는다.

껍질눈은 '피목(皮目)'이라고도 하며, 나무의 줄기나 뿌리에 만들어진 코르크 조직으로 잎 뒷면의 공기구멍(기공:氣孔)처럼 공기의 통로가 되는 부분이다.

장뇌를 얻는 녹나무

녹나무과 | *Cinnamomum camphora* 🌳 늘푸른큰키나무 ✿ 꽃 5～6월 🔵 열매 10～11월

제주도에 분포하는 늘푸른큰키나무로 20m 정도 높이로 자라며 줄기의 지름이 2m에 달할 정도로 굵어진다. 녹나무 잎을 비비면 나는 특유의 향기를 '장뇌(樟腦)'라고 하는데 영어로는 'Camphor'라고 하며 여기에서 종소명(*camphora*)이 유래되었다. 장뇌는 향료로 이용하거나 강심제를 만드는 약재로도 쓴다. 장뇌 때문인지 옛날에는 위급한 환자가 생겼을 때 녹나무 잎을 깐 온돌방에 눕히고 불을 지피면 낫는다고 믿었다. 제주도에서는 녹나무의 향기가 귀신을 쫓는다고 믿었기 때문에 집안에 심으면 조상의 혼령이 제사에 찾아오지 못한다고 여겨 집에 심지 않았다.

녹나무 목재는 재질이 치밀하고 고와서 기구를 만들거나 건축재로 쓰였는데 특히 배를 만들면 목재에 들어 있는 장뇌 때문에 썩지를 않아서 최고로 쳤다. 어린 나무 줄기가 녹색이라서 '녹나무'라고 한다. 녹나무는 난대림에서 자라는 나무 중에서 천년 이상 살 수 있는 나무로 알려져 있으며 일본에는 노거수가 많이 자라고 있다.

5월의 녹나무

2월의 겨울눈 겨울눈은 긴 달걀형이고 끝이 뾰족하며 붉은빛이 돈다.

4월의 새로 돋은 잎 봄에 돋는 새순은 붉은색으로 아름답다.

4월 말의 새로 돋은 잎 붉은색 새잎은 자라면서 색깔이 연해지다가 점차 초록색으로 변한다.

6월 초에 핀 꽃 5～6월에 햇가지의 잎 겨드랑이에서 나온 원뿔꽃차례에 연노란색 꽃이 모여 핀다.

꽃차례 꽃은 지름 4～5mm이며 꽃덮이조각은 6장이고 수술은 12개가 4줄로 배열한다.

8월의 어린 열매 기다란 열매자루에 달린 열매송이는 점차 밑으로 처진다.

녹나무의 줄기, 가지, 잎, 뿌리 등을 수증기로 증류해서 얻는 장뇌는 향신료, 방부제, 한약재, 방향제 등으로 사용된다.

어린 열매 단면 둥근 열매 속에는 1개의 씨앗이 들어 있고 열매자루 끝부분은 받침 모양으로 부풀어 있다.

씨앗 둥근 씨앗은 표면에 자잘한 돌기가 있다.

11월 초의 열매 둥그스름한 열매는 지름 8mm 정도이고 광택이 있으며 늦가을에 검은색으로 익는다.

잎가지 잎은 어긋나고 달걀형~타원형이며 5~12cm 길이이고 끝이 뾰족하며 가장자리는 물결 모양으로 주름이 진다.

잎맥겨드랑이

잎 뒷면 잎은 가죽질이며 앞면은 녹색이고 광택이 있다. 잎 뒷면은 회백색이며 잎맥겨드랑이에 작은 기름점이 있다.

줄기와 뿌리 나무껍질은 황갈색~회갈색이고 세로로 불규칙하게 갈라진다. 노목은 줄기 밑부분에서 버팀뿌리가 발달하기도 한다.

서귀포 도순동 녹나무 자생지 도순동 강정천 부근에서 자라는 녹나무 군락을 천연기념물 제162호로 지정하여 보호하고 있다.

*생달나무(*C. yabunikkei*) 남쪽 섬에서 자라며 녹나무와 비슷하지만 꽃이 우산꽃차례~갈래꽃차례에 달리는 것으로 구분한다.

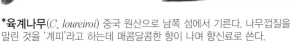

*육계나무(*C. loureiroi*) 중국 원산으로 남쪽 섬에서 기른다. 나무껍질을 말린 것을 '계피'라고 하는데 매콤달콤한 향이 나며 향신료로 쓴다.

*실론계피나무(*C. verum*) 스리랑카와 인도 원산의 늘푸른큰키나무로 8~17m 높이로 자란다. 나무껍질을 향신료로 쓰는 계피의 한 종류로 '시나몬'이라고 하며 다른 계피에 비해 단맛과 향미가 진하고 매운맛은 상대적으로 덜해서 가장 고급품으로 친다.

잎맥겨드랑이(맥액 : 脈腋)는 잎맥과 잎맥이 갈라지는 겨드랑이 부분이다. 기름점은 기름을 분비하는 구멍으로 '선점(腺點)' 또는 '유점(油點)'이라고도 한다.

팔만대장경을 만든 후박나무

녹나무과 | *Machilus thunbergii* 🌳늘푸른큰키나무 ✳️꽃 5~6월 🍂열매 7~8월

후박나무는 울릉도와 제주도를 비롯해 남서해안 도서 지역의 바닷가와 낮은 산에 분포하는 늘푸른큰키나무로 15~20m 높이로 자란다. 5~6월이면 햇가지에 황록색 꽃송이가 달린다. 지름 1㎝ 정도의 동그스름한 열매가 7~8월에 흑자색으로 익으면 흑비둘기와 같은 새가 나무로 모여 들어 열매를 따 먹는다.

후박나무 목재는 단단하고 조직이 균일하여 가구재 등으로 이용하는데 특히 해인사의 팔만대장경은 상당수가 후박나무 목재로 제작되었다고 한다. 후박나무는 나무껍질을 말린 것을 한약재로 쓰는데 감기나 근육통 등을 치료하는 데 효과가 있다. 후박나무는 그늘이 좋고 수명이 길며 바닷바람에도 잘 견디기 때문에 남해안 지역에서 정자나무로 이용하며 근래에는 가로수나 공원수로도 많이 심고 있다. '후박나무'란 이름은 잎과 나무껍질이 두껍다는 뜻의 '후박(厚朴)'에서 유래된 것으로 추정하고 있다.

8월의 후박나무

겨울눈 겨울눈은 달걀형이며 크고 가지 끝에 1개씩 달린다.

4월의 새순 봄이 되면 겨울눈이 부풀어 오르면서 크게 자란다.

4월 말의 새순 겨울눈에서 붉은빛이 도는 잎가지가 나와 자라고 있다.

4월 말의 새순 겨울눈이 벌어지면서 꽃봉오리를 품은 새순이 나오고 있다.

부푼 새순 크게 부푼 겨울눈은 아직 벌어지지 않았다.

벌어지는 새순 부푼 겨울눈 끝 부분이 벌어지면서 꽃봉오리가 얼굴을 내밀었다.

꽃이 피기 시작한 새순 겨울눈이 활짝 벌어지면서 꽃차례가 나오고 꼭대기부터 꽃이 피기 시작한다.

남쪽 바닷가의 어촌에는 웅장한 후박나무 노거수가 많은데, 주민들은 나무 밑에 제당을 짓고 풍어와 어민들의 무사 안녕을 빌었다.

5월에 핀 꽃 햇가지의 잎겨드랑이에서 자란 원뿔꽃차례는 자루가 길며 황록색 꽃이 핀다.

꽃 모양 꽃은 양성화이고 황록색 꽃덮이조각은 6장이다. 중심부에 1개의 암술이 있고 둘레에 12개의 수술이 3개씩 4줄로 배열하며 꽃밥은 노란색이다.

7월의 열매 열매자루는 붉은색으로 변하는 것이 많으며 꽃차례 모양대로 열매가 열린다. 열매는 7~8월에 흑자색으로 익으며 속에 1개의 둥근 씨앗이 들어 있다.

2월의 잎가지 잎은 어긋나고 길쭉한 거꿀달걀형이며 8~15cm 길이이고 끝이 뾰족하며 가장자리가 밋밋하다.

잎 뒷면 잎 뒷면은 회녹색이며 잎자루는 2~3cm 길이이다.

열매 모양 둥근 열매는 지름 1cm 정도이며 밑부분에 6장의 시든 꽃덮이조각이 남아 있다.

나무껍질 나무껍질은 갈색~회갈색이고 밋밋하며 껍질눈이 흩어져 나고 노목은 갈라지기도 한다.

***센달나무**(M. japonica) 남쪽 섬에 분포하는 늘푸른큰키나무로 10~15m 높이로 자란다. 후박나무처럼 봄에 양성화가 핀다. 후박나무와 비슷하지만 잎이 피침형으로 좁고 긴 점이 다르다.

원뿔꽃차례는 꽃이삭의 자루에서 갈라진 많은 가지가 위로 갈수록 짧아져서 전체적으로 원뿔 모양으로 되는 꽃차례이다. 한자로는 '원추화서(圓錐花序)'라고 한다.

북쪽을 향해 굽는 충절의 꽃 **백목련**

목련과 | *Magnolia denudata*   🌳 갈잎큰키나무 ✴ 꽃 3~4월 🌰 열매 10월

백목련의 원산지는 중국이며 오래전에 우리나라에 들어와 관상수로 심어 길렀다. 백목련은 낙엽이 지는 큰키나무로 높이 15m 정도로 자란다. 옛날 사람들은 털로 덮여 있는 커다란 겨울눈의 모양이 마치 글씨를 쓰는 붓과 비슷하다 하여 나무붓이란 뜻으로 '목필(木筆)'이라고 했다.

봄에 부풀어 오르는 백목련의 꽃봉오리는 대부분 북쪽을 향해 굽는 특성이 있다. 백목련의 꽃봉오리가 북쪽으로 굽는 까닭은 햇빛을 많이 받는 남쪽 부분이 더 빨리 자라기 때문이다. 그런데 옛날 사람들은 북쪽을 향해 굽는 꽃봉오리가 북쪽에 계신 임금님을 향한 충절 때문이라고 여겨 '북향화(北向花)'라고 부르기도 했다.

백목련처럼 봄에 잎보다 먼저 큼직한 꽃이 피는 목련, 별목련, 자목련도 관상수로 심어지고 있으며 이외에도 많은 재배 품종이 있다.

4월의 백목련

꽃가지 4월에 잎보다 먼저 피는 꽃은 지름 10~16cm이며 9장의 꽃덮이조각으로 이루어져 있다.

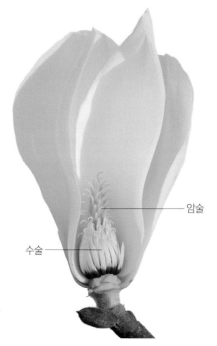

암술

수술

꽃 단면 꽃덮이조각 속에는 암술과 수술이 들어 있다.

갓 수정된 열매 수정이 끝난 꽃은 꽃잎과 수술이 스러지면서 떨어지고 꽃턱이 자라기 시작한다. 이때쯤 잎도 나와 자란다.

어린 열매송이 단면 열매송이 속에서 씨앗이 만들어진다.

암술

수술

꽃턱

꽃턱 세로 단면 꽃턱은 세로로 길며 밑부분에는 많은 수술이 촘촘히 달리고 윗부분에 많은 암술이 달린다. 암술과 수술은 꽃턱에 나사 모양으로 촘촘히 돌려가며 달린다.

수술

꽃턱

꽃턱 가로 단면 수술은 기다란 꽃잎 모양이며 밑부분은 붉은빛이 돌고 윗부분이 세로로 갈라지면서 꽃가루가 나온다.

9월의 열매 열매는 10cm 정도 길이이며 가을에 붉은색으로 익는다.

꽃턱은 꽃자루 맨 끝에 꽃받침, 꽃잎, 암술, 수술의 모든 기관이 붙는 볼록한 부분으로 곤봉처럼 크게 자라기도 한다.

갈라진 열매송이 열매는 익으면 혹처럼 볼록하게 튀어나온 부분이 갈라지면서 붉은색 씨앗이 드러난다.

씨앗 씨앗은 붉은색 겉씨껍질을 벗겨내면 검은색이 드러난다. 동글납작한 씨앗은 하트 모양과 비슷하다.

잎 모양 가지에 서로 어긋나는 거꿀달걀형 잎은 8~15㎝ 길이이며 가장자리가 밋밋하고 주맥 끝부분만 뾰족해진다.

잎 뒷면 뒷면은 연녹색이며 잎맥이 두드러진다.

여름에 돋은 잎 여름에 새로 나는 잎은 붉은빛이 돈다.

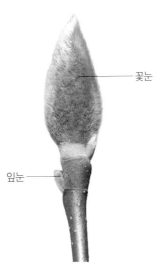

꽃눈

잎눈

겨울눈 달걀 모양의 겨울눈(꽃눈)은 길이 2~2.5㎝이며 솜털로 덮여 있다. 잎눈은 1~2㎝ 길이로 약간 작고 솜털로 덮여 있다.

나무껍질 나무껍질은 회백색이며 밋밋하고 오래되면 작은 조각으로 벗겨진다.

*목련(*M. kobus*) 제주도의 한라산에서 자라며 관상수로도 많이 심는다. 6~9장의 꽃덮이조각은 흰색이며 활짝 벌어진다.

*별목련(*M. stellata*) 중국 원산으로 관상수로 심으며 12~18장의 꽃덮이조각은 활짝 벌어진다.

*자목련(*M. liliiflora*) 중국 원산으로 관상수로 심으며 자주색 꽃은 활짝 벌어지지 않으며 꽃덮이조각 안쪽도 자주색이다.

겉씨껍질은 씨앗을 싸고 있는 2겹의 껍질 중에서 가장 바깥쪽에 있는 껍질로 한자로는 '외종피(外種皮)'라고 한다.

산에서 피는 목련 함박꽃나무

목련과 | *Magnolia sieboldii* 🔷 갈잎작은키나무 ✳️ 꽃 5~6월 🍂 열매 9~10월

함박꽃나무는 낙엽이 지는 작은키나무로 산골짜기나 산 중턱에서 높이 7~10m로 자란다. 대부분의 목련 종류는 봄에 잎보다 꽃을 먼저 피우지만 함박꽃나무는 잎이 다 자란 늦은 봄에 꽃이 피기 시작한다. 커다란 흰색 꽃송이가 고개를 살짝 숙이고 피는데, 꽃송이 가운데에 모여 있는 붉은색 수술과 연노란색 암술이 아름답고 향기도 좋아서 많은 사람의 사랑을 받는다.

주먹만 한 크기의 큼직한 꽃이 함박꽃(작약)과 비슷하여 '함박꽃나무'라고 한다. 함박꽃나무는 '산목련'이라고도 하는데 산에서 피는 목련이란 뜻이다. 북한에서는 나무에 피는 난초라는 뜻으로 '목란(木蘭)'이라고 부르며 북한의 나라꽃이다.

함박꽃나무는 아름다운 꽃과 시원한 잎 모양 때문에 관상수로 심기도 한다. 뿌리는 한약재로 이용하는데, 진통을 멎게 하거나 오줌을 잘 나오게 하며 피를 맑게 하는 데 쓴다.

6월의 함박꽃나무

5월에 핀 꽃 5~6월에 잎이 자란 다음에 가지 끝에 피는 흰색 꽃은 지름 7~10cm이며 향기가 매우 좋다.

암술
꽃턱
수술

꽃 단면 꽃 한가운데에 타원형의 긴 꽃턱이 있다. 꽃턱 윗부분에는 암술이 모여 달리고 아랫부분에는 붉은색 수술이 빙 돌려난다.

꽃 뒷면 함박꽃나무와 같은 목련속 나무들은 꽃잎과 꽃받침이 구분되지 않고 같은 모양을 하고 있어 '꽃덮이'라고 불린다. 흰색 꽃덮이조각은 9~12장이다.

활짝 벌어진 수술 붉은색 수술들은 활짝 피면 수평으로 벌어진다.

꽃봉오리

시든 꽃 꽃덮이조각은 시들어도 떨어지지 않고 그대로 붙어 있는 것도 있다.

꽃봉오리 꽃봉오리는 얇은 갈색 껍질에 싸여 있다. 꽃봉오리는 따서 말려 혈압을 내리는 한약재로 쓴다.

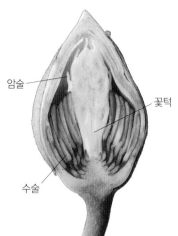

꽃봉오리 세로 단면 많은 수술은 꽃턱 밑부분에 촘촘히 돌아가며 붙는다.

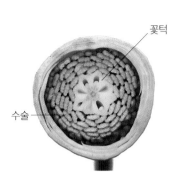

꽃봉오리 가로 단면 가운데의 꽃턱 속은 여러 칸으로 나뉘어져 있으며 나중에 그곳에서 씨앗이 만들어진다.

7월의 어린 열매 꽃턱이 자라서 된 열매는 타원형이며 5∼7cm 길 이이고 긴 자루에 달려 있다.

어린 열매 단면 열매 속의 각 방은 세로로는 나선 모양으로 배열되어 있어 위치가 조금씩 다르다.

9월 말의 열매 잘 익은 열매는 칸 칸이 벌어지면서 주홍색 씨앗이 드러난다.

씨앗 주홍색 겉씨껍질을 벗겨 내면 검은색 씨앗이 드러난다.

잎 모양 가지에 서로 어긋나는 타원 형 잎은 6∼15cm 길이이며 끝이 뾰족 하고 가장자리가 밋밋하다.

잎 뒷면 뒷면은 회녹색이며 잎맥을 따라 털이 있다.

겨울눈 끝눈은 길이가 1∼1.5cm이고 곁눈은 끝눈보다 작다.

봄에 돋은 새순 봄에 겨울눈이 벌어 지면서 나오는 어린잎은 부드러운 털 로 덮여 있다.

나무껍질 나무껍질은 회색∼회갈색이며 밋밋하다.

함박꽃나무는 습기가 다소 있고 비옥한 곳을 좋아하며 약간 그늘진 곳에서도 잘 자란다.

후박나무로 잘못 알려진 일본목련

목련과 | *Magnolia obovata* 🌳 갈잎큰키나무 🌸 꽃 5~6월 🍎 열매 9~11월

일본목련은 낙엽이 지는 큰키나무로 높이 20m 정도로 자란다. '일본목련'은 원산지가 일본이고 목련속에 속하는 나무라서 붙여진 이름이다. 북한에서는 연노란색 꽃을 보고 '황목련'이라고 한다. 일본 이름은 '호오노키'이며 한자로 '후박(厚朴)'이라고 쓴다. 그런데 이 나무를 우리나라에 수입하면서 일본의 한자 이름을 그대로 사용해 일본목련이 후박나무로 잘못 알려지게 되었다.

우리나라 남쪽 바닷가에는 후박나무가 따로 자라고 있어 둘을 혼동하는 경우가 많다. 일본목련의 나무껍질은 위를 튼튼하게 하거나 오줌을 잘 나오게 하는 한약재로 쓰는데, 사람들이 둘을 혼동해서 남쪽 바닷가에서 자라는 진짜 후박나무가 껍질이 벗겨지는 수난을 당하기도 한다.

목재는 재질이 연하면서도 치밀하고 뒤틀림이 없어 가공하기 쉽다. 일본 사람들은 커다란 잎으로 주먹밥을 싸는데 잎의 은은한 향기가 밴 음식이 일품이다.

8월의 일본목련

5월에 핀 꽃 잎이 다 자란 5월에 가지 끝에 큼직한 꽃이 핀다.

암술
수술

갓 핀 꽃 단면 꽃턱 아래쪽에 빙 돌아가며 달리는 수술의 밑부분은 붉은색이다.

꽃봉오리 꽃봉오리 겉에 있는 꽃덮이조각은 흰색과 녹색이 섞여 있다.

활짝 핀 꽃 꽃은 지름이 15cm 정도로 크며 연노란색 꽃덮이조각은 9~12장이다.

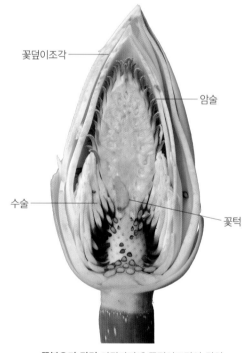

꽃덮이조각
암술
수술
꽃턱

꽃봉오리 단면 가장자리에 꽃덮이조각이 겹쳐 있고 가운데에는 수술과 암술이 들어 있다.

꽃덮이조각

꽃 뒷면 밑부분에 있는 3장의 꽃덮이조각은 길이가 짧아서 꽃받침처럼 보인다.

후박나무(58쪽)는 녹나무과에 속하며 5백 년 이상 사는 장수나무로 남쪽 섬에서는 정자나무로 이용되고 있다.

6월의 어린 열매 꽃이 지면 긴 타원형 열매가 열린다.

열매 단면 열매는 빙 둘러가며 방마다 씨앗이 만들어지고 있다.

9월 말의 열매 열매는 길이 10~20cm이며 가을에 붉은색으로 익으면 칸칸이 갈라지면서 붉은색 씨앗이 드러난다.

씨앗 씨앗을 싸고 있는 겉씨껍질은 붉은색이고 광택이 있다.

잎 모양 가지 끝에 촘촘히 어긋나는 잎은 거꿀달걀형이며 가장자리가 밋밋하다. 잎은 길이가 20~40cm로 매우 크다.

잎 뒷면 뒷면은 흰색이며 부드러운 털이 흩어져 난다.

겉씨껍질을 벗긴 씨앗 겉씨껍질을 벗긴 씨앗은 흑갈색이며 표면에 얕은 주름이 있다.

끝눈

잎자국

겨울눈 어린 가지는 굵고 털이 없으며 끝눈은 길이가 3~5cm로 매우 크다.

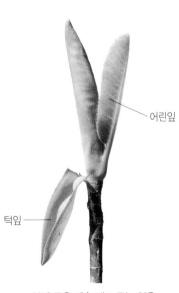

어린잎

턱잎

봄에 돋은 새순 새로 돋는 잎은 털이 많다.

나무껍질 나무껍질은 회색이며 밋밋하고 껍질눈이 많다.

늘 푸른 잎을 가진 목련 **태산목**

6월의 태산목

목련과 | *Magnolia grandiflora* 🌳 늘푸른큰키나무 ✽ 꽃 5~7월 🍎 열매 10~11월

태산목은 늘푸른큰키나무로 높이 20m 정도로 자란다. 북아메리카 원산의 상록수로 추위에 약하기 때문에 남부 지방에서 관상수로 심는다.

'태산목(泰山木)'은 중국의 태산처럼 큰 나무란 뜻이지만, 실제로는 나무 자체가 태산처럼 큰 것은 아니다. 하지만 꽃의 지름이 25㎝나 되는 것도 있고, 또 광택이 나는 긴 타원형 잎도 큰 것은 25㎝ 정도로 다른 나무에 비하면 큰 편이니 태산목이라는 이름이 제법 잘 어울린다. 북한에서는 '양목란'이라고 부른다. 태산목은 햇빛이 잘 들고 어느 정도 습기가 있는 토양에서 잘 자라며, 강풍에 약하므로 바람을 막을 수 있는 곳에 심는 것이 좋고 가지치기와 옮겨심기를 하지 않는 것이 좋다.

세계적으로 목련과에 속하는 나무는 100여 종이 된다. 그중에서 아시아에서 자라는 목련은 목련이나 백목련처럼 가을에 잎이 지는 낙엽수가 대부분이지만, 아메리카 대륙에서 자라는 목련은 태산목처럼 늘푸른나무가 많다.

꽃 모양 꽃은 지름이 12~25㎝이며 흰색 꽃덮이조각은 9~12장이다.

꽃 뒷면 밑부분에 있는 꽃덮이조각에는 연한 홍갈색 줄이 있다.

6월의 꽃봉오리 가지 끝에서 나오는 흰색 꽃봉오리는 짧은털로 덮여 있다.

7월에 핀 꽃 5월부터 피기 시작하는 꽃은 7월까지 계속 피고 지는데 향기가 매우 진하다.

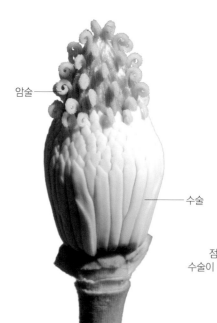

암술

수술

갓 핀 꽃의 암술과 수술 꽃턱 윗부분에 촘촘히 붙는 암술은 암술머리의 끝부분이 용수철처럼 감기고 밑부분의 많은 수술은 아직 꽃턱에 포개져 있다.

암술

시든 수술

점 하나하나가 수술이 떨어져 나간 자리이다.

지는 꽃의 암술과 수술 수정이 끝난 암술은 암술머리가 약간 펴지고 시든 수술은 떨어져 나간다.

태산목은 미국 남동부 원산으로 미시시피주의 주화(州花)이며, 잎은 크리스마스 장식용으로 쓰인다.

9월의 어린 열매 꽃이 지면 타원형 열매가 열린다. 열매는 8∼12㎝ 길이이다.

어린 열매 모양 열매 표면은 짧은털로 덮여 있다.

어린 열매 단면 열매 속에서 많은 씨앗이 만들어진다.

10월의 열매 가을에 열매가 익으면 칸칸이 벌어지면서 붉은색 씨앗이 드러난다.

잎 모양 가지에 촘촘히 어긋나는 긴 타원형 잎은 10∼20㎝ 길이이고 가장자리가 밋밋하며 뒤로 약간 말리고 앞면은 광택이 있다.

잎 뒷면 잎은 두꺼운 가죽질이며 주맥이 뚜렷하고 뒷면에는 갈색 털이 빽빽이 난다.

씨앗 붉은색 겉씨껍질을 벗겨 낸 씨앗은 둥근 타원형이며 약간 납작하며 표면이 매끈하다.

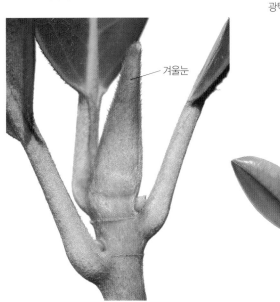

겨울눈

겨울눈 긴 원뿔형의 겨울눈은 털로 덮여 있다.

5월 말에 새로 돋은 잎 새로 돋는 잎은 연두색이지만 곧 진녹색으로 변한다.

나무껍질 나무껍질은 회색이며 밋밋하다.

튤립 모양의 꽃이 피는 튤립나무

10월 말의 튤립나무

목련과 | *Liriodendron tulipifera* 🌳 갈잎큰키나무 ✳️ 꽃 5~6월 🍂 열매 9~10월

튤립나무는 북아메리카 원산으로 가로수나 공원수로 많이 심는다. 낙엽이 지는 큰 키나무로 높이 20m 이상 곧게 자란다. '튤립나무'는 늦은 봄에 꽃이 피는데 꽃 모양이 튤립 꽃을 닮아 붙여진 이름이다. 또 꽃 모양이 백합꽃을 닮았다 하여 '백합나무'라고 부르기도 한다.

튤립나무의 학명은 릴리오덴드론 튤립피페라(*Liriodendron tulipifera*)인데, 앞의 속명(*Liriodendron*)에는 릴리 즉, '백합'이 들어가고 뒤의 종소명(*tulipifera*)에는 '튤립'이 들어간다. 하지만 꽃의 모양은 종소명처럼 백합보다는 튤립에 가깝다. 그래서 영어 이름도 '튤립 트리(Tulip Tree)'이다. 또 다른 영어 이름은 '노랑 포플러(Yellow Poplar)'인데 포플러처럼 빨리 자라고, 목재가 연노란색을 띠고 있어서 붙여진 이름이다. 가벼운 목재는 결이 곱고 광택이 있어 가구재나 기구재 등으로 널리 쓰인다. 아메리카 인디언들은 물에 잘 뜨는 이 나무로 통나무배를 만들었다고 한다.

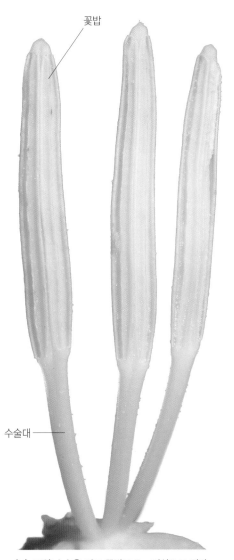

꽃밥

수술대

수술 모양 수술은 길고 꽃밥도 2㎝ 이상으로 길다.

6월 초에 핀 꽃 5~6월에 잎이 다 자란 다음에 가지 끝에 튤립 모양의 연노란색 꽃이 핀다.

꽃잎

수술

암술

꽃받침조각

꽃 단면 3장의 꽃받침조각은 점차 뒤로 젖혀진다. 꽃 가운데에 원뿔 모양의 암술이 있고 그 둘레에 많은 수술이 있다.

꽃받침조각 연녹색 꽃받침조각은 길쭉하고 끝이 뾰족하다.

꽃 모양 꽃은 지름 5~6㎝이다. 6장의 꽃잎은 튤립처럼 곧게 서며 끝부분만 뒤로 말린다. 꽃잎 안쪽의 밑부분에는 오렌지색 반점이 빙 둘러가며 있다.

시든 꽃 꽃잎은 시들어도 떨어지지 않고 그대로 붙어 있기도 한다.

튤립나무는 우리나라에서 조림한 나무 중에 지구 온난화의 주범인 이산화탄소 흡수력이 가장 뛰어나며 적응력도 빨라 최근에 산림청에서 산에 심는 것을 권장하고 있다.

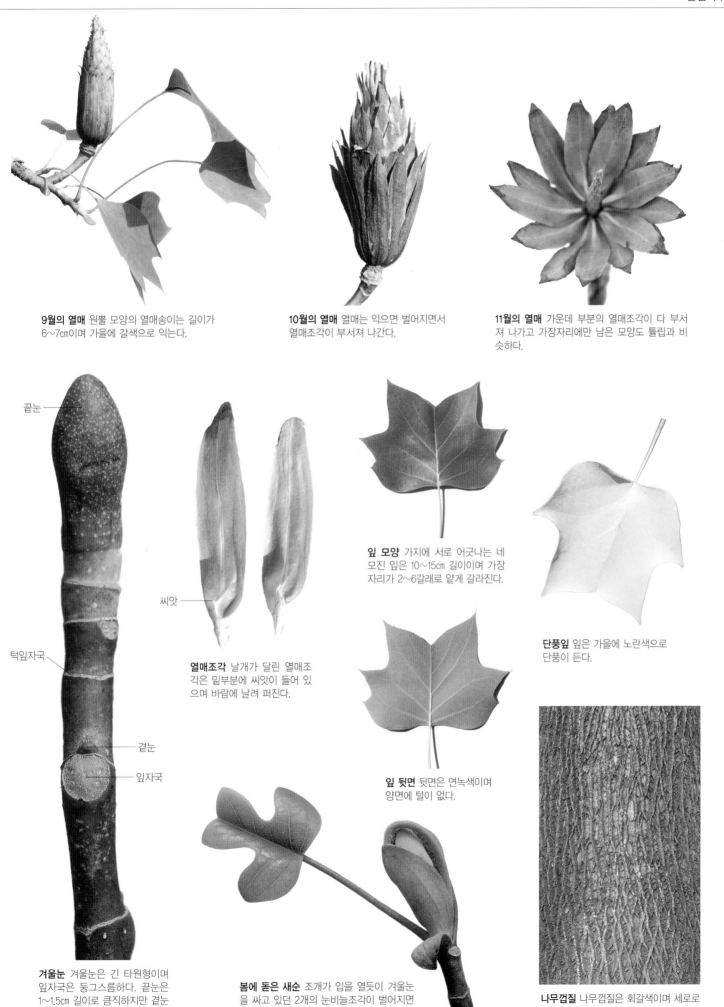

9월의 열매 원뿔 모양의 열매송이는 길이가 6~7cm이며 가을에 갈색으로 익는다.

10월의 열매 열매는 익으면 벌어지면서 열매조각이 부서져 나간다.

11월의 열매 가운데 부분의 열매조각이 다 부서져 나가고 가장자리에만 남은 모양도 튤립과 비슷하다.

끝눈

턱잎자국

곁눈

잎자국

씨앗

열매조각 날개가 달린 열매조각은 밑부분에 씨앗이 들어 있으며 바람에 날려 퍼진다.

잎 모양 가지에 서로 어긋나는 네모진 잎은 10~15cm 길이이며 가장자리가 2~6갈래로 얕게 갈라진다.

단풍잎 잎은 가을에 노란색으로 단풍이 든다.

잎 뒷면 뒷면은 연녹색이며 양면에 털이 없다.

겨울눈 겨울눈은 긴 타원형이며 잎자국은 둥그스름하다. 끝눈은 1~1.5cm 길이로 큼직하지만 곁눈은 4~8mm 길이로 작다.

봄에 돋은 새순 조개가 입을 열듯이 겨울눈을 싸고 있던 2개의 눈비늘조각이 벌어지면서 잎이 나온다.

나무껍질 나무껍질은 회갈색이며 세로로 얕게 갈라진다.

턱잎자국(탁엽흔:托葉痕)은 턱잎이 떨어져 나간 자국으로, 보통은 잎자국의 좌우에 생기지만 튤립나무나 목련속(Magnolia) 나무들은 가는 턱잎자국이 가지를 한 바퀴 돈다.

빨간 망개 열매가 고운 청미래덩굴

청미래덩굴과 | *Smilax china*

갈잎덩굴나무　꽃 4~5월　열매 9~10월

청미래덩굴은 낙엽이 지는 덩굴나무로 길이 2~5m로 벋는다. 산과 들의 풀밭이나 길가에서 자라는데, 나지막한 나무 등을 덩굴손으로 감으며 벋는 줄기는 제멋대로 엉키며 퍼져 나간다. 줄기에는 날카로운 가시가 있어 잘못 스치면 옷자락이 걸려 찢어지거나 상처가 나기도 한다.

청미래덩굴을 지방에 따라 '명감나무' 또는 '망개나무'라고 부르기도 한다. 시골 아이들은 가을에 붉게 익는 이 열매를 '명감', '맹감' 또는 '망개'라고 부르며 따 먹지만 열매살이 적고 씹으면 약간 텁텁하다. 요즈음은 빨간 열매가 달린 가지를 꽃꽂이 재료로 쓴다. 청미래덩굴은 뿌리 곳곳에 혹같이 생긴 덩이뿌리가 있는데, 이를 '토복령(土茯笭)'이라고 하며 한약재로 쓴다. 토복령에는 녹말 성분이 많아 흉년에는 식량으로 이용하기도 하였다. 또 둥근 잎으로 싸서 찐 떡을 '망개떡'이라고 하는데 서로 잘 달라붙지 않고 오랫동안 상하지 않는다.

5월 초의 청미래덩굴

4월 초의 수꽃봉오리 새로 자라는 가지에는 어린잎과 함께 긴 자루가 있는 꽃봉오리가 나온다.

4월 말에 핀 수꽃 암수딴그루로 4~5월에 잎겨드랑이에 나온 우산꽃차례에 연한 황록색 꽃이 모여 핀다.

꽃밥

꽃덮이조각

수꽃 모양 꽃덮이조각은 6장이며 뒤로 젖혀진다. 꽃덮이조각은 긴 타원형이며 4mm 정도 길이이다. 수술도 6개이며 꽃밥은 연노란색이다.

암꽃 암그루에 피는 암꽃도 잎과 함께 나온다.

암술머리

암꽃

암꽃송이 6장의 꽃덮이조각 가운데에 1개의 암술이 있다. 암술머리는 3개로 갈라지고 씨방은 긴 타원형이다.

5월의 어린 열매 꽃이 진 뒤에 연노란색 열매가 열린다.

예전에는 청미래덩굴속(*Smilax*)을 백합과로 분류했지만 APG 분류 체계에서는 청미래덩굴과로 독립시켰다.

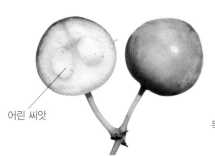

어린 씨앗

어린 열매 단면 열매는 지름이 1cm 정도이며 연한 열매살 가운데에 씨앗이 만들어진다.

어린 열매

묵은 열매

5월의 어린 열매와 묵은 열매 지난해에 열린 열매가 가끔 다음 해까지 남아 있기도 한다.

10월의 열매 열매는 가을에 붉은색으로 익는다. 둥근 열매의 표면은 광택이 있고 열매살은 조금밖에 없다.

잎 모양 잎은 어긋나고 원형~둥근 타원형 이며 지름 3~12cm이고 가장자리가 밋밋 하며 광택이 있고 가죽처럼 질기다.

잎 뒷면 뒷면은 연녹색이며 양면에 털이 없다.

씨앗 한 열매에 5개 정도의 씨앗이 들어 있다. 씨앗은 적갈색이며 길이가 5mm 정도이다.

겨울눈 겨울눈은 긴 세모꼴이고 묵은 잎자루에 싸여 있다.

어린잎

덩굴손

봄에 돋은 새순 새로 돋는 잎의 밑부분 에는 턱잎이 변한 1쌍의 덩굴손이 있다.

줄기의 가시 줄기에는 밑으로 굽는 날카로운 가시가 있다.

*청가시덩굴(*S. sieboldii*) 청미래덩굴 과 같은 속에 속하는 덩굴나무로 산기슭 이나 숲속에서 자란다. 잎은 달걀형이고 5개의 잎맥이 뚜렷하다. 열매는 가을에 검은색으로 익고 줄기에 가시가 많다.

줄기가 실 모양의 털로 싸인 종려나무

야자나무과 | *Trachycarpus fortunei* ♤ 늘푸른큰키나무 ✿ 꽃 5~6월 ○ 열매 11~12월

종려나무는 일본 원산의 야자나무로 늘푸른큰키나무이며 5~10m 높이로 곧게 자란다. 일본 원산이라서 '왜종려(倭棕櫚)'라고도 한다. 줄기 윗부분에 돌려나는 둥근 잎은 부챗살 모양으로 갈라지는데 왼쪽의 사진처럼 오래되면 갈래조각이 밑으로 처진다. 중국 남부에서 자라는 종려나무는 부챗살 모양인 잎의 갈래조각이 처지지 않기 때문에 관상용으로 인기가 더 높으며 '당종려(唐棕櫚)'라고 구분해서 부르기도 한다. 암수딴그루로 따뜻한 남쪽 지방에서 정원수로 심으며 중부 지방에서는 온실에서 기른다. 나무가 크게 자라는 편이어서 흔히 건물의 입구나 실내정원의 가운데를 장식하는 용도로 많이 쓰인다.

잎자루 밑부분에서 발달하는 가는 실 모양의 잎집은 잎이 떨어진 다음에도 계속 남아서 줄기를 싸고 있다. 이 잎집은 질기면서도 물에 젖지 않기 때문에 원산지에서는 '종려털(종려모:棕櫚毛)'이라고 해서 섬유를 만들어 썼다.

6월의 종려나무

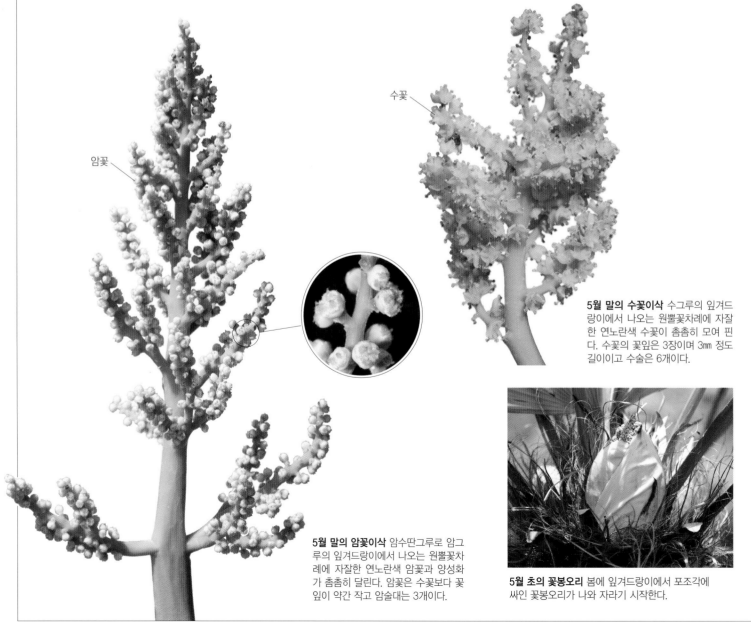

암꽃

수꽃

5월 말의 수꽃이삭 수그루의 잎겨드랑이에서 나오는 원뿔꽃차례에 자잘한 연노란색 수꽃이 촘촘히 모여 핀다. 수꽃의 꽃잎은 3장이며 3mm 정도 길이이고 수술은 6개이다.

5월 말의 암꽃이삭 암수딴그루로 암그루의 잎겨드랑이에서 나오는 원뿔꽃차례에 자잘한 연노란색 암꽃과 양성화가 촘촘히 달린다. 암꽃은 수꽃보다 꽃잎이 약간 작고 암술대는 3개이다.

5월 초의 꽃봉오리 봄에 잎겨드랑이에서 포조각에 싸인 꽃봉오리가 나와 자라기 시작한다.

서아시아의 사막 근처에서 자라는 대추야자(*Phoenix dactylifera*)를 성경에서는 종려나무로 표기하므로 둘을 잘 구분해야 한다.

11월의 열매 둥글납작한 열매는 1~1.2cm 길이이고 짧은 자루가 있으며 점차 검푸른색으로 익는다.

씨앗 콩팥 모양의 씨앗은 1cm 정도 길이이며 광택이 있다.

다음 해 11월의 열매 열매는 시든 채로 오랫동안 남아 있기도 한다.

잎몸 밑부분 주맥을 중심으로 차곡차곡 접혀 있는 갈래조각은 잎몸 밑부분에서는 갈라지지 않는다.

잎 뒷면 잎 뒷면은 연녹색이다. 잎자루 밑부분의 가장자리에 가느다란 실 모양의 잎집이 발달하며 잎이 시든 다음에도 계속 남아 있다.

잎 줄기 윗부분에 돌려나는 잎은 잎몸이 둥글며 지름 50~80cm이고 세로로 깊게 갈라지며 갈래조각은 주맥을 중심으로 접힌 모양이 찔부채의 부챗살을 닮았다. 오래된 종려나무 잎의 갈래조각은 밑으로 처지는데 중국 원산인 당종려는 잎의 갈래조각이 처지지 않는다. 잎자루는 1m 정도 길이이며 단면은 세모꼴이고 가장자리에는 돌기가 있어서 껄끔거린다.

줄기 줄기는 가느다란 실 모양의 흑갈색 섬유질로 덮여 있다. 줄기에는 잎자루 밑부분의 잎집이 남아 있다.

*당종려(*T. wagnerianus*) 중국 남부 원산으로 왜종려에 비해 잎이 단단하고 오래되어도 갈래조각이 밑으로 처지지 않는다. 종려나무와 같은 종으로 본다.

야자나무 종류의 비교

야자나무과는 외떡잎식물군에 속한다. 주로 열대와 아열대 지방에 270여 속 2,400여 종이 자라고 있으며 대부분의 종은 분포 지역이 매우 제한적이다. 야자나무 종류는 일반적인 나무처럼 부름켜로 2차 비대 생장을 하는 것이 아니라 줄기 꼭대기의 생장점 부근에서 만들어진 관다발이 목질화되기 때문에 줄기는 키만 자랄 뿐 더 이상 굵어지지 않으며 가지가 갈라지지도 않는다. 야자나무 잎은 줄기 윗부분에 둘러 나는데 잎몸이 깃꼴로 갈라지거나 둥근 잎몸이 부챗살처럼 갈라지는 잎도 있으며 매우 큰 잎을 가진 나무가 많다. 꽃은 대부분이 암꽃과 수꽃이 따로 피는 단성화(單性花)가 많으며 바람에 꽃가루가 날리는 바람나름꽃(풍매화:風媒花)이 많다. 야자나무는 해마다 꽃이 피는 나무도 있지만 몇십 년 자란 다음에 거대한 꽃차례가 나와 꽃이 피고 열매를 맺으면 고사하는 나무도 있다. 열대 지방에서는 경제적으로 중요한 나무가 많으며 목재, 건축재, 섬유, 녹말, 기름, 술, 식초, 연료 등으로 널리 쓰이고 관상수로도 많이 재배한다. 우리나라에서는 남쪽 지방에서 종려나무와 함께 워싱턴야자, 카나리야자, 야타이야자 등을 관상수로 심고 있다.

● **코코스야자**(*Cocos nucifera*)

대표적인 야자나무이며 열대 지방을 대표하는 나무로 10~30m 높이로 자란다. 깃꼴겹잎은 2~4m 길이이며 줄기 끝에서 사방으로 퍼진다. 암수한그루로 잎겨드랑이에서 자란 배 모양의 포 속에 있는 꽃송이에 암꽃과 수꽃이 모여 달린다. 원형~타원형 열매는 30~45㎝ 길이로 흔히 '코코넛(Coconut)'이라고 하며 단단한 겉껍질은 매끄럽다.

열매 속의 야자즙은 음료로 마시고 열매껍질로 만든 섬유는 '코이어(Coir)'라고 하는데 바닷물에 잘 썩지 않아 로프, 어망, 매트리스의 충전재, 방석 등을 만드는 원료로 쓰인다. 열매 속 가장자리의 배젖은 가루로 만들거나 기름을 짜서 먹는다. 잎은 지붕을 덮거나 모자와 매트를 만들고, 어린순은 채소로 이용한다. 열매는 바닷물에 떠다니다가 육지에 닿으면 싹이 터 자란다.

● **대추야자**(*Phoenix dactylifera*)

성경에 종려나무로 나오는 나무로 서아시아 원산이며 25~30m 높이로 자란다. 적갈색~흑자색으로 익는 열매는 곶감처럼 달고 영양분이 풍부하며 중동 사막 지역의 중요한 식량 자원이다. 열매는 과자, 잼, 젤리, 술, 음료 등을 만드는 원료로 쓴다.

● **세이셸야자**(*Lodoicea maldivica*)

세이셸제도 원산으로 25~34m 높이로 자란다. 타원형 열매는 40~50㎝ 길이이고 무게가 15~30㎏이나 되며 여무는 데 6~10년이 걸린다. 씨앗은 30㎝ 정도 길이로 엄청 크고 두 부분으로 갈라져서 '겹야자(Double Coconut)' 또는 '쌍둥이야자'라고도 한다.

● **기름야자**(*Elaeis guineensis*)

열대아프리카 원산으로 10~20m 높이로 자란다. 다닥다닥 열리는 둥근 열매로 짠 기름은 '팜유(Palm Oil)'라고 하며 마가린, 식용유, 윤활유, 양초, 비누, 화장품 등을 만드는 원료로 쓴다. 전 세계에서 기름을 가장 많이 생산하는 중요한 자원식물이다.

● **빈랑나무**(*Areca catechu*)

말레이시아 원산으로 25m 정도 높이로 자란다. 원형~타원형 열매는 '빈랑자(檳榔子)'라고 하며 3㎝ 정도 길이이다. 열대 지방 사람들은 빈랑자를 입에 넣고 질겅질겅 씹는데 약간의 환각 성분이 있기 때문에 씹으면 피로가 회복된다고 한다.

● **사고야자**(*Metroxylon sagu*)

동남아시아 원산으로 10~50m 높이로 자란다. 죽기 전에 한 번 꽃이 피는데 이때 줄기에 녹말을 많이 저장하기 때문에 이 녹말 알갱이를 채취하여 식용하며, 이 녹말을 '사고(Sago)'라고 한다. 그래서 흔히 '쌀나무'라고 부르며 수프나 팬케이크를 만들어 먹는다.

● **다라수**(*Borassus flabellifer*)

열대아시아 원산으로 30m 정도 높이로 자란다. 두껍고 질긴 잎은 '패다라(貝多羅)' 또는 '패엽(貝葉)'이라고 하며, 옛날에 철필로 불교 경전 등을 새기는 데 쓰였다. 줄기가 높은 장대처럼 보이기 때문에 옛날부터 인도에서는 높이에 대한 비유로도 많이 쓰였다.

● **병야자**(*Hyophorbe lagenicaulis*)

아프리카 원산으로 4~5m 높이로 자란다. 줄기는 원주형으로 술병처럼 부풀어서 '병야자'라고 한다. 깃꼴겹잎은 3m 정도 길이이고 활처럼 휘어지며 작은잎은 가지런히 달린다. 나무 모양이 특이해서 열대 지방에서 관상수로 많이 심는다.

● **공작야자**(*Caryota urens*)

인도와 말레이시아 원산으로 15~20m 높이로 자란다. 잎은 2회깃꼴겹잎으로 사방으로 퍼진 모양이 공작깃을 닮아서 '공작야자'라고 한다. 암수한그루로 꽃이삭은 길게 밑으로 처진다. 원산지에서는 꽃자루를 잘라 나오는 즙을 음료수로 마신다.

매발톱 모양의 가시를 가진 매발톱나무

8월 말의 매발톱나무

매자나무과 | *Berberis amurensis*   ❀ 갈잎떨기나무   ✿ 꽃 5~6월   ◐ 열매 9~10월

매발톱나무는 낙엽이 지는 떨기나무로 여러 대가 모여나는 줄기는 높이 2m 정도로 자란다. 줄기에는 흔히 3개로 갈라진 가시가 달리는데 이 날카로운 가시의 모양이 매의 발톱처럼 생겼다 해서 '매발톱나무'라고 한다.

5월경에 잎이 모여 달린 잎겨드랑이마다 노란색 꽃송이가 작은 포도송이처럼 주렁주렁 매달리고, 가을에 꽃송이 모양대로 빨간 열매송이가 매달린다. 노란색 꽃송이와 빨간 열매가 아름다워서 관상수로 심는데 흔히 생울타리를 만든다.

매발톱나무와 가까운 나무로는 왕매발톱나무, 매자나무, 일본매자나무가 있는데 꽃과 열매의 모양이 비슷해서 구분하기 어렵다. 왕매발톱나무는 울릉도에서 자라고 매자나무는 매발톱나무와 함께 중부 이북의 산에서 자라며 일본 원산인 일본매자나무는 관상수로 심고 있다.

꽃가지 5월에 여러 장의 잎이 모여나는 잎겨드랑이에서 노란색 송이꽃차례가 매달린다.

꽃받침조각 · 꽃잎 · 암술 · 수술

꽃 모양 꽃은 지름 6mm 정도이다. 꽃받침조각, 꽃잎, 수술은 각각 6개씩이고 암술은 1개이다. 6개의 꽃받침조각 중 3개가 특히 크고 색깔은 꽃잎처럼 노란색이다.

암술

꽃 단면 가운데에 있는 황록색 암술대는 기다란 원통형이며 끝부분은 원반 모양이다.

9월의 열매 타원형 열매는 9월에 붉은색으로 익으며 꽃차례 모양대로 주렁주렁 매달린다.

열매송이 타원형 열매의 길이는 1cm 정도이다.

8월 초의 어린 열매 기다란 암술은 점차 통통해지면서 열매 모양을 갖추어 간다.

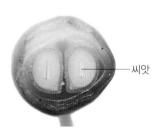

씨앗

열매 단면 1개의 열매에 보통 2개의 씨앗이 들어 있다.

송이꽃차례는 긴 꽃대에 작은꽃자루가 있는 여러 개의 꽃이 어긋나게 붙는 꽃차례로, 한자로는 '총상화서(總狀花序)'라고 한다.

씨앗 긴 타원형 씨앗은 길이 4~6mm이며 표면에 광택이 있다.

잎 모양 잎은 어긋나고 짧은가지 끝에서는 모여난다. 잎몸은 거꿀달걀형~타원형이며 3~10cm 길이이고 가장자리에 가는 톱니가 있다.

잎 뒷면 뒷면은 연녹색이며 양면에 털이 없다.

겨울눈 회갈색 가지는 세로로 얕은 골이 있고 겨울눈은 타원형~달걀형이다.

가지의 가시 가지의 가시는 길이 1~2cm로 길고 3갈래로 갈라진다. 가지 끝쪽의 가시는 갈라지지 않는 것도 있다.

어린 가시

어린잎

봄에 돋은 새순 어린잎과 함께 가시가 자란다.

나무껍질 나무껍질은 회갈색이며 코르크가 발달하고 세로로 갈라진다.

매자나무속(*Berberis*) 나무의 비교

왕매발톱나무(var. *latifolia*) 울릉도에서 자라며 매발톱나무보다 잎이 크고 둥근 것이 특징이다. 매발톱나무와 같은 종으로 보기도 한다.

매자나무(*B. koreana*) 중부 이북의 산기슭에서 자란다. 매발톱나무와 비슷하게 생겼지만 열매가 동그스름하다.

일본매자나무(*B. thunbergii*) 일본 원산으로 관상수로 심는다. 꽃송이에 2~4개의 꽃이 달린다. 잎 가장자리는 밋밋하며 뒷면은 흰빛이 돈다.

매발톱나무가 속하는 매자나무속의 속명 버버리스(*Berbris*)는 열매를 뜻하는 아랍어 버버리즈(Berberys)에서 유래되었다.

얼음 과일이 열리는 으름덩굴

5월 초의 으름덩굴

으름덩굴과 | *Akebia quinata*　　　🌳 갈잎덩굴나무　✳ 꽃 4~5월　🍂 열매 9~10월

으름덩굴은 머루나 다래와 같이 산에서 흔히 만날 수 있는 야생 과일나무이다. 낙엽이 지는 덩굴나무로 중부 이남의 산에서 자라는데 산자락이나 계곡, 길가 등 어디서나 잘 자라며 덩굴지는 줄기로 다른 나무를 감고 오른다.

줄기에 달리는 잎은 5장의 작은잎이 손바닥 모양으로 붙는 손꼴겹잎이다. 작은잎은 6~8장이 모여 달리기도 하며 끝이 둥그스름한 것이 다른 나뭇잎과 생김새가 달라서 눈에 잘 띈다.

소시지 모양의 열매인 으름은 가을에 익으면 배가 갈라지면서 속에 있는 열매살이 드러나는데, 열매살의 모양은 껍질을 벗긴 바나나 모양과 비슷하고 맛도 비슷하다. 다만 열매살 속에는 씨앗이 많이 들어 있어서 먹기에 조금 불편하다. 하얀 열매살을 입에 넣으면 차가운 느낌이 들어서 아이들이 으름덩굴의 열매를 '얼음 과일'이라고 하던 것이 변해서 '으름'이 되었다는 글을 보았는데 재미있는 풀이이다.

꽃송이 수꽃은 암꽃보다 크기가 작으며 색깔이 약간 연한 것도 있다.

꽃송이 뒷면 꽃송이 끝에는 작은 수꽃이 모여 달리고 그 위쪽에 1~3개의 암꽃이 달린다. 꽃잎처럼 생긴 꽃받침조각은 자갈색이다.

암꽃 3장의 꽃받침조각 가운데에 4~8개의 암술이 있다. 암꽃의 지름은 2.5~3cm이다.

4월 말에 핀 꽃 암수한그루로 짧은가지의 잎 사이에서 나오는 꽃송이는 밑으로 늘어진다.

수꽃 꽃잎처럼 생긴 3장의 꽃받침조각은 활짝 젖혀지고 가운데에 6~7개의 수술이 동그랗게 모여 있다. 수꽃의 지름은 1~1.6cm이다.

8월의 열매 꽃이 지면 열리는 소시지 모양의 열매는 5~10cm 길이이며 밑으로 늘어진다.

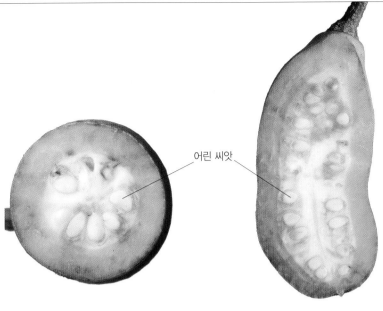

어린 씨앗

어린 열매 가로 단면 두꺼운 껍질 속에 열매살과 아직 여물지 않은 하얀 씨앗이 가득 들어 있다.

어린 열매 세로 단면 씨앗은 열매살 가장자리에 촘촘히 박혀 있다.

10월의 열매 열매는 익으면 세로로 길게 갈라지면서 속살이 드러난다.

씨앗 검은색 씨앗은 5~7mm 길이이고 표면에 광택이 있다.

잎 모양 잎은 어긋나고 보통 5장의 작은잎이 모여 달리는 손꼴겹잎이지만 8장까지 달리는 잎도 있다.

잎 뒷면 작은잎은 타원형~거꿀달걀형이고 3~6cm 길이이며 가장자리가 밋밋하다. 잎 뒷면의 주맥이 뚜렷하다.

10월의 단풍잎 잎은 가을에 노란색으로 단풍이 든다.

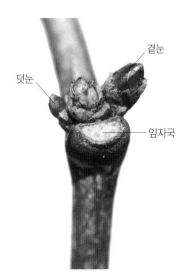

곁눈

덧눈

잎자국

겨울눈 겨울눈은 달걀형이며 3~4mm 길이이고 광택이 있다. 곁눈 옆에 작은 덧눈이 생긴다.

덩굴줄기 나무껍질은 갈색~회갈색이고 껍질눈이 있다. 덩굴지는 줄기는 오른쪽으로 감고 오른다.

***으름덩굴 '레우칸타'**('Leucantha') 원예 품종으로 4~5월에 흰색 꽃이 핀다. 관상용으로 심는다.

***세잎으름**(A. trifoliata) 중국과 일본 원산으로 잎이 세겹잎이며 가장자리에 물결 모양의 톱니가 있다. 관상용으로 심는다.

으름덩굴의 덩굴은 질기기 때문에 옛날에는 잘라서 새끼 대신 쓰거나 바구니를 만들기도 하였다.

달콤한 열매를 맺는 멀꿀

5월의 멀꿀

으름덩굴과 | *Stauntonia hexaphylla* 🌳 늘푸른덩굴나무 ✲ 꽃 4∼5월 🍂 열매 10∼11월

멀꿀은 으름덩굴과에 속하는 덩굴나무로 늘푸른나무이다. 남해안의 바닷가나 섬에서 자라는데 어린 가지는 녹색이며 매끈하고 다른 물체를 감고 15m 정도 길이로 벋는다.

5∼7장의 작은잎이 모여 달리는 손꼴겹잎은 으름덩굴의 잎과 비슷하지만 크기가 좀 더 크고 두꺼우며 표면이 반질거리는 점이 다르다. 꽃이 지면 으름과 비슷한 열매가 열리는데 으름보다는 조금 더 통통하며 늦가을에 붉은색으로 익는다. 으름 열매는 익으면 세로로 갈라져 벌어지지만 멀꿀 열매는 갈라지지 않는다. 하지만 노랗게 익는 속살은 으름과 맛이 비슷하고 으름처럼 씨앗도 많이 들어 있다.

남쪽 바닷가 주변의 마을에서는 멀꿀을 담장에 올려서 기르는데 독특한 푸른 잎이 사철 내내 달려 있어서 보기에 좋다. 질긴 줄기로는 바구니 등을 엮기도 하고 줄기와 뿌리는 기침을 멈추거나 열을 내리는 한약재로 쓴다.

4월의 꽃봉오리 봄에 새잎이 돋을 때 꽃봉오리도 함께 자란다.

5월에 핀 수꽃 암수한그루로 송이꽃차례에 3∼7개의 꽃이 모여 핀다.

수꽃 모양 꽃덮이조각은 6장인데 그중 3개는 가늘고 작다. 꽃은 지름 15∼20mm이다.

수꽃 단면 꽃 가운데에 있는 6개의 수술이 합쳐져 있다.

암꽃 암꽃도 6장의 꽃덮이조각 중에서 3장은 가늘고 작다. 암꽃은 수꽃보다 약간 크다.

암꽃 단면 꽃 가운데에 3개의 암술이 있다.

제주도에서는 '멀꿀'을 '멍꿀'이라고도 부른다. 붉게 익은 열매가 멍이 든 것처럼 보이고 속살이 꿀처럼 달아서 붙여진 이름이다.

6월 초의 어린 열매 3개의 암술이 수정된 결과에 따라 1~3개의 열매가 열린다.

10월의 어린 열매 타원형 열매는 길이 5~8cm로 자라고 밑으로 늘어진다.

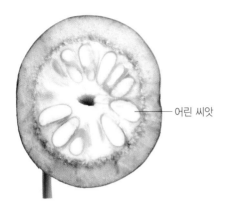

어린 씨앗

어린 열매 단면 열매껍질은 두껍고 열매살 사이에 빙 돌아가며 많은 씨앗이 만들어진다.

11월의 열매 열매는 늦가을에 붉은색으로 익으며 갈라지지 않는다.

열매 단면 열매 속의 씨앗은 검은색으로 익는다.

씨앗 검은색 씨앗은 광택이 있고 길이가 5~8mm이다.

잎 모양 가지에 서로 어긋나는 잎은 5~7장의 작은잎이 모여 붙는 손꼴겹잎이다.

잎 뒷면 작은잎은 타원형~달걀형이며 5~10cm 길이이고 가장자리가 밋밋하며 뒷면은 연녹색이다.

곁눈

가지와 겨울눈 덩굴지는 줄기는 다른 물체를 감고 오른다. 겨울눈은 원뿔형이며 6~8mm 길이이다.

나무껍질 나무껍질은 회갈색~회백색이며 껍질눈이 드문드문 있다.

종 모양의 꽃이 피는 종덩굴

6월의 종덩굴

미나리아재비과 | *Clematis fusca* var. *violacea* 🌳 갈잎덩굴나무 ✺ 꽃 6~7월 🍂 열매 9~10월

종덩굴은 낙엽이 지는 덩굴나무이다. 덩굴나무라고는 하지만 줄기가 가늘기 때문에 풀처럼 연약해 보인다. 줄기는 당기면 금세 끊어질 것 같은데도 질겨서 쉽게 끊어지지 않는다. 덩굴의 길이를 중국식물지에는 0.6~2m로 기록했는데 3m 정도 길이까지 자란 것이 내가 만난 가장 큰 종덩굴이다. 종덩굴은 중부 이북의 산기슭이나 풀밭에서 자란다.

여름이 되면 잎겨드랑이에 진한 보라색 꽃이 피기 시작하는데 꽃 모양이 종을 닮아서 '종덩굴'이라는 이름이 붙었다. 종덩굴과 가까운 나무로 이름이 비슷한 검종덩굴, 누른종덩굴, 세잎종덩굴 등이 있다. 중부 이북의 산에서 자라는 검종덩굴은 종 모양의 꽃 표면이 어두운 갈색 털로 덮여 있다. 산에서 자라는 세잎종덩굴은 꽃 모양이 종덩굴과 비슷하지만 잎 가장자리에 톱니가 있다. 산에서 자라는 누른종덩굴은 세잎종덩굴과 비슷하지만 연노란색 꽃이 핀다.

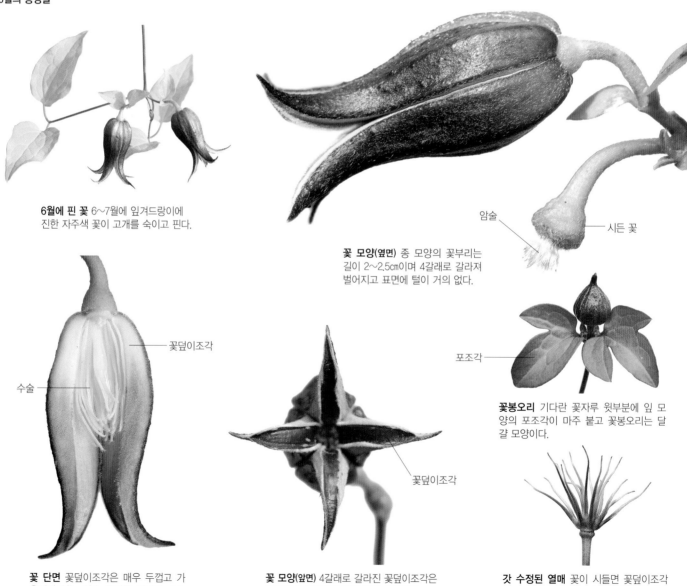

6월에 핀 꽃 6~7월에 잎겨드랑이에 진한 자주색 꽃이 고개를 숙이고 핀다.

꽃 모양(옆면) 종 모양의 꽃부리는 길이 2~2.5cm이며 4갈래로 갈라져 벌어지고 표면에 털이 거의 없다.

암술

시든 꽃

수술

꽃덮이조각

꽃 단면 꽃덮이조각은 매우 두껍고 가운데에 있는 암술 둘레를 기다란 수술이 둘러싸고 있다.

꽃덮이조각

꽃 모양(앞면) 4갈래로 갈라진 꽃덮이조각은 꽃잎처럼 생겼으며 끝이 뒤로 젖혀진다.

포조각

꽃봉오리 기다란 꽃자루 윗부분에 잎 모양의 포조각이 마주 붙고 꽃봉오리는 달걀 모양이다.

갓 수정된 열매 꽃이 시들면 꽃덮이조각과 수술이 떨어져 나가고 암술만 남아서 열매가 된다.

꽃 밑에 있는 작은잎을 '포(苞)'라고 하며, 여러 개의 포가 모여 있는 것을 '총포(總苞)'라고 한다.

씨앗 씨앗은 납작한 타원형이다.

10월의 열매 열매송이는 익으면 공처럼 동그스름해지고 기다란 암술대는 깃털 모양으로 갈라진다.

열매 모양 달걀 모양의 열매는 납작하며 끝에 기다란 암술대가 있는데 3∼4㎝ 길이이다.

겨울눈

봄에 돋은 어린잎 줄기에 마주나는 깃꼴겹잎은 5∼7장의 작은잎이 마주 붙는다. 작은잎은 잎몸이 2∼3갈래로 갈라지기도 하고 가장자리가 밋밋하다.

잎 모양 기다란 잎자루는 덩굴손처럼 다른 물체를 감고 오른다.

작은잎 뒷면 뒷면은 연녹색이며 잔털이 약간 있다.

겨울눈 가지처럼 단단해진 잎자루의 겨드랑이에 겨울눈이 숨어 있다.

종덩굴 종류의 비교

검종덩굴(*C. fusca*) 중부 이북의 산에서 자라는 덩굴나무로 6월경에 잎겨드랑이에 피는 꽃은 표면이 암갈색 털로 덮여 있다.

누른종덩굴(*C. koreana* var. *carunculosa*) 높은 산에서 자라는 덩굴나무로 6∼7월에 잎겨드랑이에 황색 꽃이 핀다. 근래에는 세잎종덩굴과 같은 종으로 본다.

세잎종덩굴(*C. koreana*) 산에서 자라는 덩굴나무로 6∼7월에 잎겨드랑이에 진한 자주색 꽃이 핀다. 작은잎의 가장자리에 톱니가 있다.

나무껍질이 버즘처럼 벗겨지는 양버즘나무

버즘나무과 | *Platanus occidentalis*

갈잎큰키나무 | 꽃 4~5월 | 열매 10월

양버즘나무는 낙엽이 지는 큰키나무로 북아메리카 원산이며 흔히 '플라타너스'라고 부른다. 높이 20~40m로 크게 자라며 커다란 잎을 가득 달고 있어서 시원한 그늘을 만들어 준다. 대기오염 물질을 흡수하는 능력도 뛰어나 세계 곳곳에서 가로수로 널리 심어지고 있다. 서울 시내 가로수의 절반 가까이가 양버즘나무라고 한다.

양버즘나무는 버즘나무과에 속하는 나무로, '버즘나무'라는 이름은 조각조각 불규칙하게 벗겨진 나무껍질의 모양이 피부병의 하나인 버즘(버짐)이 핀 것 같다고 하여 붙여진 이름이다. 북한에서는 둥근 열매 모양을 따서 버즘나무를 '방울나무'라고 하고, 양버즘나무는 열매가 1개씩 달린다고 해서 '홑방울나무' 또는 '양방울나무'라고 한다. 양버즘나무의 목재는 무늬가 아름다워서 식품의 포장재나 섬유 원료, 펄프 원료, 성냥개비를 만드는 원료 등으로 쓰인다. 양버즘나무의 씨앗은 잘 트지 않기 때문에 보통 꺾꽂이를 해서 번식시킨다.

10월 말의 양버즘나무

수꽃이삭

수꽃 암수한그루로 5월에 잎이 돋을 때 꽃도 함께 핀다. 잎겨드랑이에서 둥근 수꽃이삭이 나온다.

수꽃 단면 둥근 꽃송이에 많은 수꽃이 촘촘히 돌아가며 달린다.

암꽃이삭

암꽃 둥근 암꽃이삭은 지름 15㎜ 정도이고 진한 붉은색이며 기다란 자루에 달려 아래로 늘어진다.

7월의 열매 둥근 방울 모양의 열매는 대부분 1개씩 매달리지만 간혹 한 자루에 2개가 매달리기도 한다.

어린 열매 모양 열매는 지름이 3㎝ 정도로 자라며 표면은 짧은털로 덮여 있다.

열매 단면 빙 돌아가며 어린 씨앗이 다닥다닥 붙어 있다.

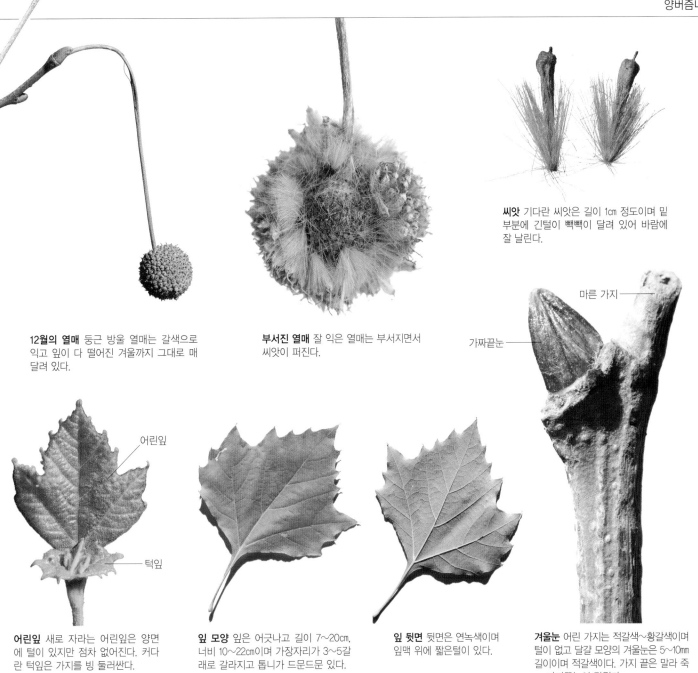

씨앗 기다란 씨앗은 길이 1cm 정도이며 밑 부분에 긴털이 빽빽이 달려 있어 바람에 잘 날린다.

마른 가지

가짜끝눈

12월의 열매 둥근 방울 열매는 갈색으로 익고 잎이 다 떨어진 겨울까지 그대로 매달려 있다.

부서진 열매 잘 익은 열매는 부서지면서 씨앗이 퍼진다.

어린잎

턱잎

어린잎 새로 자라는 어린잎은 양면에 털이 있지만 점차 없어진다. 커다란 턱잎은 가지를 빙 둘러싼다.

잎 모양 잎은 어긋나고 길이 7~20cm, 너비 10~22cm이며 가장자리가 3~5갈래로 갈라지고 톱니가 드문드문 있다.

잎 뒷면 뒷면은 연녹색이며 잎맥 위에 짧은털이 있다.

겨울눈 어린 가지는 적갈색~황갈색이며 털이 없고 달걀 모양의 겨울눈은 5~10mm 길이이며 적갈색이다. 가지 끝은 말라 죽고 가짜끝눈이 달린다.

나무껍질 나무껍질은 어두운 갈색을 띠며 세로로 불규칙하게 갈라지면서 벗겨진다.

벗겨진 나무껍질 두꺼운 껍질이 벗겨진 후에 얇은 속껍질도 계속 벗겨진다. 속껍질이 벗겨진 모양은 얼룩덜룩 버짐이 핀 모습과 비슷하다.

＊버즘나무(*P. orientalis*) 버즘나무는 열매가 한 자루에 보통 3~5개씩 달리며 잎이 깊게 갈라지기 때문에 쉽게 구분이 된다.

가짜끝눈은 끝눈처럼 보이지만 크기가 곁눈과 비슷하고 옆에 말라 버린 잔가지의 끝이 남아 있는 눈으로 '가정아(假頂芽)' 또는 '준정아(准頂芽)', '헛끝눈'이라고도 한다.

단단한 도장나무 회양목

회양목과 | *Buxus sinica v. korena* 🌳 늘푸른떨기나무 ✳ 꽃 3~4월 🍒 열매 7~8월

회양목은 키가 작은 떨기나무로 늘푸른나무이다. 줄기에서 많은 가지가 갈라져 퍼지면서 높이 2~3m로 자란다. 주로 석회암으로 이루어진 산에서 자라지만 나무를 다듬기가 쉬워 관상수로 많이 심는다. 잔디밭 가장자리에 한 줄로 심어서 낮은 생울타리를 만든 것을 흔히 볼 수 있다.

회양목은 아주 천천히 자라는 나무로 6백 년을 자라도 줄기의 지름이 25㎝ 정도밖에 안 된다고 한다. 느리게 자라는 만큼 나무가 단단한 데다 목질이 치밀하고 균일해서 가공하기 좋다. 특히 도장을 만드는 재료로 많이 쓰여서 '도장나무'라는 별명이 붙었고, 머리를 빗는 얼레빗이나 단추 등을 만들어 쓰기도 했다. 조선 시대에는 신분을 나타내는 호패를 회양목으로 만들었고, 인쇄할 때 쓰는 목판활자를 만드는 재료로도 사용되었다. 석회암 지대가 많은 강원도 회양에서 많이 자라서 '회양목'이란 이름이라고도 하며, 한자 이름인 '황양목(黃楊木)'이 변한 이름이라고도 한다.

6월의 회양목

3월에 핀 꽃 암수한그루로 3~4월에 잎겨드랑이에 자잘한 연노란색 꽃이 모여 핀다.

암꽃

수술

수꽃

꽃송이 꽃송이 가운데에 있는 암꽃은 3개의 암술머리를 가진 세모진 씨방이 있다. 둘레에 있는 수꽃은 1~4개의 수술이 있다.

새순

봄에 돋은 새순 봄에 새로 돋는 잎은 가장자리가 뒤로 말려 있다가 펴진다.

어린 열매

4월의 어린 열매 3개의 암술머리가 달린 세모꼴의 씨방은 점점 커지면서 그대로 열매가 된다.

암술대

6월의 열매 씨방이 자란 둥근 열매는 지름 1㎝ 정도이고 끝에 3개의 암술대가 뿔처럼 남아 있다.

*섬회양목(*B. microphylla* var. *insularis*) 잎 앞면의 광택이 뚜렷하고 뒷면에 털이 없는 것을 '섬회양목'이라고 하며 제주도와 흑산도 등에서 자란다. 지금은 회양목과 같은 종으로 본다.

회양(淮陽)은 강원도 금강산 이북 지역의 고원 지역으로 석회암 지대가 많다.

씨앗

열매 세로 단면 열매 속에는 길쭉한 타원형 씨앗이 만들어진다.

열매 가로 단면 열매 속에는 6개의 씨앗이 들어 있다.

7월의 갈라진 열매 갈색으로 익은 열매가 3갈래로 갈라져 벌어지면서 씨앗이 나온다.

씨앗 긴 타원형 씨앗은 길이 6㎜ 정도이며 검은색이고 광택이 있다.

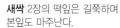

본잎

떡잎

잎 모양 잎은 마주나고 타원형이며 12~17㎜ 길이이다. 잎은 두껍고 단단하며 가장자리는 밋밋하고 뒤로 젖혀진다.

잎 뒷면 뒷면은 황록색이고 짧은 잎자루에 털이 있다.

겨울의 잎가지 회양목은 늘푸른나무이지만 겨울 추위에 잎이 붉은색으로 변한다.

새싹 2장의 떡잎은 길쭉하며 본잎도 마주난다.

나무껍질 나무껍질은 연한 회갈색이며 오래되면 불규칙하게 갈라져 벗겨진다.

강원도 영월의 회양목 군락지 회양목은 척박한 석회암 지대에서 무리를 지어 자란다.

회양목은 움돋이가 강한 나무로 화단이나 잔디밭의 가장자리에 여러 가지 모양으로 다듬어서 생울타리를 만든다.

솜사탕처럼 달콤한 향기가 나는 계수나무

계수나무과 | *Cercidiphyllum japonicum* 🍂 갈잎큰키나무 ❋ 꽃 3~5월 🔄 열매 10~11월

'푸른 하늘 은하수 하얀 쪽배엔 계수나무 한 나무 토끼 한 마리~'

〈반달〉이란 동요에 등장하는 달나라의 계수나무는 상상 속에서만 존재하는 귀한 나무이다. 이런 상상 속의 나무 이름과 같은 이름을 가진 또 하나의 계수나무가 중국과 일본에서 자란다. 계수나무는 낙엽이 지는 큰키나무로 높이 30m 정도로 곧게 자란다. 나무 모양이 단정하며 동그스름한 잎 모양이 독특하고 가을에 아름답게 단풍이 들기 때문에 관상수로 많이 심고 있다.

계수나무는 잎에서 솜사탕 냄새와 비슷한 달콤한 향기가 나는데 가을에 단풍이 들 때면 향기가 더욱 짙어진다. 그래서 일본에서는 가지를 잘라서 향을 만드는 재료로 쓴다. 중국에서는 계수나무를 '연향수(連香樹)'라고 하는데 나무의 향기가 봄부터 가을까지 꾸준히 지속된다는 뜻이다. 북한에서는 상상 속의 계수나무와 구분하기 위해서인지 '구슬꽃잎나무'라고 부른다.

10월 말의 계수나무

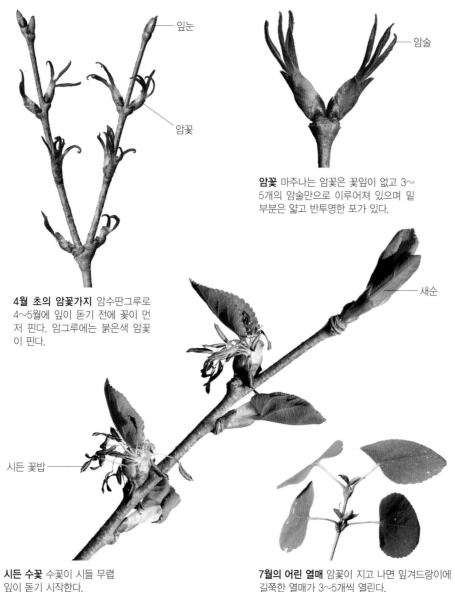

4월 초의 암꽃가지 암수딴그루로 4~5월에 잎이 돋기 전에 꽃이 먼저 핀다. 암그루에는 붉은색 암꽃이 핀다.

암꽃 마주나는 암꽃은 꽃잎이 없고 3~5개의 암술만으로 이루어져 있으며 밑부분은 얇고 반투명한 포가 있다.

시든 꽃밥

시든 수꽃 수꽃이 시들 무렵 잎이 돋기 시작한다.

새순

7월의 어린 열매 암꽃이 지고 나면 잎겨드랑이에 길쭉한 열매가 3~5개씩 열린다.

잎눈 / 꽃밥 / 수술

4월에 핀 수꽃 수그루에 피는 수꽃도 마주나고 꽃잎이 없으며 붉은색 꽃밥이 붙은 많은 수술이 모여 달린다. 수술대는 5~6mm 길이이며 홍자색 꽃밥은 3~4mm 길이이다.

열매 모양 길쭉한 원통형 열매는 길이가 1.5cm 정도이며 끝이 뾰족하고 조금 굽는다.

11월의 열매 열매는 가을에 흑자색으로 익는다.

열매껍질 열매가 익으면 세로로 갈라지면서 씨앗이 나온다.

날개
씨앗

씨앗 납작한 씨앗은 길이가 5mm 정도이며 한쪽에 날개가 있어 바람에 날려 퍼진다.

긴가지의 잎 가지에 2장씩 마주나는 잎은 넓은 달걀형이며 4~8㎝ 길이 이다. 잎 끝은 뾰족하고 가장자리에 물결 모양의 둔한 톱니가 있다.

짧은가지의 잎 잎몸은 하트형으로 끝은 둥글고 밑부분은 심장저이며 가장자리에 둔한 톱니가 있다.

잎 뒷면 뒷면은 회백색이고 양면에 털이 없다.

단풍잎 가을에 홍자색이나 노란색으로 물드는 단풍이 아름답다.

마른 가지
가짜끝눈

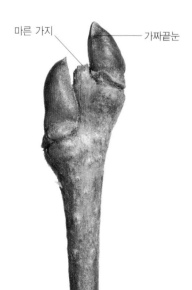

겨울눈 어린 가지는 적갈색~갈색이고 겨울에 가지 끝이 말라 죽는다. 가지 끝 의 겨울눈은 가짜끝눈이고 달걀형으로 뾰족한 끝이 안으로 조금 굽는다.

가짜끝눈
짧은가지

짧은가지 가지 끝에 2개의 짧은가지가 나란히 발달한 것을 흔히 볼 수 있다.

4월의 새로 돋은 잎 새로 돋는 잎은 붉은색을 띤다.

나무껍질 나무껍질은 진한 회갈색이며 세로로 얕게 갈라진다.

계피(桂皮)를 계수나무의 껍질로 잘못 알고 있는 경우가 많은데 계피는 녹나무과에 속하는 육계나무(57쪽)의 껍질이다.

추위에 강한 상록수 굴거리

굴거리나무과 | *Daphniphyllum macropodum* 🌲 늘푸른큰키나무 ✳️ 꽃 5~6월 🍂 열매 10~11월

굴거리는 늘푸른나무로 남부 지방에서 자란다. 줄기가 높이 10m 정도까지 곧게 자라는 작은키나무이다. 굴거리는 따뜻한 곳을 좋아하는 난대성 나무이지만 비교적 추위에 강해 바닷가를 따라서는 충남 안면도까지, 내륙으로는 전북 내장산까지 올라와 자란다. 제주도 한라산에서는 중턱까지 올라와 겨울의 눈 속에서도 잘 견디며 자라고 있다. 남쪽 사람들은 굴거리의 잎이 약으로 쓰이는 만병초의 잎과 닮아서 '만병초'라고 부르기도 한다.

굴거리는 붉은색 잎자루와 광택 나는 잎이 보기 좋아 근래에 남부 지방에서 관상수로도 많이 심는다. 민간에서는 잎과 줄기껍질을 기생충을 없애는 약으로 쓰기도 한다. 굴거리는 새잎이 돋으면 묵은잎은 자리를 물려주고 밑으로 처지기 때문에 양보하고 물려준다는 뜻의 한자어로 '교양목(交讓木)'이라고도 한다. 굿을 할 때 이 나무의 가지를 꺾어다 써서 '굿거리'라고 하던 것이 변한 이름이라고 한다.

2월의 굴거리

4월에 핀 수꽃 암수딴그루로 지난해에 자란 잎겨드랑이에 송이꽃차례가 달린다. 봄에 새잎이 돋으면 묵은잎은 밑으로 처져서 자리를 물려준다.

수꽃송이 수꽃차례는 4~12cm 길이이며 수꽃이 모여 달린다. 수꽃은 꽃잎이나 꽃받침이 없이 6~12개의 붉은색 수술만 있다.

4월의 암꽃송이 암그루에 피는 암꽃도 지난해에 자란 잎겨드랑이에 송이꽃차례로 달린다. 꽃잎이 없는 암꽃을 싸고 있던 포는 꽃이 피면 바로 떨어져 나간다.

수꽃 모양 붉은색 수술은 꽃이 피면 흑갈색으로 변한다.

암꽃 모양 붉은색 암술머리는 2~4개가 밖으로 휘어지고 둥근 씨방의 밑부분에는 작은 꽃받침조각이 있거나 없다.

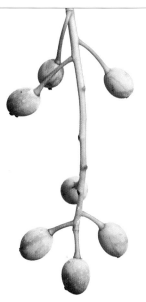

8월 초의 어린 열매 꽃이 지고 나면 꽃차례 모양대로 흰색 가루로 덮인 녹색 열매가 열린다.

열매껍질

어린 씨앗

어린 열매 단면 타원형 열매는 길이 8~10mm로 자라며 속에는 1개의 씨앗이 만들어진다.

10월의 열매 열매는 가을에 흑자색으로 익는다.

씨앗 타원형 씨앗은 7~9mm 길이이며 표면이 약간 거칠다.

잎 모양 가지 끝에 촘촘히 어긋나는 잎은 긴 타원형이며 끝이 뾰족하고 가장자리가 밋밋하며 광택이 있다.

잎 뒷면 잎은 길이가 8~20cm이고 뒷면은 회백색이며 털이 없다.

2월의 겨울눈 붉은색 겨울눈은 달걀 모양이며 잎자루가 변한 여러 개의 눈비늘조각에 싸여 있다.

4월 말의 새순 봄이 오면 겨울눈이 벌어지면서 연녹색 새순이 나온다.

나무껍질 나무껍질은 회갈색이며 타원형의 껍질눈이 있다

*좀굴거리(*D. teysmannii*) **수꽃** 굴거리와 비슷하지만 잎의 길이가 10cm 이하이며 밑으로 처지지 않는 것을 '좀굴거리'라고 한다. 5월에 꽃이 핀다.

*좀굴거리 씨앗 좀굴거리의 타원형 씨앗은 6~7mm 길이이며 표면이 우툴두툴하다.

옻이 오른 것을 풀어 주는 까마귀밥여름나무

까치밥나무과 | *Ribes fasciculatum var. chinense* 🌳 갈잎떨기나무 ❀ 꽃 4~5월 🍒 열매 10월

까마귀밥여름나무는 가을에 낙엽이 지는 떨기나무로 중국과 일본에도 분포한다. 평안남도와 강원도 이남의 낮은 산지의 골짜기나 산기슭에서 볼 수 있다. 줄기는 여러 대가 모여나고 가지에 가시가 없으며 높이 1~1.5m로 나지막하게 자란다. 가을에 붉게 익는 열매는 먹음직스러워 보이지만 쓴맛이 나서 먹기가 어렵다. 이 열매를 보고 까마귀밥이나 될 열매라고 해서 '까마귀밥여름나무'라고 하였는데 '여름'은 열매를 뜻하는 옛말이다. 한자 이름은 '칠해목(漆解木)'인데 옻이 오른 것을 풀어 주는 나무란 뜻으로, 옻닭을 먹거나 옻나무에 스쳐서 옻이 올랐을 때 이 나무의 잎가지를 달여서 마시면 효과가 있다고 해서 붙여진 이름이다.

잎 모양이 독특하고 빨간 열매가 달린 모습이 보기 좋아 요즘에는 조경수로도 심고 있다. 봄에 돋는 어린잎을 데쳐서 나물로 먹는다.

10월의 까마귀밥여름나무

4월에 핀 수꽃 암수딴그루이고 드물게 암수한그루도 있으며 2년생 가지의 잎겨드랑이에 노란색 꽃이 몇 개씩 모여 핀다.

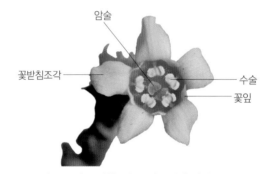

암술

꽃받침조각

수술

꽃잎

수꽃 모양 꽃받침조각, 꽃잎, 수술은 각각 5개이다. 꽃받침조각은 꽃잎처럼 보이며 꽃받침조각 사이에 있는 작은 꽃잎은 곧게 서서 잘 보이지 않는다.

수꽃 뒷면 수꽃은 밑부분에 씨방이 크게 발달하지 않는다.

꽃잎

씨방

관절

암꽃 모양 암꽃은 밑부분에 씨방이 발달한다. 수평으로 퍼진 꽃받침조각은 점차 뒤로 젖혀지고 꽃받침조각 사이에 작은 꽃잎이 보인다. 꽃자루 밑부분에 관절이 있다.

4월에 핀 암꽃 암그루의 잎겨드랑이에는 노란색 암꽃이 몇 개씩 모여 핀다. 수술은 퇴화되어 흔적만 남아 있다.

7월의 어린 열매 둥근 녹색 열매는 지름 7~8mm이고 끝에 꽃받침자국이 남아 있다.

어린 열매 가로 단면 열매 속에는 여러 개의 씨앗이 만들어진다.

8월 초의 어린 열매 녹색 열매는 점차 누른빛이 돌기 시작한다.

예전에는 까마귀밥여름나무가 속한 까치밥나무속(*Ribes*)을 범의귀과로 분류했지만 APG 분류 체계에서는 까치밥나무과로 독립시켰다.

열매 모양 열매는 광택이 있고 끝의 꽃받침자국은 그대로 남아 있다.

9월 말의 열매 열매는 가을에 붉은색으로 익는다.

씨앗 타원형 씨앗은 길이가 3.5mm 정도이다.

7월의 잎가지 잎은 가지에 서로 어긋나고 넓은 달걀형이며 3~5갈래로 갈라지고 가장자리에 굵고 둔한 톱니가 있다. 잎 끝은 둔하고 밑부분은 밋밋하거나 얕은 심장저이다.

3월 말의 새순 이른 봄에 겨울눈이 벌어지면서 새순이 돋는다.

잎 뒷면 잎몸은 길이가 3~5cm이며 뒷면은 연녹색이다. 잎자루는 길이가 2~3.5cm이다.

10월의 단풍잎 잎은 가을에 노란색~황적색으로 단풍이 든다.

겨울눈 겨울눈은 피침형이고 길이가 1cm 정도이며 적갈색 눈비늘조각에 싸여 있다.

나무껍질 나무껍질은 자갈색~회갈색이고 세로로 갈라져 벗겨진다.

***까치밥나무**(*R. mandshuricum*) 까마귀밥여름나무와 가까운 친척나무로 지리산 이북의 깊은 산에서 드물게 자란다. 봄에 잎겨드랑이에서 녹황색 송이꽃차례가 늘어진다.

***까치밥나무 열매** 둥근 열매는 8~9월에 붉게 익고 새콤달콤한 맛이 나며 먹을 수 있다.

까마귀밥여름나무라는 이름이 너무 길다고 저명한 학자가 여름을 빼고 까마귀밥나무로 쓴 이후로 '까마귀밥나무'라고도 많이 부른다.

조롱박 모양의 벌레집이 기생하는 조록나무

조록나무과 | *Distylium racemosum* 🌳 늘푸른큰키나무 ✳ 꽃 4~5월 🍂 열매 9~11월

조록나무는 남쪽 섬의 산지에 분포하는 늘푸른큰키나무로 20m 정도 높이까지 자란다. 달걀 모양의 열매는 가을에 익으면 세로로 갈라지는데 봉숭아처럼 열매껍질이 터지는 힘으로 씨앗을 튕겨 낸다. 둘로 갈라진 열매는 아기 참새가 먹이를 받아 먹으려고 입을 벌리고 있는 모양과 비슷하며 나무에 매달린 채로 겨울을 난다.

조록나무 잎에는 곤충의 애벌레가 기생한 여러 종류의 벌레집이 있는데 그중에 둥그스름한 벌레집의 모양의 조롱박을 닮아서 '조롱나무'라고 하던 것이 변해 '조록나무'가 되었다고 한다. 제주도에서는 '조롱낭'이라고 부르며 '잎벌레혹나무'라고도 한다. 목재는 악기재, 가구재, 조각재로 사용되며 나무빗이나 밥상 등을 만들고 건축재로도 이용된다. 일본에서는 단단한 목재를 목검을 만드는 재료로 사용한다. 벌레집은 타닌이 들어 있어서 물감의 원료로 쓰인다. 남쪽 바닷가에서 정원수로 심으며 분재를 만들기도 한다.

9월의 조록나무

붉은빛이 도는 어린 순은 점차 황록색으로 변했다가 초록색 잎으로 자란다.

어린 열매 끝에는 2개의 기다란 암술머리가 뿔처럼 남아 있다.

양성화는 2개로 갈라진 가는 암술머리가 6~7mm이며 붉은색이고 위로 벋는다.

5월 말의 어린 열매 꽃가루받이가 끝난 양성화는 황갈색 털로 덮인 열매를 맺는다.

수꽃은 붉은색 꽃받침 안에 수술이 모여 있고 암술은 퇴화되었다.

4월 말에 핀 꽃 암수한그루로 잎겨드랑이에서 나온 원뿔꽃차례에 붉은색 꽃이 모여 핀다. 꽃은 꽃잎이 없고 붉은색 꽃받침이 꽃잎처럼 보인다.

꽃차례 모양 꽃차례 밑부분의 수꽃은 수술이 5~8개이고 윗부분의 양성화는 암술머리가 2개로 길게 갈라진 암술과 수술이 있다.

8월 초의 열매 열매는 달걀형~넓은 달걀형으로 자라며 2개의 암술대가 뿔처럼 남아 있다.

10월의 열매 열매는 7~10㎜ 길이로 자라며 표면은 황갈색 털로 계속 덮여 있다. 열매가 자라서 암술대가 짧아진 것처럼 보인다.

11월의 열매 잘 익은 열매는 세로로 갈라져 벌어지는데 아기 새가 입을 벌린 모습과 비슷하다. 갈라진 열매는 겨우내 매달려 있다.

씨앗 열매 속에 2개씩 들어 있는 흑갈색 씨앗은 긴 타원형이며 5~7㎜ 길이이고 광택이 있다.

8월의 새로 돋은 잎 여름에 새로 돋는 잎은 붉은색으로 아름다우며 자라면서 점차 초록색으로 변한다.

7월의 잎가지 잎은 어긋나고 긴 타원형이며 4~9㎝ 길이이고 끝이 뾰족하며 가장자리가 밋밋하다. 잎은 가죽질이고 앞면은 광택이 있다.

잎 뒷면 잎은 양면에 털이 없고 뒷면은 연녹색이다. 잎자루는 5~10㎜ 길이이다.

잎의 벌레집 잎에는 조록나무혹진딧물이 기생해서 벌레집을 만든다.

잎의 벌레집 조록나무가지둥근혹진딧물이 기생한 벌레집은 조롱박을 닮았다.

2월의 겨울눈 겨울눈은 긴 달걀형이며 끝이 뾰족하고 갈색의 별모양털로 덮여 있다.

나무껍질 나무껍질은 진회색~회갈색이며 밋밋하지만 노목은 비늘 모양으로 벗겨진다.

우리나라 특산나무 히어리

조록나무과 | *Corylopsis coreana* 🌳 갈잎떨기나무 ❋ 꽃 3~4월 🍒 열매 9~10월

히어리는 낙엽이 지는 떨기나무로 높이 2~3m로 자란다. 우리나라에서만 자생하는 특산종으로 히어리가 처음 발견된 곳은 지리산과 그 주변의 조계산, 백운산이다. 그 후에 수원 주변의 광교산, 경기도와 강원도가 이어지는 백운산에서도 발견되었다. 히어리는 이처럼 우리 특산나무이면서도 자생하는 곳이 그리 많지 않은 귀한 나무라서 산림청에서 희귀 멸종 위기 식물로 지정하였지만 근래에 자생지가 계속 발견되면서 멸종위기종에서 해제되었다.

히어리는 봄에 잎보다 먼저 나무 가득 매달리는 노란색 꽃송이와 가지런한 잎맥이 돋보이는 잎이 보기 좋아 관상수로도 심고 있다.

예전에는 히어리를 '송광납판화'라고 불렀다. 전남 조계산 송광사 주변에서 발견되어 붙여진 이름이라고 한다. 그래서인지 북한에서는 '납판나무' 또는 '조선납판나무'라고 부른다.

4월의 히어리

4월에 핀 꽃 3~4월에 잎보다 꽃이 먼저 핀다. 밑으로 늘어지는 송이꽃차례에 8~12개의 꽃이 촘촘히 돌려난다.

수술

꽃 모양 5장의 노란색 꽃잎 속에 2개의 암술대와 5개의 수술이 있는데 꽃밥은 노란색에서 갈색으로 변한다.

추위에 얼어서 시든 꽃

추위 뒤에 새로 핀 꽃

꽃샘추위를 만난 꽃 꽃이 일찍 피기 때문에 꽃샘추위를 만나 꽃이 얼어 시들기도 한다.

꽃봉오리 겨울눈이 벌어지면서 노란색 꽃송이가 드러난다.

5월의 어린 열매 꽃이 지면 꽃차례 모양대로 열매송이가 위를 향한다.

암술대

어린 열매 모양 어린 열매는 5갈래로 갈라진 꽃받침에 싸여 자라며 2개의 암술대가 뿔처럼 남아 있다.

'납판화(蠟瓣花)'는 중국에서 사용하는 한자 이름으로 꽃받침이나 턱잎이 밀랍처럼 반투명해서 붙여진 이름이다.

9월의 열매 열매송이는 자라면서 아래로 늘어진다.

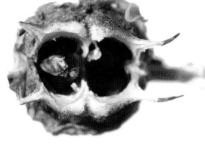

11월의 갈라진 열매 잘 익은 열매는 2개로 갈라지면서 씨앗이 튀어 나간다.

10월의 열매송이 둥근 열매에는 뿔처럼 생긴 암술대가 계속 남아 있다.

씨앗 타원형 씨앗은 광택이 있다.

잎 모양 잎은 어긋나고 둥근 달걀형 이며 5~9㎝ 길이이다. 잎 끝은 뾰 족하고 밑부분은 오목하게 들어가며 가장자리에 뾰족한 톱니가 있다.

잎 뒷면 뒷면은 회백색이며 양면에 털이 없고 7~8개의 측맥이 뚜렷하다.

단풍잎 잎은 가을에 노란색이나 붉은색으로 단풍이 든다.

끝눈

곁눈

겨울눈 겨울눈은 긴 달걀형이며 끝이 뾰족하고 적갈색이다.

밀랍처럼 반투명한 턱잎

봄에 새로 돋은 잎 겨울눈이 벌어지면서 새잎이 자란다. 턱잎은 밀랍처럼 반투명 한 종이질이다.

나무껍질 나무껍질은 회색~회갈색이며 표면이 매끈하다.

'히어리'는 식물학자인 이창복 박사가 지리산 지역의 사투리에서 가져온 이름이라고 한다.

꽃 중의 왕 모란

작약과 | *Paeonia suffruticosa* 🌳 갈잎떨기나무 ✳ 꽃 4~5월 🌐 열매 9월

모란은 중국 원산으로 우리나라에 들어온 것은 신라 선덕여왕 때라고 한다. 처음에는 약으로 쓰기 위해 들어왔지만 꽃이 아름다워서 관상용으로도 심었다. 한자 이름은 '목단(牧丹)'인데 이것이 변해서 '모란'이 되었다고 한다. 모란은 낙엽이 지는 떨기나무로 높이 1~1.5m로 자란다. 봄이면 지름 10~17cm의 커다란 붉은색 꽃이 핀다. 옛날 중국 수나라 임금 양제는 꽃이 크고 아름다운 모란을 좋아해 궁궐 안에 심어 놓고 '꽃 중의 왕(花王)'이라고 했다. 그에 걸맞게 모란의 꽃말도 '부귀'이다.

모란의 뿌리껍질은 '목단피(牧丹皮)'라고 하며 세균의 번식을 억제하고 염증을 없애는 작용을 해서 중요한 한약재로 널리 쓰이고 있다. 꽃이 아름다워서 관상용으로 많은 재배 품종이 개발되어 심어지고 있는데 여러 색깔의 꽃이 있고 겹꽃이 피는 품종도 있다. 모란 꽃은 아침부터 피기 시작해서 한낮에 활짝 피는데, 꽃의 수명은 보통 3~6일 정도이다.

5월의 모란

꽃봉오리 가지 꽃봉오리를 싸고 있는 5개의 꽃받침조각은 넓은 달걀형이고 꽃이 피면 뒤로 젖혀진다. 수평으로 퍼져 있는 5개의 포조각은 긴 타원형이며 꽃이 피면 뒤로 약간 젖혀진다.

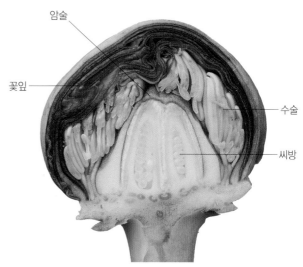

꽃봉오리 단면 2~6개의 암술과 씨방이 가운데에 모여 있고 그 둘레를 많은 수술이 둘러싸고 있다. 가장자리에는 붉은색 꽃잎이 차곡차곡 포개져 있다.

5월에 핀 꽃 5월에 줄기와 가지 끝에 지름 10~17cm의 큼직한 꽃이 탐스럽게 핀다.

꽃 모양 꽃잎은 5~11장이며 크기와 모양이 조금씩 다르고 꽃잎 가장자리에 불규칙한 톱니가 있다.

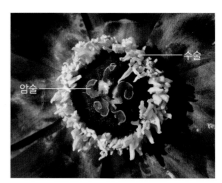

암술과 수술 모란은 수술이 먼저 노란색 꽃가루를 내고 시들 때쯤이 돼서야 가운데에 있는 2~6개의 붉은색 암술이 성숙해서 꽃가루받이를 한다.

예전에는 모란이 속한 작약속(*Paeonia*)은 미나리아재비과로 분류했지만 APG 분류 체계에서는 작약과로 독립시켰다.

5월 말의 어린 열매 꽃이 지면 2~6개의 암술은 열매로 자라고 남아 있는 꽃받침은 점차 떨어진다.

어린 열매 단면 2~6개의 암술머리와 씨방은 열매로 변하면서 점차 벌어지기 시작한다.

6월 말의 열매 긴 타원형 열매는 황갈색 털이 빽빽하고 2~6개가 모여 달린다.

8월 말의 열매껍질 열매는 잘 익으면 세로로 갈라지면서 활짝 벌어지고 씨앗은 땅으로 떨어진다.

씨앗 동그스름한 씨앗은 검은색이며 표면은 광택이 있다.

잎 모양 잎은 2회세겹잎으로 긴 잎자루는 3개로 갈라지며 각각 3~5장의 작은잎이 달린다. 작은잎은 긴 달걀형~달걀형이며 7~8㎝ 길이이다.

잎 뒷면 작은잎은 끝이 뾰족하고 뒷면은 흔히 흰빛이 돌며 잔털이 있다.

겨울눈 달걀 모양의 겨울눈은 끝이 뾰족하고 잎자국은 둥근 세모꼴이다.

나무껍질 나무껍질은 회갈색이며 불규칙하게 갈라지고 조각으로 떨어진다.

*흰색 꽃이 피는 모란 모란은 많은 재배 품종이 있는데 품종에 따라 색깔과 꽃잎의 수가 조금씩 다르다.

*작약(*P. lactiflora*) 모란과 비슷하지만 여러해살이풀이라서 겨울에는 줄기가 말라 죽는다.

일반적으로 떨기나무인 모란은 작은잎 가장자리가 깊게 갈라지고, 여러해살이풀인 작약은 작은잎 가장자리가 밋밋하다.

열매를 먹을 수 없는 개머루

포도과 | *Ampelopsis glandulosa* var. *brevipedunculata* 🌿 갈잎덩굴나무 ✳ 꽃 6~8월 🍂 열매 9~11월

누구나 머루라는 이름은 잘 안다. 하지만 산에서 머루를 따 먹어 본 사람은 그리 흔하지 않다. 산에 가서 머루를 찾으려면 포도를 떠올리면 된다. 머루는 포도와 가까운 친척으로 꽃, 잎, 열매 모두가 포도와 닮았는데 열매송이는 포도송이보다 작다. 맛도 포도와 비슷하지만 신맛이 좀 더 강하다.

머루라는 이름이 들어가는 것 중에 가장 특이한 것은 개머루이다. 개머루는 가을에 익는 열매의 색깔이 자주색, 보라색, 푸른색 등 여러 가지라서 눈에 잘 띈다. 알록달록하게 익는 열매는 머루와 달리 먹을 수가 없어 '개머루'라고 하며, 북한에서는 '돌머루'라고 한다.

개머루는 낙엽이 지는 덩굴나무로 잎과 마주나는 덩굴손으로 다른 물체를 감고 길이 5m 이상 벋는다. 덩굴손은 가을에 낙엽이 져도 가지처럼 단단해져서 떨어지지 않는다. 줄기는 공예품을 만드는 재료로 쓰인다.

5월의 개머루

7월에 핀 꽃 여름에 잎과 마주나는 갈래꽃차례에 자잘한 황록색 꽃이 모여 핀다.

꽃잎과 수술이 떨어져 나간 꽃

꽃 모양 꽃잎과 수술은 5개씩이고 가운데에 1개의 암술이 있다. 꽃잎과 수술은 수정이 끝나면 일찍 떨어진다.

꽃송이 꽃받침은 종 모양이고 꽃받침조각은 5개이다.

8월의 어린 열매 둥근 열매는 연녹색이지만 점차 자주색이나 보라색으로 변하기 시작한다.

어린 씨앗

어린 열매 단면 둥근 열매 속에는 1~2개의 둥근 씨앗이 만들어진다.

11월의 열매 열매는 가을에 자주색, 보라색, 푸른색으로 익는다.

열매송이 열매는 지름이 5~10㎜이며 씨앗이 잘 여문 열매는 그리 많지 않다.

씨앗 동그스름한 씨앗은 적갈색이며 한쪽 끝이 약간 뾰족하다.

잎 모양 가지에 서로 어긋나는 잎은 보통 잎몸이 3~5갈래로 갈라지고 가장자리에 톱니가 있다.

잎 뒷면 잎은 8~11㎝ 길이이고 앞면에는 털이 없으며 뒷면 잎맥 위에 잔털이 있다.

잎자국

6월의 새로 돋은 잎 여름에 돋는 새잎은 붉은빛이 돈다.

겨울눈 겨울눈은 둥그스름한 잎자국 속에 묻혀 있다.

봄에 돋은 새순 봄에 돋는 가지와 잎에는 털이 많지만 점차 떨어진다.

*왕머루(*Vitis amurensis*) 산에서 자라는 덩굴나무로 가을에 익는 작은 포도송이 모양의 열매를 따 먹는다.

*새머루(*V. flexuosa*) 산에서 자라는 덩굴나무로 잎은 왕머루보다 작고 잎몸이 잘 갈라지지 않는다. 머루 모양의 열매는 먹을 수 있다.

*까마귀머루(*V. thunbergii* var. *sinuata*) 중부 이남에서 자라는 덩굴나무로 잎몸이 3~5갈래로 깊게 갈라지고 뒷면은 회갈색이다. 검게 익는 열매는 먹을 수 있다.

머루와 왕머루는 생김새가 비슷한데, 머루는 잎 뒷면에 적갈색 털이 퍼져 있고 왕머루는 뒷면 잎맥 위에 털이 있다.

담장을 잘 타고 오르는 담쟁이덩굴

9월 말의 담쟁이덩굴

포도과 | *Parthenocissus tricuspidata*　🌳 갈잎덩굴나무　✳ 꽃 6~7월　🍇 열매 9~10월

담쟁이덩굴은 낙엽이 지는 덩굴나무로 길이 10m 정도로 벋는다. 산과 들의 나무나 바위, 시골집의 담장 등 무엇이든 잘 타고 오른다. 집 담장을 타고 오른 덩굴을 보고 '담장의 덩굴'이라고 부르던 것이 변해서 '담쟁이덩굴'이 되었다고 한다. 담쟁이덩굴은 포도과에 속하며 가을에 검은색으로 익는 작은 열매송이가 포도송이를 닮았다. 대부분의 덩굴식물은 줄기나 덩굴손을 이용해 다른 물체를 감고 오르지만, 담쟁이덩굴은 '흡착근(吸着根)' 또는 '흡반(吸盤)'이라고 하는 붙음뿌리로 다른 물체에 달라붙어 줄기를 위로 벋는다. 이 붙음뿌리는 덩굴손이 변한 것으로 다른 물체에 닿으면 본드처럼 단단히 달라붙는다. 이런 담쟁이덩굴의 특성을 이용해 시멘트나 콘크리트로 된 담장을 가리는 용도로 많이 심는다. 삭막한 회색 콘크리트 벽을 담쟁이덩굴이 덮으면 보기에도 좋고 여름이면 햇빛을 막아 시원하니 일석이조이다.

7월 초에 핀 꽃 짧은가지 끝에 달리는 갈래꽃차례는 3~6cm 길이이며 자잘한 황록색 꽃이 차례대로 피고 진다.

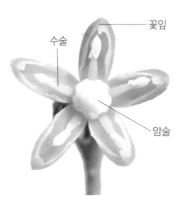

꽃잎

수술

암술

꽃 모양 꽃잎과 수술은 각각 5개이고 가운데에 1개의 암술이 있다. 꽃잎과 나란히 벌어진 수술의 꽃밥은 노란색이다.

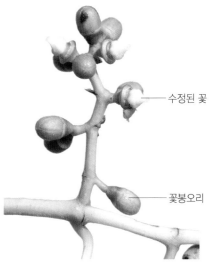

수정된 꽃

꽃봉오리

수정된 꽃 수정된 꽃은 꽃잎과 수술이 모두 떨어져 나가고 암술만 남는다.

9월 초의 어린 열매 9월에 꽃차례 모양대로 열린 작은 열매송이를 볼 수 있다.

어린 씨앗

어린 열매 단면 열매는 지름 6~8mm로 자라며 속에는 1~2개의 씨앗이 만들어진다.

9월의 열매 열매는 가을에 검은색으로 익는다.

씨앗 둥근 달걀 모양의 씨앗은 길이가 4∼5mm이며 광택이 있다.

붙음뿌리

붙음뿌리 덩굴손이 변한 붙음뿌리(흡착근:吸着根)는 갈라진 끝부분이 동그랗게 부풀면서 다른 물체에 단단히 달라붙는다.

잎가지 잎은 어긋나고 잎몸은 보통 3갈래로 얕게 갈라지지만 잎몸이 완전히 3개로 갈라지는 등 모양의 변화가 심하다.

잎 뒷면 잎은 넓은 달걀형이며 5∼15cm 길이이고 끝이 뾰족하며 가장자리에는 톱니가 있다. 뒷면은 연녹색이며 잎맥 위에 잔털이 있다.

단풍잎 잎몸이 갈라지지 않는 잎도 있으며 가을에 붉은색으로 단풍이 든다.

겨울눈 어린 가지는 적갈색∼황갈색이고 겨울눈은 원뿔 모양이며 1∼2mm 길이이다.

나무껍질 나무껍질은 흑갈색이며 오래되면 불규칙하게 갈라진다.

담장을 가리는 용도로 심는 덩굴나무

미국담쟁이덩굴(*Parthenocissus quinquefolia*) 북아메리카 원산으로 담쟁이덩굴처럼 관상수로 심는다. 잎이 5장의 작은잎으로 이루어진 손꼴겹잎이다.

송악(*Hedera rhombea*) 남부 지방에서 자라는 늘푸른덩굴나무로 담장을 가리는 용도로 심기도 한다. 소가 잘 먹는다고 '소밥나무'라고도 한다.

마삭줄(*Trachelospermum asiaticum*) 남부 지방에서 자라는 늘푸른덩굴나무로 담장을 가리는 용도로 심기도 한다. 봄에 바람개비 모양의 흰색 꽃이 핀다.

담쟁이덩굴은 가을에 떨켜가 잘 발달하지 않기 때문에 잎자루가 겨울까지 줄기에 남아 있곤 한다.

늘푸른나무의 대표 사철나무

노박덩굴과 | *Euonymus japonicus* 🌳 늘푸른떨기나무 ✳ 꽃 6~7월 🟤 열매 10~12월

사철나무는 키가 작은 떨기나무로 늘푸른나무이다. 상록수는 많이 있지만 사철나무란 이름을 가진 것은 이 나무밖에 없다. 넓은잎을 가진 상록수는 대부분 따뜻한 남쪽 지방에서만 자란다. 그렇지만 사철나무는 바닷가를 따라 황해도와 강원도까지 올라와 자라는데 혹독한 겨울 추위에도 잘 견딘다. 추위에 버티면서 잘 자라는 모습을 보고 사람들은 이 나무에게 상록수를 대표하는 '사철나무'란 이름을 붙여 주었다. 꽃말도 '변함없다'이다.

많은 가지가 퍼져 만드는 둥근 나무 모양이 보기 좋아 관상수로 많이 심는다. 도시에서는 담장 대신 이 나무를 촘촘히 심어 생울타리를 만들기도 한다. 사철나무는 바닷가에서도 잘 자라기 때문에 바닷가의 조경수로도 적합하다. 예전에는 사철나무의 질긴 나무껍질을 벗겨서 끈을 만들어 쓰기도 했다. 사철나무의 껍질은 오줌을 잘 나오게 하거나 몸을 튼튼하게 하는 약으로 쓰기도 한다.

5월의 사철나무

6월에 핀 꽃 6월이면 잎겨드랑이나 가지 끝에 꽃송이가 길게 자란다.

9월의 어린 열매 꽃이 지고 나면 꽃차례 모양대로 둥근 열매가 열린다. 열매는 지름 6~8mm로 자란다.

꽃송이 갈래꽃차례에 자잘한 황록색 꽃이 모여 핀다. 갈래꽃차례는 꽃차례의 끝에 달린 꽃 밑에서 1쌍의 꽃자루가 나와 각각 그 끝에 꽃이 한 송이씩 달리기를 반복하는 꽃차례이다. 한자로는 '취산화서(聚繖花序)'라고 한다.

11월의 열매 열매는 늦가을에 붉은색으로 익기 시작한다.

수술
꽃잎
암술

꽃 모양 꽃은 지름 7mm 정도이며 4장의 꽃잎은 활짝 벌어진다. 4개의 수술은 꽃잎과 어긋나게 배열하며 가운데 1개의 암술이 있다.

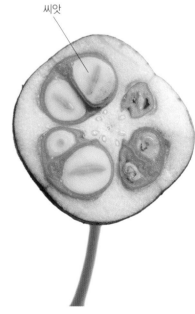

씨앗

열매 단면 열매 속에는 주황색 헛씨껍질에 싸인 1~4개의 씨앗이 들어 있다.

헛씨껍질은 '가종피(假種皮)'라고도 하며 씨앗을 둘러싸고 있는 육질의 껍데기나 밑씨껍질 이외의 부위가 발달하여 이루어진다.

씨앗

열매껍질

갈라진 열매 열매껍질은 4갈래로 갈라지고 1~4개의 씨앗이 드러난다.

11월의 열매 잘 익은 열매는 껍질이 갈라지면서 주황색 씨앗이 드러나 오래도록 매달려 있다.

씨앗 주황색 헛씨껍질을 벗긴 씨앗은 처음에는 흰색이지만 점차 갈색으로 변한다.

잎 모양 2장씩 마주 달리는 잎은 타원형~달걀형이며 두껍고 광택이 있다. 가장자리에 둔한 톱니가 있다.

잎 뒷면 잎은 3~8cm 길이이고 뒷면은 연녹색이며 양면에 털이 없다.

새잎

묵은잎

봄에 새로 돋은 잎 겨울 추위를 이겨 낸 묵은잎 사이에서 새잎이 나와 자란다.

나무껍질 나무껍질은 진갈색이며 세로로 얕게 골이 진다.

*금테사철('Aureo-marginatus') 관상수로 심는 사철나무 종류로 잎 가장자리에 황색 무늬와 줄이 있는 품종이다.

*은테사철('Albo-marginatus') 관상수로 심는 사철나무 종류로 잎 가장자리에 흰색 줄이 있는 품종이다.

*줄사철나무(*E. fortunei*) 남부 지방에서 자라는 사철나무 종류이다. 덩굴지는 줄기는 공기뿌리로 다른 물체에 붙어서 오른다. 관상수로도 많이 심는다.

코르크질의 날개를 가진 화살나무

노박덩굴과 | *Euonymus alatus* 🍃 갈잎떨기나무 ✳️ 꽃 5~6월 🌰 열매 10~11월

화살나무는 낙엽이 지는 떨기나무로 높이 3m 정도까지 자란다. 산기슭이나 숲속에서 흔히 만날 수 있는데, 줄기에 코르크질의 날개가 달리는 특징이 있어 쉽게 구분할 수 있다. 가지에 2~4줄이 달리는 날개의 모양이 화살에 붙이는 날개 모양과 비슷해서 '화살나무'라는 이름이 붙었다. 이름 때문인지 옛날에는 가지를 화살 재료로 썼다고 한다. 또 날개가 달린 줄기가 머리를 빗는 참빗처럼 생겼다고 해서 '참빗나무'라고도 불렀다.

이른 봄에 돋는 잎은 연하고 부드러워서 데쳐서 나물로 먹는데 흔히 '홑잎나물'이라고 한다. 동물들도 이런 연한 잎을 좋아하지만 가지에 붙어 있는 날개 때문에 먹기를 주저한다고 한다. 날개의 코르크 성분은 퍼석하기만 할 뿐 아무 맛이 없기 때문이다.

화살나무는 가을에 붉은색으로 물드는 단풍이 무척 아름답다. 근래에는 독특한 가지의 날개와 아름다운 단풍을 보려고 공원이나 화단에 관상수로 많이 심는다.

10월의 화살나무

겨울눈 오래된 가지의 날개는 매우 단단하다. 겨울눈은 긴 달걀형이며 끝이 뾰족하다.

봄에 돋은 새순 4월이 되면 겨울눈이 벌어지면서 새순이 돋기 시작한다.

새순의 자람 새순에서 햇가지가 자라면서 점차 잎이 펼쳐진다. 어린잎을 흔히 '홑잎나물'이라고 부르며 뜯어서 나물로 먹는다.

4월에 핀 꽃 봄에 잎겨드랑이에 나오는 꽃자루에 작은 황록색 꽃이 모여 핀다.

꽃잎과 수술이 각각 4개인 꽃

꽃잎과 수술이 각각 5개인 꽃

꽃 모양 꽃은 지름 6~8mm이며 4장의 꽃잎 가운데에 1개의 암술이 있고 그 둘레에 4개의 수술이 있다. 꽃잎과 수술이 각각 5개인 꽃도 간혹 볼 수 있다.

8월의 열매 열매는 1개 또는 2개가 열매자루에 함께 달린다.

열매 모양 열매는 타원형~거꿀달걀형이며 5~8mm 길이이다.

10월 말의 열매 붉은색으로 익은 열매는 껍질이 2개로 갈라지면서 씨앗이 드러난다.

갈라진 열매 갈라진 열매에 매달려 있는 씨앗은 주홍빛 헛씨껍질에 싸여 있다.

씨앗 둥근 타원형 씨앗은 길이가 3~5mm이다.

잎의 노린재 연하고 부드러운 잎에는 노린재와 같은 곤충이 모여든다.

잎 모양 가지에 2장씩 마주나는 타원형 잎은 끝이 뾰족하고 가장자리에 날카로운 톱니가 있다.

잎 뒷면 잎은 1~3cm 길이이고 뒷면은 연녹색이며 양면에 털이 없다.

단풍잎 가을에 붉은색으로 물드는 단풍은 매우 아름답다.

나무껍질 나무껍질은 회갈색~회색이며 매끈하다.

*회잎나무(for. *ciliato-dentatus*) 산에서 화살나무와 같이 자란다. 화살나무와 비슷하지만 줄기에 날개가 없는 것이 다르다. 근래에는 화살나무와 같은 종으로 본다.

화살나무의 줄기에 붙은 날개는 '귀전우(鬼箭羽)'라고 해서 한약재로 쓰는데 동맥경화 등의 치료에 효과가 있다.

산나물로 먹는 나무

'맛이 달아 다래나무 방귀 뽕뽕 뽕나무~'

예전에는 봄소식이 전해져 오면 아이들은 나물 노래나 나무 노래를 부르면서 뒷산으로 나물을 캐러 갔다. 다래나 으름덩굴을 만나면 새순을 보자기 가득 따서 집으로 돌아왔다. 먹을 것이 귀하던 시절에는 춘궁기 (春窮期)에 뜯어 온 산나물로 끼니를 때웠다. 하지만 먹을 것이 풍족한 오늘날에는 산나물마다 지니고 있는 독특한 향기와 맛 때문에 봄철에 입맛을 돋우는 특별한 먹거리로 산나물을 찾는다.

산나물 중에는 으름덩굴처럼 어린순을 날로 먹을 수 있는 있는 나물도 있지만 대부분은 데쳐서 초고추장에 찍어 먹거나 기름에 튀겨 먹는다. 팽나무처럼 독성분이 약간 들어 있는 나물은 데친 다음에 물에 담가 독성분을 우려낸 다음에 먹어야 하는 것도 있으므로 잘 알고 채취해야 한다. 또 나물을 채취할 때는 나뭇가지를 꺾거나 나무에 해를 입히지 않도록 조심해야 한다.

초피나무 어린잎은 그늘에서 말린 다음 국 등의 음식에 넣어 먹는다.

다래 어린순을 살짝 데쳐서 나물로 무쳐 먹는다.

칡 어린순을 살짝 데쳐서 나물로 무쳐 먹으며 쌀과 섞어 칡밥을 지어 먹는다. 칡뿌리는 즙을 내거나 차로 끓여 마신다.

가죽나무 봄에 돋는 새순은 나물로 먹지만 참죽나무에 비해 맛이 덜해서 '가짜 죽나무' 란 뜻으로 이름 붙여졌다. 밀가루를 묻혀 기름에 튀기거나 장아찌를 담가 먹는다.

참죽나무 새순을 날로 무쳐 먹으며 많으면 데쳐서 말려 두었다가 두고두고 꺼내 먹는다.

으름덩굴 어린잎을 살짝 데쳐서 무쳐 먹거나 볶아서 차로 끓여 마신다.

팽나무 어린잎을 나물로 먹는데 삶아서 흐르는 물에 담가 우려낸 다음에 먹어야 한다.

뽕나무 어린잎을 데쳐서 나물로 무쳐 먹거나 말려서 밑반찬을 만들어 먹기도 한다.

두릅나무 어린순을 데쳐서 초고추장에 찍어 먹는다.

죽순대 봄에 돋는 죽순을 잘라 삶아서 음식을 해 먹는다.

생강나무 어린잎을 살짝 데쳐서 나물로 무쳐 먹거나 찹쌀가루를 묻혀서 튀겨 먹는다.

찔레꽃 어린잎을 데쳐서 나물로 먹는다. 연하고 굵은 새순은 잘라서 껍질을 벗겨 날로 먹는다.

옻나무 어린순을 데쳐서 나물로 먹는다. 옻을 타는 사람은 주의해야 한다.

음나무 어린순을 데쳐서 초고추장에 찍어 먹는다.

느릅나무 어린잎은 데쳐서 나물로 무쳐 먹는다. 뿌리 속껍질은 가루를 내어 국수를 만들어 먹는다.

회색 나무껍질을 노끈으로 사용하는 회나무

노박덩굴과 | *Euonymus sachalinensis* 🌿 갈잎떨기나무 ✳ 꽃 5~6월 🍂 열매 9~10월

회나무는 낙엽이 지는 떨기나무로 여러 대가 모여나는 줄기는 높이 2~4m로 자란다. 주로 깊은 산에서 전국적으로 자라지만 비교적 드물게 발견된다. 보통은 숲 가장자리에서 잘 자라지만 숲속이나 바닷가에서도 잘 견딘다. 줄기의 나무껍질은 섬유질이 질겨서 노끈 대용으로 사용하는데 나무껍질의 색깔이 회색이라서 '회나무'라고 한 것이 아닐까 추정하는 의견도 있다.

회나무가 속한 화살나무속(*Euonymus*)에는 회나무와 비슷한 참회나무, 나래회나무, 회목나무, 참빗살나무, 좁은잎참빗살나무 등이 있는데 모양이 비슷해서 구분이 어렵다. 나래회나무, 회목나무, 참빗살나무, 좁은잎참빗살나무 등의 화살나무속 나무들은 대부분이 꽃잎, 꽃받침, 수술이 각각 4개씩이지만 회나무와 참회나무는 꽃잎, 꽃받침, 수술이 각각 5개씩인 것이 특징이다.

8월 말의 회나무

6월 초에 핀 꽃 5~6월에 햇가지의 잎겨드랑이에서 나오는 꽃송이는 자루가 가늘고 길며 밑으로 처진다.

7월 말의 어린 열매 꽃이 지면 열리는 열매송이도 밑으로 처진다.

꽃차례 갈래꽃차례로 꽃차례의 끝에 달린 꽃 밑에서 1쌍의 꽃자루가 나와 각각 그 끝에 꽃이 한 송이씩 달리기를 반복한다.

어린 열매 모양 동그스름한 열매는 지름 1.2~1.5cm이며 둘레에 5개의 둔한 날개가 있다.

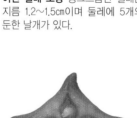

어린 열매 가로 단면 어린 열매를 가로로 잘라 보면 속에서 씨앗이 만들어지는 것을 볼 수 있다.

꽃 모양 대부분의 꽃은 꽃잎, 꽃받침, 수술이 각각 5개씩이다. 꽃은 황록색이지만 연자주색 무늬가 있는 꽃도 핀다.

꽃받침 꽃받침은 5갈래로 갈라지며 갈래조각 끝은 둥글다.

8월 말의 열매 단면 열매마다 5개의 씨앗이 만들어지지만 모두 여무는 것은 드물며 여무는 씨앗의 개수가 제각각이다.

9월 초의 열매 열매는 가을에 붉은색으로 익으면 갈라져서 벌어진다.

벌어진 열매 열매는 5갈래로 갈라지고 주황색 헛씨껍질에 싸인 달걀 모양의 씨앗은 오래 매달려 있다가 하나씩 떨어져 나간다.

씨앗 주황색 헛씨껍질을 벗기면 광택이 있는 흰색 씨앗이 드러나며 점차 밤색으로 변한다.

잎 뒷면 달걀 모양의 잎은 마주나고 끝이 길게 뾰족하며 가장자리에 잔톱니가 있다. 잎 뒷면은 연녹색이며 양면에 털이 거의 없다.

10월의 단풍잎 잎은 가을에 붉은색이나 노란색으로 투명하게 단풍이 든다.

겨울눈 겨울눈은 피침형이며 길이가 1.4~2cm로 큼직하고 6~10개의 눈비늘조각에 싸여 있다.

나무껍질 나무껍질은 회색~진회색이고 비교적 매끈한 편이며 자잘한 껍질눈이 많다.

회나무 종류의 비교

회나무 종류는 꽃과 잎의 모양이 비슷해서 구분이 어렵지만 열매를 보면 쉽게 구분할 수 있다.

회나무 갈잎떨기나무로 열매는 5개의 작고 둔한 날개가 있다. 깊은 산에서 자란다.

참회나무(*E. oxyphyllus*) 갈잎떨기나무로 둥근 열매는 5개로 갈라지며 날개가 없다. 산에서 자란다.

나래회나무(*E. macropterus*) 갈잎떨기나무~작은키나무로 열매는 4개의 길고 뾰족한 날개가 있다. 높은 산에서 자란다.

회목나무(*E. verrucosus*) 갈잎떨기나무로 열매는 네모진 구형이고 4갈래로 얕게 골이 지며 잎 위에 달린다. 꽃은 적갈색이고 산에서 자란다.

참빗살나무(*E. hamiltonianus*) 갈잎작은키나무로 열매는 네모진 구형이고 4갈래로 얕게 골이 지며 밑으로 처진다. 꽃은 연녹색이고 산에서 자란다.

좁은잎참빗살나무(*E. maackii*) 갈잎작은키나무로 열매는 둥근 사각뿔 모양이며 4갈래의 깊은 골이 생기며 산에서 자란다.

열매의 빨간 속살이 선명한 노박덩굴

10월의 노박덩굴

노박덩굴과 | *Celastrus orbiculatus*   🌳 갈잎덩굴나무 ✴ 꽃 5~6월 🍂 열매 10월

노박덩굴은 낙엽이 지는 덩굴나무로 줄기는 다른 물체를 감고 길이 10m 정도로 벋는다. 노박덩굴은 산기슭의 양지바른 곳부터 높은 산 위까지 숲속 어디서나 만날 수 있는 나무이다. 하지만 흔한 타원형 잎에 묻혀서 피는 자잘한 황록색 꽃이나 작고 둥근 연녹색 열매는 관심을 갖고 찾지 않으면 발견하기가 쉽지 않다.

가을이 되면 잘 익어서 벌어진 노란색 껍질 속에 붉은색 속살을 품은 열매를 만날 수 있다. 낙엽이 진 덩굴줄기에 다닥다닥 달린 그 모습을 보면 누구나 노박덩굴을 금세 알아볼 수 있다. 특히 빨간 속살이 선명한 열매는 새들도 쉽게 발견하고 모여든다. 열매를 따 먹은 새는 대신해 씨앗을 멀리 퍼뜨려 주는데, 노박덩굴의 아름다운 열매는 자손을 퍼뜨리기 위한 수단인 것이다.

예전에는 줄기와 가지의 껍질을 벗겨 노끈이나 밧줄을 만들었다. 봄에 돋는 새순은 데쳐서 찬물에 우려낸 다음에 나물로 먹는다.

5월에 핀 수꽃 암수딴그루로 잎겨드랑이에 갈래꽃차례가 달린다.

수술

꽃잎

수꽃 모양 꽃은 지름 6~8mm로 작으며 활짝 벌어진 5장의 황록색 꽃잎 가운데에 5개의 수술이 있다.

5월에 핀 암꽃 암그루의 잎겨드랑이에는 암꽃이 모여 핀다.

암술

암꽃 모양 암꽃은 1~3개가 모여 달리며 5장의 꽃잎 가운데에 1개의 암술과 5개의 짧은 수술이 있다.

8월의 어린 열매 꽃이 지고 나면 둥근 열매가 열린다.

어린 열매 모양 둥근 열매는 지름이 8mm 정도로 자라며 끝에 암술대가 남아 있다.

노박덩굴은 제멋대로 자란 줄기가 길을 막는 덩굴이란 뜻의 '노박폐(路泊廢)덩굴'을 줄여서 부른 이름이라고 이야기하는 사람도 있다.

어린 열매 단면 열매 속에는 여러 개의 씨앗이 만들어진다.

10월의 열매 열매는 가을에 노란색으로 익으면 3갈래로 갈라져 붉은색 속살이 드러난다.

열매 모양 3갈래로 갈라진 열매껍질은 뒤로 젖혀진다. 붉은색 헛씨껍질 속에 씨앗이 들어 있다.

씨앗 타원형 씨앗은 길이가 4㎜ 정도이다.

잎 모양 가지에 서로 어긋나는 타원형 잎은 끝이 갑자기 뾰족해지고 가장자리에 톱니가 있다.

잎 뒷면 잎몸은 4~10㎝ 길이이고 뒷면은 연녹색이며 양면에 털이 없다.

잎 가장자리 잎 가장자리의 톱니는 끝이 둔하다.

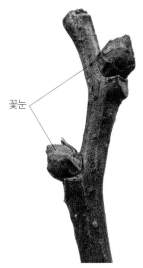

겨울눈 적갈색 가지는 털이 없고 동그스름한 꽃눈은 2~4㎜ 길이이다.

나무껍질 나무껍질은 회색이며 세로로 얇고 불규칙하게 갈라진다.

***푼지나무**(*C. flagellaris*) 노박덩굴과 비슷하지만 잎 가장자리에 털처럼 가는 톱니가 있고 어린 가지에 턱잎이 변한 가시가 있다.

붉은 새순이 아름다운 예덕나무

대극과 | *Mallotus japonicus* 🔆 갈잎작은키나무 ✳ 꽃 6~7월 🍂 열매 9~10월

예덕나무는 낙엽이 지는 작은키나무로 주로 충남 이남에서 높이 5~10m로 자란다. 작은키나무라고 하지만 거칠고 메마른 땅에서 자라는 나무는 떨기나무처럼 자라기도 하고, 기름진 땅에서 자라는 나무는 큰키나무처럼 자라기도 한다.

예덕나무는 한자로는 '야오동(野梧桐)' 또는 '야동(野桐)'이라고 하는데, 잎이 작지만 오동 잎을 닮았고 나무 모양도 비슷해서 붙여진 이름이다. 예덕나무는 봄에 돋는 새잎이 단풍잎처럼 붉은색을 띠다가 자라면서 조금씩 녹색으로 변하는 특징이 있다. 그래서인지 일본에서는 이 나무를 '적아백(赤芽柏)'이라고 하는데 봄에 돋는 붉은색 새잎을 보고 붙인 이름이다.

봄에 돋는 붉은 새순은 소금물에 데쳐서 우려낸 다음 나물로 무쳐 먹는다. 일본에서는 예덕나무의 잎으로 밥이나 떡을 싸는데 밥과 떡에 잎의 향기가 밴다고 한다.

11월의 예덕나무

7월의 수꽃봉오리 암수딴그루로 6~7월에 가지 끝에 길이 7~20cm의 커다란 원뿔꽃차례가 달린다.

수꽃

수꽃 모양 꽃잎은 없고 연노란색 꽃받침은 3~4갈래로 갈라지며 많은 수술이 둥글게 퍼진다.

7월에 핀 암꽃 암그루에도 가지 끝에 커다란 암꽃이삭이 위를 향해 달린다.

씨방

암술머리

암꽃 모양 암꽃의 꽃받침은 2~3갈래로 갈라지고 씨방은 뾰족한 돌기가 많다. 3~4개의 기다란 암술머리는 점차 붉게 변한다.

어린 열매송이 씨방이 자란 열매는 지름이 8mm 정도이며 뾰족한 돌기와 암술대가 남아 있다.

익은 열매송이 열매는 가을에 갈색으로 익으면 갈라져 벌어지면서 검은색 씨앗이 드러난다.

갈라진 열매 열매는 3갈래로 갈라져 벌어지고 3개의 검은색 씨앗이 오래 매달려 있다. 둥근 씨앗은 지름이 4mm 정도이며 광택이 있다.

밋밋한 잎 가지에 서로 어긋나는 잎은 달걀형~넓은 달걀형이며 끝이 뾰족하고 가장자리가 밋밋하다.

갈래잎 잎몸은 7~20cm 길이이다. 잎 중에는 잎몸이 3갈래로 얕게 갈라지는 것도 있다.

잎 뒷면 잎 양면에 별모양털이 있고 뒷면에는 황갈색의 작은 점이 빽빽이 있다.

10월 말의 단풍잎 잎은 가을에 노란색으로 단풍이 든다.

봄에 돋은 새순 봄이 되면 겨울눈이 벌어지면서 붉은색 새순이 돋는다.

봄에 새로 돋은 잎 새순이 벌어지면서 자라는 어린잎은 붉은색이며 점차 녹색으로 변한다.

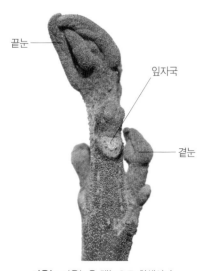

끝눈
잎자국
곁눈

겨울눈 겨울눈은 맨눈으로 회색이나 갈색을 띠는 별모양털로 덮여 있다.

나무껍질 나무껍질은 회갈색이며 오래되면 세로로 얇게 갈라진다.

*무늬예덕나무('Variegatus') 잎에 연노란색 얼룩무늬가 들어 있는 원예 품종으로 정원수로 심어 기른다.

열매껍질이 터지는 힘으로 씨앗을 퍼뜨리는 **사람주나무**

대극과 | *Neoshirakia japonica*　　　🌼 갈잎작은키나무　✳ 꽃 6월　🍂 열매 10월

사람주나무는 낙엽이 지는 작은키나무로 높이 6m 정도까지 자란다. 주로 남부 지방에서 자라며 서해안을 따라서는 백령도까지 올라오고 동해안을 따라서는 속초와 설악산까지 올라와 자란다. 양지와 음지를 가리지 않고 잘 자라며 비옥하고 습기가 있는 땅을 좋아한다.

나무껍질은 회갈색이나 회백색을 띠고 매끈하며 세로로 진한 색 무늬가 있는데 고급스러운 느낌을 주며 눈에 잘 띈다. 회백색 나무껍질을 보고 '백목(白木)'이라고도 한다. 사람주나무는 가을에 붉게 물드는 단풍잎이 특히 아름다우며 봄에 돋는 새순도 붉은색을 띤다. 열매는 익으면 마른 껍질이 팽창하면서 터지는 힘으로 씨앗을 날려 보내며 조록나무와 상산도 같은 방법으로 씨앗을 멀리 퍼뜨린다.

사람주나무의 씨앗으로는 기름을 짜는데 예전에는 이 기름을 식용 또는 등불을 켜는데 썼으며 부인들의 머릿기름으로도 사용하였다.

10월 초의 사람주나무

5월 말에 핀 꽃 암수한그루로 5~6월에 가지 끝에 달리는 꽃송이는 6~8㎝ 길이이다.

수꽃

암꽃

꽃송이 기다란 송이꽃차례에 수꽃이 촘촘히 달리고 밑부분에는 긴 자루가 있는 몇 개의 암꽃이 달린다.

8월의 어린 열매 꽃이 진 다음에 열리는 연녹색 열매는 밑으로 늘어진다.

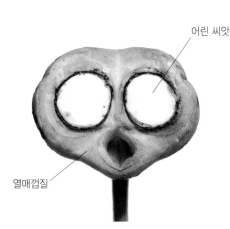

어린 씨앗

열매껍질

어린 열매 단면 열매 속에는 둥근 씨앗이 만들어진다.

10월의 열매 열매는 가을에 흑갈색으로 익는다.

암술대

열매 모양 동글납작한 열매는 지름 1.8㎝ 정도이고 3개의 골이 있으며 끝에 암술대가 남아 있다.

씨앗 둥근 씨앗은 지름이 7㎜ 정도이다.

잎 모양 가지에 서로 어긋나는 잎은 타원형~달걀형이며 끝이 뾰족하고 가장자리가 밋밋하다.

잎 뒷면 잎몸은 7~17㎝ 길이이며 뒷면은 연녹색이고 양면에 모두 털이 없다.

단풍잎 잎은 가을에 붉은색으로 단풍이 든다.

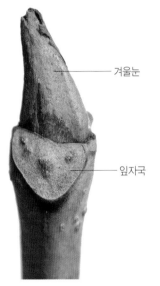

겨울눈

잎자국

겨울눈 겨울눈은 긴 삼각형이고 3~5㎜ 길이이다. 잎자국은 반달 모양이며 얼굴처럼 생겼다.

새로 돋은 잎

벌레집

봄에 돋은 새순과 벌레집 봄에 새로 돋는 잎은 붉은색이며 새순이 돋을 때 벌레집이 만들어지기도 한다.

나무껍질 나무껍질은 회갈색~회백색이고 매끈하다.

열매껍질이 갈라지는 힘으로 씨앗을 퍼뜨리는 나무

사람주나무의 갈라진 열매 잘 익은 열매는 껍질이 팽창하면서 터지는 힘으로 씨앗이 튀어 나간다.

조록나무(*Distylium racemosum*) 남쪽 섬의 산기슭에서 자라는 늘푸른큰키나무로 마른 열매가 쪼개지는 힘으로 씨앗이 튀어 나간다.

상산(*Orixa japonica*) 남부 지방의 산에서 자라는 갈잎떨기나무로 열매가 터지는 힘으로 씨앗이 튀어 나간다.

씨앗으로 기름을 짜는 기름 오동 유동

5월의 유동

대극과 | *Vernicia fordii*   🌳 갈잎큰키나무 ✹ 꽃 5월 🍂 열매 10~11월

유동은 낙엽이 지는 큰키나무로 높이 10~12m로 곧게 자란다. 중국 원산이며 추위에 약한 편이라서 남부 지방에서 심고 있다.

'유동(油桐)'이란 한자 이름을 그대로 번역하면 '기름 오동'이란 뜻이다. 잎의 크기나 모양 등이 오동 잎과 무척 비슷하고, 열매의 둥근 모양 또한 오동 열매와 비슷하다. 다만 열매송이에 돌려가며 달려 꼿꼿이 서는 오동 열매와 달리 밑으로 늘어지는 점만 다르다. 유동 열매 속에 들어 있는 씨앗으로는 기름을 짠다. 이처럼 유동은 나무의 모양이 오동나무와 비슷하게 생겼으며 씨앗으로는 기름을 짜기 때문에 붙여진 이름이다.

지름 3~4.5㎝의 열매는 끝부분이 갑자기 뾰족해지는데 속에는 4~5개의 씨앗이 들어 있다. 유동 씨앗으로 짠 기름에는 독성분이 있어서 식용은 안 되고 공업용으로만 가능하다.

암술

암꽃 모양 꽃은 지름 25~35mm이다. 꽃잎은 5~10장이고 안쪽에 붉은색 줄무늬가 있으며 가운데에 암술이 있다. 암술대는 3~5개이다.

수술

수꽃 모양 꽃잎 가운데에 10개의 수술이 모여 있고 꽃밥은 연노란색이다.

5월에 핀 꽃 암수한그루로 5월에 가지 끝에 흰색 꽃이 모여 핀다.

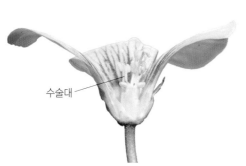

수술대

수꽃 단면 수술대는 길이가 서로 다르다.

꽃봉오리 꽃받침은 2갈래로 갈라진다.

7월의 어린 열매 긴 자루에 달리는 둥근 열매는 끝이 뾰족하고 지름 3~4.5㎝로 자란다.

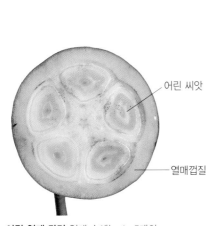

어린 열매 단면 열매 속에는 4~5개의 씨앗이 들어 있다.

11월의 열매 열매는 10~11월에 붉은색으로 익는다. 열매는 익어도 갈라지지 않는다.

씨앗 씨앗은 길이가 2.5㎝ 정도이며 표면이 우툴두툴하고 독이 있다.

잎 모양 가지 끝에 촘촘히 어긋나는 하트 모양의 잎은 20㎝ 정도 길이이며 끝이 뾰족하고 가장자리가 밋밋하며 잎자루가 길다. 잎몸의 윗부분이 3갈래로 갈라지는 잎도 있다.

잎 뒷면 처음에는 양면에 황갈색의 가는 털이 있지만 나중에는 잎맥 위에만 남는다. 잎 뒷면은 연녹색이다.

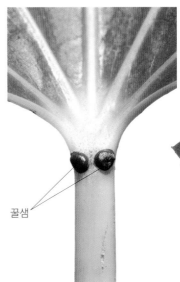

잎자루의 꿀샘 잎몸과 잎자루가 만나는 부분에 2~3개의 꿀샘이 있다.

봄에 새로 돋은 잎 새로 돋는 잎은 붉은빛이 돈다.

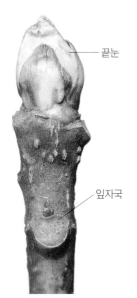

겨울눈 겨울눈은 달걀 모양이며 끝이 뾰족하다. 끝눈은 8~12㎜ 길이로 큼직하다.

겨울눈 세로 단면 겨울눈 속에는 장차 잎이나 꽃이 될 부분이 포개져 있다.

겨울눈 가로 단면 겨울눈 속에 어린잎, 꽃, 가지가 엉켜 있는 모양은 수종마다 모양이 일정한데 이를 '유엽태(幼葉態)' 또는 '아형(芽型)'이라고 한다.

나무껍질 나무껍질은 회갈색이고 매끈하며 작은 껍질눈이 있다.

제주도에는 일본유동이 드물게 자라는데 잎자루 끝의 꿀샘에 자루가 있고 열매가 동글납작한 점이 유동과 다르다.

망종 무렵에 꽃이 피기 시작하는 **망종화**

물레나물과 | *Hypericum patulum*   ⚘ 갈잎떨기나무   ✽ 꽃 6~7월   ✿ 열매 9~10월

7월의 망종화

망종화는 낙엽이 지는 떨기나무로 가느다란 줄기는 여러 대가 모여나 높이 1~2m로 자란다. 중국 원산이며 여름내 큼직하고 아름다운 노란색 꽃이 계속 피고 지기 때문에 조경수로 널리 심고 있다.

'망종화(芒種花)'는 일본에서 사용하는 한자 이름인데 망종(芒種)은 24절기의 하나로 모내기를 하고 보리를 수확하는 시기로 망종 무렵(6월 6일경)에 이 나무에 꽃이 피기 시작하기 때문에 붙여진 이름으로 추측한다. 원산지인 중국에서는 '금사매(金絲梅)'라고 부르는데 노란색 꽃이 매화를 닮았고 많은 노란색 수술이 금빛 나는 실과 같다고 해서 붙여진 이름이다.

망종화가 속한 물레나물속에는 아름다운 꽃을 피우는 떨기나무가 많기 때문에 망종화와 비슷한 조경수가 심어진 것을 흔히 볼 수 있다.

6월 초의 꽃봉오리 망종 무렵이면 가지 끝에서 갈래꽃차례가 자란다. 둥근 녹색 꽃받침을 뚫고 노란색 꽃잎이 고개를 내밀기 시작한다.

꽃봉오리 세로 단면 겹쳐진 꽃잎 한가운데에 있는 암술은 밑부분에 둥근 씨방이 있고 그 둘레에는 많은 수술이 포개져 있다.

6월에 핀 꽃 노란색 꽃의 지름은 3~5㎝로 큼직하며 꽃잎은 5장이고 실 모양의 금색 수술이 아주 많다.

꽃 모양 많은 수술은 5개의 다발로 모여나는 여러몸수술이다. 암술머리는 5갈래로 갈라진다.

꽃 뒷면 녹색 꽃받침은 5갈래로 갈라지며 갈래조각은 달걀 모양이고 털이 없다.

꽃봉오리

시든 꽃

꽃봉오리와 시든 꽃 얼핏 보면 꽃봉오리와 시든 꽃의 모양이 비슷하지만 시든 꽃은 꽃받침이 약간 벌어지고 뾰족한 암술대가 있다.

8월 초의 어린 열매 꽃받침 안의 씨방이 자라는 열매는 달걀형이며 끝에 암술대가 남아 있다.

많은 수술을 가진 꽃은 수술이 다발로 합쳐진 상태에 따라 한몸수술(단체웅예:單體雄蕊), 두몸수술(양체웅예:兩體雄蕊), 세몸수술(삼체웅예:三體雄蕊), 여러몸수술(다체웅예:多體雄蕊) 등으로 구분한다.

8월의 열매 열매는 길이가 1cm 정도이고 암술대가 끝까지 남아 있으며 점차 갈색으로 익는다.

9월의 벌어진 열매 잘 익은 열매는 윗부분이 5갈래로 갈라져 벌어진다.

열매 단면 열매를 쪼개면 속은 스펀지 같은 물질로 되어 있다.

씨앗 길쭉한 씨앗은 길이가 1mm 정도로 작고 암갈색이다.

잎가지 잎은 마주나고 긴 달걀형이며 3~5cm 길이이고 끝은 둥글며 가장자리는 밋밋하다. 잎자루는 길이가 0.5~2mm로 아주 짧다.

잎 뒷면 잎 뒷면은 흰빛이 도는 연녹색이며 양면에 털이 거의 없다.

12월의 단풍잎 잎은 늦가을에 붉은색으로 단풍이 든다. 벌어진 열매는 오래도록 가지에 남아 있다.

겨울눈 겨울눈은 타원형이고 끝이 뾰족하다. 갈색~적갈색 가지는 털이 없다.

나무껍질 나무껍질은 연한 갈색이며 얇은 조각으로 벗겨진다.

*갈퀴망종화(*H. galioides*) 북아메리카 원산으로 조경수로 심는다. 망종화에 비해 꽃이 작고 잎이 좁은 타원형이다.

24절기는 계절의 변화를 정확하게 알기 위해 1년을 24개로 나누어서 농사에 도움이 되도록 했는데 중국에서 고안했다. 망종은 6월 6일 무렵이다.

의(椅)나무가 변한 이름 이나무

버드나무과 | *Idesia polycarpa*   🌳 갈잎큰키나무   ✳ 꽃 5~6월   🍂 열매 10~11월

이나무는 충남과 전라도와 제주도의 산지에 분포하는 낙엽이 지는 큰키나무로 높이 10~15m로 자란다. 늦은 봄에 가지 끝에서 20~30㎝ 길이의 노란색 원뿔꽃차례가 늘어지고 꽃차례 모양대로 매달리는 열매송이는 붉게 익는다.

하트 모양의 잎과 길게 늘어지는 노란색 꽃송이도 아름답고 늦가을에 붉은색으로 익는 포도송이 모양의 열매송이가 낙엽이 진 후에도 겨우내 매달려 있는 모습이 보기 좋아 남부 지방에서는 관상수로 심기도 한다.

중국에서 부르는 '의수(椅樹)'라는 이름을 보고 '의(椅)나무'라고 부르던 것이 점차 변해서 '이나무'가 되었다고 한다. 북한에서는 아직 '의나무'라고 부른다. 어떤 사람은 나무껍질의 자잘한 껍질눈이 마치 해충인 이가 스멀스멀 기어가는 것처럼 보여서 '이나무'라고 한다고 우스갯소리로 풀이한다. 종소명인 폴리카르파(*polycarpa*)는 과일이 많이 열린다는 뜻으로 다닥다닥 달리는 열매송이를 보고 붙인 이름이다.

2월의 이나무

겨울눈 적갈색 겨울눈은 반구형이며 5~9mm 길이이고 잎자국은 크고 둥그스름하다.

4월의 새순 봄이 되면 겨울눈이 벌어지면서 연두색 새잎이 돋는다.

5월의 꽃봉오리 대부분이 암수딴그루로 봄에 가지 끝에서 자라는 기다란 꽃차례는 점차 밑으로 처지기 시작한다.

6월 초에 핀 수꽃 길게 늘어진 원뿔꽃차례는 20~30㎝ 길이이며 연노란색 꽃이 핀다.

수꽃 모양 수꽃은 지름 15mm 정도이며 꽃잎이 없고 5~6장의 꽃받침조각 가운데에 많은 수술이 있으며 꽃밥은 노란색이다.

꽃받침 꽃받침조각은 긴 달걀형이고 끝이 뾰족하며 수평으로 벌어지고 연한 황록색이다.

6월 초에 핀 암꽃 암그루의 암꽃은 지름 8mm 정도이고 둥근 씨방 끝에 3~6개의 암술대가 있다.

예전에는 이나무속(*Idesia*)을 이나무과로 분류했지만 APG 분류 체계에서는 버드나무과에 통합시켰다.

8월의 어린 열매 꽃이 지면 꽃차례 모양대로 열매송이가 늘어진다. 어린 열매는 녹색이다.

9월의 열매 가을이 되면 둥근 열매는 점차 황적색으로 변하기 시작한다.

9월의 열매 단면 열매 속살은 황록색이며 자잘한 씨앗이 촘촘히 들어 있다.

10월의 열매 가을이 깊어지면 열매 송이는 붉은색으로 익으며 겨우내 매달려 있다.

열매 모양과 단면 둥근 열매는 지름 8~10mm이며 속살은 노란 색으로 익는다.

씨앗 씨앗은 달걀 모양의 타원형이고 2mm 정도 길이이며 자갈색이 돈다.

잎 모양 잎은 어긋나고 하트형이며 10~20cm 길이이고 끝이 뾰족하며 가장자리에 둔한 톱니가 있다.

잎 뒷면 잎 뒷면은 분백색이며 잎맥겨드랑이에 흰색 털이 있다. 잎자루는 10~20cm 길이이다.

꿀샘

잎자루의 꿀샘 잎자루와 잎몸이 만나는 부분에 1~3개의 둥근 꿀샘이 있다.

나무껍질 나무껍질은 회백색이며 매끈하고 작은 껍질눈이 촘촘히 흩어져 난다.

10월 말의 이나무 가을이 깊어지면 잎은 점차 노란색으로 단풍이 든다.

잎이 바람에 잘 흔들리는 은사시나무

버드나무과 | *Populus tomentiglandulosa* 🍃 갈잎큰키나무 ✽ 꽃 4월 🌰 열매 5월

산에서 자라는 사시나무는 긴 잎자루가 납작해서 약한 바람에도 잘 흔들린다. 그래서 '사시나무 떨듯 떤다'라는 속담이 생겼다. 중앙아시아가 원산인 은백양을 우리나라에 들여와 심으면서 사시나무와 은백양 사이에서 자연적으로 잡종이 생겨났다. 잎 모양은 사시나무를 닮았고 뒷면은 은백양처럼 흰빛을 띤 '은사시나무'가 바로 그것이다.

은사시나무는 매우 빨리 자라는 나무라서 1970년대에 많이 심어졌다. 그 결과 산에 조림된 은사시나무 숲을 쉽게 볼 수 있으며 가로수나 개울가에 심어진 나무도 흔히 만날 수 있다. 목재는 펄프, 성냥개비, 상자 등을 만드는 재료로 쓰는데 재질이 좋지 않아서 지금은 잘 심지 않는다.

사시나무속(*Populus*)에는 사시나무와 은백양, 은사시나무를 비롯해 외국에서 들여온 이태리포플러와 양버들, 그리고 중부 이북의 산에서 자라는 황철나무가 있다.

6월 초의 은사시나무

겨울눈(잎눈)

수꽃봉오리

수꽃봉오리 원래 암수딴그루이지만 암수한그루도 있다. 봄이 되면 부풀기 시작하는 수꽃이삭은 꼬리꽃차례이며 붉은빛이 돈다.

3월 말에 핀 수꽃이삭 수꽃이삭은 7㎝ 정도 길이이고 길게 늘어지며 바람에 꽃가루가 날린다.

암꽃이삭 어린 암꽃이삭도 붉은빛이 돈다.

암꽃이삭 단면 촘촘히 돌아가며 달리는 암꽃은 암술머리가 붉은색이다.

4월에 핀 암꽃 암꽃이삭도 꽃이 피면 5㎝ 정도 길이이며 밑으로 길게 늘어지는 꼬리꽃차례이다.

5월 초의 열매 가지에 암꽃이삭 모양으로 자란 연녹색 열매이삭이 길게 늘어진다.

꼬리꽃차례는 꼬리 모양으로 처진 꽃대에 작은꽃자루가 거의 없는 꽃이 촘촘히 달린 꽃차례이다. 한자로는 '미상화서(尾狀花序)' 또는 '유이화서(葇荑花序)'라고 한다.

잎 모양 잎은 가지에 서로 어긋나고 짧은가지 끝에서는 여러 개가 모여난다. 달걀 모양의 잎은 3~8㎝ 길이이며 가장자리에 불규칙한 톱니가 있고 잎자루가 길다.

열매 모양 긴 달걀 모양의 열매는 매끈하고 익으면 갈라지면서 털이 달린 씨앗이 나와 바람에 날려 퍼진다.

잎 뒷면 뒷면은 흰색 솜털로 덮여 있지만 점차 떨어져 나간다. 하지만 나무에 따라서는 오래도록 솜털이 남아 있기도 한다.

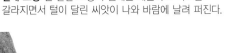

위에서 본 잎자루

옆에서 본 잎자루

잎자루 기다란 잎자루는 칼국수 가락처럼 납작해서 바람에 잘 흔들린다.

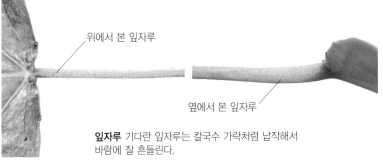

움가지에 돋은 잎 새로 돋은 움가지에서 나오는 잎은 다른 잎들보다 좀 더 크며 가장자리의 톱니는 크고 불규칙하다.

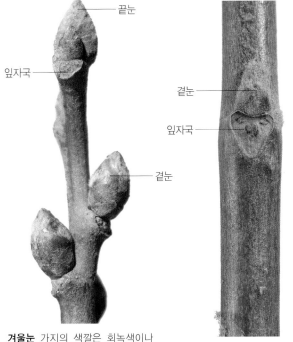

끝눈

잎자국

곁눈

겨울눈 가지의 색깔은 회녹색이나 녹갈색으로 나무에 따라 조금씩 다르다. 어린 가지는 짧은털로 덮여 있다가 점차 벗겨진다.

곁눈

잎자국

곁눈과 잎자국 달걀 모양의 겨울눈은 짧은털로 덮여 있고 잎자국은 반원형~역삼각형이다.

나무껍질 나무껍질에는 마름모와 비슷한 모양의 껍질눈이 많다.

줄기 단면 목재는 가볍고 연하며 잘 갈라지고 뒤틀린다. 펄프, 성냥개비, 상자의 재료로 쓰인다.

움가지는 나무를 베어 낸 밑동에서 새로 자란 가지를 말한다.

사시나무속(*Populus*) 나무의 비교

사시나무속은 가지 끝에 끝눈이 발달하고 암수꽃차례가 모두 밑으로 처지며 잎이 넓고 크며 잎자루가 긴 점 등으로 버드나무속(*Salix*)과 구분한다.

● 은사시나무(*P. tomentiglandulosa*)

사시나무와 은백양 사이에서 만들어진 잡종으로 나무마다 잎이나 가지의 모양이 조금씩 다르다.

잎 모양 달걀 모양의 잎은 가장자리에 불규칙한 톱니가 있고 잎자루가 길다.

잎 뒷면 뒷면은 흰색 솜털로 덮여 있지만 점차 떨어져 나간다.

나무껍질 나무껍질에는 마름모와 비슷한 모양의 껍질눈이 많다.

2월의 은사시나무 줄기와 가지는 푸르스름한 흰빛을 띠며 매끄럽다.

● 사시나무(*P. tremula* var. *davidiana*)

깊은 산에서 자라는 갈잎큰키나무로 잎자루가 납작해 바람에 잘 흔들린다. '백양(白楊)나무'라고도 한다.

잎 모양 원형~달걀형 잎은 가장자리에 파도 모양의 얕은 톱니가 있다.

잎 뒷면 뒷면은 회녹색이며 처음에는 털이 있지만 곧 없어진다.

나무껍질 나무껍질은 회녹색이며 오랫동안 갈라지지 않는다.

3월의 사시나무 줄기는 높이가 10~20m로 곧게 자란다.

● 은백양(*P. alba*)

유럽 중부에서 아시아 중부까지 분포하는 갈잎큰키나무로 예전에 가로수나 공원수로 심었지만 지금은 잘 심지 않는다.

잎 모양 잎몸이 3~5갈래로 갈라지며 톱니가 드문드문 있다.

잎 뒷면 뒷면은 흰색 솜털이 빽빽이 나서 은백색을 띤다.

나무껍질 회색 나무껍질은 오랫동안 갈라지지 않다가 늙으면 얕게 갈라진다.

2월의 은백양 줄기에서 큰 가지가 갈라진다.

● 이태리포플러(*P. × canadensis*)

포플러 종류로 이태리에서 들어와 '이태리포플러'라고 하지만 원산지는 캐나다이다. 매우 빨리 자라는 나무로 길가나 강가에 흔히 심어 기르며 목재는 성냥, 포장재, 펄프재 등으로 쓰인다.

새로 돋은 잎 세모꼴 잎은 어릴 때는 붉은빛이 돌지만 조금씩 녹색으로 변한다.

잎 뒷면 뒷면은 앞면보다 조금 연한 색이며 납작한 잎자루는 바람에 잘 흔들린다.

나무껍질 나무껍질은 어릴 때는 은색이지만 오래되면 회갈색이 되며 세로로 갈라진다.

7월의 이태리포플러 줄기는 높이 30m 정도까지 곧게 자라며 굵은 가지가 옆으로 퍼진다.

● 양버들(*P. nigra var. italica*)

유럽 원산의 갈잎큰키나무로 개울가나 길가에 줄지어 심는다. 줄기는 높이 30m 정도까지 곧게 자라는데 가지들이 줄기를 따라 위로 자라서 빗자루처럼 보인다.

잎 모양 넓은 달걀형 잎은 끝이 뾰족하고 대부분 길이보다 너비가 더 넓으며 잔톱니가 있다.

잎 뒷면 뒷면은 앞면보다 조금 연한 색이며 납작한 잎자루는 바람에 잘 흔들린다.

나무껍질 나무껍질은 흑갈색~흑회색으로 세로로 갈라진다.

2월의 양버들 전체의 모양이 빗자루처럼 보인다.

● 황철나무(*P. suaveolens*)

강원도 이북의 산골짜기에서 자라는 갈잎큰키나무로 높이 30m 정도까지 곧게 자란다. 목재는 가볍고 연하며 상자나 펄프를 만드는 데 사용한다.

잎 모양 긴 타원형 잎은 두껍고 가장자리에 둔한 톱니가 있으며 밑부분은 심장저에 가깝다.

잎 뒷면 뒷면은 흰빛이 돌고 잎맥이 튀어나온다.

나무껍질 어린 나무는 회녹색이지만 오래된 나무는 흑회색으로 변하며 세로로 갈라진다.

10월의 황철나무 줄기는 곧게 자라고 가지가 사방으로 퍼져 원뿔 모양이 된다.

이태리포플러는 양버들과 미루나무 사이의 잡종 중에서 선발된 품종으로 10년 정도만 자라도 목재로 쓸 수 있다.

물가에서 잘 자라는 **버드나무**

버드나무과 | *Salix pierotii*　　🌰 갈잎큰키나무　✿ 꽃 4월　🌱 열매 5월

버드나무는 낙엽이 지는 큰키나무로 높이 20m 정도로 자란다. 가지가 축 늘어지는 수양버들과 달리 버드나무는 짧은가지만 약간 밑으로 처지고 잡아당기면 가지가 잘 부러진다. 버드나무는 어디서나 잘 자라지만 특히 물을 좋아해 물가에서 자라는 것을 흔히 볼 수 있다. 예전에는 버드나무 뿌리가 물을 정화시키는 작용을 한다고 생각하여 우물가에 심기도 했다. 또 추위에 강한 나무로 가을에 가장 늦게까지 푸른 잎을 달고 있는 나무이기도 하다.

버드나무 잎을 씹으면 쓴맛이 나는데 서양의학의 아버지 히포크라테스는 임산부가 통증을 느끼면 버드나무 잎을 씹으라는 처방을 내렸다고 한다. 여기에 착안해서 만들어 낸 약이 해열진통제로 사용되는 아스피린으로 버드나무 종류의 뿌리에서 얻은 성분으로 만든다. 아스피린은 만들어진 지, 백 년이 넘었지만 지금까지도 많은 사람들을 치료하는 데 쓰이고 있다.

5월의 버드나무

포

4월의 수꽃봉오리 암수딴그루로 4월에 잎보다 꽃이 먼저 핀다. 수꽃봉오리가 부풀기 시작하면 붉은색 꽃밥이 드러난다. 꽃차례 밑에 있는 긴 타원형 포는 털이 많다.

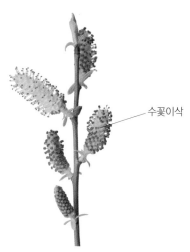

수꽃이삭

4월의 수꽃가지 수꽃이삭은 길이 1~2㎝이며 꽃이 피면 붉은색 꽃밥이 터지면서 노란색 꽃가루가 나온다. 꽃가루를 모두 날려 보낸 수꽃이삭은 그대로 스러진다.

암꽃이삭

4월의 암꽃가지 암그루에 달리는 암꽃이삭은 길이 1~2㎝이다.

포

암꽃이삭 암술머리는 4개로 갈라지며 긴 타원형 포는 털이 많고 수꽃 포와 비슷하다.

5월의 열매 암꽃이삭 모양의 열매가 열린다.

물 위에 떨어진 씨앗 솜털이 달린 씨앗은 물기가 있는 곳에 떨어지면 곧 뿌리를 내리고 자란다.

옛날에는 버들가지(양지)로 이 사이에 낀 이물질을 청소하였는데 이를 '양지질'이라고 하고 후에 '양치질'이 되었다.

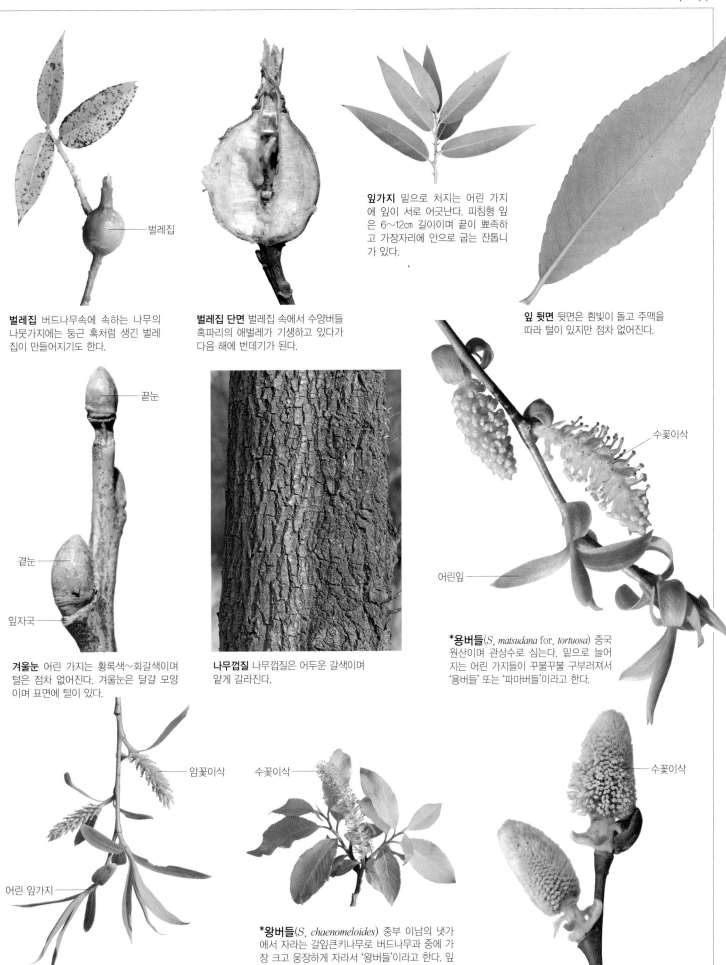

벌레집 버드나무속에 속하는 나무의 나뭇가지에는 둥근 혹처럼 생긴 벌레집이 만들어지기도 한다.

벌레집

벌레집 단면 벌레집 속에서 수양버들 혹파리의 애벌레가 기생하고 있다가 다음 해에 번데기가 된다.

잎가지 밑으로 처지는 어린 가지에 잎이 서로 어긋난다. 피침형 잎은 6~12cm 길이이며 끝이 뾰족하고 가장자리에 안으로 굽는 잔톱니가 있다.

잎 뒷면 뒷면은 흰빛이 돌고 주맥을 따라 털이 있지만 점차 없어진다.

끝눈

곁눈

잎자국

겨울눈 어린 가지는 황록색~회갈색이며 털은 점차 없어진다. 겨울눈은 달걀 모양이며 표면에 털이 있다.

나무껍질 나무껍질은 어두운 갈색이며 얕게 갈라진다.

수꽃이삭

어린잎

*용버들(S. matsudana for. tortuosa) 중국 원산이며 관상수로 심는다. 밑으로 늘어지는 어린 가지들이 꾸불꾸불 구부러져서 '용버들' 또는 '파마버들'이라고 한다.

암꽃이삭

수꽃이삭

수꽃이삭

어린 잎가지

*수양버들(S. babylonica) 갈잎큰키나무로 들이나 물가에서 흔히 자란다. 기다란 가지가 밑으로 처지기 때문에 쉽게 구분할 수 있다.

*왕버들(S. chaenomeloides) 중부 이남의 냇가에서 자라는 갈잎큰키나무로 버드나무과 중에 가장 크고 웅장하게 자라서 '왕버들'이라고 한다. 잎은 긴 타원형으로 새로 나올 때는 붉은빛이 돈다.

*호랑버들(S. caprea) 산에서 자라는 갈잎작은키나무로 봄에 잎보다 꽃이 먼저 핀다. 타원형 잎의 뒷면은 흰색 털로 덮여 있다.

이를 청소하던 양지(버들가지)가 일본으로 건너가 '요지'로 불렸다.

봄 소식을 알리는 전령사 갯버들

버드나무과 | *Salix gracilistyla*   ⬆ 갈잎떨기나무 ✱ 꽃 3~4월 🞵 열매 5월

갯버들은 낙엽이 지는 떨기나무로 뿌리 부근에서 많은 가지가 올라와 높이 2m 정도로 비스듬히 자란다. 갯버들은 '개울가에서 자라는 버들'이라는 뜻이다. 봄이 오면 갯버들은 가지마다 솜털을 뒤집어쓴 꽃이삭을 내미는데 흔히 '버들강아지' 또는 '버들개지'라고 부른다. 버들강아지는 산골짜기에서 봄이 온 것을 제일 먼저 알리는 봄의 전령사 노릇을 한다. 요즈음은 꽃이삭이 달린 가지를 잘라 꽃꽂이 재료로 쓰기도 한다. 갯버들 가지에 물이 잔뜩 오르면 아이들이 새끼손가락 굵기의 가지를 자른 다음에 틀어서 벗겨 낸 대롱 모양의 껍질로 버들피리를 만들어 부는데 이것을 흔히 '호드기'라고 한다.

갯버들처럼 키가 작은 버드나무 종류로 키버들을 흔히 볼 수 있는데, 키버들의 가는 가지는 질기고 단단하면서도 잘 구부러져서 키나 고리짝 같은 생활용품을 만들어 썼다.

3월의 갯버들

3월의 수꽃봉오리 이른 봄이면 겨울눈이 벌어지면서 솜털을 뒤집어쓴 꽃봉오리가 나온다.

겨울눈(잎눈) ─

3월 말의 수꽃이삭 암수딴그루이고 수꽃이삭은 긴 타원형이며 길이가 3~5cm이다.

수꽃이삭 단면 수꽃은 꽃차례에 빙 돌아가며 달리고 수술은 2개이다.

3월 말의 암꽃이삭 암그루에 피는 암꽃이삭은 길이 2~5cm이다.

암꽃이삭 단면 암꽃도 꽃차례에 빙 돌아가며 달리고 암술머리는 2개로 갈라진다.

4월 초의 열매 잎이 돋을 때 암꽃이삭 모양대로 열매이삭이 열린다.

갯버들이 속한 버드나무속(*Salix*) 식물은 주로 온대와 아한대 지방에 분포하는데 특히 북반구의 온대 지방에 가장 많다.

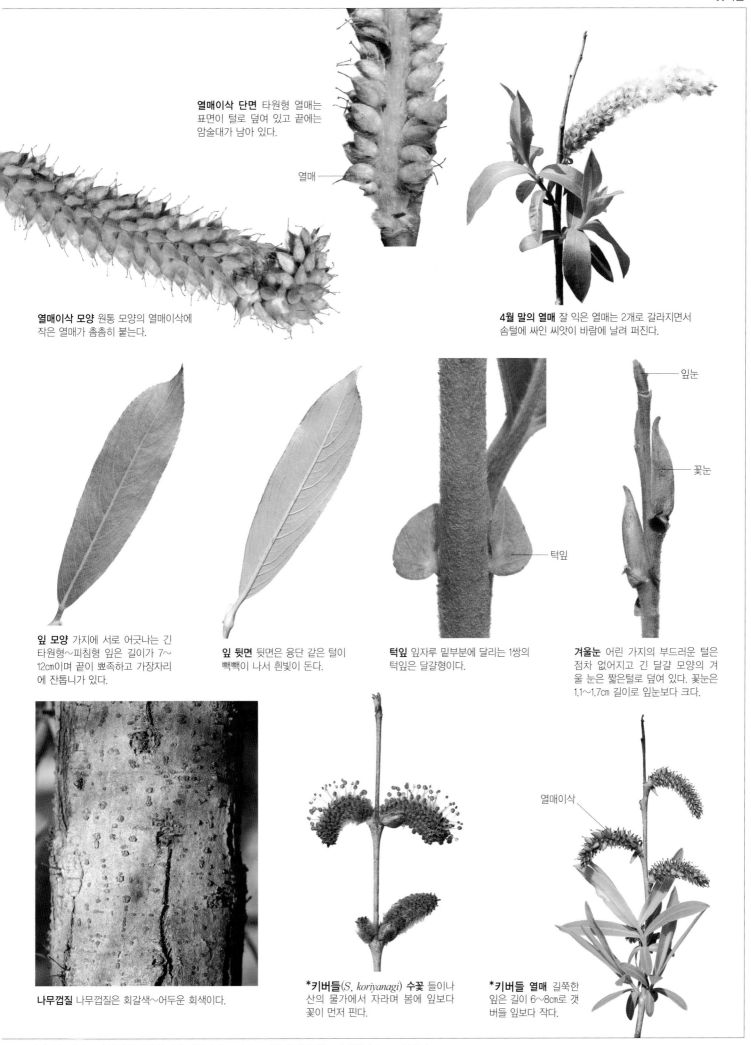

열매이삭 단면 타원형 열매는 표면이 털로 덮여 있고 끝에는 암술대가 남아 있다.

열매

4월 말의 열매 잘 익은 열매는 2개로 갈라지면서 솜털에 싸인 씨앗이 바람에 날려 퍼진다.

열매이삭 모양 원통 모양의 열매이삭에 작은 열매가 촘촘히 붙는다.

잎눈

꽃눈

턱잎

잎 모양 가지에 서로 어긋나는 긴 타원형~피침형 잎은 길이가 7~ 12cm이며 끝이 뾰족하고 가장자리에 잔톱니가 있다.

잎 뒷면 뒷면은 융단 같은 털이 빽빽이 나서 흰빛이 돈다.

턱잎 잎자루 밑부분에 달리는 1쌍의 턱잎은 달걀형이다.

겨울눈 어린 가지의 부드러운 털은 점차 없어지고 긴 달걀 모양의 겨울 눈은 짧은털로 덮여 있다. 꽃눈은 1.1~1.7cm 길이로 잎눈보다 크다.

열매이삭

나무껍질 나무껍질은 회갈색~어두운 회색이다.

*키버들(*S. koriyanagi*) **수꽃** 들이나 산의 물가에서 자라며 봄에 잎보다 꽃이 먼저 핀다.

*키버들 열매 길쭉한 잎은 길이 6~8cm로 갯버들 잎보다 작다.

키버들은 가지로 키를 만들어서 붙여진 이름이며 고리짝도 만들기 때문에 '고리버들'이라고도 부른다.

잎을 포개고 잠을 자는 자귀나무

콩과 | *Albizzia julibrissin* 　🍂 갈잎작은키나무 ✳ 꽃 6~7월 ✳ 열매 10~11월

자귀나무는 낙엽이 지는 작은키나무로 높이 5m 정도로 자란다. 중부 이남의 산기슭이나 산골짜기에서 자라는데 근래에는 관상수로 많이 심고 있어서 공원이나 길가에서 더욱 쉽게 만날 수 있다.

자귀나무는 여름에 피는 꽃의 모양이 독특하다. 가지 끝의 커다란 꽃송이에 모여달리는 꽃은 꽃잎이 없이 수많은 수술로 이루어져 있어 누구나 쉽게 기억할 수 있는 나무이다. 꼬투리열매는 겨울까지 매달려 있는데 겨울바람에 서로 부딪혀 나는 소리가 여자들의 수다처럼 들렸던지 여자 여(女), 혀 설(舌)자를 써서 '여설목(女舌木)'이라고도 했다.

자귀나무의 깃꼴겹잎은 해가 지고 어두워지면 마주 보는 잎이 2장씩 포개지는 모습이 마치 잠을 자는 것처럼 보인다. 잎은 소가 무척 좋아하는 먹이라서 남부 지방에서는 '소쌀나무'라고 부르기도 한다.

7월의 자귀나무

꽃가지 6~7월이면 가지 끝에 많은 꽃송이가 모여 달린다.

꽃송이 꽃송이는 원뿔꽃차례 모양이며 작은 꽃송이는 밑에서부터 차례대로 피어 올라간다.

꽃봉오리 　갓 피기 시작한 꽃

꽃봉오리 길게 벋는 작은 꽃자루 끝에 10~20개의 꽃이 우산살 모양으로 촘촘히 모여 달린다.

꽃 모양 꽃받침통은 3mm 정도이고 종 모양의 꽃부리는 5~6mm 길이이며 5갈래로 갈라지고 속에 20~25개의 수술과 1개의 암술이 들어 있다.

9월의 어린 열매 꽃이 지면 연녹색 꼬투리열매가 열린다.

11월의 꼬투리열매 꼬투리열매는 길이 10~15cm로 가을에 갈색으로 익으며 겨울까지 매달려 있다.

꽃받침통은 꽃받침이 서로 합쳐져서 통 모양으로 만들어지는 것을 말한다. 한자로는 '악통(萼筒)'이라고 한다.

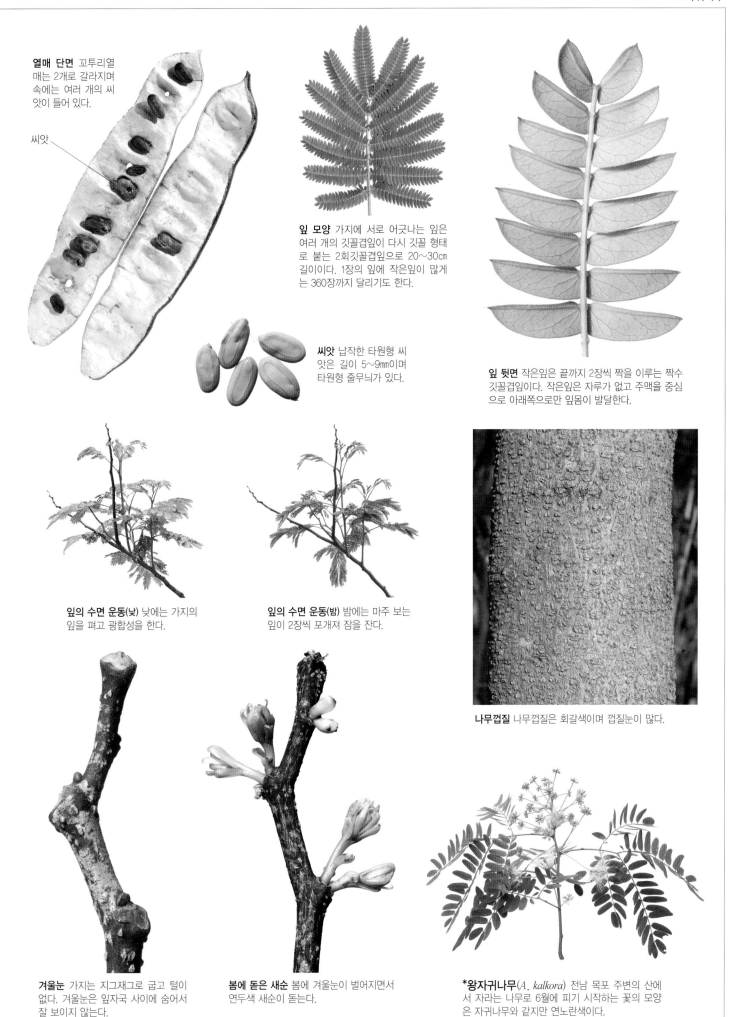

열매 단면 꼬투리열매는 2개로 갈라지며 속에는 여러 개의 씨앗이 들어 있다.

씨앗

잎 모양 가지에 서로 어긋나는 잎은 여러 개의 깃꼴겹잎이 다시 깃꼴 형태로 붙는 2회깃꼴겹잎으로 20~30㎝ 길이이다. 1장의 잎에 작은잎이 많게는 360장까지 달리기도 한다.

씨앗 납작한 타원형 씨앗은 길이 5~9mm이며 타원형 줄무늬가 있다.

잎 뒷면 작은잎은 끝까지 2장씩 짝을 이루는 짝수 깃꼴겹잎이다. 작은잎은 자루가 없고 주맥을 중심으로 아래쪽으로만 잎몸이 발달한다.

잎의 수면 운동(낮) 낮에는 가지의 잎을 펴고 광합성을 한다.

잎의 수면 운동(밤) 밤에는 마주 보는 잎이 2장씩 포개져 잠을 잔다.

나무껍질 나무껍질은 회갈색이며 껍질눈이 많다.

겨울눈 가지는 지그재그로 굽고 털이 없다. 겨울눈은 잎자국 사이에 숨어서 잘 보이지 않는다.

봄에 돋은 새순 봄에 겨울눈이 벌어지면서 연두색 새순이 돋는다.

*왕자귀나무(*A. kalkora*) 전남 목포 주변의 산에서 자라는 나무로 6월에 피기 시작하는 꽃의 모양은 자귀나무와 같지만 연노란색이다.

자귀나무는 밤에 잎이 포개진다고 '합환목(合歡木)'이나 '유정수(有情樹)' 등으로 불렸고 마당에 심어 부부의 화목을 기원했다.

밥티기 모양의 꽃이 달리는 박태기나무

콩과 | *Cercis chinensis*　　🌳 갈잎떨기나무　❄ 꽃 4월　🍂 열매 9~10월

박태기나무는 낙엽이 지는 떨기나무로 높이 4m 정도까지 자란다. 중국 원산으로 공원이나 정원에 관상수로 널리 심고 있다. 박태기나무는 콩과에 속하는 나무라서 뿌리에서 뿌리혹박테리아가 만들어 준 비료 성분인 질소를 이용하므로 메마르고 거친 땅에서도 잘 자란다.

'박태기'란 이름은 밥알을 뜻하는 남부 지방의 사투리인 '밥티기'란 말에서 유래되었다고 한다. 꽃봉오리가 모여 있는 모양이 밥알이 붙어 있는 모습과 비슷해서 '밥티기나무'라고 하던 것이 변해서 '박태기나무'가 되었다고 한다. 북한에서는 어린 꽃봉오리가 구슬처럼 생겼다 하여 '구슬꽃나무'라고 한다. 박태기나무 꽃에는 독성이 조금 있어서 꽃잎을 씹으면 약간 아리다. 꽃에는 꿀이 많아 꿀을 많이 딸 수 있는 밀원식물의 하나이다. 줄기나 뿌리껍질은 한약재로 쓰는데 오줌을 잘 나오게 하거나 중풍이나 고혈압 등을 치료하는 데 이용한다.

4월의 박태기나무

4월 말에 핀 꽃 4~5월에 잎보다 먼저 나무 가득 홍자색 꽃이 핀다.

꽃송이 보통 7~8개씩 모여 달리는 나비 모양의 꽃은 길이 1cm 정도이다.

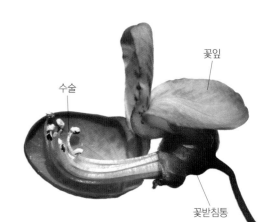

수술　꽃잎　꽃받침통

꽃 단면 2장의 아래쪽 꽃잎 속에는 10개의 수술과 1개의 암술이 들어 있다. 종 모양의 꽃받침은 진한 홍자색이며 끝부분이 5갈래로 얕게 갈라진다.

꽃봉오리 여러 개가 모여 달리는 꽃봉오리는 밥알과 모양이 비슷하다.

***흰박태기나무**('Alba') 흰색 꽃이 피는 품종을 '흰박태기나무'라고 한다.

5월의 어린 열매 꽃이 지면 꼬투리열매가 잎과 함께 길게 자라기 시작한다.

박태기나무의 속명 케르키스(*Cercis*)는 그리스어로 '칼집'이란 뜻으로 꼬투리열매의 모양이 칼집과 비슷하게 생겼다.

씨앗

갈라진 열매 꼬투리 속에는 5~8개의 씨앗이 들어 있다.

7월의 열매 납작한 꼬투리열매는 끝이 길고 뾰족하다.

10월의 열매 꼬투리열매는 길이가 7~12cm이며 가을에 갈색으로 익고 겨우내 매달려 있다. 잎은 가을에 노란색으로 단풍이 든다.

씨앗 동글납작한 씨앗은 길이가 4mm 정도이며 광택이 있다.

새로 돋은 잎 여름에 돋는 어린잎은 붉은빛이 돈다.

잎눈

꽃눈

잎 모양 가지에 서로 어긋나는 하트형의 잎은 가장자리가 밋밋하고 밑부분에서 5개의 잎맥이 발달한다.

잎 뒷면 잎몸은 5~10cm 길이이며 뒷면은 황록색~연녹색이고 잎맥의 기부에 털이 있다.

겨울눈 꽃눈은 여러 개가 둥글게 모여 달리고 가지 끝의 잎눈은 꽃눈보다 작다.

나무껍질 나무껍질은 회갈색이며 밋밋하다.

11월의 박태기나무 꼬투리열매는 겨울까지 그대로 매달려 있다.

다른 나무를 친친 감고 오르는 칡

콩과 | *Pueraria montana* var. *lobata*　　🍂 갈잎덩굴나무　✳ 꽃 7~8월　🍂 열매 가을

칡은 낙엽이 지는 덩굴나무이며 길이가 10m 이상으로 길게 벋는다. 다른 나무를 친친 감고 올라가 못살게 굴기 때문에 숲을 가꾸는 사람들에게는 골칫덩어리 취급을 받는다.

그렇지만 칡뿌리에는 녹말이 많이 들어 있어서 흉년이 들었을 때 굶주림을 견딜 수 있는 중요한 구황 식품이었다. 칡뿌리를 갈아서 만든 갈분으로 갈분 국수나 갈분 다식 또는 갈분 엿을 만들어 먹는다. 또 칡뿌리로 짠 칡즙은 위장을 튼튼하게 해 준다고 한다.

줄기는 질기고 튼튼해서 새끼줄 대신 사용했는데 사립문이나 담장, 싸리비처럼 튼튼하게 묶어야 할 곳에 주로 썼다. 또 덩굴의 질긴 껍데기를 벗겨 만든 실로 짠 옷감인 갈포로 옷을 해 입었는데 너무 거칠기 때문에 지금은 만들어 입지 않는다. 요즈음은 줄기껍질로 만든 실로 갈포지라고 하는 고급 벽지를 만들어 쓰고 있다.

10월의 화백을 감고 오른 칡

여름에 핀 꽃 한여름에 잎겨드랑이에 10~25cm 길이의 커다란 꽃송이가 달린다.

꽃송이 송이꽃차례에 촘촘히 돌려나는 꽃은 밑에서부터 차례대로 피어 올라간다.

꽃 모양 나비 모양의 붉은색 꽃은 18~25mm 길이이다. 1장의 위쪽 꽃잎 안쪽에 노란색 무늬가 있어 곤충의 표적이 된다.

꽃 단면 2장의 아래쪽 꽃잎 안쪽에는 암술과 수술이 들어 있다. 10개의 수술은 9개의 수술대가 하나로 합쳐지고 1개는 따로 떨어져 있다.

수술　　암술

꽃받침 꽃을 받치고 있는 꽃받침은 5갈래로 절반 정도 갈라지고 털이 빽빽이 난다.

꽃받침통

마른 꽃

어린 열매

어린 열매송이 꽃이 시들면 꽃송이 밑부분부터 열매가 자라기 시작한다.

칡을 뜻하는 갈(葛)에 대한 옛 발음을 한자로 표기한 것이 '질을(叱乙)'이었는데, 질을이 '즐 - 츩 - 칡'으로 변화된 것으로 추측하는 사람도 있다.

10월의 열매 꼬투리열매는 가을에 갈색으로 익는다.

9월의 어린 열매 녹색 꼬투리열매는 길이 4〜9㎝이며 털로 덮여 있다.

씨앗 콩을 닮은 타원형 씨앗은 콩보다 작다.

잎 뒷면 뒷면은 흰빛을 띠는 털로 덮여 있다.

잎 모양 세겹잎은 가지에 서로 어긋난다. 작은잎은 달 걀형〜마름모형이고 10〜15㎝ 길이이며 끝이 뾰족하고 가장자리가 밋밋하거나 2〜3갈래로 얕게 갈라진다.

단풍잎 잎은 가을에 노란색으로 단풍이 든다.

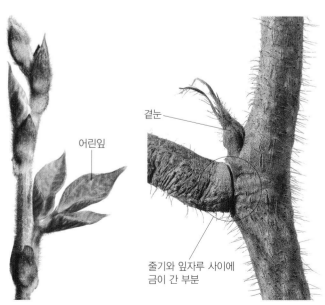

어린잎

곁눈

줄기와 잎자루 사이에 금이 간 부분

봄에 돋은 새순 새로 돋는 줄기는 갈색 털로 덮여 있다.

줄기 가을이 되면 줄기와 잎자루 사이에 금이 가면서 층이 생긴다.

곁눈

잎자국

겨울눈 잎자루가 떨어져 나간 자 리에 잎자국이 생긴다. 잎자국에 는 물과 양분의 통로였던 관다발자 국이 남아 있다. 잎자국 위에는 겨울눈이 준비되어 있다.

관다발자국

잎자루 떨어져 나간 잎자루에도 물과 양분의 통로였던 관다발자 국이 남는다.

칡은 여름에 피는 홍자색 꽃에 꿀이 많이 들어 있어서 양봉농가에 큰 도움이 된다.

뼈를 책임지는 한약재 골담초

콩과 | _Caragana sinica_   🍃 갈잎떨기나무   ✳️ 꽃 4~5월   🌰 열매 7~9월

골담초는 중국 원산의 낙엽이 지는 떨기나무로 줄기는 여러 대가 모여나 2m 정도 높이로 자란다. 봄에 잎이 돋을 때 함께 피는 나비 모양의 노란색 꽃은 아이들이 심심풀이로 따서 먹기도 하고 쌀가루에 섞어서 떡을 만들어 먹기도 한다.

'골담초(骨擔草)'란 한자 이름은 뼈 골(骨), 책임질 담(擔), 풀 초(草)자로 뼈를 책임지는 풀이란 뜻으로 한방에서는 골담초의 뿌리를 관절염이나 타박상, 신경통처럼 뼈와 관련된 증상을 치료하는 약재로 널리 쓰이고 있다. 이름에 풀(草)을 뜻하는 글자가 들어갔지만 여러 대가 모여나는 줄기는 단단한 목질인 엄연한 '나무'이다.

시골에는 마당가에 골담초를 심어 둔 집이 많은데 꽃이 활짝 핀 나무 모양과 독특한 잎이 관상용으로도 보기 좋고 뿌리로 술을 담가 먹기도 하니 일석이조이다. 비슷한 종으로 강원도 이북에서 자라는 참골담초와 관상용으로 기르는 시베리아골담초 등이 있다.

5월 초의 골담초

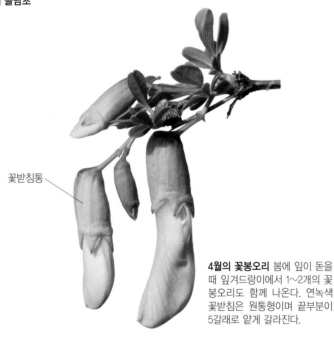

꽃받침통

4월의 꽃봉오리 봄에 잎이 돋을 때 잎겨드랑이에서 1~2개의 꽃봉오리도 함께 나온다. 연녹색 꽃받침은 원통형이며 끝부분이 5갈래로 얕게 갈라진다.

4월 말에 핀 꽃 나비 모양의 노란색 꽃은 2.5~3cm 길이이며 위쪽 꽃잎은 뒤로 활짝 젖혀진다.

꽃 가로 단면 꽃잎 안에 들어 있는 수술들은 합쳐져 있고 끝부분만 갈라져 있다. 꽃밥은 노란색이다.

수술 모양 10개의 수술 중에 9개가 합쳐지고 1개가 따로 떨어져 있다.

시든 꽃 꽃잎은 점차 붉은색으로 변했다가 시들면 떨어져 나간다.

5월의 어린 열매 꽃이 지면 꼬투리열매는 원기둥 모양으로 자라는데 우리나라에서는 잘 결실하지 않는다.

138   골담초나 칡 등의 콩과 식물은 10개의 수술 중에 9개가 합쳐지고 1개가 떨어져 있는 구조인데 흔히 '두몸수술', 한자로는 '양체웅예(兩體雄蘂)'라고 한다.

어린 열매 모양 원기둥 모양의 열매는 3cm 정도 길이로 자라고 꽃받침이 남아 있다.

7월의 잎가지 잎은 어긋나고 짝수깃꼴겹잎이며 작은잎은 2쌍이다. 작은잎은 긴 거꿀달걀형이고 10~35mm 길이이며 가장자리가 밋밋하다.

잎 뒷면 보통 2쌍의 작은잎 중에 끝의 1쌍이 좀 더 크다. 잎 뒷면은 회녹색이 돈다.

가지의 가시 잎자루 밑부분과 가지가 만나는 부분에는 턱잎이 변한 가늘고 긴 1쌍의 가시가 있다.

겨울눈 가지는 모가 지며 겨울눈은 달걀형이고 털로 덮여 있다.

나무껍질 나무껍질은 회갈색이며 가로로 긴 껍질눈이 많다.

골담초 분재 골담초는 관상수로 심으며 분재의 소재로도 이용한다.

5월에 핀 꽃

7월의 열매

4월 말에 핀 꽃

*수양시베리아골담초

*참골담초(C. fruticosa) 강원도와 황해도 이북에 분포하는 갈잎떨기나무로 2m 정도 높이로 자란다. 짝수깃꼴겹잎은 작은잎이 4~6쌍이다. 잎겨드랑이에 1~2개가 모여 피는 꽃은 위쪽 꽃잎이 활짝 젖혀지지 않는 것으로 골담초와 구분한다. 기다란 원기둥 모양의 열매는 3~4cm 길이이며 8~9월에 잘 결실한다.

*시베리아골담초(C. arborescens) 시베리아와 몽골 원산으로 2~6m 높이로 자란다. 깃꼴겹잎은 작은잎이 3~6쌍이고 잎겨드랑이에 1~4개의 꽃이 모여 핀다. 수양시베리아골담초('Pendula')는 가지가 밑으로 처지는 품종이다. 모두 관상수로 심어 기른다.

아카시아로 널리 알려진 아까시나무

콩과 | *Robinia pseudo-acacia*　　🌳 갈잎큰키나무　✳ 꽃 5~6월　🍃 열매 9~10월

'동구 밖 과수원길 아카시아 꽃이 활짝 폈네~'

〈과수원길〉이라는 동요의 주인공은 바로 아카시아다. 그런데 식물도감에는 '아까시나무'로 나와 있다. 이 나무의 학명은 로비니아 프세우도아카시아(*Robinia pseudo-acacia*)이다. 종소명인 프세우도아카시아는 '가짜 아카시아'란 뜻인데 앞에 붙은 가짜(*pseudo*)를 빼 버리고 '아카시아'라고 이름을 지었다. 하지만 열대 지방에서 자라고 있는 나무들 중에 아카시아(*Acacia*)라는 속명을 가진 것이 있어 저명한 식물학자가 새로 지은 이름이 '아까시나무'이다. 어떤 사람은 열대 지방의 아카시아는 우리나라에서는 볼 수 없으니 그대로 아카시아란 이름을 써도 괜찮다고도 한다. 북한에서는 '아카시아나무'라고 부른다.

아까시나무는 척박한 토양에서도 잘 자라고 빨리 자라는 나무로 예전에 헐벗은 산에 많이 심었으며 향기 좋은 꽃은 우리에게 많은 꿀을 제공해 준다.

6월의 아까시나무

5월에 핀 꽃 5월에 잎겨드랑이에서 자란 송이꽃차례는 10~15cm 길이이며 아래로 늘어진다.

꽃 모양 나비 모양의 흰색 꽃은 2cm 정도 길이이다. 넓은 종 모양의 꽃받침은 5갈래로 얕게 갈라진다.

암술과 수술 2장의 아래쪽 꽃잎 안쪽에 암술과 수술이 들어 있다. 수술은 역시 두몸수술이다.

6월 초의 어린 열매 꽃이 지면 꼬투리열매가 길게 자라기 시작한다.

7월의 어린 꼬투리열매 납작한 꼬투리 열매는 길이 5~10cm로 자란다.

줄기의 움돋이 아까시나무는 생명력이 강해서 줄기를 베어 내면 더 많은 움이 돋는다.

9월의 열매 꼬투리열매는 가을에 갈색으로 익는다.

열매 단면 2쪽으로 갈라지는 꼬투리열매 속에는 5~10개의 씨앗이 들어 있다.

씨앗 씨앗은 콩팥 모양이며 길이 6mm 정도이다.

꽃봉오리

4월의 새로 돋은 잎과 꽃봉오리 새로 돋은 어린잎은 황록색이다.

잎 모양 가지에 서로 어긋나는 잎은 12~25cm 길이이며 9~19장의 작은 잎이 마주 붙는 홀수깃꼴겹잎이다.

잎 뒷면 작은잎은 타원형이며 가장자리가 밋밋하고 뒷면은 연녹색이다.

가시와 겨울눈 턱잎이 변한 가시는 손으로 누르면 잘 떨어진다. 겨울눈은 잎자국에 숨어서 드러나지 않는다.

나무껍질 나무껍질은 황갈색~회갈색이며 세로로 불규칙하게 갈라진다.

*낫잎아카시아(*Acacia auriculiformis*) 진짜 아카시아속에 속하는 늘푸른큰키나무로 열대 지방에서 자란다. 잎은 낫 모양이며 잎겨드랑이에 노란색 이삭꽃차례가 달린다.

*붉은꽃아까시나무(*R.* × *margaretta* 'Pink Cascade') 아까시나무 종류로 붉은색 꽃이 피는 품종이며 관상수로 심는다.

아카시아(*Acacia*)속 식물은 500종 이상이 열대와 아열대 지방에서 자라는데 그중 400종 이상이 호주에 분포한다.

시원한 그늘을 만들어 주는 등

5월의 등 그늘집

콩과 | *Wisteria floribunda* 　　갈잎덩굴나무 　꽃 4~5월 　열매 9~11월

등은 낙엽이 지는 덩굴나무로 길이 10m 정도로 벋는다. 산에서 저절로 자라기도 하지만 흔히 볼 수 없고 관상수로 심어 키우는 것을 자주 만날 수 있다. 등을 키울 때에는 지주목을 세워서 덩굴이 타고 올라가 지붕처럼 덮게 하여 등 그늘을 만든다. 도시에 사는 사람들에게 등 그늘은 여름의 무더위를 식혀 주는 좋은 휴식처가 된다. 특히 꽃이 피는 5월이 되면 주렁주렁 매달린 꽃송이에서 풍기는 향긋한 꽃향기로 색다른 허브 정원이 된다. 시원한 등 그늘 때문인지 등의 꽃말은 '환영'이다. '등(藤)'은 한자 이름이며 '등나무' 또는 '참등'이라고도 한다.

등 줄기는 잘라서 바구니나 가구 등의 생활용품을 만들기도 하고 질긴 나무껍질을 벗겨 새끼를 꼬아 끈 대신 쓰기도 하였다. 또 꼬불꼬불한 줄기를 잘 다듬어서 지팡이를 만들기도 했다. 봄에 돋는 어린잎이나 꽃봉오리는 나물로 먹고, 가을에 익은 씨앗은 볶아 먹는데 맛이 고소하다.

꽃가지 5월에 잎과 함께 자란 기다란 꽃송이가 아래로 늘어지면서 꽃이 피는데 향기가 진하다. 송이꽃차례는 20~40㎝ 길이이다.

꽃송이 늘어지는 송이꽃차례에 달리는 꽃은 밑에서부터 차례대로 피기 시작한다.

꽃 모양 커다란 연자주색 위쪽 꽃잎은 중심부에 노란색 무늬가 있어 곤충의 표지판 역할을 한다.

꽃 단면 진한 자주색 아래쪽 꽃잎이 포개진 속에는 암술과 수술이 들어 있다.

어린 꽃송이 잎과 함께 피는 꽃송이는 긴 방망이 모양으로 꽃봉오리가 다닥다닥 붙어 있다가 밑부분부터 벌어진다.

6월의 어린 열매 꼬투리열매는 길이 10~15㎝이며 융단 같은 털로 덮여 있다.

'갈등(葛藤)'이란 칡(葛)과 등(藤)이 서로 복잡하게 얽힌 것처럼 인간관계가 까다롭게 얽혀서 풀기 어렵다는 말이다.

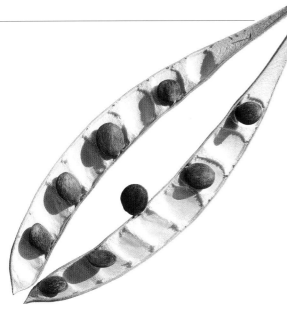

씨앗 동글납작한 씨앗은 흑갈색이며 광택이 있고 지름이 1.2cm 정도이다.

새싹 씨앗은 조건만 맞으면 어디서나 싹이 잘 튼다.

열매 꼬투리열매는 가을에 익으면 꼬투리가 쪼개지면서 씨앗이 나온다.

잎 모양 가지에 서로 어긋나는 잎은 11~19장의 작은잎이 마주 붙는 홀수깃겹잎이다. 잎은 20~30cm 길이이다.

잎 뒷면 작은잎은 긴 타원형이며 끝이 뾰족하고 밋밋한 가장자리는 주름이 진다. 어릴 때는 털이 있지만 점차 없어진다.

겨울눈 겨울눈은 달걀 모양이며 5~8mm 길이이고 끝이 뾰족하다.

잎눈

꽃봉오리

봄에 돋은 꽃봉오리 봄이 되면 겨울눈이 벌어지면서 꽃봉오리가 나온다.

덩굴줄기 덩굴은 오른쪽이나 왼쪽으로 감고 오른다.

***흰등**(f. *alba*) 흰색 꽃이 피는 품종을 '흰등'이라고 한다.

***산등**(*W. brachybotrys*) 일본 원산의 갈잎덩굴나무로 송이꽃차례는 10~20cm 길이로 짧게 늘어지며 관상수로 심는다.

***애기등**(*Millettia japonica*) 남쪽 섬에서 자라는 덩굴나무로 여름에 연노란색 꽃이 핀다. 등과 비슷하지만 전체적으로 크기가 작아서 '애기등'이라고 한다.

꽃이삭이 족제비 꼬리 모양인 족제비싸리

6월 말의 족제비싸리

콩과 | *Amorpha fruticosa*　　갈잎떨기나무　　꽃 5~6월　　열매 9월

족제비는 적에게 공격을 받으면 악취를 풍기고 도망을 간다. 족제비싸리는 꽃차례의 모양이 족제비의 꼬리와 비슷하고 강한 향기가 나며 잎이나 줄기를 자르면 역겨운 냄새가 난다. 또 꼬투리열매는 싸리의 꼬투리처럼 작아서 '족제비싸리'라는 이름이 붙었다. 북한에서는 '왜싸리'라고 부른다.

족제비싸리는 북아메리카 원산의 낙엽이 지는 떨기나무로 높이 2~5m로 자란다. 뿌리혹박테리아가 만들어 준 비료 성분인 질소를 이용하므로 메마르고 거친 땅에서도 잘 자란다. 우리나라에는 1930년대에 도입해 철길 가장자리나 개울둑, 절개지 등에 심었는데, 거친 토양에서도 잘 적응하여 헐벗은 땅을 복구하는 데 큰 도움을 주었다.

예전에는 줄기를 잘라 광주리나 삼태기와 같은 생활 도구를 만들었고 땔감으로도 이용했다. 족제비싸리 꽃에는 꿀이 많아 벌이 많이 모여든다.

꽃봉오리 봄에 잎이 돋을 때 기다란 꽃송이도 함께 나온다.

5월 말에 핀 꽃 5~6월에 피는 꽃은 향기가 강하다.

꽃이삭 이삭꽃차례는 길이가 7~15cm이며 꽃이 촘촘히 돌려가며 달린다.

수술
암술
꽃잎

꽃 모양 꽃은 길이 6~8mm이며 자주색 꽃잎 밖으로 1개의 암술과 10개의 수술이 벋고 꽃밥은 진노란색이다.

7월의 어린 열매 꽃이 지고 나면 꽃차례 모양 대로 열매가 열린다.

9월의 열매 꼬투리열매는 9월에 점차 노란색으로 변한다.

이삭꽃차례는 1개의 긴 꽃차례자루에 작은꽃자루가 없는 꽃이 이삭처럼 촘촘히 붙어서 피는 꽃차례이다. 한자로는 '수상화서(穗狀花序)'라고 한다.

11월의 열매 꼬투리열매는 가을에 진갈색으로 익고 껍질은 벌어지지 않는다.

껍질눈

열매 모양 긴 타원형의 꼬투리열매는 길이 7~10mm이며 약간 굽고 도드라진 껍질눈이 있으며 속에 1개의 씨앗이 들어 있다.

씨앗 씨앗은 긴 타원형이며 길이가 4mm 정도이다.

잎 모양 가지에 서로 어긋나는 잎은 11~25장의 작은잎이 마주 붙는 홀수깃꼴겹잎이다. 잎은 10~30㎝ 길이이다.

잎 뒷면 작은잎은 긴 타원형이며 가장자리가 밋밋하고 뒷면에 잔털이 없거나 약간 있다.

7월의 새로 돋은 잎 여름에 새로 돋는 잎은 붉은빛이 돈다.

겨울눈 겨울눈은 달걀 모양이며 가지에 바짝 붙는다.

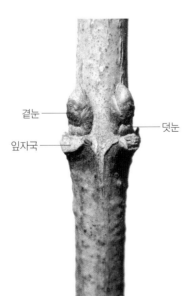

곁눈

덧눈

잎자국

곁눈과 잎자국 잎자국은 약간 튀어 나오며 곁눈과 잎자국 사이에 작은 덧눈이 있다.

꽃봉오리

봄에 돋은 새순 새순은 조금 늦게 트는데 어린잎에 싸인 꽃봉오리는 윗부분이 붉은색을 띤다.

나무껍질 나무껍질은 흑회색~회갈색이며 매끈하고 껍질눈이 흩어져 난다.

여러 가지 생활 도구의 재료 싸리

콩과 | *Lespedeza bicolor* 🌱 갈잎떨기나무 ✳ 꽃 7~8월 🍂 열매 10월

싸리는 낙엽이 지는 떨기나무로 산과 들에서 흔히 자란다. 여러 대가 모여나는 줄기는 윗부분에서 가느다란 가지가 촘촘히 퍼지며 사람 키 정도의 높이로 자라는데, 나무가 단단하면서도 탄력이 강해서 여러 가지 생활 도구를 만드는 데 많이 쓰였던 나무이다.

시골집 문이나 울타리는 흔히 싸리를 엮어 만들었고 집을 지을 때도 싸리로 엮은 뼈대 위에 흙을 발라 벽을 만들었다. 지게로 짐을 나를 때 짐을 담는 발채나 물건을 담아 나르는 삼태기, 곡식을 고르는 키, 물고기를 잡는 데 쓰는 통발, 마당을 쓰는 싸리비 등 이루 다 말할 수 없을 정도로 많은 생활 도구를 만들어 쓴 나무였다. 또 아이들의 훈육에 사용되는 회초리로도 가장 흔히 사용되던 나무이다.

싸리는 특정한 한 종을 나타내는 고유명사이지만 비슷한 종류를 통틀어 말하기도 한다. 산에서 흔히 만날 수 있는 싸리 종류는 싸리, 참싸리, 조록싸리 등이 있다.

9월 초의 싸리

꽃송이 송이꽃차례는 2~7㎝ 길이이며 붉은색 꽃이 모여 달린다.

꽃받침통

꽃받침 꽃받침통은 명주실 같은 털로 덮여 있다. 수술과 암술은 아래쪽 꽃잎 안쪽에 숨어 있다.

꽃 모양 나비 모양의 붉은색 꽃은 길이 1.5㎝ 정도이다. 위쪽 꽃잎 안쪽에 진한 적자색 무늬가 있다.

8월에 핀 꽃 7~8월에 잎겨드랑이나 가지 끝에 꽃송이가 달린다.

9월 말의 열매 꼬투리열매는 늦가을에 갈색으로 익는다.

11월의 열매 타원형 꼬투리열매는 5~7㎜ 길이이며 표면에는 누운 털이 약간 있다.

146

싸리 줄기는 물기가 적어서 생나무도 불에 잘 타기 때문에 옛날에는 햇불을 만드는 재료로 많이 썼다.

씨앗 타원형 씨앗은 납작하며 검은색이다.

잎 모양 가지에 서로 어긋나는 잎은 3장의 작은잎이 모여 달리는 세겹잎이다. 작은잎은 달걀형이며 2~6cm 길이이고 끝이 약간 오목하게 들어간다.

잎 뒷면 뒷면은 흰빛이 돌고 누운털이 있다.

단풍잎 잎은 가을에 노란색으로 단풍이 든다.

곁눈

겨울눈 가는 가지는 겨울에 끝이 말라 죽는다. 겨울눈은 달걀 모양이다.

나무껍질 진갈색이며 껍질눈이 흩어져 난다.

싸리 울타리 싸리 줄기는 엮어서 울타리를 만들거나 문을 만드는 등 여러 가지로 이용했다.

*참싸리(*L. cyrtobotrya*) 산에서 자라며 여름에 피는 꽃은 꽃가지가 짧아서 잎겨드랑이에 꽃이 모여 핀 것처럼 보인다.

*조록싸리(*L. maximowiczii*) 산에서 자라며 6월에 홍자색 꽃이 핀다. 잎은 세겹잎이며 달걀 모양의 작은잎은 끝이 뾰족하다.

*삼색싸리(*L. buergeri*) 남쪽 섬에서 자란다. 조록싸리와 비슷하지만 8월에 피는 꽃은 붉은색과 자주색, 흰색이 섞여 있다.

대기오염에 강한 나무 회화나무

콩과 | *Styphnolobium japonicum* 　 🍃 갈잎큰키나무 　 ✳️ 꽃 7~8월 　 🌰 열매 10~11월

회화나무는 낙엽이 지는 큰키나무로 높이 25m 정도로 자란다. 중국 원산으로 우리 나라에는 아주 오래전에 들어와 관상수로 심어지고 있다.

중국 주나라 때 조정에 심어진 세 그루의 회화나무 아래에서 삼정승이 나랏일을 보는데 이때부터 회화나무를 '학자수(學者樹)'로 불렀다고 한다. 중국에서는 그 이후로 회화나무가 출세한 사람의 상징이 되었으며, 우리나라도 궁궐이나 사찰과 서원 같은 곳에 이 나무를 심었다. 중국 이름은 '괴화(槐花)'인데 '괴(槐)'의 중국식 발음이 '회'라서 '회화나무'가 되었다고 한다.

회화나무의 꽃은 루틴이라는 성분을 함유하고 있는데 루틴은 고혈압 등을 치료하는 데 효과가 있다고 한다. 열매는 염주 모양이고 몸을 튼튼하게 하는 강장제로 쓰인다. 또 꽃은 종이를 노랗게 물들이는 물감으로 쓰기도 한다. 회화나무는 병충해가 적고 오염된 공기에도 강해서 가로수나 공원수로 많이 심고 있다.

10월의 회화나무

꽃 모양 나비 모양의 꽃은 1~1.5cm 길이이며 위쪽 꽃잎 가운데 부분에는 노란색 무늬가 있어 곤충의 표적이 된다.

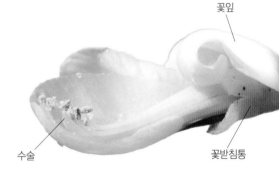

꽃잎 / 수술 / 꽃받침통

암술과 수술 아래쪽 꽃잎 속에는 1개의 암술과 10개의 수술이 숨어 있다.

7월에 핀 꽃 여름에 가지 끝에 커다란 원뿔꽃차례가 달린다.

꽃받침통

꽃받침 연녹색 꽃받침은 통 모양이며 끝이 5갈래로 얕게 갈라지고 누운털이 있다. 갓 수정된 꼬투리열매는 표면이 털로 덮여 있다.

9월의 어린 열매 어린 열매송이는 밑으로 늘어진다. 꼬투리열매는 4~7cm 길이이다.

어린 열매 모양 꼬투리열매는 자라면서 올록볼록해져 구슬을 꿴 모양이 되고 털이 없어진다.

회화나무 목재는 단단하고 무늬가 아름다워 건축재나 가구재로 쓰였고 여름에 피는 꽃은 꿀을 많이 딸 수 있다.

11월의 열매 노랗게 익은 열매는 표면에 주름이 지고 겨우내 매달려 있으면서 잘록한 부분이 잘라져 나간다.

씨앗 둥근 타원형 씨앗은 길이가 7~9mm이다.

잎 모양 가지에 서로 어긋나는 잎은 7~17장의 작은잎이 마주 붙는 홀수깃꼴겹잎이다. 잎은 15~25cm 길이이다.

잎 뒷면 작은잎은 달걀형~긴 달걀형이며 뒷면은 흰빛이 돌고 누운털이 있다.

겨울눈

잎자국

겨울눈 어린 가지는 녹색이며 겨울눈은 일부가 U자 모양의 잎자국 속에 숨어 있고 표면은 암갈색 털로 덮여 있다.

나무껍질 나무껍질은 진한 회갈색이고 세로로 얕게 튼다.

*황금회화나무('Aurea') 잎과 가지가 노란색인 원예 품종이 개발되어 관상수로 심어지고 있다.

대기오염에 강한 나무

때죽나무(*Styrax japonicus*) 산에서 자라는 갈잎큰키나무로 관상수로도 많이 심는다.

사철나무(*Euonymus japonicus*) 중부 이남의 바닷가 산기슭에서 자라는 늘푸른떨기나무로 관상수로도 많이 심는다.

튤립나무(*Liriodendron tulipifera*) 북아메리카 원산으로 관상수로 많이 심는다. 이산화탄소를 흡수하는 능력이 가장 뛰어난 나무이다.

변재와 심재의 색깔이 눈에 띄게 다른 다릅나무

콩과 | *Maackia amurensis*   🌳 갈잎큰키나무   ✽ 꽃 7~8월   🍂 열매 9~10월

다릅나무는 전국의 산에 분포하는 낙엽이 지는 큰키나무로 10~15m 높이로 자란다. 가지에 어긋나는 홀수깃꼴겹잎은 작은잎이 7~11장이다. 봄에 돋는 새잎은 은백색 털로 촘촘히 덮여서 나오기 때문에 봄에 산에 가면 새순만 보고도 구분할 수 있다. 또 회갈색 나무껍질은 세로로 얇게 벗겨지면서 살짝 말리는 특징이 있다.

다릅나무의 또 다른 특징은 줄기의 목재에 있다. 줄기를 잘라 보면 가장자리의 변재(邊材)는 연한 황백색이지만 줄기 중심부의 심재(心材)는 진갈색으로 명확하게 구분이 된다. 이렇게 변재와 심재의 색깔이 눈에 띄게 달라서 '다름나무'라고 부르던 것이 변해 '다릅나무'가 되었다고 말하는 사람도 있다. 이런 목재의 특성을 이용해 아름다운 무늬가 들어간 조각재나 장식용 가구 등을 만드는 데 쓴다. 한방에서는 다릅나무 속껍질을 진통약으로 관절염 등을 치료하는 데 쓰며 상처에 붙이는 고약의 원료로도 이용한다.

7월의 다릅나무

겨울눈 겨울눈은 달걀형이고 2~3개의 눈비늘조각에 싸여 있다. 잎자국은 반원형이며 3개의 관다발자국이 있다.

4월 말의 새순 봄에 돋는 새순은 은백색 털에 싸여서 나온다.

5월 초의 새순 새로 돋는 잎은 양면에 은백색 털이 많아서 흰빛을 띤다.

5월의 어린 잎가지 새잎은 모양을 갖춰 가면서 점차 은백색 털이 떨어지기 시작한다.

7월에 피기 시작한 꽃 가지 끝에서 1~7개가 나오는 송이꽃차례는 5~15㎝ 길이이다.

꽃차례 꽃차례에는 나비 모양의 자잘한 연노란색 꽃이 촘촘히 달린다.

꽃차례 부분 원통형 꽃받침은 4~5mm 길이이며 황갈색이고 끝부분이 얕게 갈라지며 표면에 부드러운 털이 빽빽하다.

꽃 모양 나비 모양의 연노란색 꽃은 10~12mm 길이이며 위쪽 꽃잎은 뒤로 젖혀지고 안쪽에 녹황색 무늬가 있다.

9월 초의 어린 열매 꽃이 지면 납작한 꼬투리열매가 모여 달린다. 열매 표면에는 짧은 누운털이 있다.

12월의 열매 넓은 선형 열매는 3~7cm 길이이고 납작하며 끝이 뾰족하고 가을에 갈색으로 익는다.

열매 단면 잘 익은 꼬투리열매를 세로로 쪼개면 씨앗이 드러난다.

씨앗 꼬투리 속에는 보통 3~6개의 씨앗이 들어 있다. 긴 타원형 씨앗은 7~8mm 길이이다.

잎 모양 잎은 어긋나고 홀수깃꼴겹잎이며 작은잎은 7~11장이다. 작은잎은 타원형~긴 달걀형이며 가장자리가 밋밋하다.

잎 뒷면 작은잎은 3~6cm 길이이고 거의 마주 붙는다. 잎 뒷면은 부드러운 털이 빽빽하다.

나무껍질 나무껍질은 회갈색이고 세로로 얇게 벗겨지면서 살짝 말린다.

줄기 단면 목재 가장자리의 변재는 연노란색으로 밝고 속의 심재는 진갈색이다.

7월 말에 핀 꽃

8월 말의 어린 열매

*솔비나무(*M. floribunda*) 제주도 한라산에 분포하는 갈잎큰키나무로 8~10m 높이로 자란다. 다릅나무와 비슷하지만 홀수깃꼴겹잎은 작은잎이 9~17장으로 많기 때문에 구분이 가능하다. 다릅나무와 함께 관상수로 심기도 한다.

5리마다 심어 거리를 알린 오리나무

자작나무과 | _Alnus japonica_   🍂 갈잎큰키나무 ✳ 꽃 3월 🍂 열매 10월

오리나무는 습한 땅을 좋아해서 전국적으로 산기슭의 개울가나 습지에서 잘 자란다. '십 리 절반 오리나무'라는 전래 동요 가사처럼 옛날에 거리를 나타내기 위해 5리마다 심어서 '오리나무'라는 이름이 붙었다. 오리나무는 낙엽이 지는 큰키나무로 높이 20m 정도까지 자란다.

화학비료가 없던 옛날에는 오리나무 가지를 잘게 썰어 논에 비료로 뿌렸는데, 그래서인지 지금도 논둑에서 자라는 오리나무를 볼 수 있다. 또 나무껍질이나 열매에는 타닌 성분이 들어 있어서 물이 잘 들기 때문에 물감 원료로 이용했다. 그래서 '물감나무'라는 별명도 있는데, 특히 물고기를 잡는 어망이나 반두라고 하는 작은 그물을 물들일 때 사용했다. 오리나무 목재는 가볍고 연하면서도 잘 터지지 않아 나막신이나 얼레빗 등을 만들었고, 그중에서 안동 하회탈은 반드시 오리나무로 만든다고 한다. 또 오리나무 숯은 화력이 강해 대장간의 풀무불 숯으로 사용했다.

1월의 오리나무

수꽃이삭

3월에 핀 수꽃 암수한그루로 3월에 잎보다 꽃이 먼저 핀다. 수꽃이삭은 4~7cm 길이이고 자루가 있으며 밑으로 길게 늘어진다.

암꽃이삭

잎눈

암꽃 가지 끝에 달리는 긴 타원형 암꽃이삭은 길이가 3~4mm로 매우 작다.

8월의 어린 열매 가지 끝에 솔방울 모양의 열매가 2~6개씩 모여 달린다.

어린 열매 모양 열매는 달걀 모양이며 2~2.5cm 길이로 자란다.

어린 열매 세로 단면 열매기둥에 촘촘히 달리는 열매조각 사이사이에 씨앗이 만들어진다.

11월의 열매 열매는 익으면서 칸칸이 갈라지는 모양이 솔방울과 비슷하며 열매조각 사이마다 들어 있던 씨앗이 나온다.

열매 가로 단면 열매기둥을 중심으로 빙돌아가며 층층이 달리는 열매조각은 납작한 깔때기 모양이다.

씨앗 납작한 씨앗은 길이 3~4mm이고 끝에 암술대가 남아 있으며 날개가 거의 없다.

묵은 열매 열매는 다음 해까지 그대로 매달려 있다.

잎 모양 가지에 서로 어긋나는 긴 타원형 잎은 5~13cm 길이이며 끝이 뾰족하고 가장자리에 잔톱니가 있다.

잎 뒷면 뒷면의 주맥 밑부분에 적갈색 털이 있고 잎맥은 튀어 나온다.

잎눈

겨울눈 어린 가지는 갈색이고 매끈하다. 잎이 나올 잎눈은 긴 타원형이며 3~8mm 길이이다.

암꽃눈

수꽃눈

꽃눈 기다란 수꽃눈과 작은 암꽃눈은 가을에 꽃이삭 모양대로 준비되어 있으며 그대로 겨울을 난다.

나무껍질 나무껍질은 자갈색이며 불규칙하게 갈라져 벗겨진다.

*물오리나무(*A. hirsuta*) 산에서 자라는 갈잎큰키나무이다. 잎은 넓은 달걀형이고 가장자리에 갈래 모양의 큰 톱니가 있다.

*두메오리나무(*A. maximowiczii*) 울릉도와 강원도 설악산 이북에서 5~8m 높이로 자란다. 넓은 달걀형 잎은 가장자리에 불규칙한 잔톱니가 있다.

헐벗은 산에 많이 심은 사방오리

11월의 사방오리

자작나무과 | *Alnus firma*   🌳 갈잎작은키나무   ✳ 꽃 3~4월   🌰 열매 10~11월

우리나라의 산은 일제 강점기와 6·25 전쟁을 거치면서 건축재와 땔감으로 나무를 마구 베어 황폐한 벌거숭이산으로 변했다. 벌거숭이산에서 빗물에 씻겨 내려온 모래와 흙이 개울 바닥에 쌓이면서 비가 조금만 많이 와도 물난리를 겪곤 했다. 이를 해결하기 위해 1970년대부터 헐벗은 산에서 모래가 씻겨 내려오는 것을 막는 사방 공사가 대대적으로 벌어졌다. 헐벗은 산에는 메마르고 거친 땅에서도 잘 자라는 나무를 수입해서 심기 시작하였다.

이때 수입해서 심은 나무 중 하나가 사방오리인데, 일본 원산의 오리나무 종류로 사방공사용으로 많이 심었기 때문에 '사방오리'란 이름을 얻었다. 사방오리가 속해 있는 오리나무속 나무들은 뿌리에 뿌리혹박테리아가 기생하고 있어서 양분을 스스로 만들기 때문에 메마르고 거친 땅에서도 잘 자라는 특성이 있다. 사방오리는 추위에 약해 주로 남부 지방에 많이 심었고 지금도 흔히 만날 수 있다.

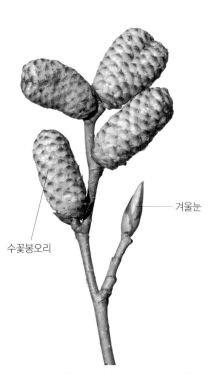

3월의 꽃봉오리 암수한그루로 이른 봄에 겨울눈이 부풀어 오르기 시작한다.

수꽃봉오리 / 겨울눈

4월 초에 핀 꽃 원통형 수꽃이삭은 4~6cm 길이이며 비스듬히 늘어지고 작은 암꽃이삭은 위로 곧게 선다.

암꽃이삭 — 어린잎 / 수꽃이삭

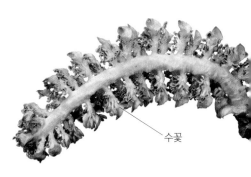

수꽃이삭 세로 단면 꽃차례자루를 중심으로 수꽃이 빙 돌아가며 촘촘히 붙는다. 수꽃이삭은 꽃자루가 없다.

수꽃

수꽃이삭 가로 단면 노란색 꽃밥이 터지면 꽃가루가 날리고 갈색으로 변한다.

수꽃

암꽃이삭 기다란 원통형 암꽃이삭에는 꽃차례자루가 있다.

암꽃이삭 / 꽃차례자루

새로 돋은 잎 꽃이 필 때 잎도 함께 나온다.

5월 말의 어린 열매 긴 타원형 열매는 위로 곧게 선다.

어린 열매
열매자루

어린 열매 모양 솔방울과 모양이 비슷한 열매는 길이 1.5~2cm로 자란다.

묵은 열매 가을에 흑갈색으로 익는 열매는 다음 해까지 매달려 있다.

열매기둥
열매조각

열매 단면 열매조각 사이마다 들어 있는 씨앗은 열매조각이 벌어지면서 밖으로 나온다.

씨앗 씨앗은 양쪽에 날개가 있고 끝에 암술대가 남아 있는 모양이 나비를 닮았다.

잎 모양 가지에 서로 어긋나는 잎은 긴 달걀형이며 끝이 뾰족하고 가장자리에 가는 톱니가 있다.

잎 뒷면 잎몸은 4~10cm 길이이고 뒷면의 잎맥 위에는 누운털이 있다.

끝눈
곁눈

겨울눈 겨울눈은 긴 타원형이며 10~15mm 길이이고 끝이 뾰족하다.

수꽃눈 수꽃눈은 긴 원통형이며 맨눈으로 겨울을 난다.

나무껍질 나무껍질은 회갈색이며 오래되면 조각으로 벗겨진다.

단단한 나무의 대명사 박달나무

자작나무과 | *Betula schmidtii*   🌳 갈잎큰키나무   ✳ 꽃 4~5월   🌰 열매 9월

우리의 건국 신화인 단군신화에는 환웅이 무리 3천 명을 거느리고 태백산 신단수 아래에 내려와 신시를 열고, 환웅과 곰이 변한 웅녀와의 사이에서 태어난 단군이 고조선을 세웠다고 기록되어 있다. 이 이야기에 나오는 신단수(神壇樹)가 무슨 나무인지 정확히 밝혀지지는 않았지만 박달나무라는 것이 일반적인 견해이다. 왜냐하면 신단수(神壇樹)나 단군(檀君)에 들어 있는 '단(壇)'은 박달나무를 뜻하는 한자어이기 때문이다. 이처럼 박달나무는 건국 시대부터 우리 겨레와 가까웠던 나무였기에 박달나무를 '배달겨레의 나무'라고 하는 사람도 있다.

박달나무는 우리나라에서 자라는 나무 중 매우 단단한 편에 속한다. 재질이 치밀해서 무겁고 단단하기 때문에 나무를 자를 때 도끼날이 망가지기도 한다. 예로부터 다듬이질할 때 쓰는 홍두깨, 디딜방아의 절굿공이나 함지박 등을 만드는 데 쓰였다. 특히 정월 놀이에 쓰는 윷은 박달나무 윷을 최고로 친다.

10월의 박달나무

어린잎
암꽃이삭
수꽃이삭

어린 열매이삭
열매자루

열매조각
씨앗

봄에 피는 꽃 암수한그루로 봄에 꽃이 핀다. 가지 끝에서 늘어지는 수꽃이삭은 4~6cm 길이이고 암꽃이삭은 위로 곧게 선다.

6월의 어린 열매 위로 곧게 서는 원통형 열매이삭은 길이가 2~4cm이고 5~7mm 길이의 열매자루에 달려 있다.

열매이삭 단면 가운데의 열매 기둥을 중심으로 많은 열매조각이 촘촘히 돌려나며 사이사이에 씨앗이 들어 있다.

열매조각
씨앗
암술대

부서진 열매 열매이삭은 겨울까지 그대로 매달려 있다가 조금씩 부서지면서 열매조각과 씨앗이 떨어져 나간다.

열매조각과 씨앗 삼지창 모양의 열매조각은 길이 5~6mm이다. 납작한 씨앗은 길이 2mm 정도이고 끝에 암술대가 남아 있으며 날개는 거의 없다.

잎 모양 잎은 어긋나고 짧은가지에는 2장이 달린다. 달걀 모양의 잎은 끝이 뾰족하고 가장자리에 불규칙한 톱니가 있다. 9~12쌍의 측맥이 가지런히 받는다.

잎 뒷면 잎몸은 4~9cm 길이이고 뒷면은 연녹색이며 잎맥 위에는 흰색 털이 드문드문 있다.

겨울눈 잔가지에는 흰색 껍질눈이 드문드문 있다. 겨울눈은 긴 타원형이며 5~8mm 길이이고 끝이 뾰족하다.

수꽃눈 수꽃눈은 꽃이삭 모양을 모두 갖춘 채로 겨울을 난다.

어린 나무껍질 어린 줄기의 나무껍질은 진한 자갈색을 띠고 광택이 있으며 가로로 긴 줄무늬의 껍질눈이 있다.

오래된 나무껍질 나무껍질은 오래되면 불규칙하게 갈라지며 두꺼운 코르크질로 변하기 때문에 산불에도 잘 견딘다고 한다.

'박달'이라는 이름이 붙여진 나무

박달나무가 단단한 나무의 대명사가 되어 사람들은 단단한 나무질을 가진 나무에는 박달이라는 말을 넣어 이름을 붙였다. '박달'이 들어간 이름은 같은 속에 속하는 물박달나무와 개박달나무를 비롯해 까치박달, 가침박달, 박달목서 등이 있다.

물박달나무(*Betula dahurica*) 산에서 흔히 자라는 갈잎큰키나무이다. 너덜너덜한 나무껍질이 눈에 띈다. 열매이삭은 밑으로 늘어진다.

개박달나무(*Betula chinensis*) 산에서 3~10m 높이로 자란다. 나무질은 단단하지만 높이가 5m 정도밖에 크지 않아 목재로는 별 쓸모가 없어 '개'자가 붙여졌다.

까치박달(*Carpinus cordata*) 산에서 자라는 갈잎큰키나무이다. 까치박달은 박달나무와는 조금 먼 친척 나무로 열매이삭은 원통형이며 밑으로 늘어진다.

가침박달(*Exochorda racemosa* ssp. *serratifolia*) 가침박달은 장미과에 속하는 갈잎떨기나무로 박달나무와는 아무런 관계가 없다. 단단한 줄기로 박달나무처럼 방망이를 만들기 때문에 '가침박달'이라는 이름이 붙었다.

박달목서(*Osmanthus insularis*) 박달목서는 남쪽 섬에서만 자라는 늘푸른나무이다. 물푸레나무과의 목서속에 속하며 나무질이 단단해 '박달목서'란 이름이 붙었다. 늦가을에 잎겨드랑이에 향이 진한 흰색 꽃이 모여 핀다.

박달나무 목재는 연갈색이고 비중이 0.9 정도로 국산 재목 가운데 단단한 나무 중 하나이다.

기품이 느껴지는 숲속의 여왕 자작나무

자작나무과 | *Betula platyphylla* 🌳 갈잎큰키나무 ✳ 꽃 4~5월 🍂 열매 9~10월

자작나무는 낙엽이 지는 큰키나무로 추운 곳에서 잘 자라며 '봇나무'라고도 한다. 주로 북부 지방에서 많이 자라고 남한에서는 저절로 나서 자라는 나무는 없지만 가로수나 관상수로 많이 심고 있다. 흰색 줄기가 시원스럽게 하늘로 벋는 나무 모습이 기품이 있어 보여 서양에서는 자작나무를 '눈의 여왕(Snow Queen)' 또는 '숲속의 주인'이라고 부른다.

흰색 나무껍질은 종이처럼 얇게 벗겨지는데 기름기가 많아서 불이 잘 붙어 흔히 불쏘시개로 이용한다. 껍질이 탈 때 '자작자작' 하는 소리가 나서 '자작나무'라고 한다. 옛날 종이가 귀했던 시절에는 얇게 벗겨지는 자작나무 껍질에 글을 쓰거나 그림을 그렸는데, 껍질에는 부패를 막는 성분이 들어 있어 잘 썩지 않는다. 또 고로쇠나무처럼 봄에 줄기에서 수액을 받아 마시기도 한다. 단단한 목재는 건축재나 조각재로 널리 이용되며 종이를 만드는 펄프 용재로도 많이 쓰인다.

11월의 자작나무

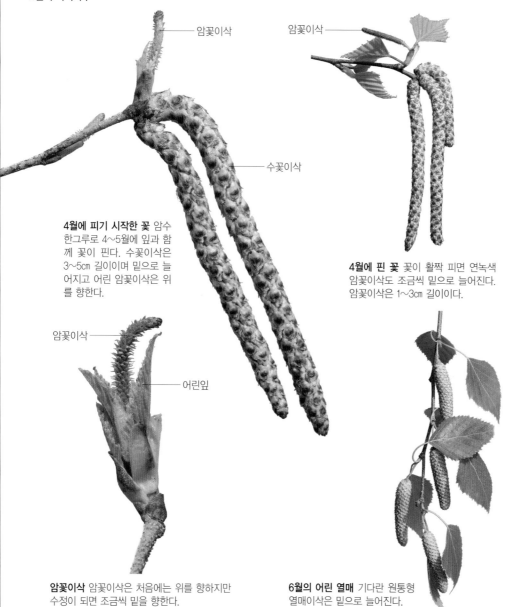

암꽃이삭
암꽃이삭
수꽃이삭

4월에 피기 시작한 꽃 암수 한그루로 4~5월에 잎과 함께 꽃이 핀다. 수꽃이삭은 3~5cm 길이이며 밑으로 늘어지고 어린 암꽃이삭은 위를 향한다.

암꽃이삭
어린잎

4월에 핀 꽃 꽃이 활짝 피면 연녹색 암꽃이삭도 조금씩 밑으로 늘어진다. 암꽃이삭은 1~3cm 길이이다.

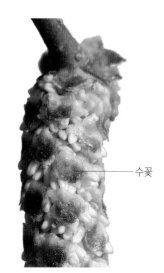

수꽃

수꽃이삭 모양 수꽃이삭에는 많은 수꽃이 돌아가며 달리고 꽃이 피면 노란색 꽃가루가 바람에 날려 퍼진다.

암꽃이삭 암꽃이삭은 처음에는 위를 향하지만 수정이 되면 조금씩 밑을 향한다.

6월의 어린 열매 기다란 원통형 열매이삭은 밑으로 늘어진다.

어린 열매이삭 단면 가운데 열매기둥을 중심으로 많은 열매조각이 촘촘히 돌려나며 사이사이에 씨앗이 들어 있다. 한 열매에 500개 정도의 씨앗이 들어 있다.

결혼식을 '화촉을 밝힌다'라고 하는데, 화촉(樺燭)은 자작나무 껍질로 만든 초를 말한다. 화(樺)는 자작나무란 뜻으로 예전에 촛불 대신에 자작나무 껍질에 불을 붙여 밝혔다.

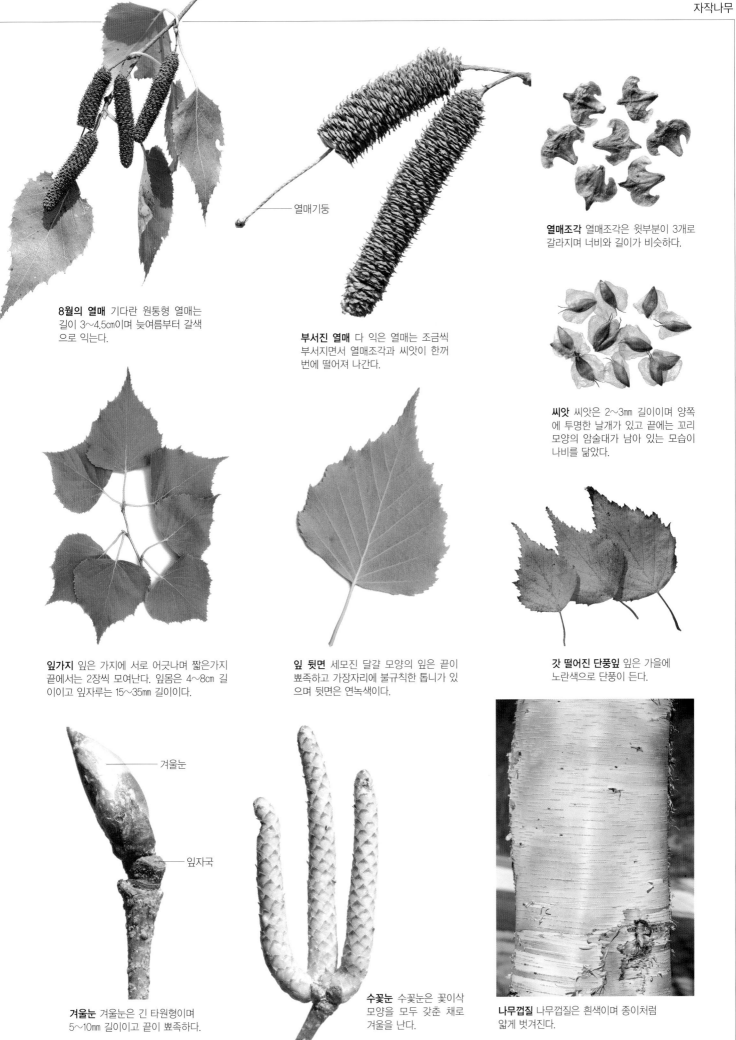

열매기둥

8월의 열매 기다란 원통형 열매는 길이 3~4.5cm이며 늦여름부터 갈색으로 익는다.

부서진 열매 다 익은 열매는 조금씩 부서지면서 열매조각과 씨앗이 한꺼번에 떨어져 나간다.

열매조각 열매조각은 윗부분이 3개로 갈라지며 너비와 길이가 비슷하다.

씨앗 씨앗은 2~3mm 길이이며 양쪽에 투명한 날개가 있고 끝에는 꼬리 모양의 암술대가 남아 있는 모습이 나비를 닮았다.

잎가지 잎은 가지에 서로 어긋나며 짧은가지 끝에서는 2장씩 모여난다. 잎몸은 4~8cm 길이이고 잎자루는 15~35mm 길이이다.

잎 뒷면 세모진 달걀 모양의 잎은 끝이 뾰족하고 가장자리에 불규칙한 톱니가 있으며 뒷면은 연녹색이다.

갓 떨어진 단풍잎 잎은 가을에 노란색으로 단풍이 든다.

겨울눈

잎자국

겨울눈 겨울눈은 긴 타원형이며 5~10mm 길이이고 끝이 뾰족하다.

수꽃눈 수꽃눈은 꽃이삭 모양을 모두 갖춘 채로 겨울을 난다.

나무껍질 나무껍질은 흰색이며 종이처럼 얇게 벗겨진다.

자작나무의 목재는 펄프가 많이 나오고 표백이 잘 되기 때문에 주로 고급 용지의 원료로 쓰인다.

자작나무속(*Betula*) 나무의 비교

자작나무속 나무의 열매는 잘 익으면 통째로 부서져 나가는데, 나무마다 윗부분이 3개로 갈라진 열매조각과 날개가
달린 씨앗의 모양이 조금씩 다르다. 또 열매가 달리는 방법과 나무껍질의 모양도 차이가 있어 구분에 도움이 된다.

● **박달나무**(*B. schmidtii*)

깊은 산에서 자라는 큰키나무로 높이 20~30m로 자란다. 달걀형 잎은 측맥이 9~12쌍이다.

열매 긴 원통형 열매이삭은
곧게 선다.

열매조각 가운데 조각은 길이가 양쪽
날개의 2배 정도이다.

씨앗 납작한 씨앗은 날개가
거의 없다.

나무껍질 나무껍질은 진한 자갈색을
띠고 광택이 있으며 가로로 긴 줄무늬
의 껍질눈이 있다.

● **물박달나무**(*B. dahurica*)

산에서 자라는 큰키나무로 높이 10~20m로 자라며 나무껍질은 회백색~회갈색이고 여러 겹으로 얇게 벗겨진다.
달걀형 잎은 측맥이 6~8쌍이다.

열매 긴 원통형 열매이삭은 익어 가면서
조금씩 밑으로 늘어진다.

열매조각 좌우의 날개는 폭이 넓다.

씨앗 납작한 달걀형 씨앗은 양쪽에
투명한 날개가 있다.

나무껍질 나무껍질은 회갈색이며
여러 겹으로 얇게 벗겨진다.

● **개박달나무**(*B. chinensis*)

경기도 이북의 능선이나 바위가 많은 곳에 자라는 떨기나무~작은키나무로 높이 3~10m로 자란다.
달걀형 잎은 측맥이 8~10쌍이다.

열매 달걀형 열매이삭은 위로
곧게 선다.

열매조각 가운데 조각은 양쪽 날개보다
2배 이상 길다.

씨앗 둥그스름한 씨앗은 날개가
거의 없다.

나무껍질 나무껍질은 회색이며
불규칙하게 갈라져 벗겨진다.

● 자작나무(*B. platyphylla*)
주로 북부 지방에서 자라는 큰키나무로 높이 15~20m로 자란다. 세모진 달걀형 잎은 측맥이 5~8쌍이다.

열매 원통형 열매이삭은 밑으로 늘어진다.

열매조각 열매조각은 윗부분이 3개로 갈라지며 좌우의 날개는 폭이 넓다.

씨앗 납작한 씨앗은 양쪽에 투명한 날개가 있다.

나무껍질 나무껍질은 흰색을 띠며 얇은 조각으로 벗겨진다.

● 거제수나무(*B. costata*)
지리산과 중부 이북의 높은 산에서 높이 30m 정도로 자란다. 자작나무처럼 줄기가 곧게 자라고 긴 달걀형 잎은 측맥이 10~16쌍이다. 거제수나무는 봄에 줄기에서 수액을 받아 마시는데 '재앙을 물리치는 물'이란 뜻의 거재수(去災水)가 변한 이름이라고 풀이하는 사람도 있다.

열매 달걀형 열매이삭은 곧게 선다.

열매조각 가운데 조각은 양쪽 날개보다 길이가 길다.

씨앗 진한 회갈색 씨앗은 양쪽에 좁은 날개가 있다.

나무껍질 나무껍질은 흰색~갈백색이며 종잇장처럼 얇게 가로로 벗겨진다.

● 사스래나무(*B. ermanii*)
높은 산의 정상 부근이나 백두산의 수목한계선에서 자라는 고산성 나무로 높이 10~20m로 자란다. 세모진 달걀형 잎은 측맥이 7~12쌍이다.

열매 원통형 열매이삭은 곧게 선다.

열매조각 가운데 부분이 좌우의 날개보다 2배 이상 길다.

씨앗 납작한 씨앗은 넓은 달걀형이고 양쪽에 좁은 날개가 있다.

나무껍질 나무껍질은 잿빛을 띤 적갈색~회백색이고 종잇장처럼 얇게 벗겨지며 줄기에 오래 붙어 있다.

거제수나무와 사스래나무는 높은 산에서 자라는데 거제수나무는 중턱에서 자라고 사스래나무는 정상 쪽에서 주로 자란다.

고소한 개암 열매를 맺는 개암나무

1월의 개암나무

자작나무과 | *Corylus heterophylla var. thunbergii* 🌳 갈잎떨기나무 ✳ 꽃 3~4월 🍂 열매 9월

개암나무는 낙엽이 지는 떨기나무로 산기슭의 양지쪽에서 흔히 자란다. 열매인 개암은 껍질을 까서 날로 먹을 수 있으며 삶거나 구워 먹기도 한다. 또 가루를 내어 떡을 만드는 데 넣거나 죽을 쑤어 먹기도 하고 기름을 짜서 식용유로도 썼다. 결혼 첫날밤 신방에 개암 기름으로 불을 켰는데 그러면 귀신과 도깨비들이 얼씬 못했다고 한다.

개암을 전북에서는 '깨금', 경상도에서는 '깨암'이라고 부르는데 모두 고소한 맛이 느껴지는 이름들이다. 한자로는 '진자(榛子)' 또는 '진율(秦栗)'이라고 하며 밤처럼 맛있는 열매라는 뜻이다. 또 영양가가 높은 개암을 오래 먹으면 눈이 밝아진다 하여 '득안(得眼)'이라는 애칭으로 불리기도 한다. 개암은 고소한 데다 껍질이 단단해 밤이나 땅콩, 호두, 잣, 은행과 함께 정월 대보름에 부럼으로 깨물었다.

암꽃이삭

부풀은 수꽃봉오리

활짝 핀 수꽃이삭

4월 초에 핀 꽃 암수한그루로 봄에 잎보다 꽃이 먼저 핀다. 가지 끝에 매달리는 노란색 수꽃이삭은 길이가 3~7cm이다.

암술대

눈비늘조각

암꽃 암꽃이삭은 달걀 모양이며 10여 개의 붉은 암술대가 촘촘히 포개진 겨울눈의 눈비늘조각 밖으로 나온다.

총포

어린 열매

6월 말의 어린 열매 꽃이 지면서 열리는 열매는 커다란 잎 모양의 총포에 싸여 있다.

어린 열매 모양 열매를 싸고 있는 총포는 길이 2.5~3.5cm이며 가장자리에 커다란 톱니가 있다.

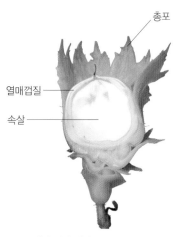

총포

열매껍질

속살

어린 열매 단면 동그스름한 씨앗 속에는 흰색 속살이 가득 차 있다.

9월의 열매 가을이 되면 열매는 갈색으로 익는다.

꽃 밑에 있는 작은잎을 '포'라고 하며, 여러 개의 포가 모여 있는 것을 '총포'라고 한다.

열매송이 열매가 다 익어도 총포는 그대로 남아 있다.

씨앗 둥그스름한 씨앗은 지름이 1.5cm 정도이다. 단단한 껍질을 깨면 속에 고소한 속살이 있다.

어린 잎가지 어린잎 앞면에는 자주색 얼룩무늬가 있다. 잎은 가지에 서로 어긋난다.

잎 모양 둥근 타원형 잎은 6~12cm 길이이며 끝이 뾰족하고 가장자리에 불규칙한 톱니가 있다.

잎 뒷면 뒷면은 연녹색이며 짧은털이 있다.

수꽃눈 수꽃눈은 꽃이삭 모양을 모두 갖추고 그대로 겨울을 난다.

나무껍질 나무껍질은 회갈색이며 껍질눈이 있다.

개암나무속(*Corylus*) 나무의 비교

난티잎개암나무(*C. heterophylla*) 산에서 자라며 개암나무와 비슷하지만 잎의 윗부분이 가위로 자른 것처럼 밋밋하다. 근래에는 개암나무를 난티잎개암나무와 같은 종으로 본다.

참개암나무(*C. sieboldiana*) 산에서 자라며 열매를 싸고 있는 총포가 길게 자라고 표면에 털이 빽빽이 난다.

물개암나무(*C. sieboldiana* var. *mandshurica*) 참개암나무와 달리 총포의 대롱 부분의 위아래 지름이 비슷하고 잎 가장자리가 얕게 갈라진다. 근래에는 참개암나무와 같은 종으로 본다.

부럼은 단단한 열매를 깨물며 이가 튼튼해지고 부스럼이 없는 매끈한 피부를 바라는 풍속으로 보통 자기 나이 수대로 깨문다.

우리나라 나무의 왕 서어나무

자작나무과 | *Carpinus laxiflora* 🌳 갈잎큰키나무 ✳ 꽃 4~5월 🍂 열매 8~9월

황해도와 강원도 이남의 숲에서 자라는 '서어나무'는 한자어로 '서목(西木)'이라고 하는데, 그래서인지 '서나무'라고 부르기도 한다. 서어나무는 낙엽이 지는 큰키나무로 15m 정도 높이까지 자란다.

숲은 오랜 기간이 지나면 그 숲에 가장 적합한 식물들이 군락을 이루는데, 이렇게 안정된 숲을 '극상림'이라고 한다. 우리나라 극상림에서 가장 많은 비중을 차지하는 나무가 서어나무라고 하니 '우리나라 나무의 왕'이라고 할 수 있다.

서어나무는 봄의 신록과 가을의 단풍이 아름다워서 관상수로 심기도 한다. 또 목재는 치밀하며 잘 갈라지지 않아 가구를 만드는 재료나 세공을 하는 재료로 이용한다. 서어나무속(*Carpinus*)에 속하는 나무 중에 개서어나무와 소사나무는 서어나무와 생김새가 비슷해서 구분이 어려운데 잎과 열매의 모양으로 구분할 수 있다.

10월의 서어나무

수꽃이삭

갓 피기 시작한 수꽃 암수한그루로 4월에 잎과 함께 꽃이 피는데 수꽃이삭은 4~5cm 길이이며 황갈색이고 밑으로 늘어진다.

갓 피기 시작한 암꽃 암꽃이삭은 꽃이 피면 점차 밑으로 늘어진다.

6월의 어린 열매 연녹색 열매이삭은 밑으로 늘어진다.

10월의 열매 열매는 가을에 갈색으로 익는다.

열매이삭 모양 열매이삭은 길이 4~10cm 이며 잎이 진 뒤에도 남아 있다가 겨울 바람에 날려 퍼진다.

씨앗 넓은 달걀형 씨앗은 길이가 3mm 정도이며 7~10개의 세로줄이 있다.

끝눈

곁눈

잎 모양 가지에 서로 어긋나는 긴 타원형 잎은 3~7cm 길이이며 끝이 뾰족하고 가장자리에 작고 불규칙한 겹톱니가 있고 측맥은 10~12쌍이다.

잎 뒷면 뒷면 잎맥 위에는 잔털이 있고 잎맥이 튀어나온다.

겨울눈 겨울눈은 긴 타원형이며 5~10mm 길이이고 끝이 뾰족하다.

나무껍질 나무껍질은 어두운 회색이며 매끈하고 오래되면 울퉁불퉁해진다. 서양에서는 울퉁불퉁해지는 근육질의 줄기를 보고 '근육나무(Muscle Wood)'라고도 부른다.

*개서나무/개서어나무(*C. tschonoskii*) 주로 남부 지방의 산에서 자라며 잎 앞면에 털이 있고 측맥은 12~15쌍이다.

*소사나무(*C. turczaninowii*) 주로 서남해안의 산지에서 자라며 잎은 길이 3~5cm로 작고 측맥은 10~12쌍이다.

*까치박달(*C. cordata*) 산에서 자라며 달걀형 잎은 측맥이 12~23쌍이다. 열매이삭은 원통형으로 포조각이 촘촘히 포개져 있다.

서어나무속(*Carpinus*) 포조각의 비교

서어나무속에 속하는 서어나무와 개서어나무, 소사나무, 까치박달은 잎과 열매의 모양이 비슷해서 구분이 어렵다.

하지만 이들은 열매를 싸고 있는 포조각의 모양이 조금씩 달라서 구분에 도움이 된다.

서어나무 포조각은 한쪽에 큰 톱니가 있고 밑부분에 씨앗이 붙어 있다. 황해도와 강원도 이남의 산에서 자란다.

개서어나무 포조각의 바깥쪽에 잔톱니가 있다. 전라도와 경남 이남의 산에서 자란다.

소사나무 포조각은 반달걀형으로 가장자리에 톱니가 있다. 주로 서남해안의 산에서 자란다.

까치박달 포조각은 가장자리에 날카로운 톱니가 드문드문 있고 밑부분이 씨앗을 덮고 있다. 전국의 산에서 자란다.

소사나무는 잎이 작고 가지를 잘라도 싹이 잘 돋아서 나무를 다듬기 좋기 때문에 분재용으로 많이 쓰인다.

다산과 부귀의 상징 밤나무

참나무과 | *Castanea crenata*　　🌳 갈잎큰키나무　✳ 꽃 6월　🍂 열매 9~10월

밤나무는 낙엽이 지는 큰키나무로 높이 15m 정도로 자라며 산기슭이나 마을 주변에서 흔히 만날 수 있다. 6월에 피는 연노란색 꽃은 향기가 진하고 꿀이 많아 벌이 많이 모여든다.

밤은 옛날부터 즐겨 먹던 대표적인 과일로 식량을 대신할 수 있어 고려나 조선 시대에도 밤나무 재배를 널리 장려하였다. 밤은 구워 먹거나 쪄 먹으며 음식에도 들어가고 생밤은 제사상에도 오른다.

밤나무 목재는 단단하면서도 탄력이 있고 잘 썩지 않아 철길 바닥에 까는 철도 침목으로 이용하였다. 옛날에는 밤나무 목재로 절굿공이나 써레처럼 단단한 연장을 만들었다. 또 사당이나 묘소에 모시는 위패는 꼭 밤나무를 사용했다. 나무 가득 열리는 밤은 옛날부터 자식을 많이 낳는 다산과 부귀를 상징해서 지금도 폐백 때 밤을 대추와 함께 신부에게 던져 주는 풍습이 전해지고 있다.

6월의 밤나무

6월에 핀 꽃 암수한그루로 잎겨드랑이에 달리는 기다란 꼬리 모양의 꽃이삭은 10~15㎝ 길이이다.

수정된 열매 꽃이삭 밑부분에 암꽃이 수정된 어린 열매만 남고 기다란 수꽃이삭은 떨어져 나간다.

수정된 암꽃
시든 수꽃이삭

수술

수꽃 연노란색 수꽃은 꽃이삭에 촘촘히 모여 달린다. 수꽃은 10개의 수술이 꽃덮이 밖으로 길게 벋는다. 수꽃은 꽃자루가 없다.

7월의 어린 열매 뾰족한 포는 단단한 바늘 모양으로 자라서 열매껍질이 된다.

암술대
총포

암꽃 암꽃은 꽃이삭 밑부분에 붙는다. 3mm 정도 크기의 녹색 총포에 싸인 암꽃은 보통 3개씩 모여 나며 암술대가 9~10개이다.

어린 열매 단면 열매 껍질은 바늘 같은 가시로 덮여 있고 속에서 씨앗이 만들어진다.

　　밤의 한자어인 율(栗)자는 나무(木) 위에 꽃과 열매가 아래로 드리워진 모양을 본떠서 만든 상형문자이다.

9월의 열매 열매는 지름 5~6cm이며 가을이 되면 누렇게 익기 시작한다.

익어서 벌어진 열매 잘 익은 열매는 겉껍질이 4갈래로 갈라져 벌어지면서 속에 있던 씨앗이 드러난다.

씨앗 씨앗은 흔히 '밤'이라고 부르며 적갈색 속껍질을 벗기고 속에 든 속살을 먹는다.

벌레 먹은 씨앗 씨앗을 지키기 위해 열매를 가시로 무장했지만 꿀꿀이바구미가 가시를 뚫고 알을 낳으면 애벌레가 자라 씨앗을 파먹는다.

새로 돋은 잎 잎은 가지에 서로 어긋나며 7~14cm 길이이다.

잎 모양 긴 타원형 잎은 끝이 뾰족하고 가장자리에 바늘 모양의 톱니가 있으며 상수리나무나 굴참나무와 잎 모양이 비슷하다.

잎 뒷면 뒷면은 연녹색이며 측맥은 16~23쌍이다.

10월의 단풍잎 잎은 가을에 노란색~황갈색으로 단풍이 든다.

끝눈

껍질눈

곁눈

겨울눈 어린 가지는 털이 있고 겨울눈은 달걀형이며 끝이 뾰족하다. 밤나무는 여러 품종이 재배되고 있으며 품종에 따라 가지와 눈의 모양이 조금씩 다르다.

나무껍질 나무껍질은 흑갈색이며 세로로 갈라진다.

밤나무 동산 밤나무는 과일나무로 심어 기른다. 6월에 밤나무 동산이 연노란색 밤꽃으로 뒤덮이면 밤꽃 향기가 너무 진해서 머리가 아플 정도이다.

밤나무의 새싹은 뿌리와 줄기 사이에 오랫동안 껍질을 매달고 있기 때문에 '조상을 잊지 않는 나무'라 하여 제사상에는 밤이 꼭 오른다.

잣 모양의 씨앗이 밤 맛이 나는 구실잣밤나무

참나무과 | *Castanopsis sieboldii* 🌳늘푸른큰키나무 ✳꽃 5~6월 🍂열매 다음 해 10월

구실잣밤나무는 늘푸른큰키나무로 15~20m 높이로 자라며 제주도를 비롯해 서남해 섬의 산지나 산골짜기에서 만날 수 있다. 제주도에서는 '조밤나무'라고 부르며 가로수나 정원수로도 많이 심고 있다.

5월이면 나무 가득 피는 꽃송이는 모양이 밤나무 꽃송이와 비슷하고 진한 향기도 밤꽃 향기와 비슷해서 코를 찌른다. 길쭉한 잎도 밤나무 잎을 닮은 것이 밤나무와 비슷하지만 두껍고 광택이 있으며 상록성인 점이 다르다.

총포가 자란 깍정이에 싸인 열매는 껍질을 까서 먹는데 밤과 맛이 비슷하지만 잣알처럼 크기가 작아서 이름에 '잣밤'이 들어간다. 열매는 날로 먹기도 하고 볶아서 먹기도 한다. 목재는 건축재나 배를 만드는 재료로 쓰며 나무껍질은 어망을 염색하는 데 쓰인다. 근래에는 남부 지방에서 정원수나 가로수로 많이 심으며 방풍림(防風林)이나 방화림(防火林)으로 심기도 한다.

2월의 구실잣밤나무

5월 말에 핀 수꽃이삭 햇가지 밑부분의 잎겨드랑이에 달리는 수꽃이삭은 선형이며 길이가 8~12cm이다.

암꽃이삭 ──

5월 말에 핀 꽃 암꽃이삭은 길이가 2~4cm이고 햇가지 윗부분의 잎겨드랑이에 달린다. 새로 자란 잎은 연녹색이다.

수꽃이삭 수꽃은 자잘한 꽃덮이조각이 5~6개이고 수술은 12~15개이다. 밤꽃처럼 진한 향기가 난다.

다음 해 5월 말의 암꽃이삭 암꽃이삭은 다음 해 5월이 되어도 비슷한 모양을 하고 있다.

암꽃이삭 1년이 지난 암꽃이삭을 자세히 보면 꽃차례가 가지처럼 굵어지고 작지만 조금씩 열매 모양을 갖춰가는 것을 볼 수 있다.

다음 해 8월의 어린 열매 다음 해 여름이 되면 열매는 달걀 모양으로 자란다.

다음 해 9월의 열매 열매는 다 자라면 길이가 1~2㎝이고 깍정이 밖으로 씨앗이 삐져나오기도 한다.

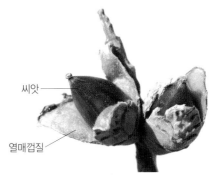

씨앗

열매껍질

다음 해 9월 말의 열매 잘 익은 열매는 깍정이가 3갈래로 갈라져 벌어지면서 갈색 씨앗이 드러난다.

어린 열매 모양 씨앗을 싸고 있는 연녹색 깍정이는 표면이 우툴두툴하다.

잎 뒷면 뒷면은 연한 갈색이 돌며 잎맥 위에 갈색 털이 있다. 잎자루는 1㎝ 정도 길이이다.

씨앗 도토리와 비슷한 씨앗은 긴 달걀형이며 길쭉한 밤처럼 생겼다. 단단한 껍질을 벗기면 나오는 속살은 잣처럼 작지만 맛은 밤과 비슷해서 이름에 '잣밤'이 들어간다.

잎 모양 잎은 어긋나고 거꿀피침형~긴 타원형이며 5~15㎝ 길이이고 끝이 뾰족하며 상반부에 톱니가 있고 앞면은 광택이 있다.

*구실잣밤나무 '안교 옐로'('Angyo Yellow') 원예 품종으로 녹색 잎 가장자리에 노란색 얼룩무늬가 들어 있다. 남부 지방에서 조경수로 심는다.

2월의 겨울눈 잎겨드랑이에 달리는 겨울눈은 약간 납작한 긴 타원형이다.

나무껍질 나무껍질은 흑회색이고 밋밋하지만 노목은 세로로 깊은 골이 생긴다.

11월의 가로수 제주도에서는 구실잣밤나무 가로수를 자주 만날 수 있다.

도토리열매를 맺는 상수리나무

참나무과 | *Quercus acutissima*　🌳 갈잎큰키나무　✳️ 꽃 4~5월　🍂 열매 다음 해 10월

보통 도토리열매를 맺는 나무들을 아울러 '참나무'라고 부르는데 상수리나무, 굴참나무, 갈참나무, 졸참나무, 떡갈나무, 신갈나무 등 여러 종류가 있다. 참나무는 우리나라에서 가장 흔히 자라는 나무로 마을 주변이나 높은 산 등 어디에서나 만날수 있다. 신갈나무가 높은 산에서 잘 자라는 참나무라면, 낮은 지대에 잘 자라는 참나무는 상수리나무로 마을 주변에서 가장 흔히 만날 수 있다. 그래서인지 북한에서는 상수리나무를 '참나무'라고 부른다.

가을에 여문 도토리열매는 흔히 가루를 내어 묵을 쑤어 먹는다. 임진왜란 때 의주로 피난 간 선조의 수라상에 도토리묵이 올라 '상수라'라고 하던 것이 변해 '상수리'가 되었다고 한다. 상수리나무의 도토리열매는 지름 2㎝ 정도로 여러 도토리열매 중에서 큰 편이다. 근래에 수도권의 산에는 광릉긴나무좀과 병원균에 의해 발생하는 참나무시들음병이 급속하게 번지면서 많은 참나무가 말라 죽고 있어서 대책이 시급하다.

5월 초의 상수리나무

4월의 수꽃봉오리 봄에 잎과 함께 꽃봉오리가 나온다.

수꽃봉오리

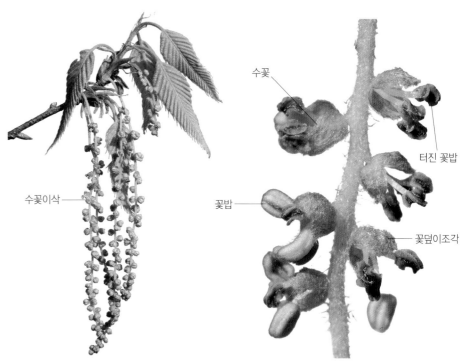

수꽃이삭

수꽃

터진 꽃밥

꽃밥

꽃덮이조각

5월에 핀 꽃 암수한그루이며 꼬리 모양의 수꽃이삭은 10㎝ 정도 길이이고 밑으로 늘어진다. 수꽃이삭은 털로 덮여 있다.

수꽃 수꽃의 꽃덮이는 지름 2.5mm 정도이며 안에 3~6개의 수술이 있다. 수술 끝에 달린 꽃밥이 터지면 노란색 꽃가루가 바람에 날려 퍼진다.

암꽃 암꽃은 가지 끝부분의 잎겨드랑이에 1~3개가 달리는데 작아서 눈에 잘 띄지 않는다.

다음 해 8월 초의 어린 열매 꽃이 핀 다음 해에 열매가 자라기 시작한다.

어린 열매 모양 깍정이 표면을 덮고 있는 얇은 비늘조각은 점차 벌어진다.

참나무 목재는 표고버섯을 재배하는 골목으로 쓰이고, 고기를 구울 때 쓰는 숯은 참나무로 만든 것을 최고로 친다.

어린 열매 단면 깍정이 안에서 씨앗이 자라기 시작한다. 상수리나무와 같은 참나무 씨앗은 흔히 '도토리'라고 부른다.

다음 해 9월 말의 열매 도토리열매는 꽃이 핀 다음 해 가을에 누렇게 변했다가 갈색으로 익는다.

익은 열매 열매는 지름 2~4.2cm이다. 갈색으로 익은 도토리열매는 깍정이에서 떨어져 나온다.

깍정이 뒷면 깍정이는 밑부분으로 갈수록 비늘조각의 길이가 짧아진다.

도토리열매 동그스름한 도토리열매는 지름 2cm 정도이며 땅에 떨어지면 데굴데굴 구르며 퍼져 나간다.

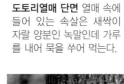

바늘 모양의 톱니

도토리열매 단면 열매 속에 들어 있는 속살은 새싹이 자랄 양분인 녹말인데 가루를 내어 묵을 쑤어 먹는다.

잎 모양 긴 타원형 잎은 가지에 서로 어긋나며 8~15cm 길이이고 끝이 뾰족하며 가장자리에 바늘 모양의 톱니가 있다.

잎 뒷면 뒷면은 연녹색이며 측맥은 13~17쌍이 나란히 벋는다.

겨울눈 가지 끝에 1~3개가 모여 달리는 겨울눈은 긴 달걀형이며 4~8mm 길이이고 끝이 뾰족하다.

나무껍질 나무껍질은 회갈색이며 불규칙하게 갈라진다.

줄기 단면 단단하고 질긴 목재는 가구재, 버섯을 기르는 나무, 숯을 만드는 재료로 쓰인다.

참나무 종류는 잎자루의 떨켜가 잘 발달하지 않기 때문에 마른 잎이 겨우내 매달려 있는 경우가 많다.

참나무속(*Quercus*) 나무의 비교

'참나무'라고 부르는 상수리나무, 굴참나무, 갈참나무, 졸참나무, 떡갈나무, 신갈나무는 모두 도토리열매를 맺는 형제 나무이지만, 잎과 깍정이의 모양이 조금씩 다르다. 또 겨울눈을 달고 있는 가지의 모양도 차이점이 있다.

● 상수리나무(*Q. acutissima*)

상수리나무는 마을 주변의 산기슭에서 자라며 열매는 꽃이 핀 다음 해에 익고 깍정이 표면은 비늘조각이 수북하다. 잎은 긴 타원형이며 뒷면은 연녹색이다.

열매 깍정이 표면을 덮고 있는 비늘조각 끝이 뒤로 젖혀진다.

잎 모양 긴 타원형 잎은 가장자리에 바늘 모양의 톱니가 있다.

잎 뒷면 뒷면은 연녹색이다.

겨울눈 끝눈 옆의 곁눈은 조금 떨어져 있고 가지에 털이 있다.

● 굴참나무(*Q. variabilis*)

굴참나무는 주로 산 중턱 이하에서 자라며 열매는 꽃이 핀 다음 해에 익고 깍정이 표면은 비늘조각이 수북하다. 잎은 긴 타원형이며 뒷면은 회백색이다. 나무껍질이 두꺼운 코르크질이라서 폭신하다.

열매 깍정이 표면을 덮고 있는 비늘조각 끝이 뒤로 젖혀진다.

잎 모양 긴 타원형 잎은 가장자리에 바늘 모양의 톱니가 있다.

잎 뒷면 뒷면은 회백색이며 별모양털이 빽빽이 난다.

겨울눈 끝눈 옆의 곁눈은 조금 떨어져 있고 가지에 털이 없다.

● 갈참나무(*Q. aliena*)

갈참나무는 산기슭에서 자라며 열매는 꽃이 핀 그해에 익고 깍정이는 납작하다. 잎은 거꿀달걀형이며 뒷면은 회백색이고 잎자루가 길다.

열매 깍정이 표면은 비늘조각이 기와처럼 포개져 있다.

잎 모양 거꿀달걀형 잎은 가장자리에 물결 모양의 톱니가 있다.

잎 뒷면 뒷면은 회백색이며 잎자루의 길이는 1~3cm이다.

겨울눈 끝에 모여 달리는 눈에 털이 있고 가지에는 털이 없다.

코르크질이 발달하는 굴참나무 껍질은 방수성과 보온성이 좋아 예부터 지붕을 이는 재료로 썼는데, 그 껍질로 지붕을 인 집을 '굴피집'이라고 한다.

● 졸참나무(*Q. serrata*)

졸참나무는 산에서 자라고 열매는 꽃이 핀 그해에 익고 깍정이가 납작하다. 잎은 거꿀달걀형이며 뒷면은 연녹색이고 잎자루가 길다. 참나무 중 잎과 열매가 가장 작아서 '졸참나무'란 이름을 얻었다.

열매 깍정이 표면은 비늘조각이 기와처럼 포개져 있다.

잎 모양 거꿀달걀형 잎은 가장자리에 톱니가 있고 끝이 약간 안으로 굽는다.

잎 뒷면 뒷면은 회녹색이며 잎자루의 길이는 1~3cm이다.

겨울눈 끝에 모여 달리는 눈에 털이 있고 가지에는 털이 없다.

● 신갈나무(*Q. mongolica*)

신갈나무는 산 중턱 이상에서 자라며 열매는 꽃이 핀 그해에 익고 깍정이가 납작하다. 잎은 거꿀달걀형이며 뒷면은 연녹색이고 잎자루가 거의 없다. 옛날에 짚신 바닥이 해지면 잎이 넓은 이 나무의 잎을 바닥에 깔았는데, '신을 간다'는 뜻으로 신갈나무란 이름을 얻었다.

열매 깍정이 표면은 비늘조각이 기와처럼 포개져 있다.

잎 모양 거꿀달걀형 잎은 가장자리에 물결 모양의 톱니가 있다.

잎 뒷면 뒷면은 백록색이고 잎자루가 거의 없다.

겨울눈 끝에 모여 달리는 눈과 가지에 털이 없다.

● 떡갈나무(*Q. dentata*)

떡갈나무는 산기슭이나 중턱에서 자라며 열매는 꽃이 핀 그해에 익고 깍정이 표면에 비늘조각이 수북하다. 잎은 거꿀달걀형이며 뒷면은 황갈색 털이 많고 잎자루가 거의 없다. 잎으로 떡을 싸서 '떡갈나무'라고 한다.

열매 깍정이 표면을 덮고 있는 비늘조각 끝이 뒤로 젖혀진다.

잎 모양 거꿀달걀형 잎은 가장자리에 물결 모양의 톱니가 있다.

잎 뒷면 뒷면에는 회갈색 털이 있고 잎자루는 거의 없다.

겨울눈 가지와 겨울눈에 털이 많다.

참나무 종류의 열매는 모양이 비슷해서 통틀어 '도토리'라고 부르는데 경상도에서는 '꿀밤'이라고 한다.

도토리열매가 열리는 상록성 참나무 가시나무

참나무과 | *Quercus myrsinaefolia* 🌲 늘푸른큰키나무 ✳ 꽃 4~5월 🍂 열매 10~11월

가시나무도 상수리나무처럼 도토리열매를 맺는 참나무 종류로 늘푸른나무이다. 남부 지방의 산기슭이나 바닷가 주변의 산골짜기에서 자라는 큰키나무로 줄기는 높이 15~20m로 자라며 가지가 많이 갈라져서 잎이 무성하게 달린다.

상록성 참나무에는 가시나무 외에 종가시나무, 참가시나무, 붉가시나무, 개가시나무 등이 있는데, 가시나무 종류는 모두 도토리열매를 싸고 있는 깍정이 표면이 둥글게 층을 이루는 공통점을 가지고 있다.

가시나무 종류는 나무 모양이 보기 좋아 남부 지방에서 관상수로 심기도 하고 바닷가에서는 바람을 막기 위해 심기도 한다. 가시나무의 도토리열매로도 묵을 만들어 먹는다. 가시나무는 목재가 치밀하고 단단해서 배를 만드는 데 많이 이용했고 가구재나 조각재로도 쓰였다.

2월의 가시나무

수꽃이삭

5월에 핀 꽃 암수한그루로 햇가지 밑부분에 달리는 꼬리 모양의 수꽃이삭은 5~12cm 길이이고 밑으로 처진다. 암꽃이삭은 햇가지 윗부분에 곧게 선다.

어린 열매

7월의 어린 열매 여름이 되면 열매가 자라기 시작한다.

암술대

어린 열매 모양 깍정이 속에서 도토리열매가 자라기 시작하는데 끝에 뾰족한 암술대가 남아 있다.

9월의 열매 도토리열매는 꽃이 핀 그해 가을에 익는다.

열매 모양 달걀 모양의 열매는 15~18mm 길이이다. 도토리열매를 싸고 있는 깍정이 표면에는 6~8개의 둥근 층이 있다.

새로 돋은 잎

5월의 새순 봄에 돋는 어린잎은 붉은빛이 돈다.

잎 모양 잎은 어긋나고 피침형~긴 타원형이며 끝이 뾰족하고 가장자리에 잔톱니가 드문드문 있다.

잎 뒷면 잎몸은 7~14㎝ 길이이고 뒷면은 회녹색이며 털이 없다.

겨울눈 겨울눈은 달걀 모양이며 끝이 뾰족하다.

나무껍질 나무껍질은 흑회색이며 밋밋하다.

가시나무 종류의 비교

붉가시나무(*Q. acuta*) 남해안과 남쪽 섬에서 자란다. 긴 타원형 잎은 끝이 뾰족하고 가장자리는 톱니가 없이 밋밋하며 뒷면은 연녹색이다.

종가시나무(*Q. glauca*) 남해안과 남쪽 섬에서 자란다. 긴 타원형 잎은 윗부분에 날카로운 톱니가 있고 뒷면에는 연한 털이 있다.

참가시나무(*Q. salicina*) 남쪽 섬에서 자란다. 긴 타원형 잎은 끝이 뾰족하며 가장자리에 잔톱니가 있다. 잎 뒷면은 털이 있고 분백색을 띤다.

개가시나무(*Q. gilva*) 제주도에서 자란다. 긴 타원형 잎은 가장자리 윗부분에 날카로운 톱니가 있고 뒷면은 황갈색 털이 빽빽하다.

졸가시나무(*Q. phillyreoides*) 일본 원산으로 관상수로 심는다. 넓은 타원형 잎은 길이 3~6㎝로 작고 잎몸 가장자리가 뒤로 말린다.

야생에서 자라는 5종의 가시나무 중에 가장 흔한 것은 붉가시나무이고, 상대적으로 가시나무는 만나기가 힘들다.

솔방울 모양의 열매가 열리는 굴피나무

5월 초의 굴피나무

가래나무과 | *Platycarya strobilacea* 🌳 갈잎작은키나무 ✳️ 꽃 5～6월 🍂 열매 9～10월

굴피나무는 낙엽이 지는 작은키나무로 높이 5～12m로 자란다. 지방에 따라서는 '굴태나무' 또는 '꾸정나무'라고 부르는 곳도 있다. 경기도 이남에서 자라지만 그리 흔하지는 않으며 따뜻한 곳을 좋아해 남쪽으로 갈수록 더 자주 나타난다. 특히 양지바른 바위틈처럼 메마르고 거친 땅에서도 잘 자란다.

굴피나무는 열매의 모양이 특이하다. 가을에 익어서 벌어진 열매는 겉씨식물의 열매인 솔방울과 모양과 구조가 비슷하다. 가을에 잎이 떨어진 뒤에도 나무 가득 달려 있는 열매는 수천 개나 되는데 겨우내 그대로 매달려 있다.

굴피나무 껍질에는 섬유질이 많아 노끈을 만드는 데 썼다고 한다. 또 나무껍질 즙은 물감으로 쓰는데 특히 물고기를 잡는 그물을 물들이는 데 이용되었다. 그래서 '그물피나무'라고 하던 것이 변해 '굴피나무'가 되었다고 추정하는 사람도 있다. 또 잎을 찧은 즙을 물에 풀어 물고기를 잡기도 한다.

6월 초에 핀 꽃 암수한그루로 황록색 이삭꽃차례는 4～10㎝ 길이이며 5～6월에 가지 끝에 10여 개가 모여 위를 향한다.

수꽃이삭

암꽃이삭   수꽃이삭

암수꽃이삭 꽃차례 가운데에 암꽃이삭이 있고 둘레에 수꽃이삭이 빙 둘러 있다. 암꽃이삭 위에도 수꽃이삭이 붙는다.

수꽃차례 수꽃차례에 촘촘히 돌려가며 달리는 수꽃은 꽃덮이가 없다. 연노란색의 피침형 포는 2.5㎜ 길이이고 위쪽에 8～10개의 수술이 붙는다.

7월의 어린 열매 암꽃이삭이 그대로 자란 어린 열매는 타원형이며 연녹색이다.

어린 열매 어린 열매는 끝이 날카로운 포 조각이 촘촘히 돌려가며 달리고 꼭대기의 수꽃이삭은 시들면서 떨어져 나간다.

9월의 열매 열매는 길이 2～3㎝이며 가을에 흑갈색으로 익는다.

열매 모양 솔방울과 모양이 비슷한 열매는 가을에 익으면 단단해진 포조각이 칸칸이 벌어진다.

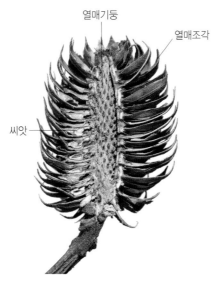

열매기둥
열매조각
씨앗

열매 단면 칸칸이 벌어지는 포조각 사이마다 씨앗이 들어 있다.

열매 가로 단면 열매에 빙 둘러가며 달리는 포조각은 피침형이고 끝이 뾰족하며 단단해서 찔리면 아프다.

씨앗 납작한 씨앗은 길이 5mm 정도이며 양쪽에 날개가 있다.

잎 모양 잎은 가지에 서로 어긋나고 깃꼴겹잎이며 20~30cm 길이이다. 7~19장의 작은잎은 피침형이며 3~10cm 길이이고 자루가 거의 없다.

잎 뒷면 뒷면은 연녹색이며 잎맥 위에 흰색의 부드러운 털이 있다.

끝눈
잎자국
곁눈

겨울눈 달걀 모양의 끝눈은 곁눈보다 크다. 잎자국은 삼각형 또는 하트형이며 동물의 얼굴 모양을 닮았다.

봄에 돋은 새순 봄이 되면 겨울눈이 벌어지면서 새순이 나온다.

묵은 열매
어린잎

새순과 묵은 열매 열매는 봄에 새순이 돋을 때까지도 남아 있다.

나무껍질 나무껍질은 회색~갈색이며 세로로 얕게 갈라진다.

개울가에서 잘 자라는 중국굴피나무

가래나무과 | *Pterocarya stenoptera*   🌳 갈잎큰키나무 ✳ 꽃 4~5월 🍂 열매 9~10월

중국굴피나무는 낙엽이 지는 큰키나무로 높이 10~30m로 자란다. 중국 원산으로 굴피나무와 같이 가래나무과에 속하고 잎의 모양이 비슷하기 때문에 '중국굴피나무'라는 이름으로 부르지만 굴피나무와 다른 속에 속해 꽃과 열매의 모양이 많이 다르다. 그래서인지 북한에서는 '풍양나무'라고 부른다. 우리나라에는 일제 강점기에 들여와 심기 시작했다.

중국굴피나무는 빨리 자라는 나무로 특히 어릴 때 생장이 왕성하여 1년에 1~2m가 넘게 자라기도 한다. 그래서 새로운 숲을 만드는 데 적합하며 특히 습지와 개울가에서 잘 자란다. 중부 지방의 개울둑에는 중국굴피나무가 저절로 퍼져 나가서 숲을 이룬 것을 볼 수 있다. 잎이 가득 달린 가지가 사방으로 퍼져 멋진 그늘을 만들기 때문에 관상수로도 심는다. 또 잎은 피부 가려움증을 치료하는 한약재로, 목재는 기구재나 조각재로 이용한다.

8월의 중국굴피나무

수꽃봉오리

4월 초의 꽃봉오리 4월이면 가지 가득 꽃봉오리가 부풀어 오른다.

암꽃이삭

수꽃이삭

4월 말에 핀 꽃 암수한그루로 활짝 핀 꽃이삭은 조금씩 아래를 향한다.

암술머리

암꽃

암꽃이삭 암꽃이삭은 길이 5~8cm이고 자잘한 암꽃이 다닥다닥 달린다. 붉은색 암술머리는 2개로 갈라지며 돌기가 많다.

수꽃이삭 수꽃이삭은 길이 5~7cm이며 자잘한 수꽃이 다닥다닥 달린다.

포

수술

수꽃이삭 모양 수꽃은 6~18개의 수술이 모여 달린다.

암꽃

수꽃

암수꽃이삭 간혹 수꽃이삭 끝부분에 암꽃이 같이 피는 꽃이삭도 볼 수 있다.

꽃 밑에 있는 작은잎 모양의 조각을 포(苞)라고 한다.

5월 말의 어린 열매 꽃이 진 후에 열리는 열매이삭은 길이 20~30cm이며 밑으로 늘어진다.

어린 껍질

어린 열매 모양 기다란 열매이삭에는 날개가 달린 열매가 돌아가며 다닥다닥 열린다.

9월의 열매 열매이삭은 가을에 갈색으로 익는다.

씨앗

날개

열매 모양 열매 양쪽에는 약 2cm 길이의 날개가 있어 바람에 잘 날린다.

씨앗 열매의 날개와 겉껍질을 벗기면 단단한 씨앗이 나온다.

잎 모양 가지에 서로 어긋나는 잎은 5~12쌍의 작은잎을 가진 짝수깃꼴 겹잎이며 20~30cm 길이이고 잎자루에 날개가 있다.

잎 뒷면 작은잎은 긴 타원형이며 가장자리에 잔톱니가 있고 뒷면 잎맥 위에 털이 있다.

섞임눈
(암꽃눈과 잎눈)

수꽃눈

눈자루

11월의 겨울눈 겨울눈은 맨눈이고 겉이 털로 덮여 있으며 밑부분에 자루가 있다.

나무껍질 나무껍질은 회갈색이며 세로로 깊게 갈라진다.

개울가의 중국굴피나무 중국굴피나무가 개울가에서 무리 지어 자라고 있다.

중국굴피나무는 개울가에서 잘 자라는데 한꺼번에 너무 많이 퍼져서 장마철에는 물 흐름을 방해해 하천 범람의 원인이 되기도 한다.

호두처럼 고소한 열매가 열리는 가래나무

10월의 가래나무

가래나무과 | *Juglans mandshurica*　　🌳 갈잎큰키나무　✱ 꽃 4~5월　🍂 열매 9월

산기슭이나 산골짜기에서 자라는 가래나무는 낙엽이 지는 큰키나무로 높이 20m 정도까지 자란다. 가래나무는 호두나무와 아주 가까운 나무이다. 호두나무가 맛있는 호두를 맺는 것처럼 가래나무도 호두와 비슷한 가래 열매를 맺는다. 호두나무는 1~3개의 열매가 모여 달리지만, 가래나무는 4~10개의 열매가 이삭 모양으로 모여 달리는 점이 다르다. 가래 열매는 호두보다 많이 달리는 대신에 열매의 크기가 작고 속살의 양도 호두보다 훨씬 적지만 맛은 호두처럼 고소하다.

가래는 겉껍질이 매우 단단하여 잘 깨지지 않기 때문에 두 알의 가래를 손안에 넣고 비벼서 지압을 하는데, 그렇게 하면 혈액순환이 촉진된다고 한다. 또 가래로 짠 기름을 음식에 넣어 먹는다. 시골에서는 덜 익은 가래 열매를 찧어서 개울물에 풀어 그 독성으로 물고기를 기절시켜 잡는데, 이렇게 물고기를 잡는 것을 '가래탕'이라고 한다.

4월 말에 피기 시작한 꽃 암수한그루로 봄에 잎이 돋을 때 꽃도 함께 나온다. 수꽃이삭은 2년생 가지의 잎겨드랑이에서 처지고 암꽃이삭은 햇가지 끝에서 곧게 선다.

수꽃이삭 연녹색 수꽃이삭은 꽃이 활짝 피면 밑으로 길게 늘어지며 길이 10~20cm이다.

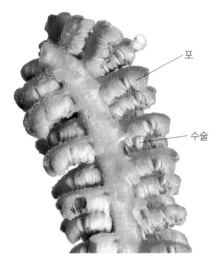

수꽃이삭 단면 수꽃이삭은 가운데 꽃대를 중심으로 자잘한 수꽃이 촘촘히 돌아가며 달린다. 수꽃은 포의 아래쪽에 12~20개의 수술이 붙는다.

암꽃이삭 암꽃이삭은 6~13cm 길이이며 위로 곧게 서고 4~10개의 암꽃이 달린다. 붉은색 암술머리는 2개로 갈라진다. 암꽃이삭은 끈적거리는 털로 덮여 있다.

5월 말의 어린 열매 꽃이 지면 열매이삭에 4~10개의 작은 열매가 모여 달린다.

어린 열매 단면 달걀 모양의 열매는 표면이 끈적거리는 털로 덮여 있고 속에서 1개의 씨앗이 만들어진다.

　절에서는 가래나무 씨앗의 단단한 껍질을 둥글게 갈아서 작은 것은 목에 거는 염주로, 조금 큰 것은 손목에 걸고 다니는 단주로 만들었다.

6월의 열매 열매이삭은 자라면서 무게 때문에 아래로 늘어진다. 열매는 3~4cm 길이이다.

씨앗 열매 속에 든 달걀 모양의 씨앗은 2.5~3.5cm 길이이며 '가래'라고 하는데 끝은 뾰족하고 표면은 우툴두툴하며 매우 단단하다.

속살

씨앗 단면 단단한 씨앗 속에는 속살이 들어 있으며 맛이 호두처럼 고소하다.

잎 모양 가지에 서로 어긋나는 잎은 7~17장의 작은잎이 마주 붙는 홀수깃꼴겹잎으로 길이가 40~60cm이다.

잎 뒷면 작은잎은 타원형~긴 타원형이며 끝이 뾰족하다. 뒷면은 털이 있거나 없다.

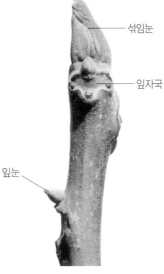

섞임눈

잎자국

잎눈

겨울눈 어린 가지는 황갈색이며 원뿔 모양의 겨울눈은 짧은 갈색 털로 덮여 있다. 잎자국은 동물의 얼굴 모양이다.

골속

가지 단면 가지 단면의 골속은 비어 있으며 계단 모양이다.

나무껍질 나무껍질은 진회색~회갈색이며 오래되면 세로로 갈라진다.

*호두나무(*J. regia*) **열매** 중국 원산으로 중부 이남에서 과일나무로 재배하고 있다. 동그스름한 열매는 길이 4~5cm이고 1~3개가 모여 달린다.

*호두나무 잎 가지에 어긋나는 잎은 5~7장의 작은잎이 마주 붙는 홀수깃꼴겹잎인데 작은잎은 끝으로 갈수록 크다.

가래나무는 목재의 재질이 치밀하고 뒤틀리지 않아 건축재나 조각재로, 특히 비행기의 기구재와 총의 개머리판 등에 이용된다.

속나무가 변한 이름 소귀나무

소귀나무과 | *Myrica rubra*

🔆 늘푸른큰키나무 ✳️ 꽃 3~4월 🔵 열매 7월

소귀나무는 제주도 서귀포시의 개울가에 분포하는 늘푸른큰키나무로 5~15m 높이로 자란다. 암수딴그루로 4월에 가지 끝이나 잎겨드랑이에 원기둥 모양의 꽃차례가 달리는데 꽃잎이 없다. 달걀형~타원형 열매는 표면이 오톨도톨하고 7월에 붉은색으로 익는데 새콤달콤한 맛이 나며 아이들이 주전부리로 따 먹는다. 제주도에서는 열매를 소금에 절이거나 잼을 만들며 과실주를 담가 먹기도 한다.

나무껍질은 탄닌이 들어 있어서 물감으로 이용하는데, 특히 고기잡이 그물을 염색하는 데 이용한다. 나무껍질은 염증을 완화해 주기 때문에 근육통이나 요통 등을 치료하는 약재로 사용한다.

제주도 일부 지방에서는 이 나무를 '속나무'라고도 부르는데 속나무가 변해서 '소귀나무'가 되었을 것이라고 추측하기도 한다. 근래에는 남쪽 섬 지방에서 가로수나 정원수 등으로 심어 기르고 있다.

2월의 소귀나무

2월 말의 꽃눈 이른 봄이 되면 원기둥 모양의 꽃눈이 부풀기 시작한다.

4월 말에 핀 수꽃 암수딴그루로 가지 끝의 잎겨드랑이에 달리는 원기둥 모양의 수꽃차례는 황적색이며 2~4cm 길이이다.

수꽃차례 수꽃은 꽃잎이 없고 포조각이 2~4개이며 수술은 5~8개이고 꽃밥은 2개로 갈라진다.

4월 말에 핀 암꽃 가지 끝의 잎겨드랑이에 달리는 원기둥 모양의 암꽃차례는 1cm 정도 길이이다.

암꽃차례 암꽃도 꽃잎이 없고 끝에서 붉은색 암술대가 나오기 시작한다.

암꽃차례 모양 암꽃의 포조각은 4개이며 암술대는 붉은색이고 2개로 갈라진다.

어린 열매송이 열매는 달걀형~타원형이
며 지름 1.5~2cm이고 표면은 오톨도톨한
돌기로 덮여 있다.

6월의 어린 열매 암그루에 꽃차례 모양대로
열매송이가 만들어진다.

6월 말의 열매 열매는 7월에 붉은색으로 익고 새콤달콤한
맛이 나며 먹을 수 있다.

씨앗 달걀형 씨앗은 연한 갈색 털로
덮여 있다.

6월의 잎가지 잎은 어긋나고 가지 끝에서는
모여난다. 잎몸은 거꿀피침형이고 5~10cm
길이이며 끝이 뾰족하고 가장자리는 거의
밋밋하다.

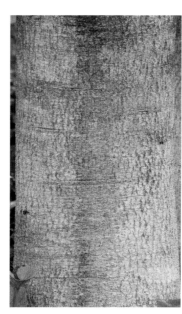

겨울눈 겨울눈은 적갈색이 돌고
햇가지는 타원형 껍질눈이 많다.

잎 뒷면 가죽질 잎 양면에 털이 없고
뒷면에는 노란색 기름점이 있다.

나무껍질 나무껍질은 회백색~적갈색이며
밋밋하지만 노목은 세로로 얕게 갈라진다.

*미국소귀나무/왁스머틀(*M. cerifera*) 북아
메리카 원산으로 둥근 열매는 지름 3mm 정도
이며 흰색 왁스로 덮여 있다. 정원수로 심는다.

쏘면 '팽' 하고 날아가는 팽나무

삼과 | *Celtis sinensis*   ⬆ 갈잎큰키나무 ✳ 꽃 4~5월 🍂 열매 10월

팽나무는 낙엽이 지는 큰키나무로 20m 정도 높이로 자란다. 전국적으로 분포하지만 바닷가나 남부 지방으로 갈수록 더 자주 만날 수 있다. 둥근 열매는 작지만 황적색으로 익으면 달콤한 감과 비슷한 맛이 나며 아이들이 간식으로 따 먹는다. 쏘면 '팽' 하고 날아가는 '팽총(대나무총)'의 총알로 이 나무 열매를 썼기 때문에 '팽나무'라는 이름으로 불린다.

5백 년 이상 오래 사는 나무로 굵은 가지가 넓게 퍼지고 그늘이 좋기 때문에 남부 지방에서는 느티나무와 같이 마을의 정자나무로 많이 심는다. 왼쪽의 나무는 경북 예천 금남리에 있는 팽나무로 500살 정도로 추정되며 천연기념물 제400호로 지정되었다. 동네 사람들이 마을 공동 재산인 토지를 이 팽나무 앞으로 등기 이전을 하였기 때문에 국내에서 가장 많은 토지를 소유하고 있는 부자 나무가 되었다. '황목근(黃木根)'이라는 이름으로 등기를 하여 이름대로 불린다.

경북 예천 금남리 황목근(천연기념물 제400호)

4월의 꽃봉오리 암수한그루로 봄이 오면 겨울눈을 뚫고 꽃봉오리가 나온다.

4월 말에 피기 시작한 꽃 햇가지가 자라면서 꽃봉오리와 함께 잎도 자란다. 꽃은 햇가지 밑부분부터 피어 올라간다.

수꽃 햇가지 밑부분에서 먼저 피는 꽃은 수꽃으로 꽃덮이조각과 수술은 각각 4개씩이다.

양성화 햇가지 윗부분에는 양성화가 달린다. 암술머리는 2개로 갈라지며 흰색 털이 빽빽하다.

9월 초의 어린 열매 둥근 열매는 지름 6mm 정도이고 초록색이며 열매자루는 길이가 6~15mm이다.

10월의 열매 열매는 가을이면 주황색으로 변했다가 황적색으로 익기 시작한다.

예전에는 팽나무속(*Celtis*)이 느릅나무과에 속했지만 APG 분류 체계에서는 삼과에 포함시켰다.

열매 모양 황적색 열매는 감처럼 달콤한 맛이 나며 아이들이 간식거리로 따 먹는다.

씨앗 둥근 씨앗은 열매마다 1개씩 들어 있다.

잎 앞면 잎은 어긋나고 달걀형~넓은 타원형이며 4~9cm 길이이고 끝이 뾰족하며 가장자리의 상반부에 둔한 톱니가 있다. 잎 앞면은 광택이 있다.

잎 뒷면 뒷면은 연녹색이며 측맥은 3~4쌍이고 잎맥 주위에 흰색~갈색 털이 있다.

10월 말의 단풍잎 잎은 늦가을에 노란색으로 단풍이 든다.

겨울눈 겨울눈은 넓은 원뿔형이고 2~5개의 눈비늘조각은 털이 있다.

나무껍질 나무껍질은 회색~회흑색이며 작은 껍질눈이 많고 갈라지지 않는다.

팽나무속(*Celtis*) 나무의 비교

팽나무속에 속하는 나무들은 모양이 비슷해서 구분이 어렵다.

풍게나무(*C. jessoensis*) 잎은 2/3 이상에 톱니가 있고 끝은 꼬리처럼 길며 뒷면 잎맥 위에 털이 있다. 검은 열매는 자루가 길다.

검팽나무(*C. choseniana*) 잎 끝은 꼬리처럼 길며 거의 전체에 뾰족한 톱니가 있고 양면에 털이 없다. 검은 열매는 크고 자루가 길다.

폭나무(*C. biondii*) 잎의 윗부분은 갑자기 좁아져서 꼬리처럼 길어지고 측맥은 보통 2쌍이며 드물게 3쌍도 있다.

왕팽나무(*C. koraiensis*) 잎의 윗부분은 편평해지면서 큰 톱니가 있고 끝은 갑자기 좁아져서 꼬리처럼 길어진다.

팽나무는 바다와 가까운 곳에서 잘 자라는 경향이 있는데, 그래서인지 '포구(浦口)나무'라고도 부른다.

이름을 혼동하기 쉬운 보리수나무

9월 말의 보리수나무

보리수나무과 | *Elaeagnus umbellata*　🍃 갈잎떨기나무　✴ 꽃 5~6월　🌰 열매 9~11월

보리수나무는 낙엽이 지는 떨기나무로 높이 4m 정도까지 자란다. 산과 들에서 흔히 자라는 나무로 가을에 붉게 익는 열매는 약간 떫으면서도 달콤한 맛이 나서 어린이들이 많이 따 먹는다.

보리수나무속에 속하는 나무에는 보리밥나무와 보리장나무가 남부 지방에서 자라는데, 가을에 꽃이 피고 봄에 열매가 익는 것이 보리수나무와 다른 점이다. '보리'라는 돌림자는 봄에 열매가 달리는 모양을 보고 곡식인 보리의 수확량을 예측해서 붙여진 것이라고 하는 사람이 있는데 씨앗의 모양이 보리와 비슷하다.

절에서는 부처님이 보리수나무 밑에서 깨우침을 얻었다고 한다. 절에서 말하는 보리수나무는 뽕나무과 무화과속에 속하는 나무로 무화과처럼 꽃이 보이지 않는 나무이다. 보리수나무와 구분하기 위해 흔히 '인도보리수'라고 부르는데 늘푸른나무로 큼직한 하트 모양의 잎이 달린다.

5월의 꽃봉오리 5월에 잎겨드랑이에 여러 개의 꽃봉오리가 달린다.

5월에 핀 꽃 5월에 가지 가득 흰색 꽃이 핀다.

꽃송이 꽃잎은 없고 꽃받침통의 끝부분이 4갈래로 갈라져 꽃잎처럼 보이는데 +자 모양으로 벌어진다. 꽃받침통은 5~7mm 길이이다.

누렇게 변한 꽃 흰색 꽃은 점차 누런색으로 변한다.

열매가지 9월에 붉게 익는 열매는 약간 떫으면서도 달콤한 맛이 나서 어린이들이 즐겨 따 먹는다.

열매 모양 둥근 열매는 지름이 6~8mm이며 표면에 점 모양의 흰색 비늘털이 있다.

보리수나무는 뿌리에서 질소를 만들어 양분으로 이용하므로 메마르고 거친 땅에서도 잘 자란다.

씨앗 타원형 씨앗은 길이 4~5mm이며 8개의 세로줄이 있다. 씨앗의 모양이 보리를 닮았다.

잎 모양 가지에 서로 어긋나는 긴 타원형 잎은 4~8cm 길이이며 가장자리가 밋밋하고 앞면에 있는 은백색 비늘털은 점차 떨어진다.

잎 뒷면 뒷면은 광택이 있는 은백색의 비늘털이 빽빽하고 적갈색의 비늘털이 드문드문 있다.

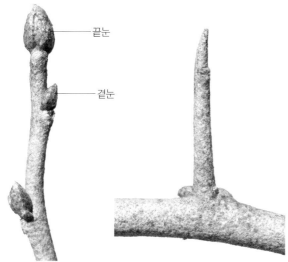

끝눈

곁눈

겨울눈 겨울눈은 타원형이며 적갈색 비늘털에 싸여 있다. 끝눈은 5mm 정도 길이이다.

가지의 가시 가지 끝이 가시로 되거나 짧은가지가 가시로 변하기도 한다.

나무껍질 나무껍질은 흑회색이며 세로로 얕게 튼다.

*****뜰보리수**(*E. multiflora*) 일본 원산으로 관상수로 심는다. 6~7월에 붉게 익는 열매는 12~17mm 길이로 보리수나무 열매보다 더 크며 먹을 수 있다.

*****보리밥나무**(*E. macrophylla*) 남쪽 섬에서 자라는 늘푸른덩굴나무로 가을에 꽃이 피고 봄에 열매가 익는다. 잎 뒷면은 은백색 비늘털이 빽빽하게 덮여 있다.

*****보리장나무**(*E. glabra*) 남쪽 섬에서 자라는 늘푸른덩굴나무로 가을에 꽃이 피고 봄에 열매가 익는다. 잎 뒷면은 적갈색 비늘털이 촘촘하다.

*****인도보리수**(*Ficus religiosa*) 인도처럼 더운 지방에서 자라는 늘푸른나무로 하트 모양의 잎은 끝이 길게 뾰족해진다.

보리수나무속 나무들은 전체가 비늘조각 모양의 은백색이나 적갈색 비늘털로 덮여 있는 것이 특징이다.

굳이 뽕나무라고 우겨서 꾸지뽕나무

10월 초의 꾸지뽕나무

뽕나무과 | *Maclura tricuspidata*　🌿 갈잎작은키나무　✳ 꽃 5~6월　🍂 열매 9~10월

꾸지뽕나무는 낙엽이 지는 작은키나무로 높이 3~8m로 자란다. 중부 이남의 산기슭 양지쪽이나 마을 주변에서 자라는데, 남쪽으로 내려갈수록 더 흔히 볼 수 있고 산 중턱에서도 자란다. 가을에 붉은색으로 익는 열매는 단맛이 나며 먹을 수 있는데, 억세고 질긴 가지에는 날카로운 가시가 있어서 열매를 따다가 가시에 찔리는 경우가 많다.

'꾸지뽕나무'는 뽕나무가 아닌 것이 굳이 뽕나무가 되겠다고 우겨서 붙여진 이름이라고 하는데, 잎을 뽕나무 잎처럼 누에의 먹이로 쓴다고 하니 어느 정도 근거가 있는 이야기이다. 단단한 꾸지뽕나무의 잎을 먹인 누에고치는 뽕나무 잎을 먹인 누에고치보다 단단하고 여기에서 뽑은 실은 매우 질겨서 거문고와 같은 악기 줄로 썼다고 한다. 목재는 활을 만드는 재료로 뛰어나 황해도에서는 '활뽕나무'라 부른다. 나무껍질은 닥나무 껍질처럼 한지를 만드는 원료로 쓴다.

6월 초에 핀 수꽃 암수딴그루로 6월에 꽃이 핀다. 수그루의 잎겨드랑이에 둥근 수꽃송이가 달린다.

6월 초에 핀 암꽃 암그루의 잎겨드랑이에 둥근 암꽃송이가 달린다.

암술대

암꽃 모양 둥근 머리모양꽃차례는 지름 1cm 정도이다. 꽃차례에 다닥다닥 달리는 황록색 암꽃은 암술대가 실처럼 2개로 갈라진다.

수꽃 모양 둥근 머리모양꽃차례는 지름 1~1.5cm이다. 꽃차례에 다닥다닥 달리는 수꽃은 3~5개의 꽃덮이조각 안에 4개의 수술이 있다.

어린 열매 둥근 암꽃송이 모양대로 자라는 열매는 녹색을 띤다.

어린 열매 모양 열매는 표면이 우툴두툴하다.

머리모양꽃차례는 꽃대 끝에 작은꽃자루가 없는 꽃이 촘촘히 모여 전체가 하나의 꽃처럼 보이는 꽃차례이다. 한자로는 '두상화서(頭狀花序)'라고 한다.

어린 열매 단면 열매살을 자르면 우유 같은 즙이 나오고 속에서 씨앗이 만들어진다.

10월의 열매 둥근 열매는 지름이 2~2.5cm이며 가을에 붉은색으로 익는다.

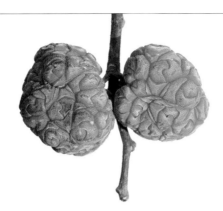

열매 모양 열매는 말랑말랑하고 단맛이 나며 먹을 수 있다.

씨앗 둥근 달걀 모양의 씨앗은 길이 5mm 정도이며 광택이 있다.

밋밋한 잎 가지에 서로 어긋나는 잎은 달걀형~타원형이며 5~14cm 길이이고 끝이 뾰족하며 가장자리가 밋밋하다.

갈라진 잎 잎몸은 3~5갈래로 얕게 갈라지기도 하고 드물게 3갈래로 깊게 갈라지는 것도 있다.

잎 뒷면 뒷면은 연녹색이며 부드러운 털이 있다.

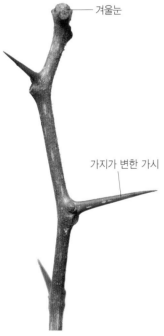

겨울눈

가지가 변한 가시

가지의 가시 잔가지에는 털이 있고 잎겨드랑이에는 가지가 변한 길고 날카로운 가시가 있다. 겨울눈은 둥글고 털이 있다.

봄에 돋은 새순 봄에 돋는 새잎은 진한 적자색을 띠며 잔털로 덮여 있다.

나무껍질 나무껍질은 갈색~회갈색이고 세로로 얕게 갈라진다.

꾸지뽕나무는 목재의 재질이 단단하고 질겨서 시골 노인들의 지팡이를 만드는 재료로 쓴다.

한지의 원료로 쓰이는 닥나무

뽕나무과 | *Broussonetia kazinoki* 　🌲 갈잎떨기나무 ✺ 꽃 4~5월 🍂 열매 6~7월

닥나무는 낙엽이 지는 떨기나무로 산기슭이나 마을의 밭둑 또는 개울가에서 높이 2~3m로 자란다. 닥나무의 가지를 꺾으면 '딱' 소리를 내며 꺾어져 '딱나무'라고 부르기도 한다. 닥나무는 질긴 나무껍질을 이용해 화선지나 창호지 같은 한지를 만든다. 그래서 옛날에는 나라에서 닥나무를 재배하는 것을 장려하였다.

닥나무로 종이를 만드는 방법은 겨울에 닥나무 줄기를 잘라 내어 껍질이 흐물흐물해질 때까지 푹 삶은 다음에 꺼내서 나무껍질을 벗긴다. 벗긴 껍질을 햇볕에 그대로 말린 것은 '흑피(黑皮)'라고 하고 흑피를 물에 불려서 겉껍질을 벗겨 낸 것은 '백피(白皮)'라고 하는데, 흑피로 만든 종이는 하급지로 치고 백피로 만든 종이는 고급지로 쳤다. 닥나무와 가까운 형제 나무인 꾸지나무와 닥나무 사이에서 생긴 잡종을 '꾸지닥나무'라고 하며 모두 종이를 만드는 재료로 이용한다. 닥나무 열매는 눈을 밝게 하는 한약재로 쓰며 어린잎은 나물로 먹는다.

5월 말의 닥나무

암꽃봉오리

수꽃봉오리

4월의 꽃봉오리 암수한그루로 4월에 잎이 돋을 때 꽃봉오리도 함께 나온다.

수꽃이삭

암꽃이삭

5월에 핀 꽃 햇가지 밑부분의 잎겨드랑이에는 수꽃이삭이, 윗부분의 잎겨드랑이에는 붉은색 암꽃이삭이 달린다.

꽃밥

갓 피기 시작한 수꽃이삭 둥근 수꽃이삭은 길이 1cm 정도이며 꽃밥은 연노란색이다. 꽃밥이 터지면 꽃가루가 바람에 날려 퍼진다.

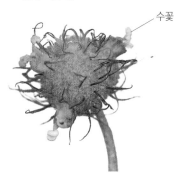

수꽃

암꽃이삭에 핀 수꽃 암꽃이삭에 몇 개의 수꽃이 피었다.

어린 열매 암꽃이삭 모양대로 열매이삭이 자라기 시작한다.

6월에 익은 열매 공처럼 둥근 열매는 지름이 1~1.5cm이고 초여름에 주홍색으로 익으며 먹을 수 있다.

닥나무 껍질로 종이를 만들 때 닥풀을 넣는데, 닥풀을 넣으면 닥나무의 섬유질이 골고루 펴진다.

열매 단면 열매는 여러 개의 작은 열매가 촘촘히 모여 달리는 집합과이다.

잎 모양 잎은 가지에 서로 어긋나고 달걀형이며 4~10㎝ 길이이고 끝이 뾰족하며 가장자리에 톱니가 있다.

잎 뒷면 뒷면은 연녹색이며 짧은털이 있다.

씨앗 동그스름한 씨앗은 표면이 우툴두툴하다.

어린 나무 잎가지 잎몸이 갈라지지 않거나 2~3갈래로 갈라지는 등 잎 모양의 변화가 심하다.

마른 가지

가짜끝눈

곁눈

잎자국

겨울눈 겨울눈은 세모진 달걀 모양이며 끝이 뾰족하다. 가지 끝은 말라 죽고 가짜끝눈이 달린다.

벗긴 나무껍질 질긴 나무껍질을 벗겨 한지를 만드는 원료로 쓴다.

껍질눈

나무껍질 나무껍질은 갈색이며 좁은 타원형의 껍질눈이 있다.

*꾸지닥나무(*B. kazinoki×papyrifera*) 꾸지나무와 닥나무 사이에서 생긴 잡종을 '꾸지닥나무'라고 하는데 닥나무와 닮았지만 꾸지나무처럼 암수딴그루인 점이 다르다.

수꽃이삭

*꾸지나무(*B. papyrifera*) 산기슭에서 자라는 작은키나무로 암수딴그루이다. 원통 모양의 수꽃이삭이 밑으로 늘어진다. 잎은 10~20㎝ 길이로 크며 거칠다.

집합과는 2개 이상의 꽃에서 생긴 많은 과일이 밀집하여 1개의 과일처럼 보이는 것을 말한다.

맛있는 오디 열매가 열리는 산뽕나무

뽕나무과 | *Morus australis* 🌳 갈잎큰키나무 ✲ 꽃 4~5월 ⬤ 열매 6월

산뽕나무는 낙엽이 지는 큰키나무로 높이 6~15m로 자란다. 뽕나무와 아주 가까운 나무이면서 산에서 자라기 때문에 '산뽕나무'라고 한다. 뽕나무는 열매인 오디를 먹으면 방귀를 뽕뽕 뀌어서 '뽕나무'라고 한다는데, 산뽕나무 오디도 단맛이 나며 먹을 수 있다.

산뽕나무 잎은 잎몸이 불규칙하게 갈라지는데, 갈라지는 정도와 깊이가 잎마다 조금씩 다르기 때문에 한 나무에 여러 모양의 잎이 달린다.

꽃은 봄에 잎이 돋을 때 함께 피는데, 대부분의 나무는 암그루와 수그루가 서로 다른 암수딴그루이지만 간혹 암수한그루인 나무도 만날 수 있다. 잎은 뽕나무 잎처럼 누에를 키우는 데 쓰고 나무껍질은 종이를 만드는 재료로 쓰인다. 오디는 아이들이 즐겨 따 먹을 수 있는 간식거리이고 잼이나 파이를 만들거나 술을 담그기도 한다.

8월 말의 산뽕나무

5월에 핀 수꽃 암수딴그루로 5월에 꽃이 핀다. 햇가지의 잎겨드랑이에서 나오는 수꽃이삭은 길이 15~20mm이며 꽃이 피면 아래로 늘어진다. 수꽃에는 4개의 수술이 있고 꽃밥은 연노란색이다.

5월에 핀 암꽃 햇가지의 잎겨드랑이에서 나오는 암꽃이삭은 길이가 5~15mm이며 자루에 털이 있다.

수꽃봉오리 봄이 오면 겨울눈에서 꽃봉오리가 자란다.

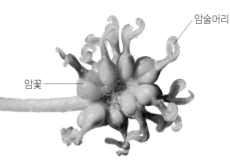

암꽃이삭 암꽃이삭에는 여러 개의 암꽃이 촘촘히 모여 달린다. 암꽃은 암술머리가 2개로 갈라진다.

암수한그루 대부분이 암수딴그루이지만 드물게 암수한그루인 나무도 있다.

익고 있는 열매 암꽃이삭 모양대로 자라는 타원형 열매는 길이가 1~1.5cm이다.

산뽕나무 목재는 재질이 단단하면서도 질겨서 가구나 악기를 만들었고 특히 활을 만드는 데 이용했다.

6월에 익은 열매 타원형 열매는 붉은색으로 변했다가 검은색으로 익는다.

열매 모양 열매 표면에는 암술대가 남아 있다.

씨앗 열매살 속에 든 달걀 모양의 씨앗은 표면이 매끈하다.

잎가지 산뽕나무 잎은 잎몸이 갈라지지 않는 것, 2개로 갈라지는 것, 여러 갈래로 갈라지는 것 등 여러 가지 모양이다.

잎 끝이 뾰족하다.

잎 모양 달걀 모양의 잎은 5~15cm 길이이며 끝이 꼬리처럼 길게 뾰족하고 가장자리에 불규칙한 톱니가 있다.

잎 뒷면 잎은 어긋나고 뒷면은 잎맥 위에 털이 약간 있다.

끝눈

잎자국

겨울눈 달걀 모양의 겨울눈은 3~6mm 길이이며 끝이 뾰족하고 잎자국은 둥그스름하다.

나무껍질 나무껍질은 갈색~회갈색이며 세로로 얕게 갈라진다.

잎 끝이 덜 뾰족하다.

열매

*뽕나무(M. alba) 누에를 치려고 심어 기르던 갈잎큰키나무로 마을 주변에서 만날 수 있다. 잎은 끝이 산뽕나무보다 덜 뾰족하고 열매 표면의 암술대는 거의 없다.

*돌뽕나무(M. cathayana) 산에서 자라는 갈잎큰키나무로 열매는 타원형으로 길고 6월에 검은색으로 익는다.

하늘의 신선이 먹는 과일나무 천선과나무

뽕나무과 | *Ficus erecta* 🔄 갈잎떨기나무 ✳️ 꽃 4~5월 🔵 열매 10~11월

천선과나무는 낙엽이 지는 떨기나무로 높이 2~5m로 자란다. 남부 지방의 바닷가 산기슭과 섬 지방에서 흔히 자란다. '천선과(天仙果)'라는 이름은 '하늘의 신선이 먹는 과일'이란 뜻이지만 먹어 보면 그렇게 뛰어난 맛은 아니다. 흑자색으로 익은 열매의 모양과 크기가 엄마의 젖꼭지와 비슷해서 전라도 지방에서는 '젖꼭지나무'라고 부르기도 한다. 가지나 잎을 자르면 흰색 유액이 나온다.

암수딴그루로 봄에 잎겨드랑이에 둥근 꽃주머니가 달리고 그 안에서 꽃이 피기 때문에 꽃은 볼 수 없다. 꽃이 피면 꽃주머니 끝부분의 작은 구멍으로 작은 벌이 들어와 수정을 도와준다. 암꽃주머니와 수꽃주머니는 모두 열매로 자라는데, 암꽃주머니가 자란 열매는 먹을 수 있지만 수꽃주머니가 자란 열매는 딱딱해서 먹을 수가 없다.

9월의 천선과나무

8월 초의 천선과나무 암수딴그루로 잎겨드랑이에 달리는 둥근 꽃주머니의 모양이 열매와 비슷하다.

자루처럼 길어지지 않는다.

암꽃주머니 둥근 암꽃주머니는 지름이 8~10mm이며 수꽃주머니에 비해 보통 밑부분이 둥글다.

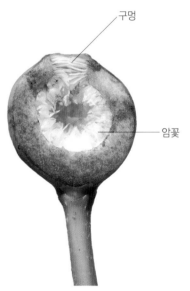

구멍

암꽃

암꽃주머니 단면 암꽃주머니 안쪽 벽에는 암꽃이 촘촘히 모여 핀다. 끝부분에 작은 구멍이 있어서 벌이 들어와 수정을 돕는다.

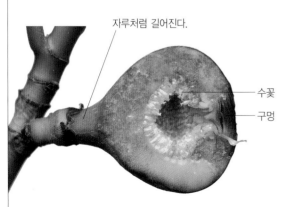

자루처럼 길어진다.

수꽃

구멍

수꽃주머니 단면 둥근 수꽃주머니는 암꽃주머니와 비슷하지만 보통 밑부분이 자루처럼 길어진다.

수꽃주머니 열매 수꽃주머니도 그대로 열매처럼 자란다.

수꽃주머니 열매 단면 수꽃주머니가 자란 열매 속에는 씨앗이 없다.

꽃주머니는 '화낭(花囊)'이라고도 한다.

11월의 열매 암꽃주머니 모양대로 자란 둥근 열매는 가을에 붉은색으로 변하기 시작한다.

11월의 열매 열매는 지름 2㎝ 정도이며 점차 흑자색으로 익는다.

열매 단면 열매 속에는 자잘한 씨앗이 가득 들어 있고 열매살 부분이 적다.

씨앗 둥근 씨앗은 지름이 1.3㎜ 정도이다.

잎 모양 가지에 서로 어긋나는 잎은 거꿀 달걀형으로 8~20㎝ 길이이고 끝이 뾰족하며 가장자리가 밋밋하다.

잎 뒷면 뒷면은 연녹색이며 양면에 털이 없다.

꽃눈 ⎯⎯ 잎눈

잎자국

겨울눈 잔가지는 털이 없고 잎눈은 원뿔 모양이며 7~12㎜ 길이이고 끝이 뾰족하다. 꽃눈은 동그랗다.

봄에 돋은 새순 봄이 오면 겨울눈이 벌어지면서 연두색 새잎이 나온다.

나무껍질 나무껍질은 회갈색이며 갈라지지 않는다.

*좁은잎천선과나무(var. *sieboldii*) 천선과나무의 변종으로 잎이 좁고 길다. 천선과나무와 같은 종으로도 본다.

꽃이 숨어서 열매를 맺는 무화과

뽕나무과 | *Ficus carica* 　🌳 갈잎작은키나무 　✳ 꽃 4~8월 　🍂 열매 9~10월

무화과는 서남아시아가 원산지로 성경과 그리스 신화에도 등장하는 유명한 과일나무이다. 무화과는 낙엽이 지는 작은키나무로 4~8m 높이로 자란다. 추위에 약해서 우리나라에서는 남쪽 바닷가 주변에서 심어 기른다.

'무화과(無花果)'라는 한자 이름을 풀이하면 '꽃이 없는 과일'이란 뜻이다. 봄이 되면 무화과의 잎겨드랑이에 열매처럼 보이는 둥근 꽃주머니가 생긴다. 꽃은 꽃주머니 속에서 피기 때문에 꽃이 없는 것처럼 보인다. 하지만 열매가 열리기 때문에 무화과라는 이름을 얻었다.

무화과는 세계적으로 여러 재배 품종이 있으며 둥근 열매는 과일로 먹고 잼을 만들거나 말려서 가공 식품을 만든다. 무화과 열매 속에는 단백질 분해 효소가 많이 들어 있어서 육식을 한 뒤에 열매를 먹으면 소화를 도와준다. 무화과처럼 꽃이 꽃주머니 속에서 숨어 피는 나무로 천선과나무와 모람 등이 남부 지방에서 자란다.

7월의 무화과

5월의 무화과 5월에 잎이 돋을 때 꽃주머니가 함께 자란다.

꽃주머니 —

암꽃주머니 동그스름한 꽃주머니는 잎겨드랑이에 달린다. 암수딴그루이지만 우리나라에서 재배하는 것은 대부분이 암그루이다.

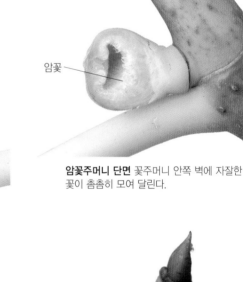

암꽃

암꽃주머니 단면 꽃주머니 안쪽 벽에 자잘한 꽃이 촘촘히 모여 달린다.

11월의 열매 열매는 암꽃주머니 모양대로 크게 자란다.

열매 모양 열매는 지름이 5~7cm이고 가을에 흑자색~갈색으로 익는다.

열매 가로 단면 열매 속에는 붉은색 열매살과 함께 자잘한 씨앗이 들어 있다.

둥근 꽃주머니는 끝부분에 작은 구멍만 뚫려 있고 주머니 안쪽에 암꽃과 수꽃이 다닥다닥 달린다. 꽃주머니를 '화낭(花囊)'이라고도 한다.

열매 세로 단면 열매살은 단맛이 나며 씨앗이 함께 아작아작 씹히는 식감이 색다르다.

씨앗 둥근 씨앗은 깨알처럼 생겼다.

말린 열매 곶감처럼 말린 무화과 열매가 시장에서 팔린다.

잎가지 가지에 서로 어긋나는 잎은 10~20㎝ 길이이며 잎몸이 3~5갈래로 깊게 갈라지고 갈래조각에는 물결 모양의 톱니가 있다.

잎 뒷면 뒷면은 연녹색이며 잔털이 있고 5개의 잎맥이 뚜렷하다.

끝눈

곁눈

잎자국

겨울눈 겨울눈은 원뿔 모양이며 끝이 뾰족하다. 동그스름한 곁눈은 작고 잎자국은 원형이다.

봄에 돋은 새순 봄이 오면 겨울눈이 벌어지면서 새잎이 돋는다.

나무껍질 나무껍질은 회갈색이며 밋밋하고 껍질눈이 흩어져 난다.

*모람(*F. sarmentosa* var. *nipponica*) 남쪽 섬에서 자라는 늘푸른덩굴나무로 무화과처럼 꽃주머니 속에서 꽃이 핀다. 피침형 잎은 두꺼운 가죽질이다.

*왕모람(*F. thunbergii*) 남쪽 섬에서 자라는 늘푸른덩굴나무로 꽃주머니 속에서 꽃이 핀다. 모람과 비슷하지만 열매가 좀 더 크고 잎은 달걀형~타원형이다.

무화과속(*Ficus*) 나무들은 가지를 자르면 흰색 즙액이 나오는 특징이 있으며 열대와 아열대 지방에서 800여 종이 자라고 있다.

서두르지 않는 양반 나무 대추나무

갈매나무과 | *Ziziphus jujuba* var. *inermis* ✿ 갈잎작은키나무 ✽ 꽃 6~7월 ◎ 열매 가을

대추나무는 낙엽이 지는 작은키나무로 높이 8m 정도까지 자란다. 대추나무는 열매인 대추를 얻기 위해 기르는 과일나무로 여러 재배 품종이 있다.

다른 나무들은 잎이 다 돋을 때에도 대추나무는 꿈쩍 않고 있다가 늦은 봄이 돼서야 새순이 돋는다. 이처럼 때가 될 때까지 느긋하게 기다리는 대추나무를 보고 '양반 나무'라고도 한다. 새순은 늦게 트지만 대신 열매는 많이 맺는다. 그래서 폐백을 드릴 때 시부모는 자식을 많이 낳으라고 신부의 치마에 대추를 듬뿍 던져 준다.

대추 열매는 날로도 먹지만 떡이나 약식 같은 음식에 두루 넣어 먹는다. 또 한방에서는 감초와 함께 가장 많이 쓰이는 한약재이다. 대추나무 목재는 박달나무처럼 단단해서 떡메나 방망이, 달구지 등을 만드는 재료로 쓰인다. 특히 벼락 맞은 대추나무로 만든 도장을 쓰면 행운이 온다고 해서 많은 사람들이 대추나무 도장을 가지고 싶어 한다.

9월 말의 대추나무

6월에 핀 꽃 5~6월에 잎겨드랑이에 피는 연노란색 꽃은 지름 5~6mm이다.

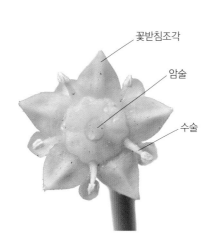

꽃받침조각
암술
수술

꽃 모양 5개의 연한 황록색 꽃받침이 꽃잎처럼 보이고 5개의 수술과 가운데에 1개의 암술이 있다.

8월 초의 열매 동그스름한 열매는 길이가 2.5~3.5cm이며 표면에 광택이 있다.

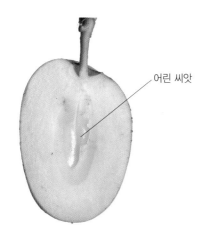

어린 씨앗

어린 열매 세로 단면 열매 속에는 1개의 씨앗이 만들어진다.

어린 열매 가로 단면 열매 속에 만들어지는 씨앗은 속이 비어 있다.

9월의 열매 타원형 열매는 가을에 적갈색으로 익는다.

대부분의 한약에는 으레 대추가 들어가는데, 대추는 몸을 튼튼하게 하고 신경을 안정시키며 독을 풀어 준다.

열매 모양 잘 익은 대추 열매는 단맛이 난다.

열매 단면 열매 속의 씨앗은 단단하게 굳는다.

씨앗 달걀 모양의 씨앗은 길이 1∼1.2㎝이고 양 끝이 뾰족하며 표면이 우툴두툴하다.

잎 모양 가지에 서로 어긋나는 달걀형 잎은 3∼7㎝ 길이이며 가장자리에 둔한 톱니가 있다.

잎 뒷면 뒷면은 밑부분에서 발달한 3개의 잎맥이 뚜렷하다.

가지의 가시 턱잎이 변한 가시는 아주 작거나 흔적만 남아 있다. 품종에 따라 조금씩 차이가 난다.

나무껍질 나무껍질은 진회색∼회갈색이며 세로로 불규칙하게 갈라진다.

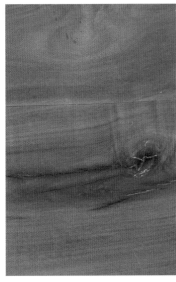

목재 목재는 매우 단단해서 연장이나 공예품을 만드는 데 많이 이용한다.

*묏대추(Z. jujuba) **열매** 묏대추는 옛날부터 기르던 품종으로 열매가 작고 동그랗다.

*묏대추 가지 묏대추는 가지에 날카로운 가시가 있다.

바닷가의 대추나무 갯대추나무

갈매나무과 | *Paliurus ramosissimus* 　 ⬆ 갈잎떨기나무 　✳ 꽃 7~8월 　🌀 열매 10~11월

갯대추나무는 낙엽이 지는 떨기나무로 높이 2~5m로 자란다. 보통 곧게 자라는 줄기에 짧은가지가 촘촘히 돌려나기 때문에 나무 모양이 빗자루처럼 키만 크다.

갯대추나무의 주요 분포지는 동아시아의 아열대 지방으로 우리나라에서는 제주도 바닷가의 바위틈에서 자란다. 제주도에서도 자라는 곳이 워낙 제한되어 있어서 환경부에서 보호 식물로 지정한 희귀 식물이다.

갯대추나무의 꽃과 잎은 대추나무와 비슷하고 바닷가에서 자라서 '갯대추'라는 이름이 붙었다. 하지만 열매는 반구형으로 대추 열매와 전혀 다르다. 갯대추나무는 가지에 날카로운 가시가 많다. 가시는 잎겨드랑이에 2개씩 짝을 이루어 달리는데 이 가시는 턱잎이 변한 것이다. 턱잎이나 잎이 변해 만들어진 가시를 '잎가시(엽침: 葉針)'라고 한다. 갯대추나무의 한자 이름은 '마갑자(馬甲子)'이며 뿌리를 류머티즘과 타박상 등을 치료하는 한약재로 쓴다.

2월의 갯대추나무

꽃 모양 꽃은 지름 5mm 정도이다. 5개의 연한 황록색 꽃받침이 꽃잎처럼 보이고 5개의 수술과 가운데에 1개의 암술이 있다.

9월의 어린 열매 꽃이 지고 나면 납작한 반구형 열매가 열린다.

8월에 핀 꽃 7~9월에 가지 윗부분의 잎겨드랑이에 꽃이 모여 핀다.

11월의 열매 열매는 지름 1~2cm이며 늦가을에 연갈색으로 익는다.

열매 모양 납작한 앞부분은 3갈래로 갈라져서 날개 모양으로 된다. 열매는 연갈색의 누운털로 덮여 있다.

열매 뒷면 반구형 열매는 뒷면에 꽃받침이 남아 있다. 열매는 가벼워서 물에 잘 뜬다.

잎가지 가지에 서로 어긋나는 잎은 넓은 달걀형~긴 타원형이며 3~6cm 길이이다. 잎 가장자리에 잔톱니가 있고 안쪽으로 말린다.

떨어진 열매 잘 익은 열매는 갈라지지 않으며 그대로 떨어진다. 가벼운 열매는 해류를 타고 먼 곳까지 전파된다고 한다.

씨앗 열매 속에는 단단한 씨앗이 1개씩 들어 있다. 씨앗 속에는 2~3개의 속씨가 들어 있다.

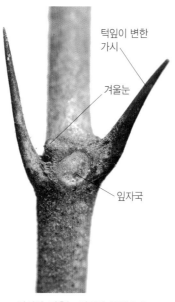

턱잎이 변한 가시

겨울눈

잎자국

가시와 겨울눈 턱잎이 변한 2개의 잎가시는 끝이 날카롭다. 겨울눈은 넓은 달걀형이고 작다.

나무껍질 나무껍질은 회갈색이며 진한 얼룩이 있고 매끈하다.

잎 뒷면 밑부분에서 3개의 잎맥이 벋으며 뒷면은 연녹색이고 잎맥 위에 털이 있다.

잎가시(葉針)를 가진 나무

갯대추나무처럼 턱잎이 변하거나 선인장처럼 잎이 변한 가시를 '잎가시'라고 한다. 나무 중에는 턱잎이 변한 잎가시를 가진 나무가 여럿 있다.

골담초(*Caragana sinica*) 흔히 관상수로 심는 갈잎떨기나무이다. 마디마다 턱잎이 변한 2개의 날카로운 가시가 있다.

매발톱나무(*Berberis amurensis*) 산에서 자라는 갈잎떨기나무로 턱잎이 변한 가시는 3개로 갈라지기도 한다.

아까시나무(*Robinia pseudoacacia*) 흔히 심는 갈잎큰키나무이다. 마디마다 턱잎이 변한 2개의 날카로운 가시가 있다.

초피나무(*Zanthoxylum piperitum*) 중부 이남의 산에서 자라는 갈잎떨기나무로 마디마다 턱잎이 변한 2개의 가시가 있다.

왕초피(*Zanthoxylum coreanum*) 제주도에서 자라는 떨기나무로 마디마다 턱잎이 변한 2개의 가시가 있다.

갯대추나무처럼 단단한 씨앗이 들어 있는 열매를 '굳은씨열매'라고 하며, 한자로는 '핵과(核果)'라고 한다. 보통 굳은씨열매의 겉껍질은 얇고 중간에 열매살이 있으며 씨앗 속에는 1개~여러 개의 속씨가 들어 있다.

별 모양의 열매가 열리는 가침박달

장미과 | *Exochorda racemosa ssp. serratifolia* 🌳 갈잎떨기나무 ✳ 꽃 4~5월 🍂 열매 9월

가침박달은 낙엽이 지는 떨기나무로 주로 중부 지방의 산에서 드물게 자란다. 자생지에서 자라는 모습을 보면 다른 식물과의 경쟁에서 밀려 점차 감소하는 것 같다. 이에 산림청에서는 가침박달을 희귀 식물로 지정하였고 중요한 자생지는 천연기념물이나 산림유전자원 보호림으로 지정하여 보호하고 있다.

'가침박달'이란 이름의 '가침'은 가장자리를 마주 대고 꿰매는 바느질 방법인 '감침질'이 변한 것으로 보는데, 실제로 여러 칸으로 나뉘어져 있는 열매는 각 칸이 실로 꿰맨 것처럼 생겼다. 그리고 '박달'은 단단한 나무의 대명사인 박달나무에서 온 말로 나무의 질이 박달나무처럼 매우 단단하다. 이처럼 가침박달이란 이름은 나무의 생김새의 특징과 성질을 잘 파악해 붙인 이름이다. 가침박달은 무더기로 모여 피는 흰색 꽃과 독특한 열매 모양이 보기 좋아 관상수로 심기도 한다. 또 봄에 돋은 어린 순은 데쳐서 나물로 먹는다.

4월 말의 가침박달

4월 말에 핀 꽃 4~5월에 잎과 함께 자란 햇가지 끝의 꽃차례는 5~10㎝ 길이이며 3~10개의 흰색 꽃이 모여 핀다.

꽃 뒷면 세모진 꽃받침조각은 5개이며 2㎜ 정도 길이이고 꽃이 지면 떨어진다.

꽃 모양 꽃은 지름 3~4㎝이며 5장의 꽃잎은 활짝 벌어진다.

4월 초의 꽃봉오리 가지 끝에 3~10개의 흰색 꽃이 송이꽃차례에 모여 달린다.

암술과 수술 꽃 가운데에 있는 암술은 암술대가 5개이고 주위에 15~25개의 수술이 빙 돌려난다.

5월의 어린 열매 꽃이 지면 꽃송이 모양대로 골이 진 열매가 열린다.

가침박달은 관상수로도 심는데 비옥한 토양에 햇빛이 잘 들고 수분이 충분해야만 풍성한 꽃과 열매를 볼 수 있다.

열매는 감침질로
꿰맨 것처럼 보인다.

열매 모양 열매는 길이 10~12mm이며
5~6개로 골이 져서 위에서 보면 별 모양이다.

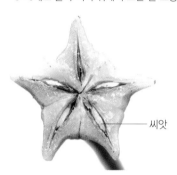

씨앗

열매 단면 5개의 방마다 1~2개의
납작한 씨앗이 만들어진다.

갈라진 열매 가을에 적갈색으로 익은
열매는 칸칸이 갈라지면서 씨앗이 나온다.

8월 말의 열매 열매는 여름에 노란색으로
변했다가 가을에 적갈색으로 익는다.

씨앗 일그러진 달걀 모양의 씨앗은 납작하며
1cm 정도 길이이고 가장자리에 좁은 날개가 있다.

잎 모양 가지에 서로 어긋나는 타원형
잎은 5~9cm 길이이며 끝이 뾰족하고
가장자리 윗부분에만 톱니가 있다.

잎 뒷면 뒷면은 회백색이고
양면에 털이 없다.

끝눈

잎자국

곁눈

겨울눈 가지는 굵고 흰색의 껍질눈이 많
다. 겨울눈은 달걀형이며 끝이 뾰족하고
곁눈은 끝눈보다 작다.

꽃봉오리

묵은 열매

새순과 묵은 열매 묵은 열매는 다음 해에
새순이 돋을 때까지 매달려 있다.

나무껍질 나무껍질은 회갈색이며 얇은 조각으로 갈라져
벗겨진다.

기다란 꽃방망이가 가득한 조팝나무

장미과 | *Spiraea prunifolia* for. *simpliciflora* ✿ 갈잎떨기나무 ✿ 꽃 4∼5월 ✿ 열매 6월

조팝나무는 낙엽이 지는 떨기나무로 무더기로 모여나는 줄기는 비스듬히 휘어지며 높이 1.5∼2m로 자란다. 조팝나무가 자라는 곳은 사람에 의해 생태계가 파괴된 산기슭이나 밭둑 등으로 다른 나무보다 먼저 들어와 자라는 개척 정신이 강한 나무이다.

조팝나무는 봄이 오면 가지 가득 흰색 꽃이 피어나 풍성한 꽃방망이를 만든다. 흰색 꽃이 가득한 나무 모양이 아름다워서 관상수로 심고 꽃에 벌이 많이 모여 드는 밀원식물이기도 하다. 가지 가득 피어나는 꽃이 좁쌀을 튀겨 놓은 듯해서 '조밥나무'라고 부르던 것이 변하여 '조팝나무'가 되었다고 한다.

조팝나무는 꽃이 핀 모습도 아름답지만 약용식물로도 중요하게 쓰인다. 나무에 '조팝나무산(酸)'이라고 하는 열을 내리고 통증을 누그러뜨리는 성분이 들어 있어 진통제의 원료로 쓰인다. 조팝나무속(*Spiraea*)은 우리나라에서 10여 종이 자생한다.

4월의 조팝나무

꽃가지 4월에 잎보다 먼저 피는 꽃은 가지 가득 매달려 꽃방망이를 만든다.

꽃송이 가지의 마디마다 여러 개의 꽃이 우산살처럼 모여 핀다.

꽃 모양 꽃은 지름 2∼3cm이며 5장의 꽃잎은 활짝 벌어진다. 꽃 가운데에 5개의 암술이 있고 그 가장자리에 20여 개의 수술이 빙 돌려난다.

꽃잎
암술
수술

꽃 뒷면 5장의 초록색 꽃받침조각은 삼각형이고 1.5∼2mm 길이이며 열매가 익을 때까지도 남아 있다.

어린 열매 열매는 꽃송이 모양대로 우산살처럼 달리며 5개의 암술이 발달하고 털이 없다.

5월의 열매 5개로 나뉜 방이 칸칸이 벌어지면서 씨앗이 나온다.

조팝나무는 버드나무와 함께 진통제의 대명사인 아스피린의 원료이다.

씨앗 가늘고 긴 씨앗은 바람에 날려 퍼진다.

잎 모양 잎은 어긋나고 타원형이며 2~3cm 길이이고 끝이 뾰족하며 가장자리에 톱니가 있다.

잎 뒷면 뒷면의 주맥은 튀어나오고 양면에 털이 없다.

단풍잎 조팝나무 잎은 가을에 보통 붉게 단풍이 든다.

곁눈

잎자국

겨울눈 가지는 모가 있고 겨울에 끝부분이 말라 죽는다. 둥근 겨울눈은 지름 1~2mm이며 적갈색~갈색이다.

꽃봉오리

4월의 꽃봉오리 봄이 오면 겨울눈이 벌어지면서 어린잎과 자잘한 꽃봉오리가 함께 드러난다.

4월의 새순 겨울눈에서 새로 자란 가지는 붉은빛이 돌며 새잎이 어긋나며 자란다.

나무껍질 나무껍질은 회갈색이며 껍질눈이 많다.

***겹조팝나무** 중국 원산으로 조팝나무의 기본종 (*Spiraea prunifolia*)이며 관상수로 심는다. 조팝나무와 비슷하지만 겹꽃이 핀다.

***조팝나무 '골든바'**('Golden Bar') 조팝나무의 원예 품종으로 봄에 돋는 잎은 황금빛이 돈다. 관상수로 심는다.

조팝나무(*Spiraea*)속 나무의 비교

| 꽃 | 잎 뒷면 | | 꽃 | 잎 뒷면 |

● 꼬리조팝나무(*S. salicifolia*)

지리산 이북의 산골짜기에서 자란다. 잎은 피침형이며 뾰족한 잔톱니가 있다. 원뿔꽃차례에 연한 홍자색 꽃이 모여 핀다.

● 일본조팝나무(*S. japonica*)

일본 원산이며 관상수로 심는다. 잎은 피침형이며 날카로운 톱니가 있다. 겹고른꽃차례에 자잘한 적자색 꽃이 모여 핀다.

● 참조팝나무(*S. fritschiana*)

지리산 이북의 깊은 산에서 자란다. 잎은 타원형이며 잔톱니와 겹톱니가 섞여 있다. 겹고른꽃차례에 흰색~연한 홍자색 꽃이 모여 핀다.

● 덤불조팝나무(*S. miyabei*)

강원도 이북의 산에서 자란다. 잎은 달걀형이며 겹톱니가 있다. 겹고른꽃차례에 흰색 꽃이 모여 핀다. 열매에 잔털이 있다.

● 갈기조팝나무(*S. trichocarpa*)

충북 이북의 산에서 자란다. 잎은 타원형이며 위쪽에 약간 둔한 톱니가 있다. 겹고른꽃차례에 흰색 꽃이 모여 핀다. 줄기는 휘어진다.

● 조팝나무(*S. prunifolia* for. *simpliciflora*)

제주도를 제외한 전국의 양지바른 산과 들에서 자란다. 잎은 타원형이며 잔톱니가 있다. 묵은 가지에 촘촘히 달리는 우산꽃차례는 꽃차례자루가 없다.

고른꽃차례는 작은꽃자루의 길이가 꽃대 아래쪽에 달리는 것일수록 길어져서 꽃이 거의 평면으로 가지런하게 피는 꽃차례. '산방화서(繖房花序)'라고 한다. 겹고른꽃차례는 고른꽃차례가 반복되는 꽃차례이다.

조팝나무속은 전 세계에 100여 종이 있으며 특히 동아시아 지역에 널리 분포하는 갈잎떨기나무로 우리나라에는 10여 종이 자생한다. 홑잎은 어긋나고 꽃잎은 5장이며 열매는 하나의 세로선을 따라 갈라지는 특징이 있다.

꽃	잎 뒷면	꽃	잎 뒷면

● **가는잎조팝나무**(*S. thunbergii*)

중국과 일본 원산이며 관상수로 심는다. 잎은 좁은 피침형이며 날카로운 톱니가 있다. 묵은 가지에 촘촘히 달리는 우산꽃차례는 꽃차례자루가 없다.

● **인가목조팝나무**(*S. chamaedryfolia*)

전북과 경남 이북의 깊은 산에서 자란다. 잎은 달걀형이고 끝이 뾰족하며 겹톱니가 있다. 고른꽃차례~우산꽃차례는 꽃송이가 작다.

● **공조팝나무**(*S. cantoniensis*)

중국 원산이며 관상수로 심는다. 잎은 피침형이며 상반부에 톱니가 있다. 고른꽃차례는 대부분이 반구형이다. 가지가 늘어진다.

● **산조팝나무**(*S. blumei*)

전북과 경북 이북의 산에서 자란다. 잎은 넓은 달걀형이며 위쪽에 큼직하고 둔한 톱니가 있고 털이 없다. 우산꽃차례에 흰색 꽃이 모여 핀다.

● **아구장나무**(*S. pubescens*)

건조한 산에서 자란다. 잎은 달걀형이며 위쪽에 크고 날카로운 톱니가 있고 털이 적다. 우산꽃차례의 꽃자루는 털이 없다.

● **당조팝나무**(*S. nervosa*)

건조한 산에서 자란다. 잎은 넓은 달걀형이며 위쪽에 크고 날카로운 톱니가 있고 털이 많다. 우산꽃차례의 꽃자루는 털이 많다.

가지 속에 국수가 들어 있는 국수나무

장미과 | *Stephanandra incisa* 　　　🍂 갈잎떨기나무 　✳ 꽃 5~6월 　🍒 열매 9월

국수나무는 낙엽이 지는 떨기나무로 줄기는 여러 대가 모여나 덤불 모양을 이루며 높이 1~2m로 자란다. 줄기는 끝이 비스듬히 처진다. 함경북도를 제외한 전국의 산골짜기나 언덕의 양지쪽에서 잘 자라고 숲속에서도 흔히 만날 수 있다. 줄기와 가지 속에 들어 있는 골속이 국수와 비슷한데 옛날에 아이들이 골속을 뽑아서 국수라고 하며 놀아서 '국수나무'라는 이름을 얻었다.

국수나무는 줄기와 잎을 물감을 얻는 염료식물로 이용한다. 줄기와 잎을 잘게 잘라서 30분 정도 끓여서 만든 염액은 매염제에 따라서 다양한 색깔이 나오는데 특히 붉은빛이 잘 나온다고 한다. 꽃에는 꿀이 많아서 벌이 많이 모여드는 밀원식물이다. 줄기는 숯가마의 포대를 만들거나 광주리, 바구니 등을 짜는 데 쓰인다.

산에서 드물게 자라는 나도국수나무는 꽃과 잎의 생김새가 국수나무와 비슷해서 붙여진 이름인데 열매가 끈적거리는 긴 샘털로 덮여 있어서 구분할 수 있다.

6월 초의 국수나무

5월의 꽃봉오리 봄에 잎이 다 자란 가지 끝에서 흰색 꽃봉오리가 자란다.

5월 말에 핀 꽃 가지 끝의 원뿔꽃차례는 길이가 2~6cm이며 자잘한 흰색 꽃에는 꿀이 많아서 벌이 모여든다.

꽃잎

꽃받침조각

꽃 모양 꽃은 지름 4~5mm로 작으며 꽃잎과 꽃받침조각은 각각 5장씩이다. 주걱 모양의 흰색 꽃잎은 끝이 둥글며 서로 떨어져 있고 꽃잎 사이에 있는 꽃받침조각도 흰색이며 꽃잎보다는 작다. 수술은 10개이고 꽃잎보다 짧다.

6월의 어린 열매 꽃이 지면 열매가 열린다. 열매자루에는 꽃자루처럼 잔털이 있다.

8월의 열매 동그스름한 열매는 지름 2~3mm이며 꽃받침이 남아 있고 9월에 익는다.

씨앗 열매 속에 1개씩 들어 있는 둥근 씨앗은 지름이 1.5mm 정도로 작으며 적갈색이다.

7월의 새로 돋은 잎 가지 끝에서 새로 나오는 잎은 노란빛이나 붉은빛이 돌다가 점차 녹색으로 변한다.

잎 뒷면 잎은 어긋나고 세모진 넓은 달걀형이며 2~4㎝ 길이이다. 잎 끝은 뾰족하고 가장자리가 얕게 갈라지기도 하는 등 변이가 심하다. 뒷면은 연녹색이며 털이 있다.

턱잎 잎자루 밑에 있는 1쌍의 턱잎은 달걀형~달걀 모양의 피침형이며 가장자리에 톱니가 약간 있다.

11월의 단풍잎 가을에 잎이 노란색으로 단풍이 든다.

11월의 단풍잎 양지쪽에서는 잎이 적갈색으로 단풍이 들기도 한다.

겨울눈 겨울눈은 달걀형이며 길이가 2~3㎜이고 잎자국과의 사이에 작은 덧눈이 생긴다.

어린 가지 단면 어린 가지 속에 들어 있는 골속은 흰색으로 국수가락과 비슷하다.

가지 단면 가지는 굵어질수록 속에 들어 있는 골속이 점차 연한 황갈색으로 변한다.

봄에 돋은 새순 봄이 오면 겨울눈이 벌어지면서 새순이 나와 자란다.

나무껍질 나무껍질은 회갈색이며 오래되면 세로로 갈라진다.

***나도국수나무**(*Neillia uekii*) 흰색 꽃과 잎의 모양은 국수나무와 비슷하지만 꽃차례와 꽃받침과 열매에 끈적거리는 긴 샘털이 있어서 구분이 된다. 1개의 열매에 5개의 씨앗이 들어 있다.

매화꽃이 아름다운 매실나무

장미과 | *Prunus mume*   🌳 갈잎작은키나무   ✱ 꽃 2~4월   🍂 열매 6~7월

매실나무는 낙엽이 지는 작은키나무로 높이 5m 정도로 자란다. 원산지인 중국에서는 그냥 '매(梅)'라고 부르지만 우리나라에서는 예부터 이 나무의 아름다운 꽃을 보고 '매화(梅花)나무'라고 불렀다. 그러나 매화나무의 열매인 매실(梅實)의 쓰임새가 커지자 꽃보다 열매가 중요해져 매실나무가 되었지만, 아직도 많은 사람들이 매화나무라고 부르고 있으며, 북한에서도 '매화나무'라고 한다.

꽃이 지고 나면 동그스름한 매실이 열린다. 한방에서는 매실을 설사를 멈추거나 위를 튼튼하게 하고 열을 내리는 약으로 쓴다. 민간에서는 채 익지 않은 매실인 '청매(靑梅)'를 따서 매실주나 매실차, 매실장아찌 등을 만들어 먹는다. 7월경에 노란색으로 익은 열매는 '황매(黃梅)'라고 하는데 새콤달콤한 맛이 나며 식용한다. 요즈음은 매실이 알칼리성 식품으로 성인병에 좋다 하여 널리 이용되고 있다.

3월 말의 매실나무

꽃 모양 5장의 꽃잎은 활짝 벌어지고 가운데에 1개의 암술과 많은 수술이 모여 있으며 꽃밥은 연노란색이다.

수술 ─   ─ 암술
─ 씨방

꽃 단면 꽃자루가 아주 짧아서 꽃이 가지에 바짝 붙은 것처럼 보이며 암술 밑의 둥근 씨방은 털로 덮여 있다.

3월 말에 핀 꽃 이른 봄에 잎보다 먼저 가지 가득 흰색 꽃이 핀다. 꽃은 지름 2~3cm이다.

꽃받침조각

꽃받침 붉은빛이 도는 꽃받침통은 종 모양이며 꽃받침조각은 끝이 둥글다.

*만첩흰매실('Albaplena') 매실은 재배 품종이 많은데 흰색 겹꽃이 피는 것을 '만첩흰매실'이라고 한다.

*홍매화('Beni-chidori') 붉은색 홀꽃이 피는 원예 품종은 '홍매화'라고 한다.

매화는 겨울 추위를 이기고 향기로운 꽃을 피우는 것이 군자의 고결함과 닮아서 난초, 국화, 대나무와 함께 '사군자(四君子)'로 불렸다.

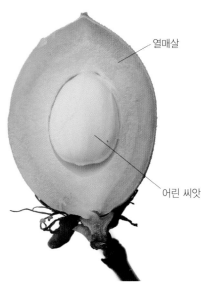

열매살

어린 씨앗

*만첩홍매실(f. *alphandii*) 붉은색 겹꽃이 피는 품종은 '만첩홍매실'이라고 한다.

5월의 어린 열매 타원형 열매는 길이가 2~3㎝로 자라며 융단 같은 털로 덮여 있다.

어린 열매 단면 열매 속에서 1개의 씨앗이 만들어진다.

6월 말의 열매 열매는 초여름에 황색으로 익는데 맛이 매우 시다.

열매 모양 열매는 거의 자루가 없이 가지에 바짝 붙는다.

씨앗 열매 속의 씨앗은 열매살과 잘 떨어지지 않으며 씨앗의 표면에 작은 구멍이 많다.

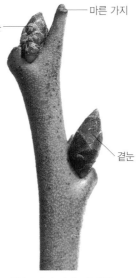

마른 가지

가짜끝눈

곁눈

잎 모양 가지에 서로 어긋나는 타원형~달걀형 잎은 4~9㎝ 길이이다. 잎 끝은 뾰족하고 가장자리에 잔톱니가 있다.

잎 뒷면 뒷면은 연녹색이며 양면에 잔털이 있거나 뒷면 잎맥 위에만 털이 있다.

겨울눈 어린 가지는 녹색을 띠고 달걀 모양의 겨울눈은 끝이 뾰족하다.

나무껍질 나무껍질은 진회색이며 불규칙하게 갈라진다.

5월에 어린 매실이 달렸을 때 내리는 봄비는 매실이 튼튼하게 자랄 수 있게 도와주는 고마운 비라 하여 '매우(梅雨)'라고 부른다.

너하구 나하구 살구나무

장미과 | *Prunus armeniaca* var. *ansu* 🌳 갈잎작은키나무 ❀ 꽃 4월 🍂 열매 6~7월

살구나무는 낙엽이 지는 작은키나무로 높이 5~12m로 자란다. 예전에는 봄이면 살구꽃이 피지 않는 집이 없을 정도로 집집마다 살구나무를 심어 길렀다.

옛날 중국 오나라의 동봉이라는 의사는 환자의 치료비 대신에 뒷동산에 살구나무를 심게 하였다. 후에 뒷동산은 살구나무 숲, 행림(杏林)이 되어 많은 살구를 수확하게 되었다. 동봉은 수확한 살구를 곡식으로 바꾸어 가난한 사람들에게 나누어 주었다. 이후로는 진정한 의술을 펴는 의원을 일컬어 '행림(杏林)'이라고 불렀다.

새콤달콤한 열매는 과일로 먹으며 통조림이나 건살구 등으로 가공하기도 한다. 한방에서는 살구씨를 '행인(杏仁)'이라고 해서 기침과 가래를 삭이는 약으로 사용하며 요즈음에는 화장품이나 비누의 재료로도 쓰인다. 살구나무 목재로 만든 목탁은 소리가 맑고 청아해서 스님들이 최고로 친다고 한다.

4월 초의 살구나무

4월에 핀 꽃 4월에 잎보다 먼저 연홍색 꽃이 나무 가득 핀다.

꽃 모양 꽃은 지름 2.5~4cm이다. 5장의 둥근 꽃잎 가운데에 1개의 암술과 많은 수술이 있다.

잎눈

꽃받침조각

꽃받침 꽃은 꽃자루가 아주 짧아서 가지에 바짝 달리며 붉은색 꽃받침은 5갈래로 갈라진다. 꽃이 피면 꽃받침조각은 뒤로 젖혀진다.

암술

수술

씨방

꽃 단면 많은 수술 가운데에 있는 1개의 암술은 수술과 길이가 같고 밑부분의 씨방은 털로 덮여 있다.

6월 초의 어린 열매 둥근 열매는 지름이 2~3cm로 자라며 길이 5mm 정도의 짧은 열매자루에 달린다.

어린 씨앗

어린 열매 단면 열매 속에서 1개의 씨앗이 만들어진다.

212

몇 년 동안 물에 담근 살구나무 목재로 만든 빨래 다듬이판은 단단하면서도 절대로 갈라지지 않는다고 한다.

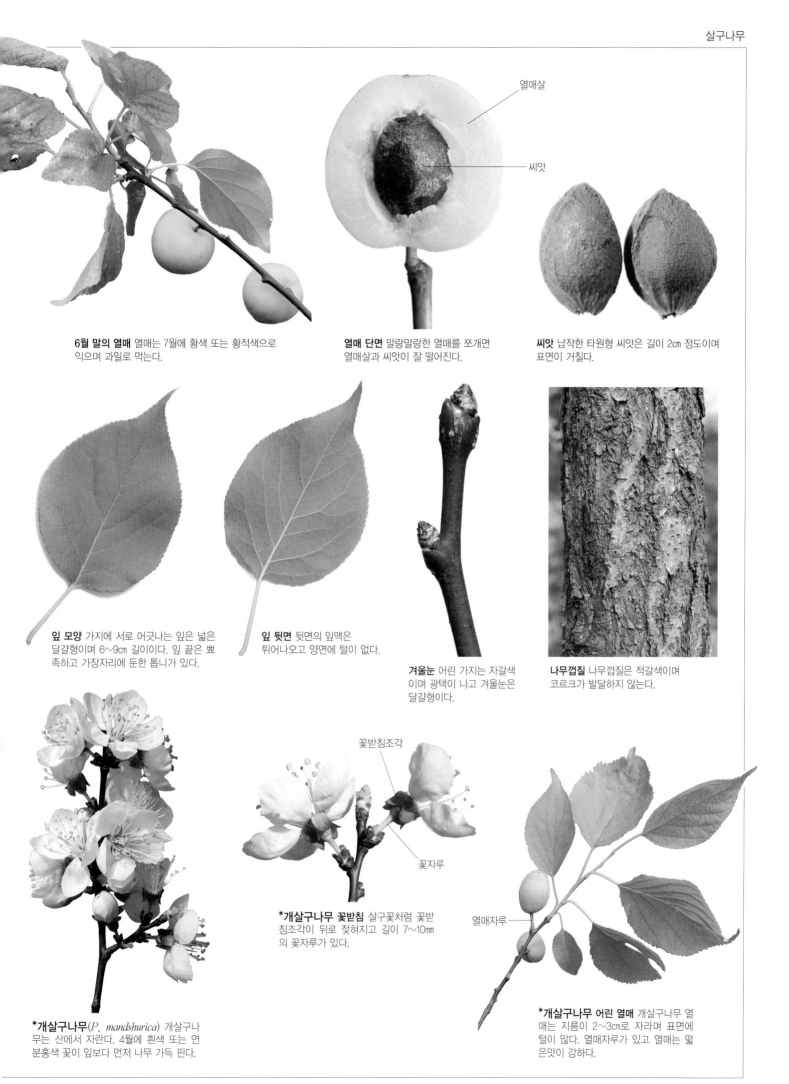

6월 말의 열매 열매는 7월에 황색 또는 황적색으로 익으며 과일로 먹는다.

열매살

씨앗

열매 단면 말랑말랑한 열매를 쪼개면 열매살과 씨앗이 잘 떨어진다.

씨앗 납작한 타원형 씨앗은 길이 2㎝ 정도이며 표면이 거칠다.

잎 모양 가지에 서로 어긋나는 잎은 넓은 달걀형이며 6~9㎝ 길이이다. 잎 끝은 뾰족하고 가장자리에 둔한 톱니가 있다.

잎 뒷면 뒷면의 잎맥은 튀어나오고 양면에 털이 없다.

겨울눈 어린 가지는 자갈색 이며 광택이 나고 겨울눈은 달걀형이다.

나무껍질 나무껍질은 적갈색이며 코르크가 발달하지 않는다.

꽃받침조각

꽃자루

*개살구나무 꽃받침 살구꽃처럼 꽃받침조각이 뒤로 젖혀지고 길이 7~10mm의 꽃자루가 있다.

열매자루

*개살구나무 어린 열매 개살구나무 열매는 지름이 2~3㎝로 자라며 표면에 털이 많다. 열매자루가 있고 열매는 떫은맛이 강하다.

*개살구나무(*P. mandshurica*) 개살구나무는 산에서 자란다. 4월에 흰색 또는 연분홍색 꽃이 잎보다 먼저 나무 가득 핀다.

213

무릉도원의 과일나무 복숭아나무

장미과 | *Prunus persica*

🌳 갈잎작은키나무 ✳ 꽃 4~5월 🍑 열매 7~8월

복숭아나무는 낙엽이 지는 작은키나무로 '복사나무'라고도 한다. 줄기는 높이 3~6m로 자라며 굵은 가지가 사방으로 갈라진다.

복숭아나무의 고향은 중국이다. 그래서인지 중국에는 복숭아에 대해 전해 오는 이야기가 많다. 손오공은 하늘의 복숭아를 훔쳐 먹고 큰 힘을 갖게 되고, 한나라의 동방삭이라는 사람은 전설에 나오는 신선인 서왕모의 복숭아 3개를 훔쳐 먹고 3천 년을 살았다고 한다. 또 중국 진나라 때 무릉의 어부가 길을 잃고 헤매다가 발견한 별천지가 무릉도원 즉, 복숭아 동산이다. 이처럼 복숭아는 옛날부터 장수에 도움이 되는 몸에 좋은 과일로 알려져 왔다.

지금 우리가 먹고 있는 복숭아는 서양에서 품종이 개량된 열매이다. 복숭아나무는 여러 가지 품종이 재배되고 있는데 열매의 맛이나 색깔에 따라 백도, 황도, 천도 등의 품종으로 나뉜다.

8월 초의 복숭아나무

꽃가지 4~5월에 잎보다 먼저 가지 가득 연분홍색 꽃이 핀다.

꽃 모양 꽃은 지름이 3cm 정도이고 5장의 꽃잎은 활짝 벌어진다.

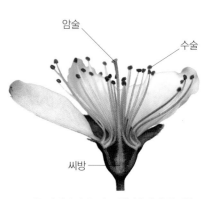

암술 수술 씨방

꽃 단면 수술은 많고 한가운데에 위치한 암술은 씨방 부분에 털이 있다.

꽃받침통

꽃봉오리 꽃은 꽃자루가 짧아서 가지에 바짝 붙는다. 넓은 종 모양의 꽃받침은 적갈색을 띠며 5갈래로 갈라진다.

*만첩홍도('Rubroplena') 분홍색 겹꽃이 피는 품종을 '만첩홍도'라고 한다.

*만첩백도('Alboplena') 흰색 겹꽃이 피는 품종을 '만첩백도'라고 한다.

복숭아나무는 귀신을 쫓아내는 나무라 하여 집 안에 심지 않고 제사상에도 복숭아는 올리지 않는다. 한방에서는 복숭아 씨앗을 '도인(桃仁)'이라고 하며 기침을 멈추게 하는 약으로 쓴다.

열매살　　　　어린 씨앗

5월의 갓 수정된 열매 꽃이 지고 열매가 맺힐 무렵에 잎도 크게 자라기 시작한다.

6월의 열매 둥근 열매는 융단 같은 털로 덮여 있다.

어린 열매 단면 열매는 단단한 핵과이다. 열매살에 둘러싸인 어린 씨앗은 여물지 않아서 말랑거린다.

속씨

6월 말의 열매 여름이 되면 둥근 열매가 익기 시작하는데 표면의 털은 그대로 남아 있다.

씨앗 타원형 씨앗은 끝이 뾰족하고 약간 납작하다. 표면에 불규칙한 주름이 지고 매우 단단하다.

씨앗 단면 단단한 씨앗을 세로로 쪼개면 속에 납작한 타원형의 속씨가 들어 있다.

잎 모양 가지에 서로 어긋나는 피침형 잎은 가장자리에 잔톱니가 있고 주맥은 깊게 들어간다.

잎 뒷면 뒷면은 연녹색이고 털이 있는 것도 있다. 주맥은 뚜렷하게 튀어 나온다.

겨울눈 긴 달걀 모양의 겨울눈은 회백색 털이 많다.

나무껍질 나무껍질은 자갈색~흑갈색이고 가로로 긴 껍질눈이 있다.

복숭아나무가 속한 벚나무(*Prunus*)속은 열매의 씨앗이 단단한 핵과이다.

봄을 화려하게 장식하는 **왕벚나무**

장미과 | *Prunus yedoensis* 　　　　🌳 갈잎큰키나무　✳ 꽃 4월　🍒 열매 5~6월

벚나무는 봄에 잎보다 먼저 나무 가득 흰색 꽃이 한꺼번에 피기 때문에 눈부시게 아름답다. 꽃이 질 때도 필 때처럼 한꺼번에 지기 때문에 꽃잎이 바람에 흩날리는 모습은 마치 꽃비가 내리는 듯하다.

벚나무는 가로수나 공원수로 널리 심어지고 있는데 벚나무 중에서도 꽃이 가장 화려하다는 왕벚나무를 가장 흔히 볼 수 있다. 왕벚나무는 낙엽이 지는 큰키나무로 높이 10~15m로 자라며, 북한에서는 '제주벚나무'라고 부른다.

왕벚나무는 일본을 대표하는 나무로 널리 알려졌지만 일본에는 자생하는 곳이 없고 제주도 한라산과 전남 해남 대둔산에서 자생하는 나무가 발견된 우리나라 특산종이다. 왕벚나무는 낮은 곳에서 자라는 올벚나무와 높은 곳에서 자라는 산벚나무의 사이에서 만들어진 잡종으로 여겨지고 있다. 열매인 버찌는 먹을 수 있으며 과실주를 담그기도 한다.

4월 초의 왕벚나무

4월에 핀 꽃 잎보다 먼저 피는 꽃은 3~5개씩 모여 피며 꽃자루가 길다.

꽃 모양 흰색 꽃은 지름이 4㎝ 정도이며 5장의 꽃잎은 끝부분이 약간 오목하게 들어간다.

꽃받침통

꽃 뒷면 꽃받침통은 좁은 종 모양이고 털이 있으며 끝부분이 5갈래로 갈라진다. 꽃자루에는 털이 있다.

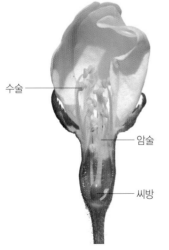

수술
암술
씨방

꽃 단면 가운데에 30~35개의 수술과 1개의 암술이 있는데 암술대에 털이 있는 것이 특징이다.

꽃송이 3~5개의 꽃이 우산꽃차례처럼 모여 달리며 꽃차례는 자루가 거의 없다.

6월 초의 열매 검게 익는 열매는 '버찌' 라고 하며 달콤한 맛과 함께 쓴맛이 약간 도는데 먹을 수 있다.

씨앗 둥근 타원형 씨앗은 표면이 매끈하다.

열매 모양 열매는 지름이 1cm 정도이며 붉은색으로 변했다가 흑자색으로 익는다.

잎 모양 가지에 서로 어긋나는 타원형 잎은 8~12cm 길이이며 끝이 뾰족하고 가장자리에 날카로운 겹톱니가 있다.

잎 뒷면 뒷면 잎맥 위와 잎자루에 털이 있다.

꿀샘

잎자루의 꿀샘 잎자루와 잎몸이 만나는 부분에 1쌍의 꿀샘이 있다.

갓 떨어진 단풍잎 가을이 되면 잎은 황갈색으로 단풍이 든다.

***올벚나무**(*P. pendula* for. *ascendens*) 남부 지방의 산에서 자란다. 꽃자루와 꽃받침에 털이 있다. 꽃받침통은 밑부분이 넓고 꽃받침조각에는 잔톱니가 있다. 암술대의 아랫부분에 털이 많다.

나무껍질 나무껍질은 어두운 회색이며 가로로 긴 껍질눈이 있다.

겨울눈 겨울눈은 달걀형~긴 달걀형이고 5~8mm 길이이며 끝이 뾰족하다.

***산벚나무**(*P. sargentii*) 높은 산에서 자란다. 꽃차례는 털이 없으며 꽃받침통은 좁은 종 모양이고 꽃받침조각의 가장자리가 매끈하다. 암술대에 털이 없다.

검게 익은 버찌는 달고 맛이 좋아 어린이들이 많이 따 먹는데 먹고 나면 입 안이 보라색으로 열매즙 물이 든다.

복숭아 모양의 작은 열매를 맺는 앵두나무

장미과 | *Prunus tomentosa*   ✿ 갈잎떨기나무 ✿ 꽃 3~4월 ✿ 열매 6~7월

앵두나무는 낙엽이 지는 떨기나무로 높이 2~3m로 자라며 줄기 밑부분에서 많은 가지가 퍼져 둥근 나무 모양을 만든다. 중국 원산으로 아주 오래전에 우리나라에 들여와 과일나무로 심어 길렀다.

앵두는 원래 앵두나무 앵(櫻), 복숭아 도(桃)를 써서 '앵도(櫻桃)'라고 부르던 것이 후에 '앵두'로 변했는데, 열매는 작지만 복숭아 열매와 모양이 비슷하다. 세종대왕은 앵두를 무척 좋아했는데 어느 날 세자 문종이 경복궁 울타리에 손수 심은 앵두나무 열매를 따다 바치자 문종의 효심에 무척 흐뭇해했다고 한다.

앵두나무를 닮은 형제 나무인 중국 원산의 산옥매와 북부 지방에서 자라는 풀또기는 관상수로 심고 있으며 꽃과 열매의 모양이 앵두나무와 비슷하다. 또 산기슭에서 자라는 이스라지도 꽃과 열매의 모양이 앵두나무와 비슷해 서로 구분이 쉽지 않다.

4월 초의 앵두나무

4월에 핀 꽃 흰색이나 연홍색 꽃은 4월에 잎보다 먼저 피거나 잎과 같이 핀다.

꽃 모양 꽃은 지름이 1.5~2cm이고 5장의 꽃잎은 밑부분이 서로 떨어져 있다.

꽃받침통

꽃 뒷면 꽃자루는 짧고 원통형 꽃받침은 끝이 5갈래로 갈라져 벌어지며 표면에 잔털이 있다.

암술

수술

씨방

꽃 단면 노란색 꽃밥이 붙은 수술이 많고 암술 밑부분의 씨방에는 털이 많다.

꽃봉오리 가지에 1~2개씩 붙는 꽃봉오리는 끝부분이 연분홍색을 띤다.

6월의 열매 지름 1~1.2cm의 열매는 6월에 붉은색으로 익는다.

앵두나무는 비교적 습기가 있는 곳을 좋아해 우물가나 도랑가에 심으면 잘 자란다.

열매 모양 살이 탱탱한 열매는 단맛이 나며 옛날부터 과일로 즐겨 먹었다.

잎 모양 가지에 서로 어긋나는 거꿀달걀형~타원형 잎은 4~7㎝ 길이이며 끝이 뾰족하고 가장자리에 잔톱니가 있다.

잎 뒷면 뒷면에는 흰색의 융단 같은 털이 촘촘히 난다.

씨앗 타원형 씨앗은 끝이 뾰족하다.

끝눈

잎자국

*풀또기(*P. triloba*) 북부 지방에서 자라는 갈잎떨기나무이며 관상수로 심는다. 봄에 잎보다 먼저 연홍색 꽃이 피고 털이 많은 열매는 8월에 붉게 익는다.

나무껍질 나무껍질은 흑갈색이며 얇은 조각으로 갈라진다.

겨울눈 잔가지에는 털이 있고 겨울눈은 긴 타원형이며 끝이 뾰족하다.

경복궁의 앵두나무 앵두나무는 꽃이 핀 모습과 붉은 열매가 달린 모습이 보기 좋아 관상수로도 많이 심는다.

*산옥매(*P. glandulosa*) 중국 원산의 갈잎떨기나무로 관상수로 심는다. 봄에 잎보다 먼저 연홍색 꽃이 피고 둥근 열매는 6~7월에 붉게 익는다.

*이스라지(*P. japonica* var. *nakaii*) 산에서 자라는 갈잎떨기나무로 4~5월에 잎과 함께 연홍색 꽃이 핀다. 앵두를 닮은 열매는 7~8월에 붉게 익는다.

사각거리는 새순의 맛 찔레꽃

장미과 | *Rosa multiflora*　　　🌱 갈잎떨기나무　✳ 꽃 5~6월　🌐 열매 9~11월

찔레꽃은 낙엽이 지는 떨기나무로 숲 가장자리나 양지바른 산골짜기에서 잘 자란다. 날카로운 가시가 있는 줄기는 높이 2~4m로 자라며 가지 끝은 밑으로 처진다. 줄기가 다른 물체에 의지해서 덩굴처럼 타고 오르는 것도 있다.

예전에 봄이 오면 아이들은 찔레꽃의 통통한 새순을 골라 껍질을 까서 먹었는데 사각사각 씹히는 느낌이 좋고 들쩍지근한 맛도 그런대로 괜찮아서 아이들이 군것질로 재미 삼아 먹었다. 찔레꽃의 순을 따다가 줄기의 가시에 걸리면 옷이 찢어지기도 하고 살을 찔려 피가 나기도 하여 '찌르네'라고 하던 것이 변하여 '찔레'가 되었다고 한다.

세계적으로 널리 재배되고 있는 장미는 야생의 들장미를 개량하여 만든 원예 품종인데, 찔레꽃은 장미와 아주 가까운 형제 나무로 우리나라의 들장미라고 할 수 있다. 찔레꽃의 한자 이름도 들장미를 뜻하는 '야장미(野薔薇)'이다.

5월의 찔레꽃

5월에 핀 꽃 햇가지 끝에 여러 개의 흰색 꽃이 모여 핀다. 꽃은 지름 2cm 정도이다.

암술

수술

꽃 모양 5장의 꽃잎이 활짝 벌어지며 가운데에 있는 암술 둘레에 수술이 가득 달린다. 노란색 꽃밥은 점차 밤색으로 변한다.

꽃받침조각

꽃 뒷면 꽃받침 표면과 꽃자루에는 털이 많고 5갈래로 갈라진 꽃받침조각은 뒤로 젖혀진다.

분홍색 꽃이 핀 찔레꽃 찔레꽃은 대부분 흰색 꽃이 피지만 드물게 분홍색 꽃이 피기도 한다.

8월의 어린 열매 둥근 달걀 모양의 열매는 여러 개가 모여 달리며 길이는 8mm 정도로 자란다.

어린 씨앗

어린 열매 가로 단면 꽃받침통이 자라서 된 열매는 껍질이 두껍고 속에서 씨앗이 만들어진다.

옛날 사람들은 향기로운 찔레 꽃잎을 모아 향낭을 만들거나 베개 속에 넣어 은은한 향기가 돌도록 했다.

10월의 열매 가을에 붉게 익는 열매는 끝에 꽃받침자국이 남아 있다. 잘 익은 열매는 향기가 좋다.

씨앗
열매껍질

열매 세로 단면 두툼한 열매 껍질 속에 5~12개의 씨앗이 가득 들어 있다.

씨앗 삼각뿔 모양의 씨앗은 표면에 기다란 털이 있다.

봄에 돋은 새순 통통한 새순은 껍질을 벗겨 먹기도 한다.

잎 모양 가지에 서로 어긋나는 잎은 5~9장의 작은잎이 마주 붙는 홀수깃 꼴겹잎이다. 잎은 7~16cm 길이이다.

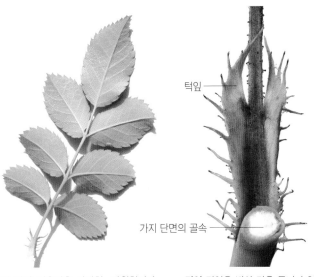

잎 뒷면 작은잎은 달걀형~타원형이며 가장자리에 날카로운 톱니가 있다. 뒷면은 연녹색이고 부드러운 털이 있다.

턱잎
가지 단면의 골속

턱잎 턱잎은 빗살 같은 톱니가 있고 잎자루와 합쳐진다.

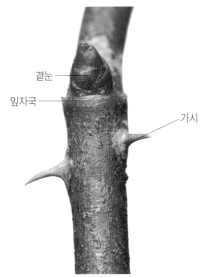

곁눈
잎자국
가시

겨울눈 가지에는 날카로운 가시가 있고 겨울눈은 세모꼴이며 2.5mm 정도 길이이다.

나무껍질 나무껍질은 흑갈색~흑자색이며 털이 없고 오래되면 불규칙하게 갈라져 벗겨진다.

*돌가시나무(*R. luciae*) 주로 남해안의 산과 들에서 자란다. 찔레꽃과 비슷하지만 줄기가 땅을 기며 벋는 점이 다르다.

바닷가에 곱게 핀 해당화

장미과 | *Rosa rugosa*   🌳 갈잎떨기나무 ✳️ 꽃 5~7월 🔵 열매 8~9월

'해당화가 곱게 핀 바닷가에서'라는 동요의 한 구절을 떠올리게 되는 해당화는 바닷가 모래땅에서 잘 자란다. 하지만 백사장이 해수욕장 등으로 개발되면서 조금씩 보기 힘든 나무가 되고 있다.

해당화는 낙엽이 지는 떨기나무로 여러 대가 모여나고 높이 1~1.5m로 자란다. 가시로 덮인 줄기 끝에 피는 붉은색 꽃은 향기가 진해 향수의 원료로 쓰인다. 꽃잎을 따서 씹기도 했는데 씹을수록 입 안 가득 향기가 퍼진다. 또 꽃잎을 말려서 몸에 지니고 다니거나 술을 담그기도 하고 차를 만들어 마시기도 한다.

옛날 당나라 현종이 전날 마신 술에서 덜 깬 양귀비를 보고 "너는 아직 술에 취해 있느냐?" 하고 묻자 양귀비는 자신의 술이 덜 깬 붉은 얼굴을 해당화에 비유하여 "해당화의 잠이 아직 깨지 않았습니다."라고 대답했다고 한다. 그래서 해당화의 꽃말이 '미인의 잠결'이다.

5월의 해당화

5월에 핀 꽃 5~7월에 가지 끝에 1~3개의 붉은색 꽃이 피는데 지름이 6~9cm로 크고 향기가 좋다.

꽃 모양 5장의 꽃잎이 활짝 벌어지는데 끝 부분이 약간 오목하다. 한가운데에 있는 암술 둘레를 많은 수술이 둘러싸고 있다.

열매

꽃받침조각

6월 말의 열매 꽃받침통이 자란 둥근 열매는 지름이 2~2.5cm이며 끝에 꽃받침조각이 남는다.

꽃받침조각

꽃받침통

꽃봉오리 모양 5장의 꽃받침조각은 표면에 부드러운 털과 가시 모양의 털이 있다.

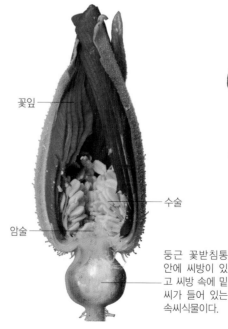

꽃잎

수술

암술

둥근 꽃받침통 안에 씨방이 있고 씨방 속에 밑 씨가 들어 있는 속씨식물이다.

꽃봉오리 단면 둥근 꽃받침통 안에 씨방이 있고 납작한 암술 둘레의 수술은 바깥쪽에 있는 것일수록 자루가 길다.

9월의 열매 열매는 8~9월에 붉은색으로 익는다.

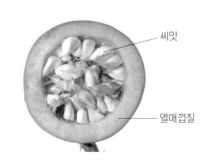

씨앗

열매껍질

열매 단면 두꺼운 열매껍질은 물렁물렁해지고 촘촘히 들어 있는 씨앗 표면에는 실 같은 털이 있다.

해당화의 뿌리를 한약재로 쓰는데 치통과 관절염에 좋다고 한다. 줄기껍질과 뿌리는 다갈색 염료로 사용되기도 하였다.

끝눈

겯눈

잎 모양 가지에 서로 어긋나는 잎은 5~9장의 작은잎이 마주 붙는 홀수깃꼴겹잎이다. 잎은 9~11㎝ 길이이다. 커다란 턱잎은 잎자루 밑부분에 화살촉 모양으로 붙는다.

턱잎

잎 뒷면 작은잎은 타원형이며 두껍고 가장자리에 둔한 톱니가 있다. 뒷면에는 부드러운 털이 많다.

겨울눈 가지는 가시, 가시 모양의 털, 융단 같은 털로 덮여 있다. 겨울눈은 달걀 모양이다.

나무껍질 묵은 줄기는 가시와 털이 떨어져 나가고 매끈해진다.

***흰해당화**('Albiflora') 흰색 꽃이 피는 품종을 '흰해당화'라고 한다.

***노랑해당화**(*R. xanthina*) 중국 원산의 갈잎떨기나무로 관상용으로 심으며 5월에 노란색 겹꽃이 핀다.

바닷가에서 만날 수 있는 나무

곰솔(*Pinus thunbergii*) 소나무와 비슷한 곰솔은 바닷가에서 잘 자란다. 2개가 한 묶음인 바늘잎은 소나무보다 억세다.

순비기나무(*Vitex trifolia* ssp. *litoralis*) 바닷가 모래땅에서 자라는 갈잎떨기나무로 여름에 가지 윗부분에 자주색 꽃이 핀다.

우묵사스레피(*Eurya emarginata*) 남쪽 바닷가에서 자라는 늘푸른떨기나무로 가죽처럼 질긴 잎은 주맥 부분이 오목하게 들어간다.

잎사귀 뒤에 숨어 있는 달콤한 열매 산딸기

5월 초의 산딸기

장미과 | *Rubus crataegifolius*   ✿ 갈잎떨기나무   ✱ 꽃 5~6월   ✿ 열매 6~8월

산에서 흔히 자라는 산딸기는 키가 나지막한 떨기나무로 높이 1~2m로 자란다. 한여름에 빨갛게 익는 산딸기 열매는 지름이 1㎝ 남짓으로 우리가 시장에서 사 먹는 딸기보다 크기는 작지만 새콤달콤한 맛과 향이 일품이다. 가지에는 날카로운 가시가 있어서 열매를 따 먹는 데만 정신을 팔다 보면 가시에 찔리기 십상이다.

산딸기처럼 맛있는 열매를 맺는 산딸기속에 속한 나무는 20여 종이나 되는데 꽃이나 잎의 모양이 조금씩 다르다. 산에서 흔히 만날 수 있는 산딸기 종류는 산딸기를 비롯해 분홍색 꽃이 피는 멍석딸기와 줄딸기가 있다. 남쪽으로 갈수록 산딸기 종류가 많아지며 남부 지방에서는 위 종류 외에도 복분자딸기나 수리딸기를 흔히 볼 수 있고 남해안에서는 장딸기도 많이 자란다. 여러 종류의 야생 딸기는 빨갛게 또는 까맣게 익는데 종류마다 제각각 조금씩 다른 맛을 가지고 있어 만나는 종류마다 맛을 보는 재미도 쏠쏠하다.

꽃 모양 5장의 꽃잎이 서로 떨어져 있어서 5갈래로 갈라진 꽃받침이 보인다. 꽃받침 안쪽은 부드러운 털로 덮여 있다.

꽃받침조각

꽃받침 5갈래로 갈라진 꽃받침조각은 연녹색이며 끝이 뾰족하고 꽃자루에도 부드러운 털이 많다.

5월에 핀 꽃 봄에 가지 끝에 2~6개의 흰색 꽃이 모여 핀다. 꽃은 지름이 1.5~2cm이다.

수술

암술

꽃 단면 가운데에 있는 암술을 많은 수술이 둘러싸고 있다.

6월 초의 어린 열매 꽃이 지면 꽃받침에 싸인 열매가 자라기 시작하는데 암술대가 털처럼 남는다.

6월 말의 열매 둥근 열매는 여름에 붉게 익는다.

   산딸기 종류는 덜 익은 열매를 따서 햇볕에 말렸다가 한약재로 쓰는데 몸이 허약한 사람에게 특히 좋다.

열매 모양 열매는 지름이 1∼1.5㎝이며 꽃받침조각은 뒤로 젖혀지기도 한다.

열매 단면 열매는 여러 개의 작은 열매가 촘촘히 모여 달리는 집합과이다.

씨앗 씨앗은 표면에 주름이 있다.

단풍잎 잎은 가을에 붉은색으로 단풍이 든다.

잎 모양 가지에 서로 어긋나는 잎은 6∼10㎝ 길이이며 잎몸이 3∼5갈래로 갈라진다. 갈래조각은 끝이 뾰족하고 가장자리에 불규칙한 톱니가 있다.

잎 뒷면 뒷면은 연녹색이며 잎맥 위에 가는 털과 작은 가시가 있다.

새순 움돋는 힘이 강해 줄기를 자르면 밑동에서 새순이 돋아 자란다.

겨울눈

잎자국

덧눈

가시

겨울눈 가지는 적자색이고 거의 털이 없다. 겨울눈은 달걀형이며 3∼6㎜ 길이이고 보통 좌우에 덧눈이 같이 있다.

나무껍질 줄기도 적자색이며 날카로운 가시가 있다.

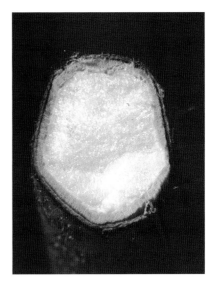

줄기 단면 줄기 가운데의 골속은 흰색으로 가득 차 있다.

집합과는 2개 이상의 꽃에서 생긴 많은 과일이 밀집하여 1개의 과일처럼 보이는 것을 말한다.

산딸기속(*Rubus*) 나무의 비교

	꽃	열매	잎	어린 가지

수리딸기

수리딸기(*R. corchorifolius*)는 주로 남부 지방에서 자라며 4~5월에 흰색 꽃이 핀다.

둥근 열매는 5~6월에 황홍색으로 익는다.

잎몸은 보통 갈라지지 않지만 3갈래로 갈라지기도 한다.

햇가지에는 털이 많지만 점차 없어진다.

곰딸기

곰딸기(*R. phoenicolasius*)는 산에서 자라며 5~6월에 꽃이 피고 꽃자루와 꽃받침에 샘털이 많다.

둥근 열매는 7~8월에 붉은색으로 익는다.

잎은 3~5장의 작은잎이 달리는 홀수깃꼴겹잎이며 잎자루에 가시 모양의 붉은색 털이 많다.

줄기에 가시와 함께 붉은색 가시 모양의 털이 빽빽이 난다.

멍석딸기

멍석딸기(*R. parvifolius*)는 산기슭에서 흔히 자라며 5~6월에 분홍색 꽃이 모여 핀다.

둥근 열매는 7~8월에 붉게 익는다.

잎은 세겹잎이며 뒷면은 흰빛을 띠고 잎자루에 가시가 있다.

어린 가지에 가시와 털이 있다.

멍덕딸기

멍덕딸기(*R. idaeus* ssp. *melanolasius*)는 산에서 자라며 6~7월에 흰색 꽃이 피는데 꽃차례에 샘털과 가시가 많다.

둥근 열매는 8월에 붉은색으로 익는다.

잎은 세겹잎이며 잎자루에 융단 같은 털과 가시가 있다.

가지에 바늘 같은 황갈색 또는 붉은색 가시가 촘촘히 난다.

산딸기속 나무들은 잎 모양과 어린 가지의 가시와 털을 보면 대강 구분할 수 있고, 꽃과 꽃차례를 볼 수 있으면 구분이 더욱 확실해진다.

	꽃	열매	잎	어린 가지

거지딸기

거지딸기(*R. sumatranus*)는 남쪽 섬에서 자라며 5~6월에 흰색 꽃이 핀다.

타원형 열매는 6~7월에 황홍색으로 익는다.

잎은 3~9장의 작은잎이 달리는 홀수깃꼴겹잎이며 잎자루에 붉은색 샘털이 많다.

가지에 홍자색 샘털과 날카로운 가시가 있다.

복분자딸기

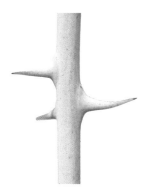

복분자딸기(*R. coreanus*)는 산에서 자라고 5~6월에 분홍색 꽃이 모여 핀다.

둥근 열매는 7~8월에 붉은색으로 변했다가 검게 익는다.

잎은 5~9장의 작은잎이 달린 홀수깃꼴겹잎이다.

줄기는 흰색 가루로 덮여 있다.

장딸기

장딸기(*R. hirsutus*)는 남쪽 섬에서 자라며 4~5월에 흰색 꽃이 1개씩 핀다.

둥근 열매는 5~7월에 붉은색으로 익는다.

잎은 3~5장의 작은잎이 달린 홀수깃꼴겹잎이다.

가지에 가시와 함께 부드러운 털과 샘털이 많다.

줄딸기

줄딸기(*R. pungens*)는 덩굴지는 가는 줄기가 줄처럼 벋어서 '줄딸기'라고 한다.

둥근 열매는 6~7월에 붉은색으로 익는다.

잎은 5~7장의 작은잎이 달린 홀수깃꼴겹잎이다.

덩굴지는 줄기는 가시만 있고 매끈하다.

복분자딸기의 '복분자(覆盆子)'는 열매를 먹고 오줌을 누면 오줌 줄기가 세져서 요강이 뒤집힌다는 뜻의 이름이다.

노란 꽃이 매화를 닮은 황매화

장미과 | *Kerria japonica* 🔺 갈잎떨기나무 ✳ 꽃 4~5월 🍂 열매 9월

황매화는 낙엽이 지는 떨기나무로 높이 1~2m로 자란다. 초록색 줄기는 여러 대가 모여나 비스듬히 휘어지면서 커다란 포기를 만든다.

황매화는 원래부터 우리 땅에서 자라는 토박이 식물이라고 하는 사람도 있고 오래 전에 중국에서 관상수로 들여온 것이라고 하는 사람도 있다. 바다 건너 일본에도 황매화가 널리 자생하고 있다.

'황매화(黃梅花)'란 이름은 '매화를 닮은 노란색 꽃'이란 뜻이다. 황매화와 매화는 같은 장미과에 속하지만 먼 친척쯤 되는 사이이다. 황매화는 매화처럼 5장의 꽃잎을 가졌는데 겹꽃이 피는 것을 '죽단화' 또는 '겹황매화'라고 부른다. 죽단화도 황매화와 함께 관상수로 널리 심는데 황매화보다 더 많이 심는다. 북한에서는 죽단화를 '죽도화'라고 부른다. 황매화의 잎이나 꽃은 소화를 돕거나 기침을 멎게 하는 한약 재로 쓴다.

4월 초의 황매화

4월에 핀 꽃 4~5월에 새로 자라는 가지 끝에 노란색 꽃이 한 송이씩 핀다.

8월에 핀 꽃 간혹 여름에 꽃이 드문드문 피기도 하는데 꽃의 크기가 작다.

꽃 모양 꽃은 지름이 3~5cm이고 5장의 꽃잎 가운데에 암술과 많은 수술이 있다.

꽃받침조각

꽃 뒷면 꽃받침은 5갈래로 갈라지고 털이 없다.

*무늬잎황매화('Picta') 잎에 흰색 무늬가 들어 있는 원예 품종으로 황매화와 함께 관상수로 심고 있다.

열매

7월의 열매가지 꽃이 진 자리에 조그만 열매가 열린다.

황매화는 도랑가나 연못가처럼 햇볕이 잘 들면서도 약간 습기가 있는 땅에서 잘 자란다.

9월의 열매 모양 5개의 꽃받침 안에 있는 1~5개의 넓은 타원형 열매가 가을에 흑갈색으로 익는다.

새로 돋은 잎 겨울눈에서 자란 햇가지에 잎이 서로 어긋난다.

씨앗 반달 모양의 씨앗은 길이가 2.5~3mm이다.

잎 모양 잎은 긴 달걀형~타원형이며 4~8㎝ 길이이고 끝이 뾰족하며 가장자리에 겹톱니가 있다.

잎 뒷면 뒷면은 연녹색이며 잎맥 위에 흰색의 누운털이 있다.

겨울눈

겨울눈 햇가지는 녹색이고 약간 모가 진다. 달걀 모양의 겨울눈은 4~7mm 길이이며 끝이 뾰족하다.

껍질눈

나무껍질 오래된 줄기는 진한 회갈색~적갈색이며 세로로 긴 껍질눈이 많다.

*죽단화(for. *pleniflora*) 겹꽃이 피는 죽단화도 4~5월에 꽃이 핀다.

*죽단화 꽃 모양 꽃잎은 중심으로 갈수록 작아진다.

4월의 *죽단화 죽단화도 황매화처럼 줄기 끝부분이 비스듬히 처진다.

잎이 비파를 닮은 비파나무

장미과 | *Eriobotrya japonica* ⬆ 늘푸른큰키나무 ✳ 꽃 11월~다음 해 1월 ⬤ 열매 다음 해 6월

비파나무는 잎이 늘 푸른 상록수로 6~10m 높이까지 자란다. 일본과 중국 등지에 분포하며 남해안과 남쪽 섬에서 과일나무로 심어 기르고 도시에서는 가로수나 관상수로 심기도 한다. '비파(琵琶)'라는 한자 이름은 잎의 모양이 비파라는 현악기와 비슷해서 붙여진 이름인데 열매도 비파와 비슷하게 생겼다.

비파나무는 늦가을인 11월부터 꽃이 피기 시작해 다음 해 1월까지 꽃을 볼 수 있는 귀한 꽃나무이다. 비파 열매는 과일로 먹는데 열매는 6월에 익기 때문에 초여름에 싱싱한 과일을 맛볼 수 있게 해 준다. 열매에는 비타민C와 함께 구연산과 사과산 등의 유기산이 풍부해서 피로 회복에 도움을 준다. 비파 잎에는 타닌과 아미그달린 이라는 성분이 살균 작용을 하기 때문에 염증을 없애는 약재로 쓰며 차를 끓여 마시기도 한다. 차를 끓일 때는 비파 잎 뒷면에 있는 갈색 털을 모두 제거하고 끓여야 한다. 그 밖에 씨, 꽃, 뿌리도 한약재로 이용하는 쓸모가 많은 나무이다.

6월 초의 비파나무

10월 말의 꽃봉오리 가을이 오면 가지 끝에 갈색 솜털을 뒤집어 쓴 꽃봉오리가 자란다.

11월에 핀 꽃 날씨가 쌀쌀해지는 11월부터 피기 시작하는 황백색 꽃은 다음 해 1월까지 핀다.

꽃차례 가지 끝에 달리는 원뿔꽃차례는 길이가 10~20cm이며 꽃차례와 꽃받침에는 갈색 솜털이 빽빽하다.

꽃 모양 향기가 진한 꽃은 지름 1cm 정도이고 황백색 꽃잎은 5장이며 수술은 20개이고 암술대는 5개이다.

4월의 시든 꽃송이 추운 계절에 꽃이 피기 때문에 열매를 맺지 못하는 꽃도 있다.

6월 초의 어린 열매 열매는 넓은 타원형~거꿀달걀형이다. 어린 열매는 솜털이 있지만 점차 없어진다.

비파 잎은 약용 이외에 피부를 부드럽고 유연하게 해 주는 효과가 있어 화장품 원료로도 쓴다.

어린 열매 세로 단면 열매를 세로로
잘라 보면 어린 씨앗이 만들어지고 있다.

어린 열매 가로 단면 열매 속에는 1~
5개의 씨앗이 만들어진다. 씨앗 속에
는 흰색 육질의 떡잎이 들어 있다.

6월의 열매 열매는 6월에 등황색으로 익기 시작한다.

6월의 익은 열매 열매는 3~4㎝ 길이이고
등황색으로 익으면 말랑거리며 과일로 먹는다.

열매 세로 단면 익은 열매 속의
씨앗은 흑갈색이다.

씨앗 씨앗은 달걀형~타원형이
고 길이가 2~3㎝이다. 씨앗은
심으면 바로 싹이 터서 자란다.

7월의 잎가지 잎은 어긋나고 가지 끝
에서는 모여난다. 잎은 거꿀피침형~
좁은 거꿀달걀형이며 끝이 뾰족하고
가장자리의 상반부에 엉성한 톱니가
있다. 앞면은 광택이 있다.

잎 뒷면 잎몸은 15~20㎝ 길이이다.
잎 뒷면에는 갈색 솜털이 빽빽하며
잎맥이 두드러진다.

봄에 새로 돋은 잎 새로 돋는 잎
은 솜털이 많지만 앞면은 점차
떨어져 나간다.

나무껍질과 새순 나무껍질은 회갈색이며
가로로 주름이 진다.

다정한 품성이 느껴지는 다정큼나무

장미과 | *Rhaphiolepis indica var. umbellata* ⊕ 늘푸른떨기나무 ✱ 꽃 5~6월 ⊕ 열매 10~11월

다정큼나무는 늘푸른나무로 제주도를 비롯한 남해 바다의 섬에서 자란다. 햇볕이 잘 드는 양지를 좋아하고 소금기에도 강해 주로 바다가 가까운 산기슭에서 자라며 일본에도 분포한다. 다정큼나무는 키가 작은 떨기나무로 높이 1~4m로 곧게 자라며 가지가 많이 갈라진다. 하지만 바람이 센 바닷가에서는 위로 자라지 못하고 줄기와 가지가 옆으로 기면서 자라기도 한다.

'다정큼'이란 나무 이름이 정겨운 느낌을 주는데 굵은 가지 끝에 여러 개의 어린 가지가 돌려나는 모습이 다정하게 보여서 붙여진 이름이라고 하며, 사람 키를 살짝 넘는 동그스름한 나무 모양이 전체적으로 다정하게 느껴져서 이름 붙여졌다는 풀이도 있지만 정확하지는 않다.

단정한 나무 모양과 매끈한 타원형 잎이 보기 좋아 남부 지방에서 관상수로 심기도 한다. 나무껍질은 고기 잡는 그물을 물들이는 염료로 쓰였다.

5월 말의 다정큼나무

꽃봉오리

5월 말의 꽃봉오리 5월에 가지 끝에서 꽃봉오리가 촘촘히 달린 꽃줄기가 나온다.

6월 초에 핀 꽃 흰색 꽃은 5~6월에 피는데 꽃송이 밑에서부터 차례대로 피어 올라간다.

꽃송이 원뿔꽃차례에는 많은 꽃이 촘촘히 돌려가며 달린다.

갓 핀 꽃 5장의 흰색 꽃잎 가운데에 1개의 암술과 연노란색 꽃밥을 가진 많은 수술이 모여 있다. 꽃의 지름은 1~1.5cm이다.

암술 꽃밥 수술대

꽃 단면 시간이 지나면서 수술대는 붉게 변하고 꽃밥도 진한 적갈색으로 변한다.

꽃받침통

꽃받침 꽃받침통은 5갈래로 갈라지며 갈색 털이 빽빽이 난다.

봄에 돋은 새순 새로 돋는 잎은
털이 많다.

10월의 열매 열매는 가을이 되면
점차 붉게 변하기 시작한다.

12월의 열매 열매는 늦가을에
흑자색으로 익는다.

열매 모양 둥근 열매는 지름이
1cm 정도이며 털이 다 떨어지고
광택이 난다.

씨앗 열매 속에는 1개의 둥근 씨앗이
들어 있는데 지름이 7~8mm이다.

잎 모양 가지에 서로 어긋나는 타원형 잎은 4~8cm
길이이며 두껍고 가죽처럼 질기다. 앞면은 광택이
있고 가장자리에 둔한 톱니가 있다.

잎 뒷면 뒷면은 흰빛이 도는 연녹색이며 그물맥이
뚜렷하게 보인다.

*둥근잎다정큼(var. *integerrima*) 둥근 잎을 가진
것을 '둥근잎다정큼'이라고 하며 다정큼나무와 함
께 자란다. 다정큼나무와 같은 종으로 보기도 한다.

나무껍질 나무껍질은 회갈색~흑갈색이고
대체로 밋밋하다.

5월의 다정큼나무 바닷가에서 자라는 나무는 바람 때문에 줄기가 누워 자란다.

나무에 열리는 참외 모과나무

장미과 | *Chaenomeles sinensis* 🔵 갈잎작은키나무 ✳️ 꽃 4~5월 🌐 열매 10~11월

모과나무는 중국 원산의 낙엽이 지는 작은키나무로 높이 6~10m로 자란다. 얼룩이 지는 나무껍질이 독특하여 나무껍질만 보고도 구별하기가 쉽다. 나무의 생김새가 아름다워서 정원수나 공원수 등 관상용으로 많이 심으며, 분재의 소재로도 많이 이용한다. 열매인 모과를 이용하기 위해 과일나무로 심어 기르기도 한다.

'모과'라는 이름은 '목과(木瓜)'라는 한자 이름에서 ㄱ받침이 탈락하면서 변한 이름인데, 木瓜라는 한자는 '나무 참외'라는 뜻이다. 울퉁불퉁한 타원형 열매는 가을에 노랗게 익는데 참외와 정말 비슷하게 생겼다.

잘 익은 모과 열매는 은은하고 그윽한 향기가 일품이지만, 열매살이 두껍고 텁텁하면서 맛이 시기 때문에 그대로 먹기가 어려워 모과차나 모과주를 만들어 마신다. 또 모과 열매는 기침을 멎게 하는 약으로도 쓴다. 모과나무는 아주 느리게 자라고 목재로 귀하게 사용하기 때문에 큰 나무를 만나기가 쉽지 않다.

4월 말의 모과나무

4월에 핀 꽃 잎이 돋을 때 함께 피는 분홍색 꽃은 지름이 2.5~3cm이다.

꽃밥
수술대
꽃받침조각

꽃 단면 수술은 20개 정도이며 암술은 5개로 갈라진다. 5개의 꽃받침조각은 뒤로 젖혀진다.

새로 돋은 잎 어린잎은 붉은빛이 돌고 털이 있지만 점차 없어진다.

8월의 어린 열매 꽃이 진 뒤에 타원형의 열매가 열리는데 자루가 없이 가지에 바짝 붙는다.

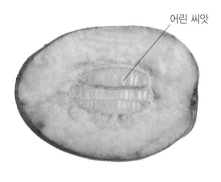

어린 씨앗

어린 열매 세로 단면 열매 속의 칸마다 씨앗이 가득 들어 있다. 씨앗은 익으면 적갈색이 된다.

줄기에 열린 열매 모과는 줄기에 꽃이 핀 뒤에 열매를 맺기도 한다.

모과나무 목재는 재질이 붉고 치밀하며 광택이 있기 때문에 최고급 장롱인 화초장 또는 화류장을 만드는 재료로 썼다.

10월의 열매 타원형 열매는 8~15㎝ 길이이고 가을에 노란색으로 익는다.

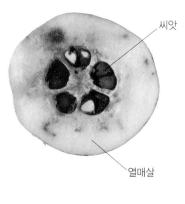

씨앗

열매살

열매 가로 단면 열매 속은 5개로 나뉜 칸마다 씨앗이 빼곡하게 차 있다.

잎 모양 가지에 서로 어긋나는 달걀형 잎은 4~8㎝ 길이이며 끝이 뾰족하고 가장자리에 잔톱니가 있다.

잎 뒷면 뒷면은 연녹색이며 주맥을 따라 부드러운 털이 있다.

겨울눈

잎자국

겨울눈 가지는 적갈색이고 털이 없으며 겨울눈은 넓은 달걀 모양이고 1~3㎜ 길이이다.

나무껍질 나무껍질은 묵은 껍질조각이 벗겨지며 얼룩을 만든다.

*명자꽃(*C. speciosa*) 모과나무속에 속하는 나무로 화단에 심어 기르는 갈잎떨기나무이다. 4~5월에 붉은색 꽃이 핀다.

나무껍질이 벗겨지면서 얼룩이 생기는 나무

양버즘나무(*Platanus occidentalis*) 북아메리카 원산으로 가로수로 많이 심는다. 나무껍질이 조각조각 떨어져 얼룩이 진다.

배롱나무(*Lagerstroemia indica*) 남부 지방에서 관상수로 심는다. 연한 홍자색을 띠는 줄기는 얼룩이 생기며 껍질이 얇다.

노각나무(*Stewartia pseudocamellia*) 소백산 이남의 산에서 자라는 큰키나무로 나무껍질은 불규칙하게 갈라지면서 황갈색 얼룩이 생긴다.

육박나무(*Litsea coreana*) 남쪽 섬에서 자라는 늘푸른큰키나무로 나무껍질은 비늘처럼 벗겨지며 흰색 반점이 생긴다.

세계적으로 널리 재배되는 과일나무 사과나무

10월 말의 사과나무

장미과 | *Malus pumila*　　　🌳 갈잎큰키나무 ✳️ 꽃 4~5월 🍎 열매 9~10월

서아시아와 유럽이 원산지인 낙엽이 지는 큰키나무로 3~10m 높이로 자란다. 열매인 사과를 과일로 먹기 위해 과수원에서 재배하는데 세계적으로 1,000여 종이나 되는 재배 품종이 있으며 품종에 따라 열매는 2~12㎝로 크기가 다르고 맛도 조금씩 다르다. 우리나라에는 백여 년 전쯤에 유럽에서 들여와 기르기 시작했다. 사과를 많이 생산하는 나라는 미국, 독일, 일본 등이며 우리나라도 많이 재배하고 있다. 사과 열매를 잘라 보면 가운데에 씨방이 조그맣게 있고 열매살 부분이 대부분인데 열매살은 씨방을 받치는 꽃턱이 발달한 것이다. 이런 열매를 '헛열매'라고 한다. 사과 열매는 날로도 먹고 사과주스나 잼을 만들며 사과식초를 만들기도 한다. 열매를 잘라서 건조시킨 것은 오래 보관해 두고 먹을 수 있다.

중국에서 사용하는 한자 이름은 '평과(苹果)'이고, 일본식 한자 이름은 '임금(林檎)'이며, 우리나라에서는 '사과(沙果)'라는 한자어를 쓰는데 유래는 알려진 바가 없다.

4월의 꽃봉오리 잎이 돋을 때 꽃봉오리도 함께 자란다. 우산꽃차례는 짧은가지 끝에 달리며 꽃봉오리는 보통 분홍빛이 돈다.

4월 말에 핀 꽃 4~5월에 피는 꽃은 지름 3~5cm이고 점차 흰색으로 변하며 5장의 꽃잎은 달걀형~거꿀달걀형이고 끝이 둥글다.

꽃 단면 수술은 많으며 꽃밥은 연노란색이고 암술대는 5~6개이다.

꽃 뒷면 꽃받침조각은 세모진 달걀형이며 양면에 털이 빽빽하다.

5월의 어린 열매 수정이 끝나면 녹색 열매가 열리는데 끝에 꽃받침자국이 남아 있다.

8월의 열매 사과는 품종이 많으며 둥근 열매는 지름 2~12㎝로 자란다.

8월의 열매 가로 단면 열매 중심부의 씨방에 씨앗이 생기고 열매살은 씨방을 받치는 꽃턱이 자란 것이다.

11월의 열매 열매는 늦가을에 붉은색으로 익는다. 잎은 서리가 내릴 때까지 푸르름을 유지한다.

열매 세로 단면 열매는 자루가 달린 부분과 꽃받침이 있는 부분이 모두 오목하게 들어간다.

씨앗 씨앗은 세모진 달걀형이며 끝이 뾰족하고 갈색이다.

잎 모양 잎은 어긋나고 타원형~달걀형이며 4.5~10㎝ 길이이고 끝이 뾰족하며 가장자리에 둔한 톱니가 있다.

잎 뒷면 잎 양면의 부드러운 털은 점차 떨어지고 잎자루는 1.5~5㎝ 길이이다.

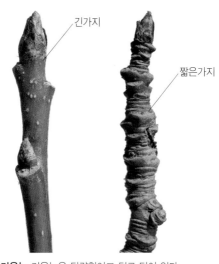

긴가지

짧은가지

겨울눈 겨울눈은 달걀형이고 털로 덮여 있다. 새로 자란 긴가지는 매끈하며 껍질눈이 있고 짧은가지는 번데기처럼 주름이 진다.

나무껍질 나무껍질은 흑갈색~회색이며 노목은 세로로 불규칙하게 갈라진다.

사과나무속(*Malus*) 나무의 비교

꽃사과(*M.* × *prunifolia*) 교잡종으로 관상수로 심는다. 열매는 지름 2~2.5㎝로 작고 끝에 꽃받침자국이 남아 있으며 붉은색으로 익는다.

서부해당화(*M. halliana*) 중국 원산으로 관상수로 심는다. 봄에 짧은가지 끝에 잎과 함께 3~7개의 분홍색 꽃이 모여 핀다.

아그배나무(*M. sieboldii*) 중부 이남의 산에서 자란다. 햇가지의 잎은 잎몸이 3~5갈래로 갈라지기도 한다. 봄에 흰색 꽃이 모여 피고 둥근 열매는 자루가 길다.

야광나무(*M. baccata*) 지리산 이북의 산에서 자란다. 아그배나무처럼 봄에 흰색 꽃이 피고 자루가 긴 열매가 열리지만 타원형~달걀형 잎은 잎몸이 갈라지지 않는다.

새콤달콤한 열매가 쓸모 있는 산사나무

장미과 | *Crataegus pinnatifida* 🌳 갈잎작은키나무 ✳️ 꽃 5~6월 🍒 열매 9~10월

산사나무는 낙엽이 지는 작은키나무로 높이 6~8m로 자란다. '산사나무'라는 이름은 '산사수(山査樹)'라고 하는 중국 이름을 그대로 옮겨서 부르는 이름이며, 북한에서는 지방에서 부르는 이름을 써서 '찔광나무'라고 부른다.

산사나무 열매는 새콤달콤한 맛이 나며 겨울에는 새들의 먹이가 된다. 한방에서는 열매를 '산사자(山査子)'라고 하여 위장에 좋은 한약재로 쓴다. 사람들은 흔히 열매로 술을 담가 산사주를 만들어 마시며 익은 열매살을 말려서 차를 끓여 마시기도 한다. 또 닭백숙을 끓일 때 산사자를 몇 알 넣으면 육질이 연해지고 잡내도 잡아 준다고 한다. 서양에서는 꽃, 열매, 잎을 심장을 튼튼하게 해 주는 약의 원료로 쓴다. 꽃과 열매가 아름다운 산사나무속은 여러 품종을 공원에 심고 있는데 근래에는 우리 산사나무를 심는 곳이 많아져 도시에서도 볼 수 있다.

6월 말의 산사나무

꽃가지 5월이면 가지 끝의 고른꽃차례에 흰색 꽃이 10여 개씩 모여 핀다.

꽃 모양 꽃은 지름 1.5㎝ 정도이다. 5장의 흰색 꽃잎 가운데에 모여 있는 수술은 안으로 구부러져 있다.

수술
암술

꽃 단면 한가운데에 1개의 암술을 두고 그 가장자리를 20개의 수술이 둘러싸고 있다.

꽃받침자국

지는 꽃 꽃이 시들면 암술과 수술을 남기고 꽃잎만 먼저 떨어진다.

6월의 어린 열매 꽃차례 모양대로 열매가 열린다.

어린 열매 모양 둥근 연녹색 열매는 끝에 커다란 꽃받침자국이 남아 있다.

늙은 닭을 삶을 때 산사 열매를 몇 알만 넣으면 질긴 살이 연해지고 생선을 요리할 때 넣어도 좋다.

9월의 열매 열매는 지름 1.5㎝ 정도이며 가을에 붉게 익는다.

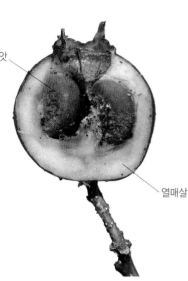

씨앗

열매살

열매 단면 꽃받침자국은 깊게 패여 있으며 가운데에 씨앗이 들어 있다. 붉은 열매살은 씹으면 새콤달콤한 맛이 난다.

잎 모양 가지에 서로 어긋나는 잎은 넓은 달걀 모양이며 5~10㎝ 길이이고 잎몸은 3~5쌍으로 갈라진다.

잎 뒷면 뒷면은 연녹색이며 주맥이 뚜렷하다.

10월의 단풍잎 가을이면 잎은 보통 노란색으로 단풍이 든다.

단풍잎 잎의 중심부만 노랗게 단풍이 들고 가장자리는 물이 들지 않은 잎도 있다.

가지의 가시 가지에는 날카로운 가시가 있다. 북한에서는 생울타리로 심기도 한다.

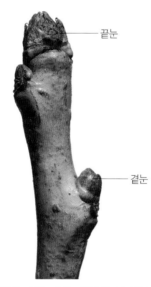

끝눈

곁눈

겨울눈 어린 가지는 자갈색이며 보통 털이 없고 겨울눈은 반달 모양이며 곁눈은 끝눈보다 작다.

나무껍질 나무껍질은 회색~회갈색이며 거칠고 얇은 조각으로 벗겨진다.

*서양산사 '폴스 스칼렛'(C. laevigata 'Paul's Scarlet') 유럽과 서아시아 원산의 원예 품종으로 관상수로 심는다. 5월에 가지 끝에 분홍색 겹꽃이 모여 핀다.

*크루스갈리산사(C. crus-galli) 북아메리카에서 들어온 산사나무 종류로 가지에 커다란 가시가 있고 거꿀달걀형 잎은 광택이 있다. 봄에 흰색 꽃이 핀다.

산사나무 목재는 단단하고 치밀하면서도 탄력이 좋아 다식판이나 책상 등을 만들었고 장작은 화력이 좋다.

콩알만 한 배가 열리는 콩배나무

4월의 콩배나무

장미과 | *Pyrus calleryana*   🌳 갈잎떨기나무 ✳ 꽃 4~5월 🍎 열매 10월

콩배나무는 낙엽이 지는 떨기나무로 높이 3m 정도로 자란다. 떨기나무라고는 하지만 가지를 사방으로 펼치며 작은키나무처럼 크게 자라기도 하며 짧은가지는 가시처럼 뾰족하게 변하기도 한다. 황해도 이남의 양지바른 산기슭과 산골짜기에서 자라며 중국과 일본에도 분포한다.

콩배나무는 맛있는 열매가 열리는 배나무와 같은 속에 속하는 가까운 나무이다. 하지만 배와 비슷하게 생긴 열매의 크기가 콩알처럼 작아서 '콩배나무'라고 하는데 열매는 지름이 1㎝ 정도로 콩알보다는 크다. 열매 표면에는 배처럼 자잘한 흰색 껍질눈이 점처럼 박혀 있다. 열매는 가을에 갈색으로 변했다가 검게 익는다. 열매를 먹을 수 있다고 하는데 맛이 텁텁해서 달콤한 배 맛과는 비교할 바가 못 된다. 짧은가지가 가시로 변하기 때문에 생울타리를 만드는 데 사용한다. 한방에서는 열매를 '녹리(鹿梨)'라고 하여 설사를 멈추는 약재로 쓴다.

4월 말에 핀 꽃 4~5월에 짧은가지 끝에 달리는 고른꽃차례에 흰색 꽃이 5~12개씩 모여 핀다.

꽃 모양 꽃은 지름이 1.7~2.2㎝이며 5장의 꽃잎은 활짝 벌어지고 꽃밥은 붉은색이다.

암술
꽃밥
수술대

꽃 단면 꽃자루에는 털이 있고 암술은 암술대가 2~3개이며 털이 없다.

꽃받침조각

꽃 뒷면 꽃받침조각은 피침형이고 표면에는 흰색 털이 촘촘하다.

8월 초의 어린 열매 둥근 열매는 지름이 1㎝ 정도로 자라며 콩보다 약간 크다.

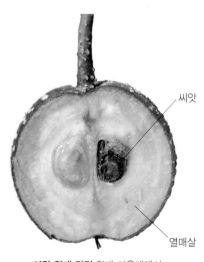

씨앗
열매살

어린 열매 단면 열매 가운데에서 씨앗이 만들어진다.

열매 모양 열매자루는 길이 3㎝ 정도이고 열매 표면에 흰색 껍질눈이 많다.

11월의 열매 열매는 겨울까지 그대로 매달린 채로 마른다.

10월의 열매 열매는 가을에 녹갈색에서 검은색으로 익는다.

씨앗 검은색 씨앗은 광택이 있다.

잎 모양 잎은 어긋나고 넓은 달걀형이며 2~5㎝ 길이이다. 잎 끝은 뾰족하고 가장자리에 둔한 잔톱니가 있다.

잎 뒷면 뒷면은 연녹색이고 잎자루는 길이 3~4㎝이다.

겨울눈 어린 가지는 적갈색~진한 회갈색이고 털이 없다. 겨울눈은 둥근 달걀 모양이며 끝이 뾰족하다.

나무껍질 나무껍질은 진한 회갈색이며 세로로 불규칙하게 갈라진다.

꽃받침자국

*산돌배(P. ussuriensis) 산에서 자라는 갈잎큰키나무로 지름 2~6㎝의 열매 표면에 꽃받침자국이 남아 있다.

*배나무(P. pyrifolia var. culta) 과일나무로 재배하며 열매는 9~10월에 누런색으로 탐스럽게 익는다.

배를 먹을 때 까슬까슬하게 느껴지는 것은 오톨도톨한 돌세포(石細胞)가 열매살 속에 들어 있기 때문이다.

새순이 말의 이빨처럼 튼튼한 마가목

10월의 마가목

장미과 | *Sorbus commixta*　　　　🔵 갈잎작은키나무　✳ 꽃 5~6월　🔵 열매 9~10월

마가목은 낙엽이 지는 작은키나무로 높이 6~8m로 자란다. 마가목은 산 중턱의 숲속에서도 만날 수 있지만 높은 산의 정상 부근으로 올라갈수록 더 많이 만나는 높은 곳을 좋아하는 나무이다. 높은 산의 정상 부근에서는 세찬 바람 때문에 떨기나무처럼 자라기도 한다.

'마가목'이란 이름은 한자 이름 '마아목(馬牙木)'이 변한 것이라고 한다. 마아목(馬牙木)이란 '말 이빨 나무'란 뜻으로 봄에 돋는 새순이 말의 이빨처럼 질기고 튼튼해서 붙여진 이름이라고 한다. 마가목의 새순은 질기고 뻣뻣한 것이 다른 나무의 연약한 새순과 비교가 된다.

한방에서 마가목의 열매를 기침을 멈추거나 허약한 몸을 보하는 약재로 쓰고 있다. 민간에서는 열매로 술을 담그거나 차를 만들어 마시기도 한다. 마가목은 오래도록 매달려 있는 붉은 열매의 모습이 보기 좋아 관상수로도 많이 심는다.

5월 말에 핀 꽃 5~6월에 가지 끝에 커다란 흰색 꽃송이가 달린다.

꽃송이 자잘한 흰색 꽃이 모여 피는 겹고른꽃차례는 윗부분이 편평하다.

꽃 모양 꽃은 지름 6~10mm이며 5장의 둥근 꽃잎은 활짝 벌어지고 수술은 20개이며 암술은 3~4개이다.

7월의 어린 열매 꽃차례 모양대로 열리는 열매는 여름에 노란색으로 변한다.

9월의 열매 열매는 가을에 붉은색으로 익는다.

설악산 정상 부근의 마가목 높은 산에서 자라는 마가목은 5월 말이 되어서야 새순이 돋는다.

열매 모양 둥근 열매는 지름이
6~8mm이며 광택이 있다.

씨앗 달걀 모양의 씨앗은
길이가 3~4.5mm이다.

잎 모양 가지에 서로 어긋나는
잎은 9~13장의 작은잎이 마주붙
는 홀수깃꼴겹잎이며 13~20㎝
길이이다.

잎 뒷면 작은잎은 피침형~긴 타원
형이며 끝이 뾰족하고 가장자리에
톱니가 있다. 뒷면은 연녹색이고 양
면에 털이 없다.

끝눈

곁눈

겨울눈 겨울눈은 긴 타원형이고 끝이
뾰족하다. 끝눈은 12~18mm 길이이다.
곁눈은 끝눈보다 조금 작다.

봄에 돋은 새순 봄에 돋는 새순은 질겨서
잡아당겨도 잘 끊어지지 않는다.

단풍잎 가지 잎은 가을에 붉은색으로 아름답게
단풍이 든다.

얼음에 싸인 겨울눈 꽃샘추위에 벌어지기
시작하던 겨울눈이 얼음에 싸였다.

나무껍질 나무껍질은 어두운 회색이며 오래되면
얕게 갈라진다.

4월 말의 마가목 높은 산의 정상 부근에서 자라는 마가목은
떨기나무처럼 자란다.

얼마 전부터 마가목의 나무껍질이 각종 성인병에 좋다는 잘못된 소문이 퍼지면서 나무껍질이 마구 벗겨지고 있다.

열매가 팥알 같고 배나무 꽃을 닮은 팥배나무

장미과 | *Sorbus alnifolia* 　🌳 갈잎큰키나무 　✳ 꽃 4~6월 　🍂 열매 9~10월

팥배나무는 산에서 흔히 만날 수 있는 낙엽이 지는 큰키나무로 10~15m 높이로 자란다. 추위에도 강하고 햇빛이 부족한 곳에서도 잘 견디며 헐벗은 땅에서도 잘 자라는 생명력이 강한 나무이다.

가지에 어긋나는 잎은 평범한 타원형이지만 가장자리에 불규칙한 겹톱니가 있고 잎맥이 뚜렷해서 구분이 쉽다. 봄에 피는 흰색 꽃은 배나무 꽃을 닮았고 가을에 붉은색으로 익는 타원형 열매는 팥알과 비슷하며 표면에는 배처럼 흰색 점이 많이 나 있어서 '팥배나무'란 이름을 얻었다. 열매를 씹어 보면 시큼한 맛이 나고 텁텁해서 먹기가 조금 거북한데 새들은 겨우내 이 열매를 따 먹는다.

나무 모양이 단정하고 잎과 꽃과 열매도 보기 좋아 관상수로도 심는다. 나무껍질과 잎은 붉은색 물감 원료로 사용하고 어린잎은 삶아서 나물로 먹거나 차를 끓여 마신다. 목재는 무겁고 단단하며 잘 갈라지지 않아서 마루재나 기구재 등으로 쓰인다.

10월의 팥배나무

4월 말의 꽃봉오리 봄에 잎이 돋을 때 꽃봉오리도 함께 나온다.

5월 초에 핀 꽃 잎이 다 펼쳐질 무렵이면 가지 끝의 꽃봉오리도 흰색 꽃으로 활짝 벌어진다.

꽃차례 가지 끝의 꽃송이는 겹고른꽃차례~고른꽃차례로 윗부분이 편평해진다. 꽃차례에는 털이 있다.

꽃 모양 흰색 꽃은 지름 1~1.5cm이고 꽃잎은 5장이며 둥그스름하다.

6월의 어린 열매 꽃이 지면 둥그스름한 연녹색 열매가 열린다.

암술

수술

꽃 단면 약 20개 정도의 수술은 꽃잎과 길이가 비슷하고 암술대는 2개이고 털이 없다.

꽃 뒷면 세모진 연녹색 꽃받침조각은 2~3mm 길이이고 꽃이 피면 뒤로 젖혀진다.

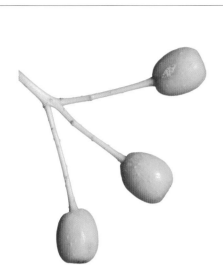

어린 열매 모양 열매는 8~12mm 길이이고 표면은 광택이 있다.

9월 말의 열매 가을이 되면 열매는 붉은색으로 익는다. 열매송이는 꽃차례처럼 고른열매차례로 열린다.

열매 모양 열매 중에는 거의 동그스름한 열매도 있고 길쭉한 타원형 열매도 있다. 표면에 흰색 반점이 있으며 시큼한 맛이 난다.

다음 해 1월의 열매 열매는 겨울에도 매달려 있으면서 새들의 먹이가 된다.

씨앗 씨앗은 달걀형이고 갈색이다.

6월의 잎가지 잎은 어긋나고 짧은가지 끝에서는 모여난다. 잎몸은 달걀형~타원형이며 5~10cm 길이이고 끝이 뾰족하며 가장자리에 불규칙한 겹톱니가 있다.

잎 뒷면 잎은 양면에 털이 흩어져 나지만 점차 없어지고 뒷면은 연녹색이며 측맥이 뚜렷하다.

10월의 단풍잎 잎은 가을에 대부분 노란색으로 단풍이 들지만 주황색으로 물드는 잎도 있다.

겨울눈 가지는 흑자색이고 광택과 껍질눈이 있다. 겨울눈은 긴 달걀형이며 끝눈은 4~6mm 길이이다.

나무껍질 나무껍질은 회흑갈색이고 흰색 껍질눈이 있으며 노목은 세로로 무늬가 생긴다.

열매가 동전을 닮은 느릅나무

느릅나무과 | *Ulmus davidiana* var. *japonica* 🌳 갈잎큰키나무 ✳ 꽃 3~4월 🌰 열매 5~6월

느릅나무는 낙엽이 지는 큰키나무로 높이 15~30m로 자라며, 북한에서는 '떡느릅나무'라고 한다. 이른 봄에 꽃이 피고 5~6월이면 열매가 익는다. 동글납작한 타원형 열매는 가장자리에 날개가 있고 모양이 동전과 비슷해서 '유협전'이라고 불렸다.

느릅나무는 사람들과 아주 가까운 나무였다. 봄에 돋은 어린순을 나물로 먹는데, 국을 끓이거나 밥에 넣어 먹었다. 또 밀가루를 묻혀 튀김을 만들거나 찹쌀가루와 섞어 느릅떡을 만들어 먹었다. 열매에서 날개와 껍질을 벗겨 낸 씨앗은 볶아서 깨처럼 양념으로 썼다.

나무의 속껍질은 위장의 운동과 소화를 돕는 한약재로 썼다. 어린 가지의 속껍질은 질긴 섬유질로 되어 있어 새끼처럼 꼬거나 미투리를 삼았다. 북부 지방의 산촌에서는 속껍질로 엮은 자리를 방바닥에 깔았는데 흔히 '느릅깔개'라고 불렸다. 목재는 질이 좋아서 건축재나 기구재로 널리 사용되고 있다.

강원도 삼척 갈전리 느릅나무

잎눈

4월에 핀 꽃 이른 봄에 잎이 돋기도 전에 잎겨드랑이에 자잘한 꽃이 뭉쳐 핀다.

꽃밥

꽃덮이조각

갓 피기 시작한 꽃 꽃송이 하나에 7~15개의 꽃이 모여 달린다. 1개의 꽃은 자갈색 꽃덮이조각 안에 4개의 수술과 1개의 암술이 있다.

열매

4월 말의 어린 열매 열매는 잎이 돋을 때면 벌써 모양을 완전히 갖출 정도로 빨리 열린다. 열매는 5월에 갈색으로 익는다.

잎 모양 가지에 서로 어긋나는 거꿀달걀형 잎은 4~12cm 길이이며 끝이 갑자기 뾰족해지고 가장자리에는 겹톱니가 있다.

잎 뒷면 뒷면은 연녹색이며 잎맥이 만나는 부분에 잔털이 있다. 잎 밑부분은 보통 좌우의 모양이 같지 않다.

*혹느릅나무(f. *suberosa*) 느릅나무의 변종으로 가지에 코르크질의 돌기가 발달한다. 느릅나무와 같은 종으로 보기도 한다.

꽃덮이조각은 꽃잎과 꽃받침을 통틀어 이르는 말로 '화피편(花被片)'이라고도 한다.

여름에 돋은 잎 여름에 돋는 잎은 붉은빛이 돈다.

벗긴 나무껍질 어린 가지의 속껍질은 질긴 섬유질이라서 새끼처럼 꼬거나 미투리를 삼기도 했다.

겨울눈 달걀 모양의 겨울눈은 끝이 뾰족하고 잎자국은 반원형~타원형으로 동물의 얼굴처럼 생겼다.

나무껍질 나무껍질은 회색이며 세로로 불규칙하게 갈라지고 얇은 조각으로 벗겨진다.

느릅나무속(*Ulmus*) 나무의 비교

우리나라에서 자라는 느릅나무와 가까운 느릅나무속 나무에는 참느릅나무, 난티나무, 비술나무 등이 있다. 참느릅나무는 냇가 근처와 산에서 자라는데 이른 봄에 꽃이 피는 다른 느릅나무속 나무들과 달리 9월에 꽃이 핀다. 비술나무는 중부 이북의 산기슭이나 들에서 자라고 정자나무로 심어진 것도 볼 수 있다. 난티나무는 중부 이북의 산에서 자라며 잎 끝이 3갈래로 갈라져 구분이 된다.

느릅나무 잎 잎은 거꿀달걀형~달걀형이며 길이가 4~12cm이고 가장자리에 겹톱니가 있다.

참느릅나무(*U. parvifolia*) **잎** 잎은 긴 타원형이며 길이가 2.5~5cm이고 가장자리에 홑톱니가 있으며 앞면은 광택이 있다.

비술나무(*U. pumila*) **잎** 잎은 피침형~긴 타원형이며 길이가 보통 2~7cm이고 가장자리에 홑톱니 또는 겹톱니가 있다.

난티나무(*U. laciniata*) **잎** 잎은 끝부분이 3~5갈래로 갈라지는 것과 갈라지지 않는 것이 있고 가장자리에 겹톱니가 있다.

느릅나무 열매 거꿀달걀형 열매는 가운데의 씨앗이 약간 끝 쪽으로 치우친다. 열매는 5~6월에 익는다.

참느릅나무 열매 타원형 열매는 가운데에 씨앗이 위치한다. 열매는 10~11월에 익는다.

비술나무 열매 열매가 거의 둥글며 씨앗은 열매 가운데에 위치한다. 열매는 5월에 익는다.

난티나무 열매 타원형 열매는 가운데의 씨앗이 약간 자루 쪽으로 치우친다. 열매는 5~7월에 익는다.

강원도 삼척 갈전리 느릅나무가 1982년에 천연기념물 제272호로 지정되었지만 수세(樹勢)가 약해지면서 2012년에 주변의 숲을 묶어 당숲으로 재지정하였다.

247

마을의 늠름한 정자나무 느티나무

느릅나무과 | *Zelkova serrata* 　　🌳 갈잎큰키나무　✱ 꽃 4~5월　🍂 열매 10월

느티나무는 낙엽이 지는 큰키나무로 산기슭이나 산골짜기 또는 마을 주변에서 자란다. 느티나무는 남쪽으로 제주도부터 북쪽으로 평안도까지 널리 분포하지만 북쪽으로 갈수록 드물게 자란다. 20~25m 높이로 자라는 나무는 굵은 가지가 사방으로 퍼지며 둥근 나무 모양을 만들기 때문에 정자나무로 심어진 것을 흔히 만날 수 있다.

천 년 이상 오래 사는 나무로 부산에는 수령이 천 3백 년으로 추정되는 느티나무도 있다. 그 밖에도 많은 노거수(老巨樹)가 천연기념물 등 보호수로 지정되어 관리되고 있으며 지난 2000년에는 새천년을 상징할 밀레니엄 나무로 느티나무가 선정되었다. 지금도 느티나무는 공원이나 학교 등에 가장 많이 심어지고 있는 나무이다.

느티나무는 관상수뿐만 아니라 목재도 최고로 친다. 느티나무 목재는 결이 만들어 내는 무늬와 색상이 아름답고 단단하면서도 뒤틀리지 않아 가구재나 조각재로 널리 이용된다.

경남 함양 학사루 느티나무(천연기념물 제407호)

꽃밥　수꽃

암꽃

꽃가지 암수한그루로 4~5월에 잎겨드랑이에 자잘한 꽃이 핀다.

수꽃 수꽃은 햇가지 밑부분에 몇 개씩 모여 핀다.

암꽃 모양 암꽃은 햇가지 윗부분의 잎겨드랑이에 1개씩 피지만 드물게 2~3개가 피는 경우도 있다.

어린 열매

8월의 열매 꽃이 지고 나면 잎겨드랑이에 작은 열매가 열린다.

열매 모양 일그러진 공 모양의 열매는 지름이 3~4mm이고 끝에 암술대가 남아 있다.

9월 말의 열매 열매는 가을에 갈색으로 익는다.

느티나무는 보호수로 관리되고 있는 나무 중에 그 수가 가장 많으며 천 년 이상 나이를 먹은 느티나무만도 64그루나 된다.

씨앗 열매 속에 작은 씨앗이 1개씩 들어 있다.

잎 모양 가지에 어긋나는 잎은 긴 타원형이고 2~9㎝ 길이이며 끝이 길게 뾰족하고 가장자리에 톱니가 있다.

잎 뒷면 뒷면은 연녹색이며 측맥은 8~18쌍이다.

열매

*시무나무(*Hemiptelea davidii*) 옛날에 20리마다 심어서 거리를 나타냈기 때문에 '스무나무' 또는 '시무나무'라고 한다. 잎겨드랑이에 달리는 납작한 열매는 한쪽에만 날개가 있는 것이 느티나무와 다른 점이다.

벌레집

벌레집 잎에는 외줄면충의 벌레집이 혹처럼 달리기도 한다.

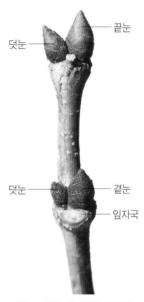

끝눈
덧눈
덧눈
곁눈
잎자국

겨울눈 겨울눈은 원뿔 모양이며 2~4㎝ 길이이고 옆에 작은 덧눈이 있다. 잎자국은 반달 모양이다.

나무껍질 나무껍질은 회백색~회갈색이고 매끄럽지만 노목은 비늘조각처럼 벗겨진다.

정자나무로 이용되는 나무

마을 입구에 자리 잡은 정자나무는 좋은 그늘로 쉼터를 제공하고 사랑방 구실도 하였다.
정자나무로 널리 심는 나무는 느티나무를 비롯해 팽나무, 은행나무, 왕버들 등이 있다.

팽나무(*Celtis sinensis*) 그늘이 좋아 남부 지방에서 정자나무로 많이 심는다. 콩알만 한 열매는 익으면 단맛이 난다.

왕버들(*Salix chaenomeloides*) 중부 이남의 냇가에서 자라며 버드나무 중에 가장 크고 웅장하게 자라서 '왕버들'이라고 한다.

은행나무(*Ginkgo biloba*) 천 년 이상 사는 나무로 그늘이 좋아 정자나무나 가로수로 많이 심어지고 있다.

249

100일 동안 붉은 꽃이 피는 백일홍나무 배롱나무

부처꽃과 | *Lagerstroemia indica* 　　🟢 갈잎작은키나무　✳️ 꽃 7~9월　🟤 열매 10~11월

8월 초의 배롱나무

배롱나무는 낙엽이 지는 작은키나무로 높이 3~7m로 자라는데 많은 가지가 사방으로 벋으면서 둥근 나무 모양을 만든다. 중국이 고향이지만 우리나라에서도 아주 오랜 옛날부터 관상수로 심어 길렀다.

화초 중에 꽃이 100일 동안 지지 않는다는 백일홍이 있는데, 배롱나무도 꽃이 100일 동안 핀다 하여 '백일홍'이라 부르기도 한다. 화초인 백일홍과 구분하기 위해 '목백일홍' 또는 '백일홍나무'라고 불렀는데 백일홍나무가 변해 '배롱나무'가 되었다. 또 '간질나무', '간지럼나무'라고도 하는데 얼룩무늬가 있는 매끄러운 줄기를 긁으면 마치 간지럼을 타듯 나무 전체가 움직여서 붙여진 이름이다. 배롱나무는 추위에 약해 주로 남부 지방에서 기르며 가로수나 관상수로 많이 심는다. 근래에는 지구 온난화의 영향 때문인지 중부 지방에서도 햇볕이 잘 드는 화단이나 양지쪽 무덤가에 심어진 나무들이 별다른 겨울 준비 없이도 잘 자라는 것을 볼 수 있다.

꽃 모양 꽃은 지름 3~4㎝이다. 가장자리에 빙 돌려나는 6장의 꽃잎은 주름이 지고 밑부분은 가늘어져 자루처럼 된다.

긴 수술　　　짧은 수술

암술과 수술 40여 개의 수술 중 가장자리에 있는 6개의 수술은 길며 안쪽으로 굽는다. 암술은 1개이다.

꽃가지 여름에 가지 끝에 달리는 원뿔꽃차례에 붉은색 꽃이 모여 핀다.

꽃받침통

꽃 뒷면 짧은 종 모양의 꽃받침은 6갈래로 갈라져 벌어진다.

*흰배롱나무('Alba') 흰색 꽃이 피는 품종도 관상수로 심고 있다.

*자주배롱나무('Apalachee') 자주색 꽃이 피는 품종도 관상수로 심고 있다.

9월의 어린 열매 꽃이 지면 둥근 녹색 열매가 열리는데 표면은 광택이 있고 꽃받침이 남아 있다.

어린 열매 단면 열매는 보통 6개의 방으로 나뉘지만 7~8개로 나뉜 것도 있다.

11월의 열매 지름 7mm 정도의 열매는 가을에 적갈색으로 익으면 칸칸이 갈라지면서 씨앗이 나온다.

씨앗 씨앗은 길이 4~5mm이며 한쪽에 넓은 날개가 있다.

어린 잎가지 잎은 가지에 2장씩 마주 달리지만 때로는 2장씩 교대로 어긋나기도 한다.

잎 모양 둥근 타원형 잎은 두껍고 광택이 있으며 잎자루가 거의 없어 줄기에 바로 붙는다.

잎 뒷면 잎몸은 2.5~5cm 길이이다. 뒷면은 연녹색이며 가장자리가 밋밋하다.

단풍잎 잎은 가을에 붉은색이나 노란색으로 단풍이 든다.

곁눈

잎자국

겨울눈 겨울눈은 달걀 모양이며 2~3mm 길이이고 끝이 뾰족하다. 잎자국은 반달 모양이고 약간 튀어나온다.

나무껍질 연한 홍자색을 띠는 줄기는 간혹 흰색의 얼룩이 생기며 껍질이 얇다.

많은 자손을 얻는 다산의 상징 석류나무

6월의 석류나무

부처꽃과 | *Punica granatum* 갈잎작은키나무 꽃 5~6월 열매 9~10월

석류나무는 낙엽이 지는 작은키나무로 높이 5~6m로 자란다. 유럽 동남부에서 히말라야에 걸쳐 자라는데 아주 오랜 옛날에 우리나라에 들어온 나무이다. 주로 남부 지방에서 키우며 마당가에 관상수 겸 과일나무로 심고 중부 지방에서는 화분에 심어 기른다.

자생지에서는 석류가 중요한 과일나무 중 하나로 널리 재배되고 있다. 둥근 열매는 끝에 6개의 꽃받침조각이 붙어 있으며 가을에 붉은색으로 익는다. 열매를 쪼개면 안쪽은 진한 붉은색을 띠며 여러 개로 나누어진 방마다 많은 씨앗이 들어 있다. 씨앗은 붉은색이 도는 달콤한 열매살(헛씨껍질)에 싸여 있는데 과일로 먹을 때는 헛씨껍질째 먹는다.

석류 열매 속에 들어 있는 많은 씨앗은 많은 자손을 얻는 다산(多産)을 뜻하며 대만에서는 결혼할 때 주는 예물의 하나라고 한다.

6월에 핀 꽃 5~6월에 가지 끝에 1~5개의 붉은색 꽃이 핀다.

꽃 모양 꽃은 지름 5㎝ 정도이다. 6장의 붉은색 꽃잎은 주름이 지고 꽃받침에 싸여 조금 벌어진다.

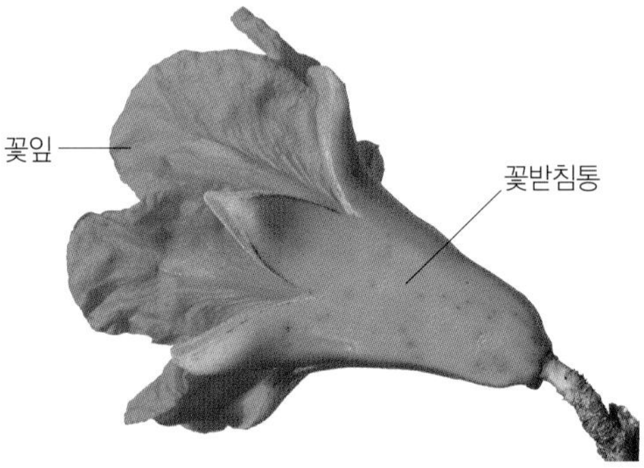

꽃받침 통 모양의 붉은색 꽃받침은 두꺼운 육질이고 끝이 6갈래로 갈라지며 표면이 매끄럽다.

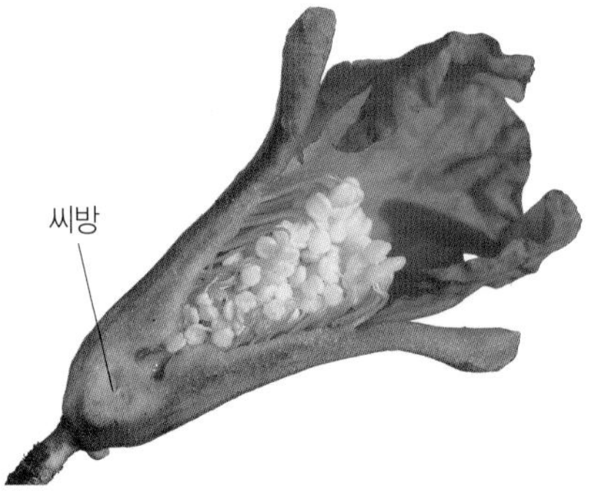

꽃 단면 노란색 꽃밥이 붙은 수술은 많고 암술은 1개이며 씨방은 꽃받침 밑부분에 있다.

시든 꽃 꽃이 지면 꽃잎은 떨어지고 육질의 꽃받침은 그대로 남는다.

***흰겹꽃석류**('Flore Pleno Alba') 석류나무의 재배 품종으로 6월에 흰색 겹꽃이 피며 관상수로 심고 있다.

예전에는 석류속(*Punica*)을 석류과로 따로 분류했지만 APG 분류 체계에서는 부처꽃과에 통합시켰다.

9월의 열매 열매는 지름이 6~10cm이며 붉은색으로 익고 끝에 꽃받침조각이 그대로 남아 있다.

열매 단면 잘 익은 열매 속의 씨앗을 싸고 있는 붉은색 헛씨껍질은 달콤한 즙이 많고 먹을 수 있다.

씨앗 불규칙하게 모가 지는 달걀 모양의 씨앗은 흰색이며 광택이 있다.

잎 모양 가지에 2장씩 마주나는 긴 타원형 잎은 가장자리가 밋밋하며 앞면은 광택이 있다.

잎 뒷면 잎몸은 2~5cm 길이이고 뒷면은 연녹색이며 양면에 털이 없다.

가시

겨울눈

가시와 겨울눈 햇가지는 모가 지고 짧은가지는 가시로 변하기도 한다. 겨울눈은 달걀 모양이며 1~2mm 길이이다.

나무껍질 나무껍질은 갈색~회갈색이고 불규칙하게 갈라진다.

가지가 가시로 변하는 나무

석류나무는 짧은가지가 가시로 변해 동물들로부터 자신을 보호한다. 석류나무처럼 가지가 가시로 변하는 나무가 여럿 있다.

참갈매나무(*Rhamnus ussuriensis*) 산기슭이나 산골짜기에서 자라는 갈잎떨기나무로 가지 끝이 짧은 가시로 변한다.

짝자래나무(*Rhamnus yoshinoi*) 산의 숲속이나 숲 가장자리에서 자라는 갈잎떨기나무로 가지 끝이 짧은 가시로 변한다.

크루스갈리산사(*Crataegus crus-galli*) 북아메리카 원산의 갈잎큰키나무로 관상수로 심는다. 가지에 길고 날카로운 가시가 발달한다.

조각자나무(*Gleditsia sinensis*) 중국 원산의 갈잎큰키나무로 줄기나 가지에 나는 가시는 다시 갈라져 가시가 된다.

줄기가 푸른 오동 **벽오동**

아욱과 | *Firmiana simplex* 　　🌳 갈잎큰키나무 　✳ 꽃 6~7월 　🍂 열매 10월

벽오동은 낙엽이 지는 큰키나무로 높이 15m 정도로 자란다. 중국 원산으로 중부 이남에서 심는데 커다란 잎이 오동 잎과 비슷하고 줄기가 푸르기 때문에 푸를 벽(碧)자를 써서 '벽오동'이라고 한다. 북한에서는 '청오동'이라고도 한다.

벽오동 열매는 5갈래로 갈라지면서 자라는데 꼬투리 모양의 갈래조각은 익기 전에 세로로 배가 갈라지고, 갈라진 껍질 가장자리에 붙어 있는 작은 콩알 모양의 씨앗은 겉으로 드러난 채 점차 여물어간다.

씨앗은 '오동자(梧桐子)'라고 부르며 한약재로 쓰는데 소화를 돕고 위통을 멈추게 한다고 한다. 씨앗은 구워 먹기도 하며 맛이 고소하여 볶아서 커피 대신 사용하기도 한다. 벽오동 목재로 만든 거문고는 소리의 울림이 좋다. 봉황새는 벽오동에만 집을 짓고 대나무의 열매를 먹고 산다는 전설이 있다. 그래서 벽오동의 고향인 중국에서는 물론 한국에서도 귀한 대접을 받는다.

7월의 벽오동

꽃송이 6~7월에 가지 끝에 달리는 원뿔꽃차례에 자잘한 연노란색 꽃이 다닥다닥 모여 핀다.

꽃봉오리 꽃잎은 없고 꽃잎처럼 보이는 흰색 꽃받침이 자란다.

수꽃 모양 암수한그루이다. 수꽃의 꽃받침은 5갈래로 갈라져서 뒤로 말리고 긴 자루 끝에 15개의 꽃밥이 둥글게 뭉쳐 있다.

꽃받침조각

수술

7월 말의 어린 열매송이 열매는 보통 5갈래로 갈라져 벌어진다.

암꽃 모양 뒤로 말리는 꽃받침조각 안쪽은 붉은빛이 돌고 암술머리는 원뿔 모양으로 굵어진다.

꽃받침조각

암술머리

7월에 핀 꽃 암수한그루로 6~7월에 가지 끝에 길이 30~50cm의 커다란 원뿔꽃차례가 달린다.

벽오동속(*Firmiana*)은 예전에는 벽오동과로 따로 분류했지만 APG 분류 체계에서는 아욱과로 통합되었다.

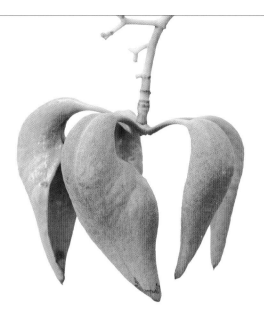

8월의 어린 열매 열매는 자라면서 밑으로 늘어진다.

어린 열매 모양 어린 열매는 세로로 배가 갈라져 벌어지고 갈래조각 가장자리에 콩 모양의 둥근 씨앗이 붙어 있다.

10월의 열매 열매는 가을에 갈색으로 익는다.

열매조각과 씨앗 콩 모양의 씨앗은 껍질이 말라붙어 우글쭈글해진다.

씨앗 껍질이 말라붙은 둥근 씨앗은 지름이 5~7mm이다.

잎 모양 잎은 가지에 서로 어긋나지 만 가지 끝에서는 모여난다. 잎 끝 은 3~5갈래로 갈라지고 가장자리 가 밋밋하다.

잎 뒷면 잎몸은 15~25cm 길이이고 잎자루가 길다. 뒷면이나 잎자루에 짧은털이 있다.

끝눈

잎자국

곁눈

겨울눈 둥근 겨울눈은 적갈색 털로 덮여 있고 잎자국은 타원형이다. 끝 눈은 지름 8~15mm이고 곁눈은 작다.

봄에 돋은 새순 새로 돋는 잎은 붉은빛이 돈다.

나무껍질 나무껍질은 녹색이고 밋밋하며 오래되면 회백색이 된다.

돛단배 모양의 열매조각은 씨앗을 매단 채 겨울바람에 떨어져 나가는데 멀리 날아가는 것은 얼마 되지 않는다.

장구통 모양의 열매가 열리는 장구밥나무

아욱과 | *Grewia biloba*   🌳 갈잎떨기나무   ✳️ 꽃 6~7월   🍂 열매 10월

장구밥나무는 낙엽이 지는 떨기나무로 높이 2m 정도로 자란다. 주로 중부 이남의 바닷가에서 흔하게 자라며 남부 지방에서는 내륙의 산에서도 자란다.

열매의 모양이 전통 악기인 장구통 모양이고 열매로 식혜를 담가 먹기 때문에 '장구밥나무'라는 이름으로 불리며, 장구통 모양의 열매는 익으면 밤과 비슷한 맛이 나서 '장구밤나무'라고도 부른다. 모두 열매의 모양을 보고 지은 이름이다. 또 '잘먹기나무'란 별명으로도 불린다. 암수딴그루로 6~7월에 연노란색 꽃이 핀다고 되어 있으나 수그루에도 열매가 열리므로 수꽃처럼 보이는 것은 양성화이다.

장구밥나무의 뿌리, 줄기, 잎은 한방에서 가슴이 답답하거나 헛배가 부른 것을 치료하는 약재로 쓴다. 질긴 나무껍질은 노끈 등을 만들어 쓴다. 잎과 열매가 아름다우며 공해에도 강해서 조경수로 심기도 한다. 무리 지어 잘 자라므로 생울타리를 만들거나 바닷가의 모래막이용으로 심기도 한다.

10월의 장구밥나무

6월에 핀 꽃 암수딴그루이며 초여름에 잎겨드랑이의 갈래꽃차례에 2~8개의 흰색 꽃이 모여 핀다.

수그루에 핀 꽃 4~5갈래로 깊게 갈라지는 꽃받침이 꽃잎처럼 보이며 작은꽃잎은 꽃받침 안쪽에 있다. 많은 수술이 있어서 수꽃처럼 보이지만 가운데에 작은 암술이 있고 열매를 맺으므로 양성화이다. 수술의 꽃밥은 노란색이다.

암그루에 핀 꽃 4~5갈래로 깊게 갈라지는 꽃받침이 꽃잎처럼 보이며 많은 수술은 작고 그 가운데에서 나온 기다란 암술은 암술머리가 4개로 갈라진다.

7월의 어린 열매 꽃이 지고 나면 길이 2~10mm의 열매자루에 2~4개의 작은 열매가 모여 달린다.

8월의 열매 2개의 작은 열매가 모여 달린 열매는 장구통 모양이며 길이가 6~12mm이다.

9월의 열매 열매는 가을에 노란색으로 변했다가 적갈색으로 익는다.

장구밥나무속(*Grewia*)은 예전에는 피나무과에 속했지만 APG 분류 체계에서는 아욱과로 통합되었다.

10월의 열매 바닷가에서 자라는 나무는 열매가 다 익을 때까지도 푸른 잎을 싱싱하게 달고 있다.

10월의 열매 모양 적갈색으로 익은 열매는 달면서도 약간 신맛이 나며 먹을 수 있고 새들도 즐겨 찾는다.

씨앗 열매에 1~4개가 들어 있는 동그스름한 씨앗은 모양이 조금씩 다르며 표면은 우툴두툴하다.

7월의 잎가지 잎은 어긋나고 달걀 모양의 타원형이며 4~10cm 길이이고 모양의 변이가 심한 편이다. 잎 끝은 뾰족하고 가장자리에 불규칙한 톱니가 있다. 잎 양면에 별모양털이 있어 거칠다.

잎 뒷면 뒷면은 연녹색이며 3~6쌍의 측맥이 뚜렷하다. 잎자루는 길이가 4~8mm이고 털이 있다.

6월의 벌레잎 장구밥나무 잎에는 장구밤혹응애가 잎 뒷면으로 침입해서 앞면에 작은 벌레집을 만들고 살아간다.

10월 말의 단풍과 열매 늦가을이 되면 잎은 노란색으로 단풍이 들며 열매는 오래 매달려 있다.

겨울눈 겨울눈은 달걀형~넓은 달걀형이며 털로 덮여 있고 끝눈 양쪽에는 기다란 턱잎이 남아 있다. 어린 가지에는 별모양털이 많다.

나무껍질 나무껍질은 회갈색이며 밋밋하다.

나무껍질을 요긴하게 쓰는 **피나무**

아욱과 | *Tilia amurensis*　　🌳 갈잎큰키나무　✳️ 꽃 6~7월　🌰 열매 8~9월

피나무는 낙엽이 지는 큰키나무로 높이 20~25m로 자란다. 전국의 산골짜기나 산비탈의 토양이 깊고 비옥한 땅에서 잘 자란다. 공해에 강해서 조경수로도 심는데 토양이 얇거나 건조한 땅에서는 잘 자라지 못하므로 땅을 골라 심어야 한다.

주로 장마철에 꽃이 피는데 나무 가득 달리는 꽃은 꿀이 많아서 벌이 많이 모여 드는 대표적인 밀원식물로 서양에서는 '비트리(Bee Tree)'라고 부른다. 어린 꽃봉오리는 말렸다가 차를 끓여 마신다. 피나무 목재는 가볍고 재질이 치밀하며 가공이 쉬워서 바둑판, 함지박, 소반, 궤짝 등의 생활용품이나 악기 등을 만드는 재료로 쓴다. 나무껍질은 섬유질이 몹시 질기며 물에도 잘 견뎌서 지붕을 잇는 데 사용했다. 또 속껍질로는 섬유를 짜서 자루나 포대 등을 만들고 노끈, 망태, 어망, 그물 등을 짜는 데도 사용되었다. 이처럼 나무껍질을 요긴하게 써서 껍질 피(皮)자를 써서 '피나무(피목:皮木)'라는 이름을 얻었다.

10월의 피나무

7월에 핀 꽃 장마철인 6~7월에 연노란색 꽃이 핀다.

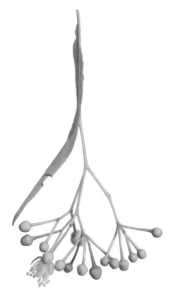

꽃봉오리 잎겨드랑이에서 나오는 갈래꽃차례는 밑으로 처지며 3~20개가 달리는 꽃봉오리는 동그랗다.

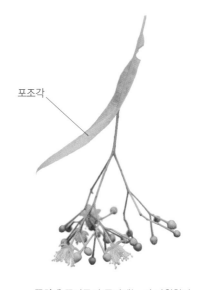

포조각

꽃차례 꽃자루의 중간에는 긴 타원형의 포조각이 달리는데 길이가 3~7㎝이다.

꽃 모양 꽃은 지름 15mm 정도이며 꽃잎과 꽃받침조각은 각각 5개씩이고 수술은 20~30개이며 암술은 1개이다.

꽃 뒷면 꽃받침조각은 넓은 피침형이며 길이가 5~6mm이고 그 안쪽에 있는 꽃잎은 꽃받침조각보다 가늘고 약간 길다.

9월 초의 어린 열매 꽃이 지고 나면 꽃차례 모양대로 열매가 열린다. 잎은 어긋나고 하트형이며 길이가 5~12㎝이고 끝이 뾰족하며 가장자리에 치아 모양의 톱니가 있다.

　피나무속(*Tilia*)은 장구밥나무속과 함께 피나무과에 속했지만 APG 분류 체계에서는 아욱과로 통합되었다.

어린 열매 모양 열매는 구형~둥근 달걀형
이며 길이가 5~8㎜이고 황갈색 털이 빽
빽하며 희미하게 각이 진다.

어린 열매 단면 열매 속에서는
1개의 씨앗이 만들어지고 있다.

9월 말의 열매 열매는 가을에 갈색
으로 익는다. 잘 익은 열매는 송이째
떨어지며 중간의 포 때문에 바람에
날려 퍼진다.

열매 모양 갈색으로 익은 열매는 털이
빽빽하고 껍질이 저절로 벗겨지지 않는다.

봄에 새로 돋은 잎 봄이 오면 겨울눈이
벌어지면서 새순이 돋고 잎이 자란다.

잎 뒷면 잎 뒷면은 회녹색이고 잎맥 위
와 잎맥겨드랑이에 갈색 털이 빽빽하
다. 잎자루는 길이가 1.5~6㎝로 길다.

겨울눈 겨울눈은 달걀형이고 끝이
뾰족하며 광택이 있는 2~3개의 눈
비늘조각에 싸여 있다.

나무껍질 나무껍질은 회갈색이고 노목이
될수록 세로로 깊게 갈라진다.

*유럽피나무(*T. × europaea*) 유럽 원산
의 피나무로 20~30m 높이로 자란다. 슈
베르트의 가곡에 나오는 보리수가 이 나
무라고 한다.

*찰피나무(*T. mandshurica*) 피나무
종류로 피나무보다 포조각과 열매가 조
금 크고 잎 뒷면은 회백색인 점이 다르다.

슈베르트의 가곡 〈겨울 나그네〉에 나오는 '성문 앞 보리수'는 보리수나무가 아니라 유럽산 피나무이다.

우리나라 꽃 무궁화

7월의 무궁화

아욱과 | *Hibiscus syriacus*   🍃 갈잎떨기나무   ✳ 꽃 7~9월   🍂 열매 10~11월

무궁화는 낙엽이 지는 떨기나무로 높이 2~4m로 자란다. 무궁화는 원산지가 분명하지 않으며 우리나라에서는 아주 오랜 옛날부터 심어 길렀는데 중국에서는 신라를 '근화향(槿花鄕)' 즉, '무궁화의 고장'이라고 불렀다고 한다. 흔히 정원수나 공원수로 많이 심으며 좀좀히 심어서 생울타리를 만들기도 하나.

무궁화(無窮花)는 '끝이 없이 계속 피는 꽃'이란 뜻이다. 여름이 되면 잎겨드랑이에 꽃이 한 송이씩 피는데, 한 송이 꽃은 아침에 피었다가 저녁이 되면 꽃잎을 말아 닫고는 땅으로 떨어진다. 하지만 수많은 꽃송이가 피고 지기를 계속 반복하며 여름내 나무에 꽃이 달려 있기 때문에 꽃이 계속 피어 있는 것처럼 보인다.

나라꽃 무궁화에 대한 관심이 많아지고 널리 퍼지면서 많은 품종이 개발되어 지금은 100여 종이 넘는 무궁화가 심어지고 있다. 그중에 기본이 되는 '적단심'을 나라꽃으로 정하였는데, 꽃잎이 연분홍색이고 꽃의 중심부가 붉은빛을 띤 꽃이다.

8월에 핀 꽃 8~9월에 잎겨드랑이에 지름 5~10cm의 홍자색 꽃이 핀다. 5장의 꽃잎 안쪽에 있는 진한 붉은색 무늬는 '단심(丹心)'이라고 한다.

꽃 뒷면 연녹색 꽃받침은 5갈래로 갈라지고 그 밑에 가느다란 녹색 부꽃받침조각이 돌려난다.

꽃봉오리 꽃받침조각은 끝이 뾰족하고 5장의 꽃잎은 돌돌 말려 있다가 벌어진다.

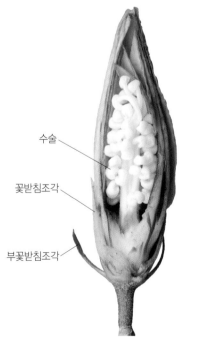

수술

꽃받침조각

부꽃받침조각

꽃봉오리 단면 꽃봉오리 속에 있는 기다란 수술통에 많은 수술이 뭉쳐 있다.

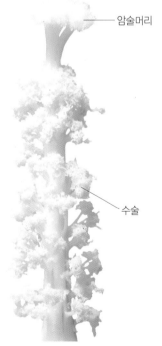

암술머리

수술

암술과 수술 기다란 수술통에 돌아가며 달리는 많은 수술에서 흰색 꽃가루가 나온다. 수술통 끝에서 암술대가 자라며 암술머리는 5개로 갈라진다.

떨어진 꽃 저녁이 되면 시든 꽃이 그대로 떨어지기 때문에 나무에는 항상 싱싱한 꽃이 달린다.

부꽃받침은 꽃받침의 바깥쪽 또는 꽃받침 사이에 생긴 꽃받침 모양의 부속체로 한자로는 '부악(副萼)'이라고 한다.

씨앗 납작한 씨앗 가장자리에는 긴털이 있다.

9월 말의 열매 타원형 열매는 길이 1.5~2㎝이고 꽃받침에 싸여 있다. 가을에 익으면 5갈래로 갈라져 벌어진다.

열매 단면 열매 속에는 갈색 씨앗이 촘촘히 들어 있다.

잎 모양 가지에 서로 어긋나는 달걀형 잎은 4~10㎝ 길이이며 윗부분이 3갈래로 얇게 갈라지고 가장자리에 불규칙한 톱니가 있다.

잎 뒷면 뒷면은 연녹색이며 3개의 잎맥이 벋고 잎맥 위에 털이 있다.

나무껍질 나무껍질은 회백색~회색이고 세로로 불규칙하게 골이 진다.

***무궁화 '백단심'** ('Paektanshim') 흰색 꽃의 중심부에 적색 무늬가 있는 품종을 '백단심'이라고 한다.

다른 나라의 나라꽃

매화나무(*Prunus mume*) 이른 봄에 향기가 강한 꽃이 핀다. 중국의 나라꽃이다.

왕벚나무(*Prunus yedoensis*) 봄에 나무 가득 꽃이 한꺼번에 피었다가 진다. 일본의 나라꽃이다.

장미(*Rosa hybrida*) 영국의 나라꽃이다. 영국은 많은 재배 품종을 만들어 전 세계에 퍼뜨렸다.

일제 강점기에 일본은 우리나라의 상징이었던 무궁화를 뽑아 버리거나 못 심게 하는 등 무궁화를 탄압하였다.

가지가 3개로 계속 갈라지는 삼지닥나무

팥꽃나무과 | *Edgeworthia tomentosa*   ✿ 갈잎떨기나무   ✽ 꽃 3~4월   ꕤ 열매 7월

삼지닥나무는 낙엽이 지는 떨기나무로 높이 1~2m로 자라며 보통 둥근 수형을 만든다. 중국 원산으로 남부 지방에서 재배하고 있으며 경기도에서도 곳에 따라 월동이 가능하다.

삼지닥나무의 가지는 특이하게도 3개로 갈라시기를 계속 반복하며 자란다. 나무껍질에 들어 있는 섬유는 닥나무와 같이 고급 종이를 만드는 재료로 쓰인다. 그래서 '삼지(三枝)닥나무'란 이름을 얻었다. 하지만 뽕나무과에 속하는 닥나무와는 달리 삼지닥나무는 팥꽃나무과에 속한다. 또 서향처럼 꽃향기가 좋고 노란색 꽃이 핀다고 하여 '황서향'이라고도 하며 '삼지나무' 또는 '삼아나무'라고도 부른다.

반원 모양으로 둥글게 퍼지는 나무 모양과 이른 봄에 잎보다 먼저 나무 가득 피는 노란색 꽃 모양이 아름다워서 근래에는 한지를 만드는 원료 대신 관상수로 많이 심어지고 있다.

3월 말의 삼지닥나무

3월 말에 핀 꽃 봄에 잎보다 먼저 나무 가득 노란색 꽃이 핀다.

꽃송이 30~50개가 둥글게 모여 달리는 꽃은 가장자리부터 차례대로 피어 들어간다.

꽃송이 뒷면 길이 1cm 정도의 꽃자루는 구부러지고 많은 꽃이 머리모양꽃차례로 둥글게 모여 달린다.

꽃 모양 대롱 모양의 꽃받침통은 흰색의 부드러운 털로 덮여 있고 끝부분은 4갈래로 갈라져 벌어진다.

꽃받침통

*붉은꽃삼지닥나무('Red Dragon') 붉은색 꽃이 피는 품종을 '붉은꽃삼지닥나무'라고 하며 함께 관상수로 심는다.

5월의 새로 돋은 잎과 어린 열매 꽃차례가 시들면서 열매가 열릴 무렵 잎도 함께 자란다.

삼지닥나무속(*Edgeworthia*)은 중국, 미얀마, 네팔, 인도에 4종이 자라고 있다.

어린 열매 어린 열매는 끝에 시든 꽃받침통이 남아 있다.

6월의 열매 여러 개가 모여 달리는 동그스름한 열매는 6~8mm 길이이고 흰색 털로 덮여 있다.

씨앗 검은색 씨앗은 달걀형이고 한쪽 끝이 뾰족하며 길이는 4~5mm이다.

잎 모양 가지 끝에 촘촘히 어긋나는 잎은 피침형~긴 타원형이며 끝이 뾰족하고 가장자리가 밋밋하다.

잎 뒷면 잎몸은 5~20cm 길이이고 뒷면은 연녹색이며 부드러운 털이 있다.

꽃눈

잎자국

11월의 꽃눈 꽃눈은 지름 12~17mm이고 은백색의 비단실 같은 털로 덮여 있다.

꽃눈 단면 꽃눈 하나하나마다 꽃받침통과 노란 수술이 들어 있다.

10월의 꽃눈 여름부터 다음 해 봄에 필 꽃눈이 만들어진다.

잎눈

잎자국

잎눈 길쭉한 잎눈은 끝이 뾰족하고 은백색의 비단실 같은 털로 덮여 있다. 가지 끝의 잎눈은 6~10mm 길이이고 잎자국은 대부분이 반달 모양이다.

나무껍질 나무껍질은 회색이고 세로로 얕게 갈라진다.

불타는 붉은 단풍을 가진 붉나무

10월의 붉나무

옻나무과 | *Rhus chinensis*　　🌳 갈잎작은키나무　✳ 꽃 8~9월　🍂 열매 10월

산과 들에서 흔히 자라는 붉나무는 가을 단풍이 불타는 듯 강렬한 붉은색이라서 이름이 '붉나무'다. 평안도나 전라도에서는 아예 '불나무'라고 부른다. 낙엽이 지는 작은키나무로 높이 7m 정도로 자란다.

붉나무는 쓰임에 따라 달리 불렸다. 첫 번째는 '염부목(鹽膚木)'이라고 하는데 열매 표면의 흰색 가루가 소금처럼 짜서 붙여진 이름이다. 소금이 귀했던 옛날에는 산골 사람들이 이것을 소금 대신 음식에 넣어 먹거나 두부를 만드는 간수로 사용했다고 한다. 이처럼 붉나무는 아주 특별한 나무였다.

두 번째는 '오배자나무'라고 하는데, 붉나무 잎에 벌레가 기생하면서 만든 벌레집인 오배자(五倍子)를 귀한 한약재로 쓰기 때문에 붙여진 이름이다. 오배자는 특히 설사를 멈추는 지사제로 쓰인다고 한다. 또 오배자는 물감이나 잉크를 만드는 원료로도 쓴다.

9월에 핀 수꽃 암수딴그루로 8~9월에 가지 끝에 달리는 커다란 원뿔꽃차례는 15~30㎝ 길이이다.

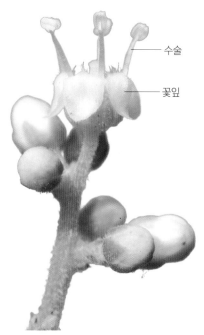

수술
꽃잎

수꽃 모양 5장의 꽃잎은 활짝 벌어져 뒤로 젖혀지고 5개의 수술은 꽃잎 밖으로 벋으며 꽃밥은 노란색이다.

암꽃송이 암그루의 가지 끝에 달리는 암꽃송이에는 자잘한 암꽃이 촘촘히 달린다.

암술

꽃잎

암꽃 모양 5장의 꽃잎은 활짝 벌어지고 5개의 수술은 퇴화되었으며 암술은 1개이다.

어린 열매가지 꽃은 늦여름에 피기 때문에 서둘러 열매를 맺는데 어린 열매는 붉은빛이 돌기도 한다.

흰색 가루로 덮인 열매

열매 동글납작한 열매는 자라면서 표면이 흰색 가루로 덮이는데 맛이 짜다. 열매는 지름 4~5mm이다.

10월의 열매 갈색으로 익는 열매송이는 비스듬히 처지며 낙엽이 진 뒤에도 그대로 매달려 있다.

씨앗 동글납작한 씨앗은 흑갈색이며 지름이 4mm 정도이고 광택이 있다.

잎 모양 가지에 서로 어긋나는 잎은 7~13장의 작은잎이 마주 붙는 홀수 깃꼴겹잎이고 30~60㎝ 길이이다.

잎 뒷면 작은잎은 긴 타원형이며 끝이 뾰족하고 가장자리에 둔한 톱니가 있다. 뒷면은 부드러운 털로 덮여 있어서 녹백색을 띤다.

잎자루의 날개 잎자루 양쪽에 날개가 있는 것이 특징이다.

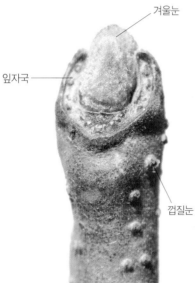

겨울눈 겨울눈은 반구형이며 5mm 정도 길이이고 U자형 잎자국에 둘러싸여 있으며 털로 덮여 있다.

봄에 돋은 새순 겨울눈에서 돋는 붉은색 새순은 뜯어서 나물로 먹는다.

벌레잎 붉나무혹응애는 붉나무 잎의 뒷면에 기생하여 둥근 혹을 만들고 그 안에서 자란다.

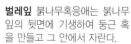

벌레집 오배자면충이 잎에 알을 낳아 만들어진 벌레집을 '오배자(五倍子)'라고 한다.

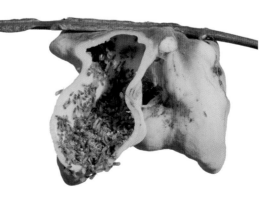

벌레집 단면 불규칙한 벌레집은 사람의 귀 모양을 닮았으며 안에 2mm 정도 길이의 오배자면충이 가득 기생한다. 오배자는 맛이 시며 설사를 멈추는 약재나 잉크 원료로 쓴다.

나무껍질 나무껍질은 회갈색이며 껍질눈이 많다.

보통 오배자면충이 만든 벌레집 속에는 1만 마리 내외의 날개가 달린 벌레가 들어 있으며 근처의 이끼 틈에서 겨울을 지낸다.

우툴두툴 옻이 오르는 개옻나무

옻나무과 | *Toxicodendron trichocarpum*　🔺갈잎작은키나무　✳꽃 5~6월　🍂열매 10월

옻나무의 줄기에서 채취한 수액은 '옻'이라고 하며 가구나 기구의 표면에 칠하는데, 옻칠을 하면 아름다운 광택이 나고 썩지 않으며 오래간다고 한다. 삼국 시대에도 옻을 얻기 위해 옻나무를 재배할 정도로 옛날부터 귀한 대접을 받는 나무였다. 하지만 사람들은 옻나무를 만나면 슬금슬금 피해 다닌다. 옻나무를 만지면 온몸에 여드름 같은 것이 우툴두툴 돋으면서 몹시 가려운데 이를 '옻이 오른다'고 한다.

개옻나무는 낙엽이 지는 작은키나무로 높이 3~8m로 자란다. 산에서 흔하게 자라는 개옻나무는 옻나무와 아주 가까운 형제 나무로 생김새가 비슷하다. 하지만 수액은 쓸모가 없어서 '개옻나무'라고 부른다. 북한에서는 '털옻나무'라고 부른다. 두 나무는 생김새가 비슷하지만 옻나무의 열매 표면이 매끈한 데 비해, 개옻나무는 열매 표면이 짧은 가시털로 덮여 있는 점이 다르다.

5월의 개옻나무

꽃봉오리 5월이 되면 잎이 돋을 때 꽃봉오리도 함께 나와 자란다.

수꽃가지 암수딴그루로 5월에 꽃이 핀다. 잎겨드랑이에 달리는 원뿔꽃차례는 15~30cm 길이이며 밑으로 처진다.

수술　꽃잎

수꽃 5장의 연녹색 꽃잎은 뒤로 젖혀지고 5개의 수술이 길게 벋는다. 꽃밥은 노란색이다.

꽃잎
암술머리

암꽃 5장의 연녹색 꽃잎은 뒤로 젖혀진다. 암술은 5개의 퇴화된 수술 가운데 있는데 암술머리가 3개로 갈라진다.

7월 초의 어린 열매 어린 열매는 연녹색이며 열매송이는 아래로 늘어진다.

어린 열매 모양 동글납작한 열매는 끝이 뾰족하고 표면이 가시 같은 털로 덮여 있으며 지름 5~6mm로 자란다.

개옻나무는 산에서 흔히 자라는데 옻나무에 비하여 옻이 오를 확률이 적어 옻에 예민한 사람만 조심하면 된다.

10월의 열매 열매는 가을에 갈색으로 익으며 낙엽이 진 후에도 그대로 매달려 있다.

열매 모양 잘 익은 열매도 표면에 가시 같은 털은 그대로 남는다.

씨앗 찌그러진 달걀 모양의 씨앗은 납작하고 회백색이며 세로로 줄무늬가 있다.

단풍잎 가을에 붉게 물드는 단풍이 아름답다.

잎 모양 가지에 어긋나는 잎은 9~17장의 작은잎이 마주 붙는 홀수깃꼴겹잎이며 20~40㎝ 길이이다. 붉은빛이 도는 잎자루에 털이 있다.

잎 뒷면 작은잎은 타원형~달걀형이며 끝이 뾰족하고 가장자리에 2~3개의 톱니가 있는 잎도 있다. 뒷면은 연녹색이며 털이 있다.

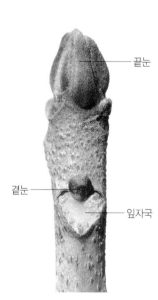

끝눈

곁눈

잎자국

겨울눈 겨울눈은 갈색 털로 촘촘히 덮여 있다. 끝눈은 둥근 달걀형이며 3~10㎜ 길이이다. 커다란 잎자국은 하트형~삼각형이다.

봄에 돋은 새순 봄에 겨울눈이 벌어지면서 돋는 새순은 털로 덮여 있다.

나무껍질 나무껍질은 회백색~회갈색이며 세로로 무늬가 있다.

*옻나무(*T. verniciifluum*) 갈잎큰키나무로 7~10m 높이로 자라며 옻을 얻기 위해 심어 기른다. 개옻나무와 비슷하지만 작은잎 가장자리에 톱니가 없다.

*옻나무 열매 모양 동글납작한 열매는 지름 6~8㎜이며 표면이 매끈해서 개옻나무와 구분이 된다.

멀건 구슬 모양의 열매가 열리는 멀구슬나무

멀구슬나무과 | *Melia azedarach* 🌳 갈잎큰키나무 ✼ 꽃 5~6월 🍂 열매 10~12월

멀구슬나무는 낙엽이 지는 큰키나무로 높이 5~15m로 자란다. 일본 원산으로 남부 지방에 심는다고 하는데 제주도와 남쪽 바닷가에서 저절로 자라는 나무를 많이 볼 수 있다.

멀구슬나무는 잎이 진 뒤에도 나무 가득 연노란색 열매를 달고 있기 때문에 겨울에도 쉽게 알아볼 수 있다. 작고 둥근 구슬 모양의 열매를 싸고 있는 열매살은 금세 푸석푸석하고 멀겋게 되어 씨앗이 드러나기 때문에 '멀구슬나무'라고 불리게 되었다고 추정하는 학자도 있다.

옛날 사람들은 열매를 사료에 섞어 먹여 가축의 몸속에 있는 기생충을 없애는 데 이용하거나, 또 농약이 없던 시절에 이 나무를 삶은 물을 살충제로 이용했다. 멀구슬나무의 열매는 한약재나 염주를 만드는 재료로 쓰인다. 나무가 빨리 자라고 목재의 질이 뛰어나 가구재나 조각재로도 이용된다.

12월의 멀구슬나무

5월 말에 핀 꽃 5~6월에 가지 끝의 잎겨드랑이에 달리는 커다란 꽃송이는 10~15cm 길이이다.

꽃송이 갈래꽃차례에는 자잘한 연보라색 꽃이 모여 핀다.

수술통

꽃잎

꽃 모양 꽃은 8~10mm 길이이다. 5~6장의 꽃잎은 활짝 벌어지고 10개의 수술은 합쳐져서 원통 모양의 자주색 수술통이 된다. 그 가운데에 1개의 암술이 들어 있다.

꽃봉오리 연자주색 꽃봉오리를 받치고 있는 꽃받침은 5~6갈래로 갈라진다.

봄에 돋은 새순 5월 초에 꽃과 잎이 함께 돋는데 새순은 털로 덮여 있다.

7월의 어린 열매 꽃이 지면 열리는 타원형 열매는 길이 1.5~2cm로 자라며 표면에 광택이 있다.

제주도를 비롯한 남쪽 지방 사람들은 딸을 낳으면 멀구슬나무를 심었다가 딸이 시집갈 때 이 나무로 장롱을 만들어 주었다고 한다.

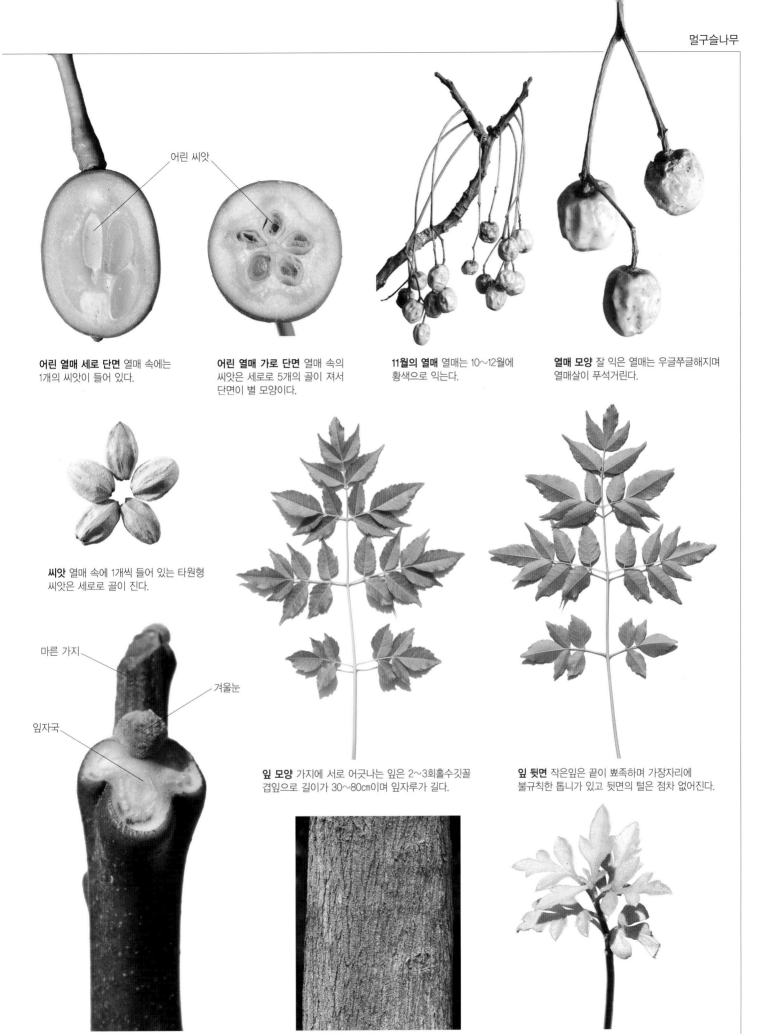

어린 씨앗

어린 열매 세로 단면 열매 속에는
1개의 씨앗이 들어 있다.

어린 열매 가로 단면 열매 속의
씨앗은 세로로 5개의 골이 져서
단면이 별 모양이다.

11월의 열매 열매는 10~12월에
황색으로 익는다.

열매 모양 잘 익은 열매는 우글쭈글해지며
열매살이 푸석거린다.

씨앗 열매 속에 1개씩 들어 있는 타원형
씨앗은 세로로 골이 진다.

마른 가지

겨울눈

잎자국

잎 모양 가지에 서로 어긋나는 잎은 2~3회홀수깃꼴
겹잎으로 길이가 30~80㎝이며 잎자루가 길다.

잎 뒷면 작은잎은 끝이 뾰족하며 가장자리에
불규칙한 톱니가 있고 뒷면의 털은 점차 없어진다.

겨울눈 가지의 굵고 둥근 겨울눈은 털로
덮여 있으며 잎자국은 T자 모양이다.

나무껍질 나무껍질은 회갈색이며
세로로 갈라진다.

새싹 남부 지방에서 심어 기르지만 저절로
싹이 터서 자라는 것도 많이 볼 수 있다.

2~3회홀수깃꼴겹잎은 홀수깃꼴겹잎이 다시 깃꼴로 2~3회 붙는 겹잎을 말한다.

씨앗을 향신료로 이용하는 산초나무

9월의 산초나무

운향과 | *Zanthoxylum schinifolium*　🍃 갈잎떨기나무　✳ 꽃 7~8월　🌰 열매 10~11월

산초나무는 낙엽이 지는 떨기나무로 높이 3m 정도로 자란다. 산초나무는 전국의 산에서 흔히 자라며, 북한에서는 '분지나무'라고 부른다. 산초나무와 초피나무 등의 열매껍질을 '산초(山椒)'라고 하며 한약재로 이용하는데 여기에서 '산초나무'라는 이름이 유래되었다. 산초는 중국 요리에 흔히 넣는 오향(五香)의 원료로도 쓰인다. 우리나라에서도 산초나무 씨앗으로 짠 기름은 오래전부터 향신료로 이용하였다.

익지 않은 파란 열매를 갈아서 민물고기를 요리하는 데 넣으면 비린내를 없애 주고 음식이 쉽게 상하는 것을 막아 준다고 한다. 또 산초나무 열매껍질은 마취 작용이 있어 치통이 심할 때 열매껍질을 씹으면 부분적으로 마취가 되어 통증을 못 느끼기 때문에 예전에는 민간요법으로 널리 쓰였다. 산초나무와 아주 가까운 나무로 초피나무가 있는데 남부 지방에서 흔히 자란다. 초피나무 열매는 추어탕에 향신료로 넣는데 톡 쏘는 매운맛과 향기가 산초 열매보다 더욱 강하다.

7월에 핀 암꽃 암수딴그루로 여름에 가지 끝에 달리는 고른꽃차례는 3~8cm 길이이다.

암꽃 모양 5장의 꽃잎 가운데에 있는 1개의 암술은 3개의 골이 있고 암술머리도 3개로 갈라진다.

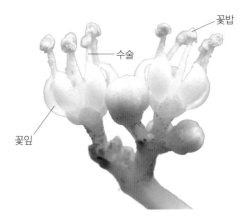

수꽃 모양 수꽃은 5장의 꽃잎 가운데에 5개의 수술이 있고 꽃밥은 노란색이다.

8월 초의 어린 열매 작고 둥근 열매는 지름 4~5mm이다.

9월의 열매 열매는 점차 연갈색으로 변하면서 껍질이 갈라지고 검은 씨앗이 드러난다.

열매 모양 씨앗은 동그랗고 갈라진 열매 표면에 오래도록 붙어 있다. 검은 씨앗은 지름 3~4mm이고 광택이 난다.

옛날 사람들은 귀신이 산초나무의 가시와 독특한 냄새를 싫어한다고 생각하여 집 둘레에 생울타리로 심었다.

잎 모양 가지에 서로 어긋나는 잎은 7~19장의 작은잎이 마주 붙는 홀수 깃꼴겹잎이고 7~20㎝ 길이이다.

잎 뒷면 작은잎은 긴 타원형이며 가장자리에 물결 모양의 잔톱니가 있고 뒷면은 연녹색이다.

가지의 가시 날카로운 가시는 가지에 서로 어긋나게 붙는다.

나무껍질 나무껍질은 회녹색~회갈색이고 날카로운 가시가 있다.

산초나무속(*Zanthoxylum*) 나무의 비교

산초나무속에는 산초나무와 비슷한 작은 나무들이 여럿 있는데 모양이 비슷해 구분하기 어렵다.

초피나무와 개산초는 남부 지방에서 자라고 왕초피는 제주도에서 자란다.

초피나무(*Z. piperitum*) 주로 남부 지방에서 자라는 갈잎떨기나무로 여름에 꽃이 피는 산초나무와 달리 5~6월에 꽃이 핀다.

개산초(*Z. armatum*) 남부 지방의 산에서 자라는 늘푸른떨기나무로 5월에 꽃이 핀다. 잎은 3~7장의 작은잎이 마주 붙는 깃꼴겹잎이고 잎자루에 날개가 있다.

왕초피(*Z. coreanum*) 제주도의 산골짜기에서 자라는 갈잎떨기나무로 5월에 꽃이 핀다. 잎은 7~13장의 작은잎이 마주 붙는 깃꼴겹잎이고 잎자루에 좁은 날개와 잔가시가 있다.

초피나무 가시 날카로운 가시는 가지에 2개씩 마주 붙는다.

개산초 가시 가지에 2개씩 마주 붙는 가시는 밑부분이 조금 넓다.

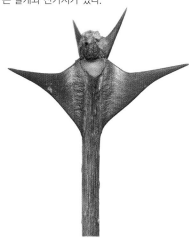

왕초피 가시 가지에 2개씩 마주 붙는 가시는 밑부분이 넓다.

비슷한 산초나무와 초피나무를 구분하는 가장 간단한 방법은 산초나무는 가시가 어긋나고 초피나무는 가시가 마주나는 것으로 구분할 수 있다.

선비들의 공부방을 밝히던 쉬나무

운향과 | *Tetradium daniellii*　　🌳 갈잎큰키나무　✳ 꽃 7~8월　🌰 열매 10월

쉬나무는 낙엽이 지는 큰키나무로 높이 7~20m로 자란다. 황해도와 강원도 이남의 마을 주변에 심거나 들이나 산기슭에서 저절로 자라기도 한다. 중국에서 한약재로 쓰는 오수유(吳茱萸)와 열매가 비슷해서 '수유나무'라고 부르던 것이 변해서 '쉬나무'가 되었다고 한다. 북한에서는 지금도 '수유나무'라고 부른다.

예전에 쉬나무는 기름을 많이 얻을 수 있는 나무로 알려져 널리 심어 기르던 나무였다. 그래서인지 지금도 시골 마을에 가면 쉬나무가 자라는 것을 쉽게 볼 수 있다. 쉬나무는 여름이면 가지마다 커다란 꽃송이가 달리는데 꽃에는 꿀이 많아서 꿀을 따는 밀원식물로도 인기가 높다.

나무 가득 열리는 열매는 가을에 익으면 갈라지면서 검은색 씨앗이 드러난다. 씨앗으로 짠 기름은 등잔기름이나 여인들의 머릿기름으로 쓰였다. 근래에는 공원수나 가로수로도 심어지고 있다.

2월의 경복궁의 쉬나무

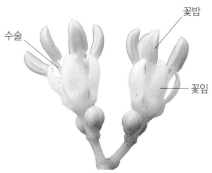

수꽃 모양 5장의 흰색 꽃잎 가운데에 5개의 수술이 벋는데 꽃밥은 연노란색이다. 연녹색 꽃받침은 매우 작다.

7월에 핀 수꽃 암수딴그루로 7~8월에 가지 끝에 지름 4~15cm의 커다란 꽃송이가 달린다.

수꽃송이 커다란 갈래꽃차례는 잔털이 많고 자잘한 수꽃이 모여 달린다.

7월에 핀 암꽃 암그루의 가지 끝에도 커다란 꽃송이가 달린다.

암꽃 모양 5장의 흰색 꽃잎 가운데에 1개의 연녹색 암술이 들어 있다. 씨방과 원반 모양의 암술머리는 5개의 골이 진다.

8월의 어린 열매 꽃이 지면 꽃차례 모양대로 자잘한 열매가 가득 열린다.

　옛날에는 쉬나무의 열매기름으로 등잔을 밝히고 공부를 했기 때문에 양반이 이사를 갈 때는 쉬나무 씨앗을 꼭 챙겼다.

9월의 열매 열매는 가을에 적색~적갈색으로 익는다.

열매 모양 열매는 5~11mm 길이이며 4~5갈래로 갈라져 벌어지고 끝부분이 점차 뾰족해진다.

갈라진 열매 잘 익은 열매는 칸칸이 껍질이 갈라지면서 검은색 씨앗이 드러난다.

씨앗 타원형 씨앗은 검은색이며 광택이 있고 기름을 짠다.

잎 모양 잎은 가지에 2장씩 마주나며 5~11장의 작은잎이 마주 붙는 홀수깃꼴겹잎이고 5~12cm 길이이다.

잎 뒷면 작은잎은 타원형~달걀형이며 끝이 뾰족하고 잔톱니가 있으며 뒷면의 털은 점차 없어진다.

열매껍질 씨앗이 떨어져 나간 열매껍질은 한동안 그대로 매달려 있다.

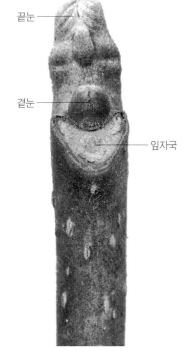

끝눈

곁눈

잎자국

겨울눈 회갈색 잔가지에 잔털이 있지만 점차 없어지고 겨울눈은 갈색 털로 덮여 있다.

봄에 돋은 새순 4월이면 겨울눈에서 연녹색 새잎이 나온다.

나무껍질 나무껍질은 흑갈색~적갈색이며 갈라지지 않고 껍질눈이 흩어져 난다.

*오수유나무(*Tetradium ruticarpum*) 중국 원산으로 3~5m 높이로 쉬나무보다는 낮게 자라는 작은키나무이다. 모든 생김새가 쉬나무와 비슷해서 구분이 어렵다. 약용식물로 심어 기른다.

*오수유나무 열매 열매는 4~5갈래로 갈라져 벌어지고 끝부분이 동그스름한 것이 쉬나무와 다른 점이다.

쉬나무와 생김새가 비슷해서 구별이 어려운 나무로 '오수유'가 있는데, 오수유는 중국 원산이며 약용식물로 심는다.

줄기의 속껍질이 노란 황벽나무

운향과 | *Phellodendron amurense* 🔵 갈잎큰키나무 ✳ 꽃 5~6월 🌰 열매 9~10월

황벽나무는 낙엽이 지는 큰키나무로 높이 10~20m이며, 깊은 산골짜기나 숲속의 비옥한 땅에서 잘 자란다. '황벽(黃蘗)나무'는 누를 황(黃)자와 황벽나무 벽(蘗)자를 합쳐서 만든 이름으로 나무 속껍질의 색깔이 노란색이라서 붙여진 한자 이름이다. 북한에서는 '황경피나무'라고 부른다. 황벽나무는 나무 속껍질만 노란 것이 아니라 가을 단풍도 밝은 노란색으로 아름답게 물든다.

황벽나무는 나무껍질이 비교적 두껍게 발달하는데 눌러 보면 푹신하게 들어가는 코르크질이다. 두꺼운 나무껍질의 안쪽은 선명한 노란색인데 이곳에 벨베린이라고 하는 성분이 포함되어 있다. 벨베린은 위장을 튼튼하게 해 주고 설사를 멈추는 데 도움을 주며 염증을 없애는 소염 작용을 한다. 또 노란 속껍질을 말려 두었다가 치자처럼 음식에 노란 물을 들이는 물감으로 사용하기도 한다. 연한 황갈색 목재는 색깔이 곱고 무늬가 아름다워서 가구나 기구를 만드는 데 쓰인다.

10월의 황벽나무

6월에 핀 수꽃 암수딴그루로 6월에 가지 끝에 커다란 원뿔꽃차례가 달린다.

꽃밥

수술

갓 피기 시작한 수꽃

갓 피기 시작한 수꽃 꽃잎 안쪽에는 털이 있다.

수꽃

수꽃 모양 5장의 꽃잎은 긴 타원형이며 4mm 정도 길이이다. 5개의 수술은 꽃잎 밖으로 길게 벋고 꽃밥은 노란색이다.

어린 씨앗

어린 열매 단면 열매는 지름이 1㎝ 정도이며 속에서 5개의 씨앗이 만들어진다.

6월에 핀 암꽃 암그루에는 커다란 암꽃송이가 달린다. 암꽃은 가운데에 1개의 암술이 있다.

7월의 어린 열매 꽃이 지고 나면 둥근 열매가 꽃송이 모양대로 다닥다닥 달린다.

닥나무로 종이를 만들 때 황벽나무 나무껍질이나 열매에서 채취한 색소를 넣으면 종이에 먹이 번지지 않고 벌레가 끼지 않는다고 한다.

9월의 열매 가을에 검은색으로 익는 열매는 표면이 우글쭈글해진다.

씨앗 타원형 씨앗은 길이 4~5mm이며 표면에 미세한 돌기가 있다.

잎 모양 가지에 서로 어긋나는 잎은 5~13장의 작은잎이 마주 붙는 홀수 깃꼴겹잎이며 20~40cm 길이이다.

잎 뒷면 작은잎은 달걀형이고 끝이 뾰족하며 가장자리에 둔한 톱니가 있고 뒷면은 연녹색이다.

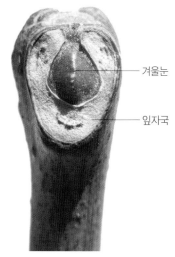

겨울눈

잎자국

겨울눈 겨울눈은 반구형이며 2~4mm 길이이고 U자형의 잎자국 속에 들어 있다.

나무껍질 나무껍질은 연한 회색이고 코르크가 발달하며 깊이 갈라진다.

나무껍질 안쪽 노란색 속껍질은 쓴맛이 나며 한약재나 노란색 물감으로 쓴다.

나무껍질에 코르크가 발달하는 나무

굴참나무(*Quercus variabilis*) 산에서 자라는 참나무 종류로 나무껍질은 코르크가 발달하여 두껍다.

개살구나무(*Prunus mandshurica*) 산에서 자라는 갈잎작은키나무~큰키나무로 나무껍질은 코르크가 발달하여 두껍다.

등칡(*Aristolochia manshuriensis*) 깊은 산에서 자라는 갈잎덩굴나무로 코르크가 발달하는 줄기는 골이 진다.

덧나무(*Sambucus sieboldiana* var. *pinnatisecta*) 제주도에서 자라는 갈잎떨기나무로 코르크가 발달하는 나무껍질은 불규칙하게 갈라진다.

과수원의 생울타리 탱자나무

운향과 | *Citrus trifoliata*

🌳 갈잎떨기나무　🌸 꽃 4~5월　🍊 열매 9~10월

탱자나무는 중국 원산의 낙엽이 지는 떨기나무로 높이 3~4m로 자란다. 줄기는 가지가 많이 갈라져서 빽빽한 나무 모양을 만들고 가지마다 날카롭고 억센 가시가 있어서 접근하기가 어렵다. 이 가시 때문에 탱자나무는 흔히 한 줄로 심어서 생울타리를 만드는데 남부 지방에서 과수원의 울타리로 많이 심는다.

강화도에는 천연기념물로 지정된 탱자나무가 있다. 병자호란 때 청나라의 침입을 막기 위해 성벽 주변에 탱자나무 울타리를 만들었는데 그때 심어진 나무 중에 살아남은 나무가 천연기념물 제78호와 제79호로 지정되어 있다. 탱자나무 열매는 가을에 노랗게 익은 모양이 귤과 비슷하지만 먹을 수 없으며 열매 표면에 털이 있는 것이 귤과 다른 점이다. 또한 잎은 세겹잎인 것이 특징인데 트리폴리아타(*trifoliata*)라는 종소명은 '세잎'이라는 뜻이다. 익지 않은 푸른 열매나 껍질을 한약재로 쓰며 습진을 다스리거나 위를 튼튼하게 하는 건위제 또는 설사를 멈추는 지사제로 이용한다.

강화도 사기리의 탱자나무(천연기념물 제79호)

암술머리　수술

씨방

꽃 단면 꽃 가운데에 있는 1개의 암술을 20개 정도의 수술이 둘러싸고 있다. 둥근 암술머리는 노란색이고 밑부분의 씨방은 항아리처럼 볼록하다.

꽃받침조각

꽃받침 연녹색 꽃받침조각은 5개이며 길이가 5~6mm이다.

꽃가지 봄에 잎보다 꽃이 먼저 피는데 꽃은 지름 3.5~5cm이다. 5장의 흰색 꽃잎은 서로 떨어져 달린다.

꽃봉오리 잎겨드랑이에 1개씩 달리는 꽃봉오리는 연한 황록색이다.

5월의 어린 열매 꽃이 지면 둥근 녹색 열매가 열리는데 표면에 털이 많다.

7월의 열매 둥근 열매는 지름이 3~5cm이며 표면에 있는 털은 열매가 익을 때까지 남는다.

북을 두드리는 북채는 탱자나무 줄기로 만든 것을 제일로 친다.

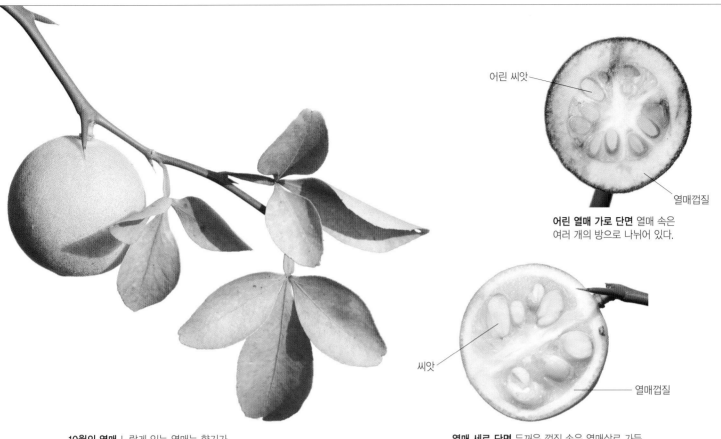

어린 씨앗

열매껍질

어린 열매 가로 단면 열매 속은
여러 개의 방으로 나뉘어 있다.

씨앗

열매껍질

열매 세로 단면 두꺼운 껍질 속은 열매살로 가득
차 있고 씨앗은 여물어도 색깔이 변하지 않는다.

10월의 열매 노랗게 익는 열매는 향기가
좋지만 쓴맛이 강해 먹을 수 없다.

씨앗 달걀 모양의 씨앗은 약간 납작하며
길이 1.2cm 정도이다.

잎 모양 가지에 서로 어긋나는 잎은
세겹잎이며 앞면은 광택이 있고 잎
자루에 날개가 있다.

잎 뒷면 작은잎은 달걀형~긴 타원
형이며 3~6cm 길이이고 가장자리에
잔톱니가 있다. 뒷면은 연녹색이다.

겨울눈

가지가 변한 가시

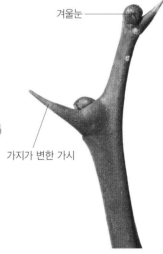

가시와 겨울눈 가지가 변한 가시는 억
세고 날카롭다. 겨울눈은 길이 2~3㎜
로 작고 가시의 기부에 달린다.

나무껍질 나무껍질은 회색이 도는
녹갈색이고 세로로 무늬가 생긴다.

*귤(*C. reticulata*) 제주도에서 재배하는 과일나
무로 늘푸른작은키나무이다. 가지에 가시가 없고
긴 타원형 잎은 잎자루에 날개가 없다.

*유자나무(*C. junos*) 남쪽 바닷가에서 자라는 늘푸른작은키나
무이다. 열매는 신맛이 강하지만 향기가 좋아서 유자차를 만들
어 마신다. 잎은 긴 타원형이고 잎자루에 넓은 날개가 있다.

7장의 작은잎을 가진 칠엽수

무환자나무과 | *Aesculus turbinata* 　🍃 갈잎큰키나무 　✳ 꽃 5~6월 　🍂 열매 9~10월

칠엽수는 낙엽이 지는 큰키나무로 높이 20m 정도까지 자란다. 손바닥 모양의 잎은 흔히 7장의 작은잎으로 이루어져 '칠엽수'라고 하는데 '마로니에'라는 서양 이름으로도 널리 알려져 있다. 유럽에서는 마로니에가 관상수로 널리 심어지고 있고 우리나라도 서울의 대학로에 마로니에가 자라는 마로니에 공원이 있다.

마로니에와 칠엽수는 엄밀히 말하면 같은 나무가 아니다. 우리가 흔히 칠엽수라고 부르며 공원이나 길가에 심고 있는 나무는 일본이 고향인 나무이며, 마로니에라는 이름으로 불리는 나무는 유럽이 고향인 가시칠엽수를 말한다. 두 나무는 아주 가까운 형제 나무로 잎과 꽃 모양이 비슷해서 쉽게 구분되지 않는다. 다만 일본 원산의 칠엽수는 둥근 열매가 매끈하지만 유럽 원산의 가시칠엽수는 둥근 열매 표면에 가시가 있는 점이 다르다. 또 다른 칠엽수 종류로 북아메리카가 고향인 미국칠엽수가 관상수로 심어지고 있는데 붉은색 꽃이 피고 작은잎이 5장이라서 쉽게 구분된다.

5월의 칠엽수

5월에 핀 꽃 암수한그루로 5월에 가지 끝에 15~25cm 길이의 커다란 꽃송이가 달린다.

꽃송이 커다란 원뿔꽃차례에 자잘한 연노란색 꽃이 촘촘히 돌려가며 달린다. 대부분은 수꽃이고 밑부분에 몇 개의 양성화가 달린다.

수꽃과 양성화 수꽃은 4장의 꽃잎 바깥으로 기다란 수술이 벋으며 꽃밥은 적갈색이다. 양성화는 7개의 수술 사이로 1개의 암술이 길게 벋는다.

8월의 열매 열매는 지름 3~5cm이며 표면에 돌기가 많고 가을에 갈색으로 익는다. 잘 익은 열매는 3갈래로 갈라지면서 커다란 씨앗이 나온다.

***가시칠엽수**(*A. hippocastanum*) **열매** 칠엽수와 비슷하지만 열매 표면에 가시가 있는 것을 '가시칠엽수'라고 하며 관상수로 심는다. 흔히 '마로니에'라고도 부른다.

9월의 칠엽수 잎은 가을에 노란색이나 황갈색으로 단풍이 든다.

칠엽수는 예전에는 칠엽수과로 따로 분류했지만 APG 분류 체계에서는 무환자나무과에 통합시켰다.

어린 씨앗

열매껍질

어린 열매 단면 열매 속에는 1~2개의 씨앗이 만들어진다.

씨앗 커다란 씨앗은 밤톨과 모양이 비슷하지만 약간 더 커서 '말밤'이라 고도 한다. 일본에서는 씨앗에서 녹말을 채취해 떡을 만들어 먹는다.

잎 모양 잎은 가지에 2장씩 마주나며 보통 7장의 작은잎이 손바닥 모양으로 모여 붙는 손꼴겹잎이다. 작은잎이 5장 또는 9장이 붙는 잎도 있다.

잎 뒷면 작은잎은 13~30cm 길이 이고 뒷면은 연녹색이며 잎맥 위에 털이 있다. 잎자루는 5~25cm 길이이다.

겨울눈 끝눈은 길이 1~4cm로 큰 편이며 표면은 끈적거리는 나뭇진으로 덮여 있어서 벌레가 잘 들러붙는다.

겨울눈 단면 눈 속에 장차 잎이나 꽃이 될 부분이 포개져 있다.

봄에 돋은 새순 봄이 되면 겨울눈이 벌어지면서 새순이 돋기 시작한다.

새로 돋은 잎 새로 돋는 잎은 반씩 포개져 있던 잎몸이 펼쳐지면서 나온다.

나무껍질 나무껍질은 흑갈색이며 처음에는 매끈하지만 나중에는 조각으로 갈라져 벗겨진다.

*미국칠엽수(*A. pavia*) 북아메리카 원산의 갈잎작은키나무로 관상수로 심고 있는데 5월에 붉은색 꽃이 핀다. 잎은 5장의 작은잎이 모여 달린 손꼴겹잎이다.

칠엽수의 목재는 무늬가 독특하여 공예품을 만드는 데 쓰이고, 숯으로는 미술용 목탄을 만든다.

꽈리 모양의 열매가 열리는 모감주나무

무환자나무과 | *Koelreuteria paniculata*   🌳 갈잎작은키나무 ✳️ 꽃 7월 🍂 열매 10월

모감주나무는 낙엽이 지는 작은키나무로 높이 10m 정도까지 자란다. 충남 안면도 바닷가와 전남 완도, 경기도 백령도, 충북 월악산, 경북 포항 등에서 드물게 자란다. 꽈리 모양의 열매 속에는 3개의 검은색 씨앗이 들어 있는데 이 씨앗으로 스님들이 목에 거는 염주를 만든다. 그래서 지방에 따라서는 이 나무를 '염주나무'라고 부른다. 모감주란 이름도 닳아 없어진다는 뜻의 '모감(耗減)'이라는 한자어에서 유래된 것으로, 모감이라는 낱말이 기도할수록 닳는 염주와 관련이 있기 때문이다.

모감주나무는 여름에 꽃이 피는데 커다란 노란색 꽃송이가 가지마다 달린 모습이 아름다워서 관상수로 심기도 한다. 추위에도 잘 견뎌 서울을 비롯한 중부 지방에서도 잘 자란다. 영어 이름은 '골든 레인 트리(Golden Rain Tree)', 즉 '황금비나무'인데 꽃송이를 보고 지은 이름이다.

전남 완도 대문리의 모감주나무 군락(천연기념물 제428호)

7월에 핀 꽃 여름에 가지 끝에 15~40㎝ 길이의 커다란 노란색 꽃송이가 달린다.

꽃송이 커다란 원뿔꽃차례에 자잘한 노란색 꽃이 촘촘히 돌아가며 달린다.

꽃받침통

꽃받침 종지 모양의 꽃받침은 연녹색이다.

꽃 모양 꽃은 지름 1㎝ 정도이다. 4장의 꽃잎은 위쪽에만 있어서 아래쪽은 마치 떨어진 것처럼 보인다.

수술

활짝 핀 꽃 활짝 핀 꽃은 꽃잎이 뒤로 젖혀지고 8개의 수술과 1개의 암술은 앞으로 길게 벋는다.

씨방

암술

시든 꽃 시간이 지나면 수술과 꽃잎은 시들고 암술 밑부분의 씨방이 자라기 시작한다.

7월의 어린 열매 꽃이 지면 바로 꽈리 모양의 열매가 열린다. 열매는 삼각뿔 모양이다.

열매 단면 열매 속은 3칸으로 나뉘어 있고 칸마다 둥근 씨앗이 1개씩 만들어진다.

8월의 열매 열매는 여름이 지나면서 갈색으로 익기 시작하고 다 익으면 3갈래로 갈라진다.

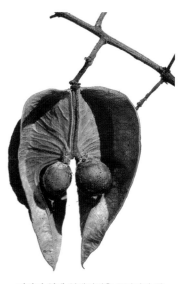

갈라진 열매 열매껍질은 종이처럼 얇고 껍질 속에 붙어 있는 씨앗은 흑갈색으로 익는다.

씨앗 둥근 씨앗은 지름이 7mm 정도이며 매우 단단하다.

잎 모양 가지에 서로 어긋나는 잎은 7~15장의 작은잎이 마주 붙는 홀수깃꼴겹잎이며 25~35cm 길이이다.

잎 뒷면 작은잎 가장자리에는 불규칙한 톱니가 있다. 뒷면은 연녹색이며 잎맥 위에 털이 있다.

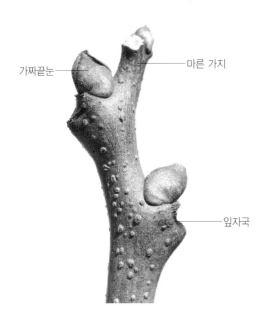

가짜끝눈
마른 가지
잎자국

겨울눈 겨울눈은 원뿔 모양이고 잎자국은 튀어나온다. 가지 끝은 말라 죽는다.

봄에 돋은 새순 새로 돋는 잎은 붉은빛이 돈다.

나무껍질 나무껍질은 회갈색이며 세로로 불규칙하게 갈라진다.

모감주나무의 자생지가 주로 바닷가인 이유는 씨앗이 가벼워서 바닷물을 타고 멀리까지 이동하기 때문이다.

뼈에 이로운 물이 나오는 고로쇠나무

무환자나무과 | *Acer pictum*　　🌳 갈잎큰키나무　✱ 꽃 4~5월　🍂 열매 10월

신라 말의 훌륭한 스님인 도선국사가 좌선을 끝내고 일어서려는데 무릎이 펴지지 않았다. 그래서 다시 일어서려고 근처의 나뭇가지를 잡았는데 그 나뭇가지가 찢어지면서 넘어지고 말았다. 그런데 찢어진 나뭇가지에서 방울방울 수액이 떨어지는 것을 보고 받아 마시니 무릎이 펴지면서 원기가 회복되었다고 한다. 그래서 이 나무를 '골리수(骨利樹)'라고 하였는데 뼈에 이로운 물을 가진 나무란 뜻이다. 골리수가 오랜 세월을 거치면서 '고로쇠'로 변했다고 한다.

고로쇠나무 수액은 경칩을 전후해서 채취하는데 낮과 밤의 기온 차이가 많이 나는 날에 수액이 많이 나온다고 한다. 고로쇠 수액은 색깔이 거의 없고 약간 단맛이 나며 향기가 있다. 수액은 위장병이나 신경통, 허약한 몸의 기운을 북돋는 데 효능이 있다고 한다. 목재는 단단하고 질겨서 체육관 마룻바닥이나 운동기구를 만드는 재료로도 쓰인다.

10월의 고로쇠나무

4월 말에 핀 꽃 암수한그루로 봄에 햇가지 끝에서 잎과 함께 고른꽃차례가 나온다.

꽃받침조각

꽃잎

수술

수꽃 모양 황록색 꽃은 5장의 꽃받침조각과 5장의 꽃잎이 있고 가운데에 8개의 수술이 있다. 양성화는 8개의 수술과 1개의 암술이 있다.

6월 초의 어린 열매 꽃이 지면 날개가 달린 열매가 열린다.

씨앗

씨앗 둥근 타원형 씨앗은 납작하며 갈색 껍질을 벗기면 노란 속살이 드러난다.

10월의 열매 가을에 열매는 더욱 단단해진다. 열매는 길이 2~3cm이며 날개 안쪽에 씨앗이 들어 있다.

열매 모양 양쪽에 날개가 있는 열매는 보통 90도 정도로 벌어지지만 더 많이 벌어지거나 더 좁게 벌어지는 것 등 나무에 따라 조금씩 다르다.

고로쇠나무가 속한 단풍나무속(*Acer*)은 예전에는 단풍나무과로 분류했지만 APG 분류 체계에서는 무환자나무과에 통합시켰다.

봄에 새로 돋은 잎 이른 봄에 잎눈에서 돋는 새잎은 연녹색을 띤다.

여름에 새로 돋은 잎 여름에 새로 자란 가지에서 돋는 새잎은 붉은빛이 돈다.

잎 모양 잎은 가지에 2장씩 마주나며 둥근 잎몸이 5~7갈래로 얕게 갈라진다. 갈래조각 끝은 뾰족하며 가장자리가 밋밋하다.

잎 뒷면 잎몸은 7~15㎝ 길이이고 뒷면의 잎맥이 만나는 부분에 털이 모여난다.

끝눈

곁눈

겨울눈 겨울눈은 달걀 모양이며 끝눈이 곁눈보다 크다.

고로쇠 수액 채취 줄기에 8㎜ 이내의 구멍을 뚫고 호스를 꽂아 수액을 채취한다. 줄기가 굵으면 뚫는 구멍의 수도 늘어난다.

*우산고로쇠(A. okamotoanum) 울릉도에서 자라는 갈잎큰키나무로 높이 15m 정도로 자란다. 고로쇠와 비슷한 잎은 잎몸이 6~9갈래로 얕게 갈라진다. 근래에는 고로쇠나무와 같은 종으로 본다.

수액을 채취하는 나무

고로쇠나무처럼 봄에 수액이 많이 나오는 나무로는 다래와 자작나무속 나무들이 있다. 이들 나무도 고로쇠나무처럼 수액을 채취해 마신다.

다래(Actinidia arguta) 산에서 자라는 덩굴나무로 이른 봄에 줄기에서 수액을 채취해 마신다.

거제수나무(Betula costata) 높은 산에서 자라는 갈잎큰키나무로 이른 봄에 줄기에서 수액을 받아 마신다.

자작나무(Betula platyphylla) 관상수나 조림수로 심는 갈잎큰키나무로 이른 봄에 줄기에서 수액을 받아 마신다.

고로쇠나무는 산에서 흔히 자라며 수액은 야간의 온도가 영하 3~4℃, 주간의 온도가 영상 10~15℃일 때 많이 나온다.

가을 단풍의 대명사 단풍나무

무환자나무과 | *Acer palmatum*　　🍂 갈잎큰키나무　✽ 꽃 4~5월　🍂 열매 9~10월

가을이 되면 많은 사람들이 아름답게 물든 단풍 구경을 떠나는데 가장 흔히 만나는 나무가 손바닥 모양의 잎을 가진 단풍나무 종류이다. 단풍나무는 단풍나무속의 대표 나무로 가을에 낙엽이 지는 큰키나무이며 주로 남부 지방의 낮은 산에서 자란다. 단풍나무의 잎은 잎몸이 5~7갈래로 갈라진다.

단풍잎은 가을에 기온이 낮아지면 초록색 엽록소가 더 이상 만들어지지 않고 빨간색 색소가 새로 생겨나기 때문에 붉은색으로 물이 든다. 붉은 단풍잎이 땅에 떨어지면 단풍잎에서 나온 붉은 색소가 땅속으로 스며들어 다른 나무가 자라는 것을 방해한다고 한다.

단풍나무는 많은 재배 품종이 만들어져 정원수로 심어지고 있다. 단풍나무의 목재는 재질이 치밀하여 잘 갈라지지 않기 때문에 체육관이나 볼링장의 나무 바닥, 악기, 테니스 라켓 등을 만드는 데 쓰이고 있다.

11월의 단풍나무

4월의 꽃봉오리 봄에 잎이 돋을 때 꽃봉오리도 함께 나온다.

꽃봉오리

꽃가지 암수한그루로 잎과 함께 자란 꽃송이는 밑으로 늘어진다.

꽃송이 고른꽃차례에는 부드러운 털이 있으며 자잘한 꽃이 모여 핀다. 꽃차례에는 수꽃과 양성화가 함께 달린다.

꽃잎 · 수술 · 암술 · 꽃받침조각

양성화 꽃받침조각과 꽃잎은 각각 5장이고 수술은 보통 8개이며 암술머리는 2개로 갈라진다.

6월의 어린 열매 꽃이 지고 나면 가지 끝에 열매송이가 매달린다.

열매송이 꽃송이 모양대로 열리는 열매송이는 자루가 길며 2장의 날개로 이루어진 열매가 모여 달린다.

10월의 열매 열매는 1.5cm 정도 길이이다. 열매의 날개는 가을에 연노란색이나 황적색으로 변한다. 2장의 날개가 70도 정도로 벌어지며 표면에 털이 없다.

씨앗

날개

잎 모양 가지에 2장씩 마주나는 손바닥 모양의 잎은 잎몸이 5∼7갈래로 갈라지고 가장자리에 겹톱니가 있다.

잎 뒷면 잎몸은 4∼7cm 길이이며 뒷면의 털은 점차 없어지고 잎자루의 기부에만 남는다.

단풍잎 가을에 붉은색으로 물드는 잎은 가을 단풍의 대명사이다.

가짜끝눈

여름에 돋은 잎 여름에 돋는 잎은 붉은색을 띠기도 한다.

떡잎

본잎

새싹 봄에 돋는 새싹의 떡잎은 길쭉하고 본잎은 붉은빛이 돈다.

겨울눈 가지 끝에 2개의 겨울눈이 달리는데 겨울눈 밑에 짧은털이 조금 있다.

나무껍질 나무껍질은 연한 회갈색이고 처음에는 매끈하지만 나중에는 세로로 얕게 갈라진다.

*세열단풍('Dissectum') 관상용으로 개발된 단풍나무 품종으로 7∼11갈래로 갈라지는 갈래 조각이 다시 촘촘히 갈라진다.

*홍단풍(ssp. *amoenum* 'Sanguineum') 관상용으로 개발된 단풍나무 품종으로 봄부터 가을까지 잎이 붉은색이다.

285

단풍나무속(*Acer*) 나무의 비교

단풍나무가 속한 단풍나무속의 나무는 전 세계적으로 200종 정도가 있는데 주로 북반구의 온대 지방에서 널리 자라고 있다. 우리나라에서 자생하는 단풍나무속 나무는 10여 종이 넘으며 모두 단풍나무처럼 가을 단풍이 아름답다. 주변에서 흔히 볼 수 있는 단풍나무 종류는 당단풍과 신나무, 그리고 고로쇠나무 등이 있고 시닥나무, 부게꽃나무, 산겨릅나무, 복장나무 등은 깊은 산에서 자란다. 그리고 우산고로쇠와 섬단풍나무는 울릉도에서만 자라는 단풍나무 종류이다.

가을 단풍이 아름다운 단풍나무 종류는 사람들의 사랑을 받으며 관상수로도 많이 심어지고 있다. 우리나라 원산으로는 단풍나무와 복사기 등이 있고 중국 원산의 중국단풍, 북아메리카 원산의 은단풍과 네군도단풍 등을 비롯한 많은 재배 품종이 외국에서 들여와 널리 심어지고 있다. 단풍나무속 나무의 가장 큰 특징은 모든 나무가 프로펠러처럼 2장의 날개로 된 열매를 가지고 있다는 점이다. 두 날개가 벌어지는 각도는 종마다 차이가 나며 같은 종이라도 나무마다 변이가 심하다.

	꽃	열매	잎	겨울눈
신나무				
	신나무(*A. tataricum* ssp. *ginnala*)는 산에서 흔히 자라며 5월에 꽃이 핀다.	열매의 두 날개는 거의 평행하거나 겹쳐진다.	잎몸은 3갈래로 갈라지며 겹톱니가 있다.	가짜끝눈(가정아:假頂芽)은 2개이고 눈비늘조각(아린:芽鱗)은 6~8개이다.
중국단풍				
	중국단풍(*A. buergerianum*)은 중국 원산의 관상수로 5월에 꽃이 핀다.	열매의 두 날개는 조금 벌어지거나 평행하다.	잎몸은 3갈래로 갈라지며 톱니가 없다.	어린 가지는 흰색 털이 있고 눈비늘조각은 12~26개이다.
고로쇠나무	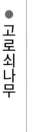			
	고로쇠나무(*A. pictum*)는 산에서 자라며 4~5월에 잎과 함께 꽃이 핀다.	열매는 보통 직각으로 벌어지지만 변화가 심하다.	잎몸이 5~7갈래로 갈라지고 톱니가 없다.	끝눈(정아:頂芽)은 곁눈(측아:側芽)보다 크고 눈비늘조각은 6~10개이다.

단풍나무속의 속명 아케르(*Acer*)는 라틴어로 강하다는 뜻인데 나무의 재질이 강해서 붙여진 이름이다.

	꽃	열매	잎	겨울눈

우산고로쇠

우산고로쇠(*A. okamotoanum*)는 울릉도에서 자라며 4~5월에 꽃이 핀다.

열매의 날개는 보통 겹쳐지지만 벌어지는 것도 있다.

잎몸이 6~9갈래로 얕게 갈라지고 톱니가 없다.

끝눈은 곁눈보다 크고 눈비늘조각은 6~10개이다.

산겨릅나무

산겨릅나무(*A. tegmentosum*)는 높은 산에서 자라며 5월에 꽃이 핀다.

열매의 두 날개는 직각 이상으로 벌어진다.

잎몸은 3~5갈래로 얕게 갈라지고 겹톱니가 있다.

겨울눈은 짧은 자루가 있고 눈비늘조각은 2개이다.

부게꽃나무

부게꽃나무(*A. caudatum ssp. ukurunduense*)는 높은 산에서 자라며 5~6월에 피는 꽃차례는 곧게 선다.

열매송이는 곧게 서거나 처지며 열매는 직각보다 좁게 벌어진다.

잎몸은 5~7갈래로 얕게 갈라지고 톱니가 있다.

가지와 겨울눈에는 털이 있고 눈비늘조각은 2개이다.

청시닥나무

청시닥나무(*A. barbinerve*)는 깊은 산에서 자라며 암수딴그루로 5~6월에 잎과 함께 꽃이 핀다.

열매는 보통 직각 또는 좀 더 벌어지기도 한다.

잎몸은 5갈래로 갈라지고 겹톱니가 있다.

눈비늘조각은 2개이고 표면에 털이 없다.

꽃	열매	잎	겨울눈

시닥나무

시닥나무(*A. tschonoskii* var. *koreanum*)는 깊은 산에서 자라며 암수딴그루로 5~6월에 잎과 함께 꽃이 핀다.

열매는 직각 이상으로 활짝 벌어진다.

잎몸은 3~5갈래로 갈라지고 치아 모양의 톱니가 있으며 잎자루가 붉다.

가지는 붉은빛이 돌고 눈비늘조각은 2개이며 털이 있다.

은단풍

은단풍(*A. saccharinum*)은 북아메리카 원산이며 암수딴그루로 봄에 잎보다 꽃이 먼저 핀다.

열매는 직각으로 벌어지며 흔히 한쪽만 크게 자란다.

잎몸은 5갈래로 깊게 갈라지고 겹톱니가 있으며 뒷면은 흰색이다.

잔가지는 냄새가 나며 끝눈이 있고 꽃눈은 뭉쳐난다.

단풍나무

단풍나무(*A. palmatum*)는 남부 지방의 산에서 자라며 봄에 잎과 함께 꽃이 핀다.

열매는 거의 수평으로 벌어진다.

잎몸은 5~7갈래로 갈라지며 겹톱니가 있다.

가짜끝눈은 2개이고 밑부분에 털이 조금 있으며 눈비늘조각은 4개이다.

당단풍

당단풍(*A. pseudosieboldianum*)은 산에서 흔히 자라며 5월에 잎과 함께 꽃이 핀다.

열매의 두 날개는 직각 정도로 벌어진다.

잎몸은 7~11갈래로 갈라지며 겹톱니가 있다.

가짜끝눈은 2개이고 밑부분에 털이 많으며 눈비늘조각은 4개이다.

	꽃	열매	잎	겨울눈

섬단풍나무

섬단풍나무(*A. pseudosieboldianum* ssp. *takesimense*)는 울릉도에서 자라며 5월에 잎과 함께 꽃이 핀다.

열매의 두 날개는 직각보다 조금 더 벌어진다.

잎몸은 11~13갈래로 갈라지며 톱니가 있다.

가짜끝눈은 2개이고 밑부분에 털이 많으며 눈비늘조각은 4개이다.

복자기

복자기(*A. triflorum*)는 산에서 자라며 5월에 잎과 함께 꽃이 핀다.

열매는 직각으로 벌어지고 털이 있다.

세겹잎이며 가장자리에 2~4개의 큰 톱니가 있다.

겨울눈에 털이 있고 눈비늘조각은 11~15개이다.

복장나무

복장나무(*A. mandshuricum*)는 높은 산에서 자라며 5~6월에 꽃이 핀다.

열매의 두 날개는 직각 또는 그 이상으로 벌어진다.

세겹잎이며 가장자리에 잔톱니가 있다.

겨울눈에 털이 없고 눈비늘조각은 11~15개이다.

네군도단풍

네군도단풍(*A. negundo*)은 북아메리카 원산이며 암수딴그루로 봄에 잎보다 꽃이 먼저 핀다.

열매의 두 날개는 직각보다 좁게 벌어진다.

3~7장의 작은잎이 마주 붙는 깃꼴겹잎이며 톱니가 드문드문 있다.

둥근 겨울눈에 털이 있고 눈비늘조각은 4~6개이다.

호랑이 눈을 가진 가죽나무

8월의 가죽나무

소태나무과 | *Ailanthus altissima* 　🌳 갈잎큰키나무　✳ 꽃 5~6월　🍂 열매 9~10월

가죽나무는 낙엽이 지는 큰키나무로 높이 10~20m로 자란다. 가죽나무는 산기슭이나 마을 주변에서 자라는데 공해에 강하며 병충해가 거의 없기 때문에 가로수로 심기도 한다.

삭은잎의 아래쪽에는 2~4개의 톱니가 있고 톱니 끝에는 볼록해진 사마귀가 1개씩 있는데 이 사마귀에서는 고약한 냄새가 난다. 가죽나무의 또 다른 특징은 가을에 낙엽이 진 후 남는 커다란 잎자국의 모양이다. 그 모양이 호랑이 눈과 비슷하다고 해서 가죽나무를 '호안수(虎眼樹)' 또는 '호목수(虎目樹)'라고도 한다. 영어 이름은 '하늘나무(Tree of Heaven)'이다.

가죽나무는 '가짜 죽나무'란 뜻으로 비슷하게 생긴 참죽나무와 비교돼서 붙여진 이름이다. 참죽나무는 잎에서 냄새도 나지 않고 어린순은 맛있는 나물로 먹으며 목재도 뛰어난 데 비해 가죽나무는 그렇지 못하다.

6월에 핀 수꽃 암수딴그루로 6월에 가지 끝에 길이 10~20cm의 커다란 원뿔꽃차례가 달린다.

수술

수꽃 모양 5장의 꽃잎은 긴 타원형이며 3mm 정도 길이이다. 꽃 가운데에 연노란색 꽃밥을 가진 10개의 수술이 있다.

암꽃송이 암그루에 달리는 꽃송이에는 자잘한 암꽃이 모여 달린다.

씨방　암술머리

수술

꽃잎

암꽃 모양 5장의 꽃잎 가운데에 있는 암술은 암술머리가 5개로 갈라진다. 수술은 퇴화되었다.

시든 수꽃의 낙화 꽃은 한꺼번에 활짝 피었다 지기 때문에 수그루 밑에는 시들어 떨어진 수꽃이 수북하게 쌓인다.

8월 초의 어린 열매 암꽃이 진 자리에는 납작한 긴 타원형 열매가 꽃송이 모양대로 가득 달린다.

9월 말의 열매 열매송이에 다닥다닥 모여 달린 열매는 가을에 연갈색으로 익는다.

씨앗

열매 모양 좁은 타원형 열매는 4~4.5㎝ 길이이며 가운데에 씨앗이 들어 있고 나머지 부분은 날개이다.

씨앗 납작한 씨앗은 지름이 5㎜ 정도이다.

잎 모양 잎은 어긋나고 13~25장의 작은잎이 마주붙는 홀수깃꼴겹잎은 길이가 40~100㎝로 매우 크다.

잎 뒷면 작은잎은 기다란 달걀형이며 끝이 뾰족하고 밑부분에 1~2쌍의 톱니가 있다. 뒷면은 주맥을 따라 짧은털이 있다.

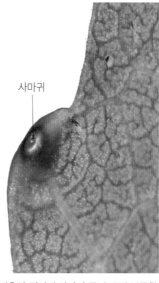

사마귀

작은잎 뒷면의 사마귀 톱니 끝의 볼록한 사마귀에서 고약한 냄새가 난다.

나무껍질 나무껍질은 회갈색이고 오랫동안 갈라지지 않으며 매끈하다.

겨울눈

잎자국

겨울눈과 잎자국 가지는 굵고 겨울눈은 편평한 반구형이다. 하트 모양의 커다란 잎자국이 호랑이 눈을 닮았다.

봄에 돋은 새순 새순은 나물로 먹지만 참죽나무에 비해 맛이 덜해서 '가짜 죽나무'란 뜻으로 가죽나무라고 한다.

*참죽나무(*Toona sinensis*) 새순 중국 원산으로 흔히 마을 주변에 심는다. 봄에 돋는 어린순을 나물로 먹는다.

참죽나무는 잎의 생김새가 가죽나무와 비슷하지만 날개 달린 열매가 열리는 가죽나무와 달리 타원형 열매가 열린다.

쓴맛의 대명사 소태나무

소태나무과 | *Picrasma quassioides*   🌳 갈잎큰키나무 ✳ 꽃 5~6월 🍂 열매 9월

소태나무는 낙엽이 지는 큰키나무로 높이 9~10m로 자란다. 우리나라 각지의 산기슭이나 산골짜기에서 자란다. '소태같이 쓰다'는 말처럼 소태나무는 쓴맛의 대명사로 알려져 있는데 쓴맛을 내는 콰신(quassin)이라는 물질이 들어 있기 때문이다. 콰신은 잎, 줄기, 뿌리 등 각 부분에 모두 들어 있지만 특히 줄기나 가지의 속껍질에 가장 많다. '소태나무'의 한자 이름은 쓴나무란 뜻의 '고수(苦樹)'이고, 일본식 한자 이름은 '고목(苦木)'이며, 영어 이름도 쓴나무란 뜻의 '콰시아우드(Quassiawood)'이다.

소태나무의 쓴맛은 위를 튼튼하게 하는 작용이 있어 한방에서는 말린 나무껍질을 건위제(健胃劑)나 식욕 부진 등을 치료하는 데 사용한다. 예전에 부인들은 아기가 젖을 뗄 때가 되면 젖꼭지에 소태 즙을 발라서 아기가 젖을 먹지 못하도록 했다고 한다. 소태나무 껍질은 매우 질겨서 옛날에는 섬유자원으로 이용했고 목재의 노란 색소는 물을 들이는 물감으로 사용하기도 했다.

9월의 소태나무

꽃봉오리 봄에 잎이 돋을 때 꽃봉오리도 함께 자란다.

5월에 핀 암꽃 암수딴그루로 잎겨드랑이에서 자란 고른꽃차례는 5~10cm 길이이며 자잘한 꽃이 모여 핀다.

암꽃 모양 4~5장의 꽃잎 가운데에 있는 암술은 암술머리가 4~5개로 갈라진다. 암술 둘레에 퇴화된 수술이 있다.

암꽃의 벌레집 암꽃에 기생하는 벌레 때문에 열매 대신에 벌레집이 만들어지기도 한다.

5월에 핀 수꽃 수그루에는 수꽃송이가 자란다.

수꽃 모양 4~5장의 꽃잎 가운데에서 4~5개의 수술이 길게 벋으며 꽃밥은 노란색이다.

6월의 어린 열매 수정된 암꽃은 4~5개의 씨방이 자라기 시작한다.

4개의 씨방이 자라서 된 열매

5개의 씨방이 자라서 된 열매

7월의 열매 열매는 자라면서 흑자색으로 익어 간다. 타원형 열매는 길이가 6mm 정도이다.

씨앗 열매 속에 1개씩 들어 있는 둥근 타원형 씨앗은 길이가 5~6mm이다.

잎 모양 가지에 서로 어긋나는 잎은 9~15장의 작은잎이 마주 붙는 홀수깃꼴겹잎이다. 작은잎은 달걀형이며 끝이 뾰족하고 가장자리에 톱니가 있다.

잎 뒷면 잎은 15~25cm 길이이다. 작은잎 뒷면은 연녹색이고 처음에는 잎맥에 털이 있지만 점차 없어진다.

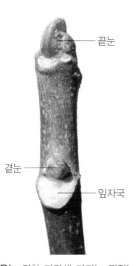

끝눈
곁눈
잎자국

겨울눈 진한 자갈색 가지는 껍질눈이 흩어져 난다. 겨울눈은 둥근 달걀형이며 갈색 털로 덮여 있다.

봄에 돋은 어린잎 겨울눈이 벌어지면서 포개져 있던 어린잎이 벌어지기 시작한다.

봄에 돋은 꽃봉오리 꽃눈이 벌어지면서 둥근 꽃봉오리가 자라기 시작한다.

나무껍질 나무껍질은 흑갈색이며 오래되면 세로로 갈라진다.

참나무 등에 기생하는 반기생식물 겨우살이

1월의 겨우살이

단향과 | *Viscum coloratum*

🔺 늘푸른떨기나무 ✳ 꽃 3~4월 🔷 열매 10~12월

겨우살이는 산에서 자라는 늘푸른떨기나무로 50~80㎝ 높이이다. 여러 대가 모여 나는 줄기는 점차 밑으로 처지며 둥근 수형을 만든다. 겨우살이는 참나무와 같은 다른 나무에 기생해서 자라는 기생식물(寄生植物)이지만 스스로도 잎으로 광합성을 하기 때문에 '반기생식물'이라고 한다. 겨우살이는 겨울에도 푸른 잎을 달고 살아긴다 하여 '겨울살이'로 부르던 것이 ㄹ이 탈락하면서 '겨우살이'가 되었다.

겨우살이는 옛날부터 민간약으로 널리 쓰였으며 신경통과 고혈압, 여성 관련 질환을 치료하는 한약재로도 쓰이는데 특히 뽕나무에 기생한 겨우살이를 최고로 친다. 예전에는 겨우살이처럼 다른 나무에 기생하는 동백나무겨우살이, 꼬리겨우살이, 참나무겨우살이를 모두 겨우살이과로 분류하였는데 최신의 APG 분류 체계에서는 겨우살이와 동백나무겨우살이는 단향과로 분류하고 꼬리겨우살이와 참나무겨우살이는 꼬리겨우살이과로 독립시켰다.

4월 초에 핀 수꽃 암수딴그루로 3~4월에 마주 나는 2장의 잎 사이에서 꽃이 핀다. 연노란색 수꽃은 보통 3개씩 모여 핀다.

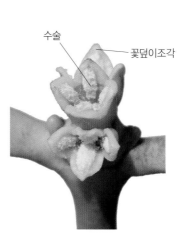

수술 / 꽃덮이조각

수꽃 모양 꽃덮이는 두껍고 4갈래로 갈라지며 꽃덮이조각은 끝이 뾰족하다. 꽃은 지름 2.5~3mm로 작고 4개의 수술은 수술대가 없이 꽃덮이 안쪽에 붙는다.

꽃덮이조각

4월 초에 핀 암꽃 암그루의 암꽃도 2장의 잎 사이에서 보통 3개씩 모여 핀다.

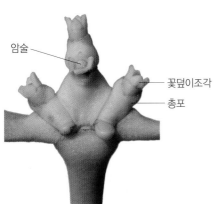

암술 / 꽃덮이조각 / 총포

암꽃 모양 총포는 술잔 모양이고 꽃덮이는 4갈래로 갈라지며 암술은 암술대가 없다.

시든 암꽃 꽃가루받이가 끝난 암꽃은 꽃덮이가 시들며 떨어져 나간다.

꽃눈

10월의 어린 열매와 겨울눈 어린 열매는 둥글며 연녹색이고 광택이 있다. 햇가지 끝에는 꽃눈이 만들어진다.

겨우살이의 한자 이름은 '기생목(寄生木)'으로 살아가는 모습대로 기생하는 나무란 뜻이다.

10월 말의 어린 열매 둥근 열매는 지름 6~8mm이다.

12월의 열매 열매는 겨울에 연노란색으로 익으며 끈적거리는 열매살은 단맛이 난다.

*붉은겨우살이(for. *rubroaurantiacum*) **열매** 열매가 붉은색으로 익는 것을 '붉은 겨우살이'라고 구분하기도 한다.

6월의 잎가지 잎은 가지 끝에 2장씩 마주나고 거꿀 피침형~긴 타원형이다. 가 지는 계속 둘로 갈라진다.

씨앗 씨앗은 납작한 달걀형이며 점액질 열매살이 묻어 있어서 끈적거린다.

잎 뒷면 잎은 3~7cm 길이이며 가장자 리가 밋밋하고 두꺼운 가죽질이다. 잎 몸은 앞뒤의 구분이 어렵다.

암꽃눈 겨울눈은 마디 사이에 달리며 암꽃눈은 수꽃눈보다 긴 편이고 끝이 뭉툭하다.

나무껍질 황록색 줄기는 점차 가로로 얕은 주름이 생긴다.

어린 새싹 새가 끈적거리는 씨앗을 다른 나무에 옮기면 달라붙어서 새로 싹이 튼다.

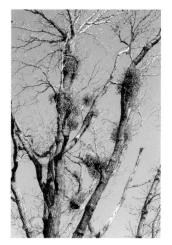

겨우살이 군락 신갈나무에 많은 겨 우살이가 기생하고 있다. 겨우살이는 신갈나무와 같은 참나무 종류에 주로 기생한다.

*동백나무겨우살이(*Korthalsella japonica*) 남쪽 섬의 늘푸른나무에 기생하며 납작한 가지는 마디가 많 고 마디에 달리는 잎은 작은 돌기 모 양으로 퇴화되었다.

*꼬리겨우살이(*Loranthus tanakae*) 산에서 참나무 등에 기생하며 타원형 잎은 마주나고 가장자리가 밋밋하다. 노란색 열매송이는 포도송이처럼 늘 어진다.

*참나무겨우살이(*Taxillus yadoriki*) 제주도 서귀포 근처 해안가에서 자라 며 타원형~달걀형 잎은 뒷면이 적갈 색 털로 덮여 있다. 적갈색 꽃부리는 끝이 4갈래로 갈라져 뒤로 젖혀진다.

겨우살이는 그늘에 말려서 약재로 쓰는데 눈을 밝게 해 주거나 부인병을 치료하는 데 사용한다.

나무 가득 딸기가 열리는 산딸나무

5월의 산딸나무

층층나무과 | *Cornus kousa* 🌳 갈잎작은키나무 ✳ 꽃 5~6월 🍂 열매 9~10월

산딸나무는 낙엽이 지는 작은키나무로 높이 7m 정도로 자란다. 중부 이남의 산골짜기와 산 중턱의 땅이 비옥하고 습기가 있는 곳에서 잘 자란다.

6월쯤에 산딸나무는 나무 가득 흰색 꽃으로 뒤덮인다. 十자 모양으로 된 4장의 하얀 잎은 꽃잎이 아니고 꽃을 싸고 있는 총포조각이 발달한 것이다. 가운데에 있는 둥근 공 모양의 꽃차례에 연녹색의 자잘한 꽃들이 빽빽이 모여 있다. 딸기 모양의 열매는 가을에 붉은색으로 익는데 지름이 1.5~2cm쯤 되고 먹을 수 있으며 맛이 달다. 열매 모양이 딸기와 비슷하고 산에서 자라기 때문에 '산딸나무'라고 한다.

꽃과 열매와 나무껍질이 아름다운 산딸나무는 전체적인 모습도 단정하고 보기 좋아 공원수나 가로수로 심기도 한다. 목재는 단단하고 질겨서 물레의 북이나 농기구 등을 만들며 기구재와 조각재로 쓰인다. 꽃과 열매는 지혈 작용을 하기 때문에 한방에서는 피를 멈추는 약재로 쓴다.

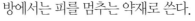

수술 · 암술 · 꽃잎

꽃송이 총포조각 가운데에 있는 둥근 꽃송이에 20~30개의 연한 황록색 꽃이 모여 핀다. 4장의 꽃잎 가운데에 4개의 수술과 1개의 암술이 있다.

총포조각

활짝 핀 꽃 十자 모양으로 된 4장의 흰색 잎은 꽃잎이 아니고 꽃을 싸고 있는 총포조각이 발달한 것이다.

어린 씨앗 · 열매살

6월에 핀 꽃 6월에 가지 끝에 흰색 꽃이 핀다.

꽃 뒷면 총포조각 뒷면도 흰색이다.

7월의 어린 열매 꽃이 진 후에 열리는 둥근 열매는 긴 자루에 달려 위를 향한다.

어린 열매 단면 열매살 속에는 1~5개의 씨앗이 만들어진다.

산딸나무 꽃은 밤에 갑자기 기온이 떨어지면 흰색 총포조각에 분홍빛이 조금 돈다.

9월의 열매 둥근 열매는 가을에 노란색으로 변했다가 붉은색으로 익는다.

열매 모양 딸기를 닮은 열매는 지름이 1.5~2㎝이며 표면이 축구공 무늬와 비슷하다.

열매 단면 열매 속살은 오렌지색이며 말랑말랑하고 단맛이 나며 먹을 수 있다.

씨앗 둥근 씨앗은 길이가 조금씩 다른데 지름 3~6㎜ 정도이다.

잎 모양 가지에 2장씩 마주나는 타원형 잎은 4~12㎝ 길이이며 끝이 뾰족하고 가장자리가 밋밋하거나 물결 모양의 톱니가 약간 있다.

잎 뒷면 뒷면은 연녹색이며 4~5쌍의 측맥이 뚜렷하고 잎맥이 만나는 부분에는 갈색 털이 모여난다.

*서양산딸나무(*C. florida*) 북아메리카 원산으로 관상수로 심는다. 산딸나무와 비슷한 꽃이 피지만 타원형 열매는 몇 개씩 모여 달린다.

겨울눈 겨울눈은 원뿔 모양이며 진갈색 털로 덮여 있다.

나무껍질 나무껍질은 어두운 적갈색이며 껍질이 작은 조각으로 불규칙하게 갈라져 벗겨진다.

9월의 산딸나무 초여름에 피는 꽃과 가을의 붉은 열매가 보기 좋아 관상수로 심는다.

꽃 밑에 있는 작은잎을 '포(苞)'라고 하며, 여러 개의 포가 모여 있는 것을 '총포(總苞)'라고 한다.

노란 꽃으로 봄을 알리는 산수유

4월 초의 산수유

층층나무과 | *Cornus officinalis* 　　🌳 갈잎작은키나무　❄️ 꽃 3~4월　🌿 열매 9~11월

산수유는 낙엽이 지는 작은키나무로 높이 4~8m로 자란다. 중부 지방의 산에서 자라며 흔히 집 주변이나 밭둑에 심어 기르고 중국에도 분포한다.

이른 봄에 산에서 봄이 온 것을 알리는 대표적인 봄나무가 생강나무라면, 마을에서 봄이 온 것을 일리는 대표적인 봄나무가 산수유이다. 산수유는 봄이 오면 나무 가득 노란색 꽃이 핀다. 열매는 가을에 수확해서 씨앗을 발라내고 햇빛에 잘 말려서 한약재로 쓰는데 몸을 튼튼하게 하고 체력을 회복시키는 강장제 등으로 사용한다. 또 열매로 차를 끓여 마시거나 술을 담가 먹기도 한다.

옛날에는 산수유 몇 그루만 있으면 수확한 열매를 판 돈으로 자녀를 대학까지 보낼 수가 있어서 '대학나무'라고 부르기도 하였는데 지금은 값이 싼 중국산이 많이 들어오고 있는 실정이다. 근래에는 아름다운 꽃과 열매를 감상하는 관상용으로 많이 심어지고 있다.

꽃봉오리 봄이 되면 꽃눈이 벌어지면서 노란색 꽃봉오리들이 고개를 내민다.

갓 피기 시작한 꽃 20~30개의 꽃이 우산살이 갈라지듯 피어난다.

3월 말에 핀 꽃 3~4월이 되면 잎보다 꽃이 먼저 피는데 나무 전체가 노란색 꽃으로 뒤덮인다.

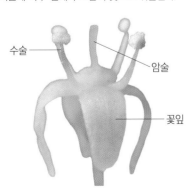

수술

암술

꽃잎

활짝 핀 꽃 4장의 꽃잎은 뒤로 젖혀지고 가운데에 4개의 수술과 1개의 암술이 있다.

*생강나무(*Lindera obtusiloba*) 산에서 자라는 생강나무(52쪽)도 봄에 잎보다 먼저 노란색 꽃이 피는데 산수유와 매우 비슷하다. 하지만 꽃자루가 짧고 꽃잎이 6장인 것으로 구분할 수 있다.

5월의 어린 열매 꽃이 지면 잎과 함께 타원형 열매가 열린다.

전남 구례의 산수유 마을에서는 3월에 꽃이 활짝 필 때면 산수유 축제가 열려 봄꽃 맞이를 한다. 경기도 이천과 양평, 경북 의성 등에서도 산수유 축제가 열린다.

어린 열매 단면 열매 속에는 1개의 씨앗이 만들어진다.

어린 씨앗

열매살

9월의 열매 타원형 열매는 점차 노란색으로 변하면서 익기 시작한다.

10월의 열매 열매는 가을이 되면 붉은색으로 익는다.

열매 모양 긴 자루에 달리는 열매는 길이 1.5~2cm이며 표면에 광택이 있다.

씨앗 긴 타원형 씨앗은 길이가 8~12mm이다.

잎 모양 가지에 2장씩 마주나는 타원형 잎은 4~12cm 길이이며 끝이 길게 뾰족하고 가장자리가 밋밋하다.

잎 뒷면 뒷면은 전체에 털이 있으며 잎맥이 만나는 부분에는 갈색 털이 촘촘히 모여난다. 측맥은 4~7쌍이다.

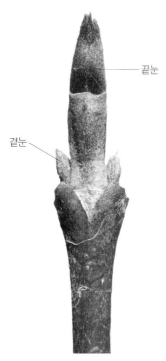

꽃눈

끝눈

곁눈

꽃눈 둥근 꽃눈은 길이가 4mm 정도이다.

잎눈 달걀 모양의 잎눈은 끝이 뾰족하고 길이가 2.5~4mm이다.

나무껍질 나무껍질은 어두운 회갈색이며 불규칙하게 갈라지고 얇게 벗겨진다.

산수유는 열매가 대추 열매와 비슷해서 대추 조(棗)자가 들어간 '석조(石棗)', '촉산조(蜀酸棗)', '육조(肉棗)' 등의 한자 이름으로도 불린다.

가지가 층층으로 돌려나는 **층층나무**

층층나무과 | *Cornus controversa*　　🍃 갈잎큰키나무　✳ 꽃 5~6월　🍂 열매 9~10월

층층나무는 가을에 낙엽이 지는 큰키나무로 높이 10~20m로 자란다. 전국의 산골짜기와 산 중턱의 숲에서 흔히 자라고 중국, 대만, 일본에도 분포한다. 숲속에 빈터가 생기면 먼저 들어와 쑥쑥 자라고 가지를 펼쳐 햇빛을 독차지하는 나무 중 하나이다. 이런 나무들을 숲의 신구자라는 뜻으로 '선구수종' 또는 숲속의 무법자라는 뜻으로 '폭목(暴木)'이라고 한다. 층층나무는 대표적인 선구수종이다. 층층나무는 곧게 자라는 줄기에 가지가 층층으로 돌려나며 수평으로 퍼진다. 그래서 나무 이름이 '층층나무'이고 '계단나무'라고 하기도 한다.

5월에 피는 흰색 꽃에 꿀이 많아 꿀벌들이 모여들어 꿀을 많이 딸 수 있다. 콩알만 한 열매는 가을에 붉은빛으로 변했다가 검은색으로 익는데 산새들이 좋아하는 먹잇감이다. 목재는 색이 연하고 나이테로 인한 무늬가 두드러지지 않고 깨끗하여 젓가락이나 나막신 등의 가공품을 만들거나 조각재로 이용한다.

6월 초의 층층나무

5월에 핀 꽃 5월에 가지 끝에 달리는 고른꽃차례는 지름 5~15cm이며 흰색 꽃이 모여 핀다.

암술　　꽃잎　　수술

꽃 모양 꽃은 지름 7~8mm이며 4장의 꽃잎은 활짝 벌어진다. 꽃 가운데에 1개의 암술이 있으며 4개의 수술은 길게 벋는다.

꽃송이 뒷면 연녹색 꽃받침통은 흰색의 누운털로 덮여 있다.

7월의 어린 열매 꽃이 지면 작고 둥근 열매가 가득 열린다.

10월의 열매 열매는 가을에 검은색으로 익는다.

열매 모양 둥근 열매는 지름 6~7mm이며 열매자루는 붉게 변한다.

층층나무의 흰색 꽃은 향기가 좋고 꿀이 많은 밀원식물이다.

씨앗 둥근 씨앗은 지름이 5~6mm이며 세로로 얕은 골이 진다.

여름에 새로 돋은 잎 여름에 새로 돋는 잎은 단풍잎처럼 붉은빛이 돌기도 한다.

잎 모양 가지에 서로 어긋나는 잎은 넓은 달걀형~타원형이며 6~15cm 길이이다. 잎 끝은 뾰족하고 가장자리는 밋밋하다.

잎 뒷면 뒷면은 흰빛이 돌고 잔털이 촘촘히 난다.

단풍잎 잎은 가을에 붉은색으로 단풍이 든다.

겨울눈 어린 가지는 홍자색이며 털이 없다. 겨울눈은 타원형이며 7~10mm 길이이고 5~8개의 눈비늘조각에 싸여 있다.

*무늬잎층층나무('Variegata') 잎에 얼룩무늬가 있는 품종이 개발되어 관상수로 심어지고 있다.

봄에 돋은 새순 봄에 잎과 함께 꽃봉오리가 나온다.

수액이 흐르는 줄기 나무껍질은 회갈색이며 오래되면 세로로 얕게 골이 져서 터진다. 가지를 자르면 나오는 수액은 오래되면 붉은빛이 돈다.

2월의 층층나무 곧게 자라는 줄기에 가지가 층층으로 돌려나기 때문에 '층층나무'라고 한다.

층층나무속(*Cornus*) 나무의 비교

층층나무가 속한 층층나무속에는 쓸모 있는 나무가 많다. 딸기 모양의 열매를 맺는 산딸나무는 꽃과 열매가 아름다워서 관상수로 심고 있고 이와 비슷한 서양산딸나무도 북아메리카에서 들여와 함께 관상수로 심는다. 또 산수유는 붉은색 열매를 약으로 쓰기 위해 재배하기도 하고 노란색 꽃과 열매가 아름다워서 관상수로 심기도 한다. 그리고 층층나무도 탐스러운 꽃과 나무 모양이 아름다워서 관상수로 심어지고 있다.

층층나무와 비슷한 나무로는 말채나무와 곰의말채가 있다. 말채나무는 계곡의 숲속에서 자라는데 가느다란 가지가 말채찍처럼 잘 휘어져서 '말채나무'라고 한다. 층층나무 잎은 어긋나는 데 비해 말채나무는 잎이 마주난다. 곰의말채는 중부 이남의 숲속에서 자라는데 말채나무처럼 잎이 마주나지만 말채나무의 측맥이 3~5쌍인 데 비해 곰의말채는 측맥이 4~8쌍인 점이 다르다. 또 북부 지방에서 자라는 흰말채나무는 키가 작은 떨기나무이고 열매가 흰색으로 익으며 흔히 관상수로 심는다.

열매	잎	겨울눈	나무껍질

산딸나무

산딸나무(*C. kousa*)는 가을에 둥근 딸기 모양의 열매가 붉게 익는다.

잎은 마주나고 측맥은 4~5쌍이다.

달걀형 끝눈은 끝이 뾰족하며 곁눈은 작고 마주난다.

나무껍질은 불규칙하게 조각으로 벗겨진다.

서양산딸나무

서양산딸나무(*C. florida*)는 몇 개씩 모여 달리는 타원형 열매가 가을에 붉게 익는다.

잎은 마주나고 가장자리가 물결 모양으로 주름이 진다.

꽃눈은 동그랗고 끝이 뾰족하다. 잎눈은 가늘고 길다.

나무껍질은 흑회색이며 불규칙하게 갈라진다.

산수유

산수유(*C. officinalis*)는 타원형 열매가 가을에 붉은색으로 익는다.

잎은 마주나고 측맥은 4~7쌍이다.

꽃눈은 동그랗고 잎눈은 가늘고 길며 끝이 날카롭다.

나무껍질은 얇게 갈라져 조각으로 벗겨진다.

열매	잎	겨울눈	나무껍질

● 층층나무

층층나무(*C. controversa*)는 둥근 열매가 가을에 검게 익는다.

잎은 어긋나고 측맥은 6~9쌍이다.

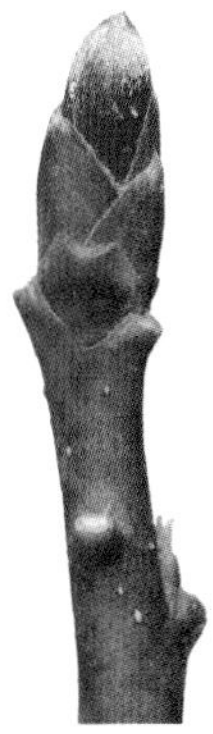

긴 달걀형 끝눈은 크고 곁눈은 아주 작다.

나무껍질은 회갈색이며 오래되면 세로로 얕게 터진다.

● 곰의말채

곰의말채(*C. macrophylla*)는 둥근 열매가 가을에 검게 익는다.

잎은 마주나고 측맥은 4~8쌍이다.

어린 가지는 얕은 골이 지고 마주나는 곁눈은 맨눈이다.

나무껍질은 회갈색이며 세로로 불규칙하게 갈라진다.

● 말채나무

말채나무(*C. walteri*)는 둥근 열매가 가을에 검게 익는다.

잎은 마주나고 측맥은 3~5쌍이다.

가지는 둥글고 털이 많으며 곁눈이 끝눈보다 작다.

나무껍질은 회갈색~흑갈색이며 그물처럼 갈라진다.

● 흰말채나무

흰말채나무(*C. alba*)는 둥근 열매가 여름에 흰색으로 익는다.

잎은 마주나고 측맥은 4~6쌍이다.

곁눈은 끝눈보다 작으며 가지에 바짝 붙는다.

가지는 가을부터 붉은빛이 돈다.

말채나무와 곰의말채도 나무 가득 흰색 꽃송이가 달리기 때문에 층층나무처럼 꿀을 많이 딸 수 있는 밀원식물이다.

물가에서 자라는 대나무를 닮은 나무 물참대

6월 초의 물참대

수국과 | *Deutzia glabrata*　　　🌳 갈잎떨기나무　❄ 꽃 5~6월　🍂 열매 9~10월

물참대는 제주도를 제외한 전국의 산골짜기에서 자라는 낙엽이 지는 떨기나무로 줄기는 여러 대가 모여나 2m 정도 높이로 자란다. 계곡에 물이 흐르거나 건조하지 않은 숲 가장자리에서 잘 자라며 줄기는 대나무처럼 속이 비어 있어서 아이들이 피리를 만드는 재료로 쓴다. 그래서 물가에서 잘 자라는 대나무를 닮은 나무란 뜻으로 '물참대'라는 이름이 붙여진 것으로 보인다. 북한에서는 '댕강말발도리'라는 이름으로도 불린다. 5~6월에 가지 끝의 고른꽃차례에 흰색 꽃이 쟁반처럼 모여 있는 모습이 단정해서 관상수로 기를 만하다.

물참대가 속한 말발도리속(*Deutzia*)의 말발도리, 매화말발도리, 바위말발도리 등은 물참대와 함께 산에서 자라고 빈도리, 만첩빈도리, 애기말발도리를 비롯한 여러 종은 정원수로 들여와 전국의 화단에 심고 있다. 물참대는 말발도리와 함께 가을에 채취한 열매를 햇볕에 말려서 가려움증이나 피부염을 치료하는 한약재로 쓴다.

5월에 핀 꽃 5~6월에 가지 끝에 흰색 꽃송이가 달린다.

꽃차례 꽃차례는 고른꽃차례로 작은꽃자루의 높이가 비슷해져서 꽃송이 윗부분이 거의 편평해진다.

꽃 모양 꽃은 지름 7~12mm이고 꽃잎은 5장이며 둥그스름하고 수술은 10개이다. 암술대는 2~3갈래로 깊게 갈라진다.

꽃 뒷면 녹황색 꽃받침은 5갈래로 갈라지고 갈래조각 끝이 둥그스름하며 털이 없다.

9월 말의 열매 열매 표면은 매끈해서 별모양털로 덮인 말발도리와 구분이 된다.

8월 초의 어린 열매 꽃이 지면 고른꽃차례 모양대로 열매송이가 열린다.

어린 열매 모양 반구형 열매는 지름 5~6mm이며 꽃받침과 암술대가 남아 있다.

묵은 열매 가을에 갈색으로 익는 열매는 겨울까지도 남아 있다.

물참대가 속한 말발도리속(*Deutzia*)은 예전에는 범의귀과에 속했지만 APG 분류 체계에서는 수국속 등과 함께 수국과로 분리되었다.

6월의 잎가지 잎은 마주나고 달걀형~달걀 모양의 피침형이며 5~10㎝ 길이이고 끝이 뾰족하며 가장자리에 잔톱니가 있다.

잎 뒷면 잎 앞면에는 별모양털이 약간 있지만 뒷면은 털이 없이 매끈하다.

겨울눈 햇가지는 겨울에 껍질이 벗겨진다. 겨울눈은 긴 달걀형이며 끝이 뾰족하다.

봄에 돋은 새순 봄이면 겨울눈이 벌어지면서 새순이 돋는다.

잎의 벌레집 잎에 혹 모양의 벌레집이 생기기도 한다.

줄기 단면 줄기 단면의 골속은 비어 있는 것이 대나무 줄기를 닮았다.

말발도리속(*Deutzia*) 나무의 구분

말발도리(*D. parviflora*) 산에서 자라는 갈잎떨기나무로 5~6월에 가지 끝의 고른꽃차례에 흰색 꽃이 핀다. 잎 양면과 열매에 별모양털이 있다.

매화말발도리(*D. uniflora*) 산에서 자라는 갈잎떨기나무로 4~5월에 지난해 가지의 잎겨드랑이에 흰색 꽃이 1~3개씩 달린다. 꽃받침조각은 좁은 삼각형이며 통 부분보다 짧다.

바위말발도리(*D. baroniana*) 산에서 자라는 갈잎떨기나무로 4~5월에 햇가지 끝에 흰색 꽃이 1~3개씩 달린다. 꽃받침조각은 가는 피침형이며 통 부분보다 길다.

빈도리(*D. crenata*) 일본 원산의 갈잎떨기나무로 5~7월에 가지 끝의 원뿔꽃차례에 흰색 꽃이 고개를 숙이고 핀다. 햇가지. 잎 양면. 열매에 별모양털이 있다.

만첩빈도리(*D. c.* 'Plena') 일본 원산인 빈도리의 원예 품종으로 5~7월에 가지 끝의 원뿔꽃차례에 흰색 겹꽃이 고개를 숙이고 핀다.

애기말발도리(*D. gracilis*) 일본 원산의 갈잎떨기나무로 4~5월에 가지 끝의 원뿔꽃차례에 흰색 꽃이 핀다. 햇가지와 잎 뒷면은 털이 없다. 열매도 털이 거의 없다.

둥근 꽃송이가 아름다운 수국

수국과 | *Hydrangea macrophylla* var. *otaksa*　　✿ 갈잎떨기나무　✿ 꽃 6~7월

수국은 낙엽이 지는 떨기나무로 높이 1m 정도로 자란다. 원산지는 중국이지만 현재는 일본에서 개량된 품종이 널리 심어지고 있다. 커다란 꽃송이는 꽃받침만으로 이루어져 있고 암술과 수술이 없어서 열매를 맺지 못하는 꽃이다. 이런 꽃을 '무성화', '중성화' 또는 '장식꽃'이라고 부르는데 모두 열매를 맺지 못하는 꽃이란 뜻이다. 씨를 맺지 못하는 대신 가지를 잘라 흙에 꽂는 꺾꽂이를 하면 뿌리를 잘 내린다.

수국의 꽃송이는 꽃 색깔이 변하는 특성이 있다. 꽃봉오리에서 막 벌어지기 시작하는 꽃은 흰빛이 돌지만 조금씩 푸른색으로 변했다가 마지막에는 붉은빛이 돈다. 또 흙이 산성이면 푸른빛이 돌고 알칼리성이면 분홍빛이 진해지기 때문에 흙에 첨가제를 넣어 꽃 색깔을 마음대로 바꾸기도 한다. 그 때문인지 수국의 꽃말은 '변하기 쉬운 마음'이다. 수국은 뿌리와 잎을 심장을 강하게 하는 한약재로 쓰고, 말린 꽃을 차로 끓여 마시기도 한다.

6월의 수국

5월 말의 꽃봉오리 5월에 가지 끝에 연녹색 꽃봉오리가 만들어진다.

갓 피기 시작한 꽃 갓 피기 시작한 꽃은 흰빛이 돌지만 꽃송이가 벌어지면서 푸른색으로 변하기 시작한다.

6월에 핀 꽃 활짝 핀 꽃송이는 둥근 공 모양이며 지름 20㎝ 정도이다.

꽃송이 뒷면 커다란 꽃송이에는 모두 장식꽃만 달린다.

장식꽃 꽃잎 모양의 꽃받침조각은 4~5장이다.

10월의 시든 꽃 바닷가에서 자라는 수국은 붉은색으로 변한 묵은 꽃송이가 오래도록 매달려 있다.

수국속(*Hydrangea*)은 예전에는 범의귀과에 속했지만 APG 분류 체계에서는 말발도리속, 고광나무속, 바위수국속 등과 함께 수국과로 독립시켰다.

묵은 꽃가지 꽃송이는 꽃받침조각만 있으며 열매를 맺지 못한다.

잎 모양 가지에 2장씩 마주나는 달걀형 잎은 10~15㎝ 길이이며 끝이 뾰족하고 가장자리에 톱니가 있다.

잎 뒷면 뒷면은 연녹색이며 잎맥이 뚜렷하다.

겨울눈

잎자국

겨울눈 중부 지방에서는 겨울에 가지 끝이 마르는 경우가 많다. 겨울눈은 달걀 모양이며 끝이 뾰족하다.

나무껍질 나무껍질은 갈색~회갈색이며 얇은 조각으로 불규칙하게 갈라져 벗겨진다.

*수국 재배 품종 산수국처럼 장식꽃과 양성화를 모두 가진 품종이다.

*수국 재배 품종 꽃송이가 계속 흰색인 품종이다.

*수국 재배 품종 꽃송이가 계속 붉은색인 품종이다.

*수국 재배 품종 꽃송이의 색깔이 조금씩 보라색으로 변하는 품종이다.

수국의 한자 이름은 '수구화(繡毬花)'인데 비단으로 수를 놓은 공처럼 둥근 꽃이란 뜻이다. '수구화'가 '수국화'로 변했다가 '수국'이 되었을 거라고 추정하기도 한다.

산에서 자라는 수국 산수국

수국과 | *Hydrangea macrophylla* ssp. *serrata* 🌳 갈잎떨기나무 ✻ 꽃 6~8월 🍂 열매 10월

산수국은 낙엽이 지는 떨기나무로 여러 대의 줄기가 모여나 높이 1m 정도로 자란다. 화단에 흔히 심어 기르는 수국과 가까운 형제 나무로 산에서 자라기 때문에 '산수국'이라고 한다.

7월이 되면 산수국 가지 끝에는 커다란 접시 모양의 꽃송이가 하늘을 보고 피는데, 가장자리에만 꽃잎을 가진 꽃이 빙 둘러 있다. 이 꽃은 암술과 수술은 없고 꽃받침조각으로만 이루어진 꽃으로 곤충을 불러 모으는 역할을 해서 '장식꽃' 또는 '중성화'라고 한다. 가운데에 있는 자잘한 꽃들은 암술과 수술을 가지고 있어 열매를 맺을 수 있는 양성화이다. 이처럼 산수국은 가장자리에만 큰 꽃받침을 배치해 곤충을 불러 모으는 경제적인 식물이다.

산수국도 수국처럼 토양의 산성도에 따라 꽃 색깔이 변하는 특성이 있는데, 산성 토양에서는 푸른색 꽃이 피고 알칼리성 토양에서는 분홍색 꽃이 핀다.

7월의 산수국

꽃가지 여름에 가지 끝에 달리는 접시 모양의 커다란 고른꽃차례는 지름 5~10cm이다.

장식꽃

양성화

양성화 꽃봉오리

꽃가지 모양 꽃가지 바깥쪽에 장식꽃이 있고 안쪽에 여러 개의 양성화가 모여 달린다.

장식꽃 가장자리에 있는 장식꽃은 꽃잎처럼 생긴 3~4장의 꽃받침조각으로만 이루어져 있다.

꽃받침조각

암술

수술대

꽃밥

양성화 작은 꽃받침조각은 5개이며 가운데에 10개의 수술과 1개의 암술이 있다.

분홍색 꽃 꽃은 처음에 흰색~연한 푸른색으로 피었다가 점차 분홍색으로 변하는 것이 많다. 하지만 처음부터 분홍색 꽃이 피기도 한다.

***탐라산수국**(for. *fertilis*) 산수국의 품종으로 한라산에서 발견되어 '탐라산수국'이라는 이름이 붙었다. 꽃송이가 둘레에 있는 장식꽃도 암술과 수술을 가진 양성화이다.

'수국(水菊)'이라는 이름은 이 나무가 물을 좋아하고 국화처럼 풍성한 꽃을 피우기 때문이라는 의견도 있다.

***탐라산수국 꽃 모양** 둘레에 있는 장식꽃 가운데에 암술과 수술이 있다.

9월의 열매 꽃이 지면 양성화는 열매로 변한다.

열매송이 모양 열매가 자라도 장식꽃은 그대로 남아 있다.

열매 모양 타원형 열매는 3~4mm 길이이며 끝에는 3~4개의 암술대가 뿔처럼 남아 있다. 열매는 가을에 진갈색으로 익는다.

잎 모양 가지에 2장씩 마주나는 타원형 잎은 끝이 길게 뾰족하고 가장자리에 톱니가 있으며 잎자루가 길다.

잎 뒷면 잎몸은 5~10cm 길이이고 뒷면은 연녹색이며 뚜렷하게 튀어나오는 잎맥 위에 털이 있다.

씨앗 타원형 씨앗은 크기가 매우 작다.

겨울눈 겨울눈은 긴 달걀형이며 끝이 뾰족하다. 잎자국은 삼각형~하트형이며 동물의 얼굴 모양을 닮았다.

나무껍질 나무껍질은 회갈색이며 얇게 벗겨져서 떨어진다.

***나무수국**(*H. paniculata*) 일본 원산의 갈잎떨기나무로 관상수로 심는다. 여름에 가지 끝에 커다란 흰색 원뿔꽃차례가 달리는데 장식꽃과 양성화가 함께 핀다.

달콤한 열매를 맺는 다래

다래나무과 | *Actinidia arguta*   🔄 갈잎덩굴나무   ✳ 꽃 5~6월   🍂 열매 10월

다래는 낙엽이 지는 덩굴나무로 줄기는 다른 물체를 감고 길이 10m 정도로 벋는다. 초여름에 흰색 꽃이 핀 다음에 열리는 동그스름한 열매는 가을에 황록색으로 익는데 말랑말랑하며 먹을 수 있다. 잘 익은 다래 열매를 따서 입에 넣고 깨물면 달콤한 열매살과 힘께 깨알 같은 씨앗이 씹히는 맛이 일품이다.

열매는 보통 날로 먹지만 과실주를 담그기도 한다. 고로쇠나무처럼 수액이 많이 나오기 때문에 이른 봄에 줄기에서 수액을 채취해 마신다. 또 봄에 돋는 새순은 대표적인 봄나물의 하나이다.

다래와 가까운 형제 나무인 개다래와 쥐다래는 잎에 흰색이나 붉은색 무늬가 있어서 잎에 무늬가 없는 다래와 쉽게 구분이 된다. 우리가 시장에서 사 먹는 과일인 양다래는 뉴질랜드에서 품종을 개량한 다래의 한 종류로 흔히 '키위'라고 부른다. 양다래는 생과일 외에도 주스나 샐러드로 많이 먹는다.

6월의 다래

꽃받침조각

꽃 뒷면 꽃받침조각은 5개이며 가장자리에 털이 있다.

5월 말에 핀 수꽃 암수딴그루로 가지 윗부분의 잎겨드랑이에 흰색 꽃이 고개를 숙이고 핀다.

수꽃 모양 꽃은 지름 1~1.5cm이다. 4~6장의 흰색 꽃잎 가운데에 많은 수술이 있고 꽃밥은 흑자색이다.

암술머리

수술

양성화 암그루에 피는 양성화 가운데에 있는 암술의 암술머리가 술처럼 갈라져 퍼지고 그 둘레에 수술이 있다.

6월의 어린 열매 꽃이 지고 나면 열리는 연녹색 열매는 긴 자루에 달려 밑으로 늘어진다.

10월의 열매 둥그스름한 열매는 가을에 황록색으로 익는다.

근래에 외국에서 들여온 양다래를 '참다래'라고 부르는 사람도 있어 혼동을 주고 있는데 열매를 먹지 못하는 개다래와 비교하여 다래를 '참다래'라고도 부르기 때문이다.

암술대

열매 모양 열매는 길이가 2.5㎝이며 끝에 암술대가 남아 있다.

열매 단면 열매 가장자리에 자잘한 적갈색 씨앗이 많이 있다.

잎 모양 가지에 서로 어긋나는 넓은 타원형 잎은 6~10㎝ 길이이며 끝이 뾰족하고 가장자리에 잔톱니가 있다.

잎 뒷면 뒷면 잎맥 위에 있는 털은 점차 없어진다.

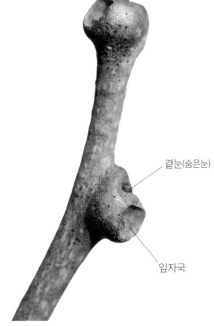

곁눈(숨은눈)

잎자국

겨울눈 겨울눈은 둥근 잎자국 윗부분에 숨어 있고 끝만 조금 보인다.

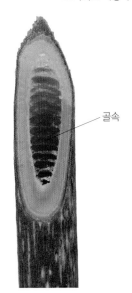

골속

가지 단면 가지 단면의 골속은 황갈색이고 계단 모양이다.

봄에 돋은 새순 봄에 돋는 새순은 연하고 부드러우며 나물로 먹는다.

덩굴줄기 덩굴지는 줄기는 오른쪽으로 감기면서 위로 오른다.

나무껍질 나무껍질은 회갈색이며 세로로 불규칙하게 갈라져 벗겨진다.

***양다래**(A. chinensis) 흔히 '키위'라고 부르며 남부 지방에서 과일나무로 심어 기른다. 동그스름한 열매는 표면이 갈색 털로 덮여 있다.

산에서 따 먹는 열매

나무 열매 중에는 맛있는 열매살을 가지고 있는 것도 많다. 산행 길에서 이런 맛있는 열매를 만나면 하나둘 따 먹는 재미가 쏠쏠하다. 산열매를 따 먹으려면 나무마다 열매가 익는 시기가 조금씩 다르기 때문에 때를 잘 맞춰야 한다. 그리고 색깔이나 모양이 맛있어 보이는 열매 중에도 독성분이 들어 있는 열매가 많으므로 아무 열매나 함부로 따 먹지 않도록 해야 한다. 산열매를 따 먹을 때는 나뭇가지가 상하지 않도록 조심해서 따고 새가 먹을 수 있도록 일부는 남겨 두도록 한다.

고욤나무 생김새와 맛이 감과 비슷하지만 크기가 작다. 열매는 타닌이 많아서 떫은맛이 강하며 열매살에 비해 씨앗이 큰 편이다.

산딸기 여러 개의 작은 열매가 촘촘히 모여 달린 둥근 열매송이는 여름에 붉게 익으며 단맛이 난다.

복분자딸기 둥근 열매송이는 여름에 붉게 변했다가 검은색으로 익으며 단맛이 난다. 흔히 과실주를 담가 먹는다.

보리밥나무 보리가 영그는 봄에 붉게 익는 열매는 새콤달콤하면서도 약간 떫은맛도 있다.

뜰보리수 마을 주변에 기르거나 정원수로 심는다. 6~7월에 붉게 익는 열매는 새콤달콤하면서도 약간 떫은맛이 난다.

산앵도나무 8~9월에 붉게 익는 열매는 윗부분에 남아 있는 꽃받침조각 때문에 절구같이 보이며 단맛이 난다.

뽕나무 5~6월에 붉은색으로 변했다가 검게 익는 열매는 단맛이 나며 간식거리로 따 먹는다. 요즘은 웰빙식품으로 주목받고 있다.

꾸지뽕나무 둥근 열매는 가을에 붉게 익으며 단맛이 나고 식용한다.

보리수나무 가을에 붉게 익는 열매는 약간 떫으면서도 달짝지근한 맛이 나서 간식거리로 따 먹는다.

해당화 여름부터 붉게 익기 시작하는 열매는 씨앗을 빼고 날로 먹으며 잼을 만들기도 한다.

주목 둥근 헛씨껍질은 가을에 붉게 익는데 단맛이 나며 먹을 수 있지만 씨앗은 독성이 강하므로 먹지 않아야 한다.

팽나무 작고 둥근 열매는 가을에 등황색으로 익으며 단맛이 난다.

다래 가을에 익어도 녹색인 열매는 날로 먹는데 키위와 비슷한 맛이 나며 과실주를 담그기도 한다.

헛개나무 가을에 열매가 익을 무렵이면 울퉁불퉁하게 굵어지는 열매자루가 단맛이 나며 한약재로도 널리 쓰인다.

산딸나무 가을에 붉게 익는 딸기 모양의 열매는 노란 속살이 단맛이 나며 간식거리로 따 먹는다.

닥나무 여러 개의 작은 열매가 촘촘히 모여 달린 둥근 열매송이는 여름에 붉게 익으며 따 먹지만 그다지 좋은 맛은 아니다.

멀꿀 남쪽 섬에서 자라며 열매는 붉게 익어도 갈라지지 않는다. 열매살은 꿀처럼 단맛이 난다.

으름덩굴 열매는 가을에 갈색으로 익는다. 세로로 갈라지면서 드러나는 속살은 생김새와 맛이 바나나와 비슷하다.

정금나무 둥근 열매는 가을에 흑자색으로 익으며 새콤한 맛이 나는데 날로 먹거나 과실주를 담근다.

청미래덩굴 둥근 열매는 '명감' 또는 '망개'라고 하며 가을에 빨갛게 익으면 아이들이 따 먹는데 열매살이 적다.

왕머루 포도송이 모양의 열매는 크기가 작으며 가을에 검게 익으면 새콤달콤한 맛이 나고 식용한다.

왕벚나무 긴 자루에 달리는 둥근 열매는 '버찌'라고 하며 5월 말부터 검게 익는데 달콤하면서도 약간 씁쓸한 맛이 난다.

천선과나무 '천선과(天仙果)'는 하늘의 신선이 먹는 과일이란 이름이지만 가을에 익는 열매는 열매살이 적고 씨앗이 많아서 그렇게 뛰어난 맛은 아니다.

흰색 잎으로 곤충을 부르는 개다래

다래나무과 | *Actinidia polygama* 🍂 갈잎덩굴나무 ✳️ 꽃 6~7월 🍑 열매 9~10월

6월의 개다래

개다래는 낙엽이 지는 덩굴나무로 길이 10m 정도로 벋는다. 산길을 가다 보면 분칠을 한 듯 하얗게 변한 잎을 달고 있는 덩굴나무를 볼 수 있는데 이 나무가 개다래이다. 자세히 보면 어떤 잎은 모두 하얗게 변하고 어떤 잎은 일부분만 변하기도 한다. 개다래는 6월경에 꽃이 피는데, 잎 뒤에 숨어서 밑을 보고 피기 때문에 사람이든 곤충이든 꽃을 발견하기가 쉽지 않다. 물론 달콤한 꽃향기로 곤충에게 꽃이 핀 것을 알리지만 향기만으로는 무언가 부족했는지 잎의 일부분을 꽃처럼 하얗게 만들어 자신을 알린다. 곤충은 흰색 잎을 보고 날아와 잎 뒤에 핀 향기로운 꽃에 앉아 꿀을 빤다. 열매가 맺을 때쯤이면 흰색 잎은 희미해지면서 어느 정도 초록빛을 되찾고 양분을 만드는 일을 한다.

맛있는 열매를 맺는 다래와 비슷한 열매를 맺지만 먹을 수가 없어 '개다래'라고 한다. 개다래 열매는 혀를 찌르는 듯한 매운맛이 난다.

6월에 핀 수꽃 암수딴그루로 6~7월에 잎겨드랑이에 피는 흰색 꽃은 지름 2~2.5cm이며 밑을 보고 달린다.

7월 초의 어린 열매 갓 열린 열매는 끝부분이 뾰족해지며 밑부분의 꽃받침은 계속 남아 있다.

수꽃 모양 수꽃은 5장의 흰색 꽃잎 가운데에 많은 수술이 모여 있으며 꽃밥은 노란색이다. 간혹 꽃잎이 6장인 경우도 있다.

꽃받침조각

어린 열매 모양 긴 타원형 열매는 길이가 2~2.5cm이며 밑으로 늘어진다. 열매는 보통 1개씩 달리지만 2~3개가 함께 달리는 경우도 있다.

암술머리

수술

양성화 암그루에 피는 양성화는 가운데에 있는 암술의 암술머리가 실처럼 갈라져서 퍼지고 둘레에 많은 수술이 있다.

씨앗

열매살

어린 열매 단면 씨앗은 열매살 가장자리를 빙 돌아가며 배열한다.

한방에서는 개다래의 열매와 열매에 생긴 벌레집을 '목천료(木天蓼)'라고 하여 해열진통제로 쓴다.

9월의 열매 열매는 가을에 황토색으로 익으며 말랑말랑하다.

열매 모양 열매는 익어도 꽃받침이 그대로 남아 있다. 열매 속살도 황토색이며 먹으면 혀를 찌르는 듯한 매운맛이 난다.

씨앗 둥근 타원형 씨앗은 적갈색이며 길이는 1.5㎜ 정도이다.

잎가지 가지에 서로 어긋나는 잎은 앞면의 일부나 전부가 하얗게 변하기도 한다. 흰색 잎은 곤충을 불러 모으는 역할을 한다.

잎 뒷면 넓은 달걀형 잎은 6~15㎝ 길이이며 끝이 뾰족하고 가장자리에 가는 톱니가 있다. 뒷면은 연녹색이며 튀어나오는 잎맥에 털이 있다.

가을의 잎 꽃의 수정이 끝나면 잎 앞면의 흰색 무늬는 점차 희미해지면서 녹색이 드러난다.

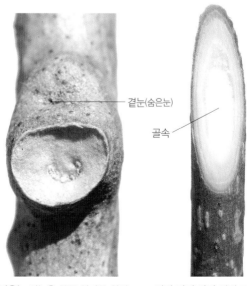

겉눈(숨은눈)

골속

겨울눈 겉눈은 둥근 잎자국 위의 볼록 튀어나온 부분에 숨어 있다.

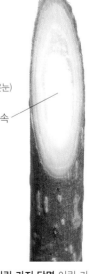

어린 가지 단면 어린 가지의 골속은 흰색이며 꽉 차 있다.

나무껍질 나무껍질은 어두운 회색이며 오래되면 세로로 얕게 골이 진다.

***쥐다래**(*A. kolomikta*) 산에서 자라며 개다래와 비슷하지만 가지의 골속이 갈색이고 계단 모양이다.

고향 집의 과일나무 감나무

감나무과 | *Diospyros kaki*   🌳 갈잎큰키나무   ✳️ 꽃 5~6월   🍂 열매 10~11월

감나무는 따뜻한 곳에서 잘 자라기 때문에 주로 중부 이남에서 심어진다. 낙엽이 지는 큰키나무로 높이 10m 정도로 자란다.

가을에 단단한 생감을 따서 저장해 두면 말랑말랑해지는데 이런 감을 '홍시'라고 한다. 또 생감의 껍질을 벗겨 햇볕에 말리면 달콤한 '곶감'이 되며 겨우내 두고 먹을 수 있다. 근래에는 감을 냉장고에 꽁꽁 얼렸다가 여름에 꺼내 먹기도 하는데, 마치 과일 아이스크림을 먹는 것 같은 느낌이다.

예전에는 어린 감을 으깨어 옷이나 고기 그물에 물을 들이는 데 이용하기도 하였다. 감잎은 비타민C가 풍부해 차로 끓여 마시고, 흔히 딸꾹질을 할 때 감꼭지를 달인 물을 마시면 대부분 멈춘다고 한다. 감나무 목재의 가운데 부분은 검은색이며 단단하고 탄력이 있어 가구를 만드는 귀한 목재로 사용했고 활을 만드는 재료로 쓰기도 했다. 목재의 색깔 때문인지 감나무의 꽃말은 '어두움'이다.

11월 초의 감나무

6월 초에 핀 암꽃 암수한그루로 5~6월에 잎겨드랑이에 연노란색 꽃이 피는데 암꽃은 1개씩 달린다.

꽃받침조각 / 암술 / 꽃잎

암꽃 모양 암꽃은 지름이 1.2~1.5cm이다. 커다란 꽃받침은 4갈래로 갈라지고 종 모양의 꽃부리도 4갈래로 갈라져 뒤로 젖혀지며 가운데에 암술이 있다.

수꽃 모양 몇 개씩 모여 피는 수꽃은 길이 5~10mm이며 종 모양의 꽃부리는 끝부분이 4갈래로 갈라져 뒤로 젖혀진다.

수술

수꽃 단면 수꽃 속에는 16개의 수술이 모여 있다.

9월 초의 열매 열매는 지름이 3~8cm로 자란다. 풋감은 떫은맛이 강해 새나 벌레도 잘 먹지 않는다.

9월 말의 열매 열매는 가을에 황홍색으로 익는다.

제주도에서는 감물로 염색한 옷을 '갈옷'이라고 하는데 냄새가 나지 않고 바람이 잘 통해 여름옷으로 좋다.

홍시 단단한 감을 오래 저장해 두면 말랑말랑한 홍시가 된다.

잎 모양 가지에 서로 어긋나는 타원형 잎은 끝이 뾰족하며 가장자리가 밋밋하다. 잎은 두꺼운 가죽질이며 앞면은 광택이 있다.

잎 뒷면 잎몸은 7~15㎝ 길이이고 뒷면은 연녹색이며 잎맥이 튀어나온다.

씨앗 넓은 달걀 모양의 씨앗은 갈색이다.

낙엽 잎은 가을에 보통 붉은색으로 단풍이 든다.

끝눈

잎자국

겨울눈 겨울눈은 세모진 달걀 모양이며 잎자국은 타원형이다.

봄에 돋은 새순 봄에 겨울눈이 벌어지면서 새순이 돋는다.

나무껍질 나무껍질은 회색~회갈색이며 세로로 불규칙하게 갈라진다.

*고욤나무(*D. lotus*) 산에서 자라는 갈잎큰 키나무로 감나무와 비슷하지만 둥근 열매는 지름이 1.5㎝ 정도로 작다.

*애기감나무(*D. rhombifolia*) 중국 원산으로 열 매가 작아서 '애기감나무'라고 한다. 관상수로 심 으며 분재를 만드는 소재로 많이 쓴다.

시골에서는 가을에 고욤나무의 작은 열매를 따서 항아리에 저장해 두었다가 겨울에 꺼내 먹는다.

나그네의 발걸음을 잡는 철쭉

진달래과 | *Rhododendron schlippenbachii* 🌳갈잎떨기나무 ✳️꽃 4~5월 🍂열매 10월

철쭉은 낙엽이 지는 떨기나무로 진달래처럼 봄에 꽃이 핀다. 하지만 나무 가득 꽃만 먼저 달리는 진달래와 달리 꽃이 필 때 잎도 함께 돋는다. 철쭉은 4월에 핀 진달래가 시들 즈음 연달아 피어나기 때문에 '연달래'라고도 한다. 한편 꽃을 먹을 수 있는 진달래를 '참꽃'이라 부르고, 비슷하게 생겼지만 꽃을 먹을 수 없는 철쭉을 '개꽃'이라 부른다.

철쭉의 한자 이름은 '척촉'이며 철쭉 척(擲), 머뭇거릴 촉(燭)자를 쓴다. 척촉은 철쭉꽃이 너무 아름다워서 지나가던 나그네가 걸음을 머뭇거린다는 뜻이라고 하는데, 철쭉이란 우리말 이름도 이 한자의 발음이 변한 것이라는 추측도 있다. 근래에는 많은 품종이 관상용으로 개발되어 심어지고 있다.

철쭉은 꽃받침과 새순에 끈끈한 액체가 나오는 특징이 있는데, 어린 새순을 갉아 먹으려고 접근하는 벌레들은 이 점액질 때문에 곤욕을 치르고 다시 접근하지 못한다.

5월의 철쭉

6월 초에 핀 꽃 5월에 잎이 돋을 때 연분홍색 꽃도 함께 피며 가지 끝에 3~7개씩 모여 달린다.

꽃 모양 연분홍색 꽃은 지름 5~7cm이며 꽃잎 안쪽에는 자주색 반점이 점점이 박혀 있다.

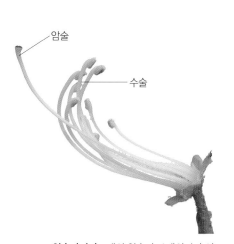

암술
수술

암술과 수술 1개의 암술과 10개의 수술이 있는데 수술은 길이가 서로 다르다.

꽃봉오리 꽃자루와 꽃받침은 끈적거리는 털로 덮여 있다.

꽃받침조각

꽃 뒷면 연녹색 꽃받침은 5갈래로 갈라진다.

8월의 어린 열매 달걀 모양의 열매는 1.5~2cm 길이이며 끈적거리는 털로 덮여 있고 끝에 암술대가 남아 있다.

9월의 열매 단단한 열매는 단풍이 들 때까지도 모양이 변하지 않는다.

10월의 열매 잎이 질 때쯤 열매는 5갈래로 갈라지면서 씨앗이 나온다.

씨앗 타원형 씨앗은 크기가 아주 작다.

잎가지 새로 자란 가지의 잎은 서로 어긋나지만 묵은 가지 끝에는 보통 5장의 잎이 모여 달린다.

잎 뒷면 잎은 거꿀달걀형이고 5~8㎝ 길이이다. 잎 가장자리는 밋밋하며 뒷면은 연녹색이다. 잎맥 위에 털이 있다.

끝눈

잎자국

겨울눈 어린 가지는 연갈색이며 끈적거리는 털이 있지만 점차 없어진다. 겨울눈은 긴 타원형이고 잎자국은 반원형~원형이다.

나무껍질 나무껍질은 진한 회색이고 불규칙하게 갈라진다.

*산철쭉(*R. yedoense* var. *poukhanense*) 산에서 자라는 갈잎떨기나무로 봄에 잎이 돋을 때 홍자색 꽃이 함께 핀다. 잎은 길쭉한 타원형이다.

*영산홍(*R. indicum*) 일본 원산의 떨기나무로 넓은 피침형 잎은 반상록성이다. 5~7월에 붉은 주황색 꽃이 핀다. 철쭉과 함께 많은 재배 품종을 개발하여 화단에 심고 있다.

*흰철쭉(f. *albiflorum*) 흰색 꽃이 피는 품종을 '흰철쭉'이라고 한다.

산철쭉은 개울가에서도 흔히 자라기 때문에 지방에 따라서는 산철쭉을 '수달래'라고도 부른다.

먹을 수 있는 참꽃 진달래

진달래과 | *Rhododendron mucronulatum* 🌳 갈잎떨기나무 ✽ 꽃 4~5월 🌰 열매 9~10월

진달래는 낙엽이 지는 떨기나무로 높이 2~3m로 자란다. 봄이 오면 산자락은 붉은 진달래꽃으로 뒤덮인다. 특히 큰 나무가 없는 헐벗은 산은 봄이면 온통 붉은 진달래 꽃만 보일 정도로 많이 자란다. 하지만 큰 나무가 많은 숲속에서 자라는 진달래는 햇빛을 잘 받지 못해 겨우겨우 살아간다.

중국에서는 진달래를 '두견화'라고도 부른다. 전쟁에서 죽은 촉나라 왕이 두견새가 되어 흘린 피눈물이 떨어져 핀 꽃이 진달래꽃 즉, 두견화라는 것이다. 그래서인지 진달래 꽃잎을 따서 담근 술을 '두견주'라고 하며 약이 되는 술로 인기가 높다.

예전에는 봄이면 아이들은 산에 올라 진달래꽃을 따 먹었는데 약간 시큼한 맛이 난다. 시큼한 맛은 꽃에 들어 있는 비타민C 성분 때문이라고 한다. 어른들은 찹쌀가루 반죽에 진달래꽃을 얹은 화전을 지져 먹는다. 이처럼 진달래는 먹을 수 있는 꽃이라서 '참꽃'이라고 했다.

4월의 진달래

꽃봉오리 봄이 오면 겨울눈이 벌어지면서 붉은색 꽃봉오리가 얼굴을 내민다.

3월 말에 핀 꽃 잎보다 먼저 피는 꽃은 지름 3~4.5cm이며 보통 가지 끝에 1~5개가 모여 달린다.

꽃 모양 깔때기 모양의 꽃은 끝부분이 5갈래로 갈라지며 활짝 벌어진다. 꽃잎 위쪽의 갈래조각에는 진한 색 반점이 있다.

갈라진 열매 갈색으로 익은 열매는 4~5갈래로 갈라져 벌어진다.

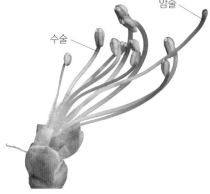

암술

수술

암술과 수술 한 꽃에 1개의 암술과 10개의 수술이 들어 있는데 암술이 수술보다 길고 수술은 길이가 서로 다르다.

열매

10월의 열매 원통형 열매는 길이가 1~1.5cm 정도이며 표면이 우툴두툴하고 끝에 암술대가 남아 있다.

320

한방에서는 진달래꽃을 약으로 쓰고, 진달래 줄기를 태워 만든 잿물로는 삼베나 모시에 회청색 물을 들였다.

씨앗 길쭉한 갈색 씨앗은 길이 1mm 정도로 아주 작다.

짧은가지의 잎 짧은가지에서는 잎이 촘촘히 어긋나서 모여 달린 것처럼 보인다. 긴 타원형 잎은 양 끝이 뾰족하고 가장자리가 밋밋하다.

긴가지의 잎 긴가지에서는 잎이 서로 드문드문 어긋난다.

잎 뒷면 잎몸은 4~7cm 길이이며 잎 뒷면은 연녹색이고 비늘조각으로 덮여 있다.

단풍잎 잎은 가을에 붉은색으로 단풍이 든다.

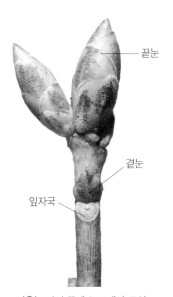

끝눈

곁눈

잎자국

겨울눈 가지 끝에 2~5개가 모여 달리는 겨울눈은 달걀 모양이다.

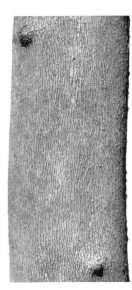

나무껍질 나무껍질은 회색~회갈색이며 매끈하다.

*흰진달래(for. *albiflorum*) 흰색 꽃이 피는 품종을 '흰진달래'라고 한다. 근래에는 진달래와 같은 종으로 본다.

*털진달래(R. *dauricum* var. *ciliatum*) 높은 산에서 자라며 5~6월에 꽃이 핀다. 털진달래는 진달래와 비슷하지만 어린 가지와 잎에 털이 있는 것이 특징이다.

*털진달래 군락 한라산 높은 곳에서는 털진달래가 무리를 지어 자라며 5월에 붉은색으로 피어난다.

검은 열매가 맛있는 정금나무

8월 말의 정금나무

진달래과 | *Vaccinium oldhami*   🍂 갈잎떨기나무 ✺ 꽃 5~6월 🍒 열매 8~10월

정금나무는 낙엽이 지는 떨기나무로 높이 2~3m로 자란다. 숲 가장자리나 숲속에서 자라는 나무는 햇빛이 조금이라도 더 비치는 곳을 향해 가지를 뻗기 때문에 나무 모양이 제멋대로이다.

정금나무는 타원 모양의 잎도 별 특색이 없고 봄에 피는 꽃도 고개를 숙이고 피기 때문에 눈에 잘 들어오지 않는 평범한 나무이다. 게다가 남부 지방의 숲 가장자리에서 자라기 때문에 대부분의 사람들에게 '정금나무'라는 이름은 무척 생소하게 느껴진다. 열매는 가을에 검은색으로 익는데 단맛이 나며 먹을 수 있다. 정금나무 열매의 맛을 제대로 보려면 가을에 진한 검은색으로 익어서 만져 보면 약간 말랑거리는 열매를 골라야 한다. 그런 열매는 새콤달콤한 맛이 난다. 정금나무속(*Vaccinium*)에 속하는 나무들은 대부분이 정금나무처럼 맛있는 열매를 맺는다.

5월 말에 핀 꽃 5~6월에 가지 끝에 여러 개의 꽃이 고개를 숙이고 핀다.

꽃송이 송이꽃차례에 단지 모양의 꽃이 촘촘히 달린다. 꽃은 연한 황록색이며 붉은색이 돌기도 하고 4~5㎜ 길이이다.

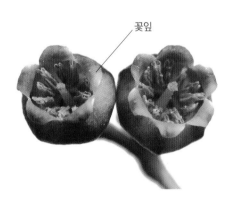

꽃잎

꽃 모양 단지 모양의 꽃부리는 끝이 5갈래로 얕게 갈라져 뒤로 젖혀진다. 꽃부리가 6갈래로 갈라지는 것도 있다.

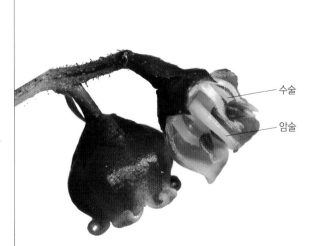

수술

암술

꽃 단면 꽃부리 속에는 1개의 암술과 10개의 수술이 들어 있다.

10월 말의 꽃봉오리 가끔 계절을 착각하고 가을에 꽃을 피우기도 한다.

8월 초의 열매 둥근 열매는 여름에 흑갈색으로 익기 시작한다.

꽃받침자국

씨앗 씨앗은 길이가 1.5~2mm이며 표면이 우툴두툴하다.

9월 말의 열매 가을이 되면 둥근 열매는 검은색으로 익으며 표면에 광택이 있다.

열매 모양 열매는 크기가 조금씩 다르지만 지름이 4~6mm 정도이며 윗부분에 꽃받침이 떨어져 나간 흔적이 남아 있다.

봄에 돋은 새순 봄에 새로 돋는 잎은 붉은빛이 돈다.

잎 모양 가지에 서로 어긋나는 잎은 타원형~달걀형이고 끝이 뾰족하며 가장자리는 밋밋하고 앞면에 털이 있다.

잎 뒷면 잎몸은 3~8cm 길이이며 양면 잎맥 위에 털이 있다.

겨울눈 어린 가지는 적갈색~회갈색이고 겨울눈은 달걀 모양이며 1~2mm 길이이다.

나무껍질 나무껍질은 회갈색이며 세로로 갈라지고 조각으로 벗겨진다.

주변에서 흔히 만나는 정금나무속(*Vaccinium*) 나무

산앵도나무(*V. koreanum*) 산에서 자라며 가을에 붉게 익는 열매는 꽃받침조각 때문에 절구같이 보이며 단맛이 난다.

모새나무(*V. bracteatum*) 남쪽 섬에서 자라는 늘푸른떨기나무로 늦가을에 검은색으로 익는 열매는 새콤달콤한 맛이 나며 먹을 수 있다.

블루베리(*V. corymbosum*) 북아메리카 원산으로 가을에 검게 익는 열매는 새콤달콤하며 날로 먹거나 잼이나 젤리를 만든다.

푸른 잎가지로 화환을 장식하는 사스레피나무

펜타필락스과 | *Eurya japonica* ✿ 늘푸른떨기나무~작은키나무 ✹ 꽃 3~4월 🍂 열매 10~11월

사스레피나무는 키가 작은 떨기나무~작은키나무로 늘푸른나무이다. 남부 지방의 산과 들에서 높이 3~10m로 자라는데 크기도 작고 너무 흔해서 사람들의 주목을 받지 못하는 나무이다. 이 나무는 중부 지방에서도 흔히 볼 수 있는데, 예식장이나 새로 문을 여는 개업집 앞에 줄지어 있는 화환을 장식하는 푸른 잎가지는 대부분이 사스레피나무이다. 물론 동네 화원에 가도 사스레피나무 잎줄기를 얼마든지 볼 수 있다. 가지와 잎을 태운 잿물과 열매는 물감으로 이용한다.

사스레피나무속에 속하는 형제 나무로는 우묵사스레피가 있는데 남쪽 섬에서 자란다. 사스레피나무와 비슷하지만 잎의 주맥 부분이 우묵하게 들어가 '우묵사스레피'라는 이름이 붙었다. 사스레피나무와 우묵사스레피는 차나무과에 속했지만 APG 분류 체계에서는 비쭈기나무, 후피향나무 등과 함께 펜타필락스과로 따로 독립시켰다.

11월의 사스레피나무

3월 말에 핀 수꽃 암수딴그루로 3~4월에 잎겨드랑이에 1~3개씩 꽃이 모여 피는데 향기가 짙다. 수꽃은 지름 2.5~5mm이다.

수꽃 모양 수꽃은 둥근 단지 모양이며 5장의 꽃잎 표면은 붉은빛이 약간 돌고 안에 12~15개의 수술이 들어 있다.

3월 말에 핀 암꽃 암꽃과 수꽃은 대부분 밑을 향해 피지만 많이 달리는 경우에 위로 향하는 것도 조금 있다.

암술머리

꽃잎

암꽃 모양 5장의 흰색 꽃잎 가운데에 1개의 암술이 있는데 암술머리는 3개로 갈라진다.

5월의 어린 열매 꽃이 진 자리에 작고 둥근 녹색 열매가 열린다.

어린 열매 모양 열매는 지름이 4~5mm로 자라며 짧은 자루가 있다.

어린 열매 단면 열매 속은 3~5개의 방으로 나뉘며 여러 개의 작은 씨앗이 만들어진다.

10월의 열매 열매는 10~11월에 흑자색으로 익는다.

열매 모양 둥근 열매는 끝에 암술대가 남아 있는 부분이 약간 오목하게 들어간다.

씨앗 불규칙하게 모가 지는 세모꼴의 적갈색 씨앗은 2mm 정도 길이이고 표면에 돌기가 있다.

잎 모양 가지에 서로 어긋나는 타원형 잎은 가장자리에 얕은 톱니가 있으며 앞면에 광택이 있다.

잎 뒷면 잎몸은 3~7cm 길이이고 뒷면은 연녹색이며 양면에 털이 없다.

새로 돋은 잎 새로 돋는 잎은 붉은빛이 돈다.

나무껍질 나무껍질은 회갈색~흑회색이며 밋밋하지만 늙으면 울퉁불퉁해진다.

펜타필락스과(*Pentaphylacaceae*) 나무의 비교

우묵사스레피(*E. emarginata*) **암꽃** 암수딴그루로 11~12월에 꽃이 핀다. 가죽처럼 질긴 잎은 주맥 부분이 우묵하게 들어간다.

겨울눈

비쭈기나무(*Cleyera japonica*) **어린 열매** 남쪽 섬에서 자라는 늘푸른작은키나무로 둥근 열매는 지름 7~9mm이며 검게 익는다. 비쭈기 내미는 겨울눈은 낫처럼 구부러진다.

후피향나무(*Ternstroemia gymnanthera*) **열매** 제주도에서 자라는 늘푸른큰키나무로 둥근 열매는 지름 10~15mm이며 붉게 익으면 불규칙하게 갈라진다.

우묵사스레피는 열매가 익는 가을에 꽃이 피기 때문에 꽃과 열매가 함께 달리는 실화상봉수(實花相逢樹)이다.

아름다운 열매를 오래도록 달고 있는 자금우

6월의 자금우

앵초과 | *Ardisia japonica* 　늘푸른떨기나무 　꽃 6~8월 　열매 10~12월

자금우는 키가 작은 늘푸른떨기나무로 제주도를 비롯한 서남해안의 섬과 울릉도에 분포하며 숲속에서 10~20㎝ 높이로 자란다. 땅속줄기가 옆으로 벋으면서 퍼지기 때문에 흔히 무리 지어 자라는데 키가 작아서 풀처럼 느껴진다. 겨울에 붉은색으로 익는 둥근 열매는 다음 해 여름에 꽃이 필 때까지도 그대로 달려 있는 경우가 많고 그늘에서도 잘 자라기 때문에 중부 지방에서도 실내에서 관상용으로 많이 심어 기른다. 화분에 심어서 햇빛이 부족한 실내에 두어도 비교적 잘 자란다.

자금우속(*Ardisia*)에는 자금우 외에도 산호수와 백량금이 있는데 생김새가 자금우와 비슷해서 혼동하기가 쉽다. 산호수와 백량금도 붉은색 열매가 오래도록 매달려 있기 때문에 자금우와 함께 관상수로 널리 심어 기른다.

예전에는 자금우속(*Ardisia*)과 빌레나무속(*Maesa*)을 자금우과로 따로 분류하였지만 APG 분류 체계에서는 두 속 모두 앵초과에 통합되었다.

6월에 핀 꽃 줄기 끝의 잎겨드랑이에 2~5개가 모여 피는 흰색~연분홍색 꽃은 지름 6~8mm이며 꽃자루가 길다.

암술

수술

꽃차례 꽃부리는 별처럼 5갈래로 갈라져 벌어지고 연한 갈색 반점이 있으며 기름점이 있고 갈래조각 끝이 뾰족하다. 5개의 짧은 수술 사이로 기다란 암술대가 벋는다.

8월의 어린 열매 꽃이 지면 열리는 둥근 녹색 열매는 점차 밑으로 처진다.

어린 열매 모양 기다란 열매자루 끝에 달리는 둥근 열매는 끝에 긴 암술대가 남아 있다.

12월의 열매 열매는 겨울에 붉은색으로 익으며 오래도록 매달려 있으면서 새들의 먹이가 된다.

열매 모양 밑으로 늘어지는 둥근 열매는 지름 5~6mm이며 끝의 암술대가 점차 없어진다. 얇은 열매살은 약간 단맛이 난다.

씨앗 열매에 1개씩 들어 있는 둥근 씨앗은 지름 4~5mm이다.

잎가지 잎은 어긋나지만 가지 끝에서는 3~4장이 돌려나듯이 붙는다. 잎몸은 긴 타원형~달걀형이며 4~13cm 길이이고 끝이 뾰족하며 가장자리에 뾰족한 잔톱니가 있다.

잎 뒷면 잎몸은 가죽질이고 앞면은 광택이 있으며 뒷면은 연녹색이다. 잎자루는 6~10mm 길이이다.

겨울눈 가지에는 자잘한 알갱이 모양의 털이 있으며 달걀 모양의 겨울눈은 끝이 뾰족하다.

새로 돋은 잎 새로 자라는 잎은 붉은빛이 돌지만 점차 녹색으로 변한다.

***산호수**(*A. pusilla*) 제주도에서 자라는 늘푸른떨기나무로 자금우와 비슷하지만 전체에 털이 많고 잎몸이 거칠며 가장자리에 큰 톱니가 있다.

***백량금**(*A. crenata*) 남쪽 섬에서 자라는 늘푸른떨기나무로 잎은 긴 타원형이며 가죽질이고 가장자리에 물결 모양의 톱니가 있다.

***빌레나무**(*Maesa japonica*) 제주도에서 자라는 늘푸른떨기나무로 둥근 열매는 가을에 흰색~연노란색으로 익는다.

빌레나무는 제주도의 서쪽 곶자왈 지대에서 드물게 자라며 봄에 피는 꽃과 가을에 익는 열매가 모두 흰색~연노란색이다.

꽃 구슬을 꿰어 놓은 쪽동백나무

5월의 쪽동백나무

때죽나무과 | *Styrax obassis* ⬆ 갈잎작은키나무 ✳ 꽃 5~6월 🍂 열매 9월

쪽동백나무는 낙엽이 지는 작은키나무로 높이 10m 정도로 자란다. 함경북도와 평안도 일부를 제외한 전국의 숲속에서 흔히 자라며 중국과 일본에도 분포한다. 늦은 봄이 되면 커다란 잎이 달린 가지 끝에 기다란 흰색 꽃송이가 달린다. 꽃송이에 달린 꽃들은 모두 밑을 향해 피는데 진한 향기를 가까이에서 맡을 수 있다. 쪽동백나무는 하얀 꽃이 구슬을 꿰어 놓은 것처럼 길게 달려서 '옥령화(玉鈴花)'라고도 부른다.

쪽동백나무의 열매는 동백 열매보다 크기는 작지만 세로로 갈라져서 갈색 씨앗이 나오는 것이 동백 열매와 비슷하다. 게다가 씨앗으로 짠 기름은 동백기름과 함께 머릿기름으로 쓰고 있어서 '쪽동백나무'라는 이름이 붙었다고 풀이하는 사람도 있다. 쪽동백의 '쪽'은 쪽문이나 쪽박처럼 크기가 작다는 뜻이다. 큼직한 둥근 잎에 조롱조롱 매달리는 흰색 꽃송이의 모양이 아름다워서 정원수로도 많이 심는데 물 빠짐이 좋은 곳에 심어야 한다.

5월의 꽃봉오리 새로 자라는 가지에 잎과 함께 꽃봉오리가 자란다.

5월에 핀 꽃 5~6월에 피는 흰색 꽃송이는 8~17cm 길이이며 꽃은 밑을 향한다.

꽃송이 흰색 꽃은 기다란 송이꽃차례에 2줄로 촘촘히 달리며 밑에서부터 차례대로 피어 올라간다.

꽃 모양 종 모양의 꽃부리는 2cm 정도 길이이며 5갈래로 깊게 갈라진다. 꽃부리 안에 노란색 꽃밥이 붙은 10개의 수술과 1개의 암술이 모여 있다.

꽃잎

암술
꽃밥
꽃잎
꽃받침통

꽃 단면 가운데에 있는 1개의 암술을 10개의 수술이 둘러싸고 있다. 연녹색 꽃받침은 종 모양이며 끝이 얕게 5갈래로 갈라지고 표면에 별모양털이 빽빽하다.

6월의 어린 열매 꽃차례 모양대로 열매가 열린다.

열매껍질

어린 씨앗

어린 열매 단면 달걀 모양의 열매는 1~1.5㎝ 길이이며 꽃받침에 싸여 있고 표면은 별모양털로 덮여 있다. 열매 속에는 1개의 씨앗이 만들어진다.

9월의 열매 열매는 가을에 익으면 껍질이 갈라진다.

갈라진 열매 갈라진 껍질 속에는 1개의 씨앗이 들어 있다.

씨앗 타원형 씨앗은 길이 1㎝ 정도이며 광택이 난다.

잎 모양 가지에 서로 어긋나는 잎은 거꿀달걀형~넓은 달걀형이고 10~20㎝ 길이이며 보통 윗부분에 큰 톱니가 있다.

잎 뒷면 뒷면은 별모양털이 빽빽이 나서 흰빛이 돈다.

벌레집

때죽납작진딧물의 벌레집 때죽납작진딧물이 기생한 겨울눈에서 돋는 새순은 벌레집이 사방으로 벌어져서 꽃봉오리처럼 보인다.

나무껍질 나무껍질은 흑회색이며 어릴 때는 매끈하지만 오래되면 세로로 얕게 갈라진다.

겨울눈 겨울눈은 긴 달걀 모양이며 황갈색 털로 촘촘히 덮여 있다.

＊때죽나무(*S. japonicus*) 산에서 자라는 갈잎작은키나무이다. 봄에 잎겨드랑이에 종 모양의 흰색 꽃이 2~5개씩 밑을 보고 달린다. 잎의 크기도 쪽동백나무보다 훨씬 작다.

때죽나무의 열매껍질에는 독성분이 들어 있기 때문에 열매를 찧어 냇물에 풀어서 물고기를 잡기도 하였다.

잿물을 매염제로 썼던 노린재나무

노린재나무과 | *Symplocos paniculata* ✿ 갈잎떨기나무 ✳ 꽃 5~6월 🍂 열매 9월

노린재나무는 산에서 흔히 만날 수 있는 갈잎떨기나무로 2~5m 높이로 자란다. 5월이 시작될 즈음이면 가지 끝에 자잘한 흰색 꽃이 모여 피는데 꽃잎보다 긴 수술이 가득하다. 둥근 열매는 가을이 되면 벽자색으로 익어서 눈에 잘 띈다.

옷감에 물을 들일 때 물이 잘 들도록 도와주는 매개 물질을 매염제(媒染劑)라고 하는데, 옛날에는 지치 뿌리나 치자 열매 등으로 물을 들일 때 매염제로 사용하던 것이 바로 노린재나무를 태워서 얻은 잿물이었다. 이 잿물을 '황회(黃灰)'라고 하며 색깔이 약간 누런빛이라서 '노란재나무'라고 하던 것이 변해 '노린재나무'가 되었다고 추정한다. 옛날에는 이처럼 요긴하게 쓰이던 나무였지만 지금은 명반이나 타닌 등의 좋은 매염제를 개발하여 사용하기 때문에 쓸모가 없는 나무가 되었다. 노린재나무속(*Symplocos*)에는 노린재나무와 비슷하게 생긴 검노린재와 섬노린재가 있고 잎이 늘 푸른 상록수로는 제주도에서 자라는 검은재나무와 사철검은재나무가 있다.

4월 말의 노린재나무

5월에 핀 꽃 5~6월에 햇가지 끝에 달리는 원뿔꽃차례는 4~8cm 길이이며 흰색 꽃이 모여 달린다.

꽃 모양 꽃부리는 지름 7~8mm이고 5갈래로 깊게 갈라져 벌어진다. 많은 수술은 꽃잎보다 길며 암술도 수술과 비슷한 길이이다.

6월 말의 어린 열매 꽃이 지면 꽃차례 모양대로 연녹색 열매송이가 열린다.

어린 열매 모양 어린 열매는 달걀형이지만 점차 타원형으로 자란다. 열매 끝에는 암술과 꽃받침자국이 남아 있다.

9월의 열매 타원형 열매는 모양이 조금씩 다르며 가을에 남색으로 익는다.

열매 모양 타원형 열매는 6~7mm 길이이고 표면은 광택이 있다.

씨앗 둥근 달걀형 씨앗은 위쪽이 약간 잘록하다.

잎 앞면 잎은 어긋나고 타원형~거꿀달 걀형이며 4~8cm 길이이고 끝이 뾰족하 며 가장자리에 날카로운 톱니가 있다.

잎 뒷면 잎 양면에 털이 있어서 껄 끔거리고 뒷면은 잎맥 위에 흰색 털 이 많다. 잎자루는 3~8mm 길이이다.

나무껍질 나무껍질은 회갈색이고 세로로 얕게 갈라진다.

겨울눈 햇가지는 털과 껍질눈이 있다. 겨울눈은 원뿔형이며 2mm 정도 길이이고 회갈색이며 잎자 국은 반원형이다.

노린재나무속(*Symplocos*) 나무의 비교

검노린재(*S. tanakana*) 남부 지방의 산 에서 자라며 노린재나무와 거의 비슷 하지만 열매가 검은색으로 익어서 구 분이 된다.

섬노린재(*S. coreana*) 한라산에서 자라 며 잎 가장자리에 길고 날카로운 톱니가 있고 달걀형 열매는 남흑색으로 익는다.

검은재나무(*S. sumuntia*) 제주도에서 자 라는 늘푸른작은키나무로 달걀 모양의 긴 타원형 열매는 6~8mm 길이이고 흑 자색으로 익는다.

사철검은재나무(*S. lucida*) 제주도에서 자라는 늘푸른작은키나무로 타원형 열 매는 5~18mm 길이로 크고 검게 익는다.

겨울 추위를 이겨 내며 꽃 피우는 동백나무

차나무과 | *Camellia japonica* ❋ 늘푸른작은키나무 ❋ 꽃 11월~다음 해 4월 ❋ 열매 가을

동백나무는 늘푸른작은키나무로 높이 5~7m로 자란다. 남부 지방에서 자라는 동백나무는 자라는 곳에 따라 꽃이 피는 시기가 조금씩 달라 10월부터 다음 해 5월까지 꽃을 볼 수 있다. 동백꽃이 가장 왕성하게 피는 시기는 3~4월로 따스한 봄바람이 스쳐 지나가면 나무마다 붉은색 꽃이 가득 피어난다.

동백꽃의 특징은 동박새가 꽃가루받이를 도와주는 '조매화'라는 점이다. 한겨울에도 꽃을 피우다 보니 곤충이 활동하기엔 너무 추워서 새의 도움을 받는다. 또 하나의 특징은 꽃이 질 때 모양이 온전한 꽃이 통째로 떨어진다. 그래서 나무에는 시든 꽃이 없이 항상 깔끔한 꽃만 달려 있다.

밤색 씨앗을 빻아서 짠 동백기름은 먹기도 하고 머릿기름으로 썼다. 동백기름은 냄새도 나지 않고 잘 마르지도 않아 머릿기름으로 인기가 높았다. 꽃이 아름다운 동백나무는 많은 재배 품종이 개발되어 전 세계적으로 관상수로 널리 심고 있다.

3월 말의 동백나무

4월에 핀 꽃 잎겨드랑이에 1개씩 피는 꽃은 지름 5~7cm이다. 보통 꽃잎이 5장이지만 7장으로 이루어진 꽃도 있다.

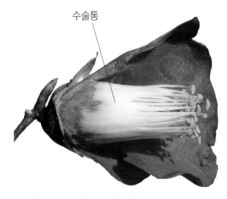

수술통

꽃 단면 수많은 수술은 밑부분이 붙어서 둥근 통처럼 되는 한몸수술이며 꽃밥은 노란색이다.

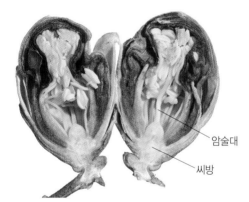

암술대

씨방

꽃봉오리 단면 수술 가운데에 1개의 암술이 들어 있는데 암술대 밑부분에는 둥근 씨방이 있다.

어린 열매 꽃이 지고 나면 둥근 열매가 열린다.

8월의 열매 둥근 열매는 지름이 2~3cm이며 붉은색으로 변한다.

10월의 열매 열매는 가을에 갈색으로 익으면 세로로 갈라지면서 씨앗이 보인다.

수술대가 하나로 합쳐진 것을 '한몸수술(단체웅예:單體雄蘂)'이라고 하며, 수술대가 서로 합쳐져서 통 모양으로 만들어진 것을 '수술통(웅예통:雄蘂筒)'이라고 한다.

갈라진 열매 3갈래로 갈라진 열매 조각은 뒤로 활짝 젖혀진다. 씨앗은 보통 2~3개가 들어 있다.

씨앗 불규칙하게 모가 지는 씨앗은 길이가 2~2.5cm이다.

잎 모양 가지에 서로 어긋나는 타원형 잎은 끝이 뾰족하고 가장자리에 잔톱니가 있으며 앞면은 광택이 있다.

잎 뒷면 잎몸은 5~10cm 길이이고 가죽질이며 뒷면은 연녹색이고 양면에 털이 없다.

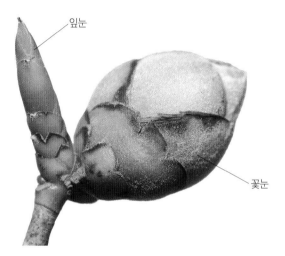

잎눈

꽃눈

잎눈과 꽃눈 길쭉한 잎눈은 끝이 뾰족하고 둥근 달걀 모양의 꽃눈은 잎눈보다 훨씬 크다.

꽃눈 단면 겨울눈 단면은 '아형(芽形)' 또는 '유엽태(幼葉態)'라고 하는데 겨울눈 속에 꽃잎이 겹쳐진 모양은 꽃에 따라 거의 일정하다.

봄에 돋은 새순 길쭉한 잎눈은 봄이 되면 더욱 길어지면서 잎이 자란다.

나무껍질 나무껍질은 회갈색~황갈색이고 매끈하다.

*동백나무 '누치오스 카메오'('Nuccio's Cameo) 큼직한 꽃이 아름다운 동백나무는 여러 가지 색깔과 모양의 많은 재배 품종이 개발되었다. 동백나무 '누치오스 카메오'는 분홍색 겹꽃이 피는 품종이다.

*애기동백(*C. sasanqua*) 일본 원산으로 관상수로 많이 심는데 10~12월에 일찍 꽃이 핀다. 애기동백과 동백나무 등의 재래종 사이에서 많은 재배 품종이 만들어졌다.

봄에 피는 동백꽃은 '춘백(春柏)'이라고 하고, 가을에 피는 동백꽃은 '추백(秋柏)'이라고 한다.

나무껍질이 비단처럼 매끄러운 노각나무

8월의 노각나무

차나무과 | *Stewartia pseudocamellia* 　갈잎큰키나무 　꽃 6~8월 　열매 10월

노각나무는 주로 남부 지방의 산에서 7~15m 높이로 느리게 자라는 갈잎큰키나무이다. 한때는 우리나라에서만 자생하는 특산종으로 여겼지만 지금은 일본에서 자라는 종류와 같은 것으로 보며 일본 이름은 '여름동백(하춘:夏椿)'이다.

회갈색을 띠는 나무껍질이 얇게 벗겨지면서 황갈색~적갈색의 매끈한 얼룩이 만들어지기 때문에 '비단나무'라고 하며, 한자로 '금수목(錦繡木)'이라고도 한다. '노각나무'라는 이름은 나무껍질이 사슴의 뿔처럼 매끄럽고 황금빛이 돌아서 '녹각나무'라고 하던 것이 변해서 된 것이라는 이야기도 있고, 얼룩무늬가 있는 해오라기의 다리를 의미하는 '노각(鷺脚)'에서 유래했다는 이야기도 있다.

나무껍질이 아름답고 큼직한 흰색 꽃도 여름에 오랫동안 피고 지기 때문에 정원이나 공원 등에 관상수로도 심어 기른다. 단단한 목재는 고급 가구나 장식품을 만드는 재료로 쓴다. 줄기와 뿌리껍질은 타박상을 치료하고 피를 잘 돌게 하는 약재로 쓴다.

꽃 뒷면 녹색 꽃받침은 별처럼 5갈래로 갈라지며 갈래조각 끝이 둥그스름하고 털이 빽빽하다.

수술 꽃 가운데에 많은 수술이 모여나며 노란색 꽃밥은 점차 갈색으로 변한다.

암술 많은 수술 가운데에 들어 있는 암술은 끝이 5갈래로 갈라지며 털이 빽빽하다.

6월에 핀 꽃 6~8월에 햇가지의 잎겨드랑이에 지름 5~6cm의 흰색 꽃이 핀다. 꽃잎은 5~6장이고 거꿀달걀형이며 가장자리에 자잘한 톱니가 있고 물결 모양으로 구불거리며 표면에는 털이 빽빽하다. 많은 수술은 5개의 다발로 모여나는 여러몸수술(다체웅예:多體雄蘂)이다.

꽃봉오리 둥그스름한 꽃봉오리를 싸고 있는 꽃받침은 털이 빽빽하다.

낙화 노각나무 꽃도 동백꽃처럼 수술과 꽃잎이 통째로 떨어져 나간다.

동백나무는 많은 수술의 수술대가 하나로 합쳐진 '한몸수술(단체웅예:單體雄蘂)'이지만 노각나무는 많은 수술이 5개의 다발로 모여나는 '여러몸수술(다체웅예:多體雄蘂)'이다.

어린 열매 모양 둥그스름한 열매는 꽃받침에 싸여 있고 끝에 뾰족한 암술머리가 남아 있다.

10월의 열매 단면 달걀형 열매는 5각이 지고 끝이 뾰족하며 속에는 여러 개의 씨앗이 들어 있다.

9월의 어린 열매 꽃이 지면 둥그스름한 열매가 맺힌다. 타원형 잎은 어긋나고 끝이 뾰족하며 가장자리에 치아 모양의 톱니가 있다.

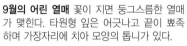

씨앗 갈색 씨앗은 불규칙한 타원형이며 6mm 정도 길이이다.

잎 뒷면 잎몸은 4~10cm 길이이다. 잎맥은 주름이 지며 뒷면에 누운털이 있고 잎맥겨드랑이에 털이 빽빽하다.

10월 말의 단풍잎과 열매 가을에 익은 열매는 세로로 5갈래로 갈라져 벌어진다. 잎은 붉은색~노란색으로 단풍이 든다.

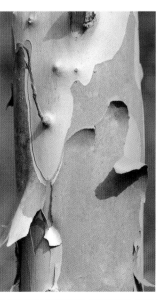

겨울눈 겨울눈은 길쭉한 타원형이고 9~13mm 길이이며 털로 덮여 있다.

봄에 돋은 새순 봄이면 길쭉한 눈이 벌어지면서 털로 덮인 새잎이 돋는다.

나무껍질 나무껍질은 회갈색이며 오래되면 얇은 조각으로 벗겨지면서 황갈색~적갈색으로 얼룩덜룩해진다.

녹차와 홍차를 만드는 차나무

차나무과 | *Camellia sinensis*   🌳 늘푸른떨기나무   ✿ 꽃 10～12월   🍂 열매 다음 해 가을

차나무는 키가 작은 떨기나무로 늘푸른나무이다. 줄기는 높이 2m 정도로 자라며 가지가 많이 갈라진다. 따뜻한 남쪽 지방에서 재배하며 남부 지방의 산기슭에서는 저절로 자라기도 한다.

차나무 잎은 음료로 마시는 차의 원료로 쓰이기 때문에 '차나무'라고 부른다. 차는 만들어지는 방법에 따라 크게 녹차와 홍차로 나뉜다. 어린잎을 따서 그대로 쪄서 말린 것을 '녹차'라고 하는데 우리나라에서는 주로 녹차를 생산한다. '홍차'는 녹차 잎을 발효시켜 만든 것으로 인도 지방이 주생산지이다.

녹차는 비타민C가 많고 두통에 효과가 있다. 우리나라에서는 1년에 4번 정도 잎을 따지만 대만에서는 15번, 인도에서는 30번이나 딴다. 봄에 새로 돋아나는 차나무 잎은 그 모양이 새의 혓바닥처럼 생겨서 이때 딴 찻잎으로 만든 차를 '작설차'라고 부르며 최고급으로 친다. 작설(雀舌)이란 '참새의 혀'라는 뜻의 한자어이다.

10월의 차나무

9월에 핀 꽃 9～11월에 잎겨드랑이에 1～3개의 꽃이 밑을 향해 핀다.

꽃 모양 꽃은 지름 2～3cm이다. 5～7장의 흰색 꽃잎은 모양과 크기가 조금씩 다르며 가운데에 노란색 꽃밥이 붙은 많은 수술이 있다.

암술 —
수술 —

꽃 단면 수술 가운데에 1개의 암술이 있는데 암술머리는 3개로 갈라진다.

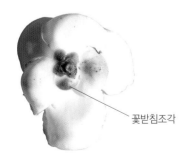

꽃받침조각

꽃 뒷면 녹색 꽃받침은 5～6갈래로 갈라지며 갈래조각은 3～5mm길이이고 끝이 둥글다.

꽃봉오리 둥근 꽃봉오리는 연녹색이 돈다.

다음 해 7월의 어린 열매 꽃이 지고 나면 동그스름한 녹색 열매가 열린다.

차나무는 열매가 익는 가을에 꽃이 피기 때문에 한 나무에서 꽃과 열매를 동시에 볼 수 있어서 '실화상봉수(實花相逢樹)'라고도 한다.

열매 모양 잘 익은 열매는 껍질이 갈라지면서 씨앗이 나온다.

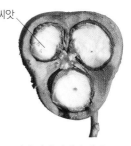

씨앗

열매 단면 열매 속에서 3~4개의 씨앗이 만들어진다.

씨앗 둥근 갈색 씨앗은 지름 1~1.5㎝이며 겉껍질이 단단하다.

다음 해 11월의 열매 가을에 갈색으로 익는 동그스름한 열매는 3~4개의 골이 지고 지름이 1.5~2㎝이다.

갈라진 겉껍질과 속씨 단단한 겉껍질이 깨지면 속살이 나온다.

봄에 새로 돋은 잎 봄에 돋는 새잎을 따서 말린 차를 '작설차'라고 하며 최고급으로 친다.

잎 모양 가지에 서로 어긋나는 긴 타원형 잎은 가장자리에 안으로 굽은 둔한 톱니가 있고 광택이 있다.

잎 뒷면 잎몸은 5~9㎝ 길이이며 가죽질이고 뒷면은 회녹색이며 주맥이 뚜렷하다.

나무껍질 나무껍질은 회백색이고 매끈하다.

전남 보성의 다원(茶園) 다원은 차나무를 심어 기르는 밭이다.

차나무는 예전에는 차나무속(*Thea*)으로 따로 분류했지만 APG 분류 체계에서는 동백나무속(*Camellia*)에 통합되었다.

잎과 열매에 고무질이 많은 **두충**

두충과 | *Eucommia ulmoides*

🌳 갈잎큰키나무 ✴ 꽃 4월 🌍 열매 10월

두충은 중국 중북부 지역 특산으로 1과 1속 1종의 귀한 나무이다. 우리나라에는 1920년대에 일본을 거쳐 들어왔다. 두충은 낙엽이 지는 큰키나무로 높이 10~20m 로 자란다.

두충은 잎과 열매를 살짝 잡아당기면 잘라지는 부분에 실 모양의 흰색 고무질이 늘어지는 것을 볼 수 있다. 또 가장자리가 날개로 되어 있는 열매는 느릅나무 열매와 많이 닮았다.

나무껍질을 귀중한 한약재로 사용하는데 간장과 콩팥을 보호하며 근육과 뼈를 튼튼하게 하는 데 효과가 있다고 한다. 잎은 차로 이용하는데 어린잎을 볶아서 사용하며 향기가 좋다. 두충의 효능이 널리 알려지면서 재배하는 농가가 늘어나 곳곳에서 두충을 만날 수 있는데 경기도, 강원도 내륙 일부 지역을 제외하고는 우리나라 전역에서 재배가 가능하다.

7월의 두충

수술

수꽃송이 수꽃은 꽃잎이 없으며 짧은 꽃자루에 4~16개의 기다란 수술이 모여 달린다. 꽃밥은 1cm 정도 길이이고 적갈색이 돌며 수술대는 짧다.

4월 말에 핀 수꽃 암수딴그루로 4월에 잎과 함께 꽃이 핀다.

암꽃

4월 말에 핀 암꽃 새로 자라는 가지 밑부분에 많은 암꽃이 모여 핀다.

암술머리

암술

암꽃 모양 암꽃도 꽃잎이 없고 주걱 모양의 씨방 끝에 2개의 암술머리가 있다.

7월의 어린 열매 암꽃의 씨방이 자라 길쭉한 열매가 열린다.

고무질

갈라진 열매 어린 열매를 잡아당기면 끊어지면서 고무질이 실처럼 늘어난다.

두충의 목재는 연노란색으로 아름다우면서도 단단해서 고급 목재로 이용된다.

10월의 열매 열매는 가을이 되면 누런색으로 변하기 시작한다.

열매 모양 긴 타원형 열매는 길이가 3~4㎝이며 가운데에 씨앗이 들어 있고 가장자리는 날개가 있다.

11월의 열매 갈색으로 익는 열매는 계속 매달려 있다가 겨울바람에 하나씩 날려 퍼진다.

씨앗 씨앗은 길쭉하고 길이가 1.4~1.5㎝이다.

잎 모양 가지에 서로 어긋나는 타원형 잎은 끝이 뾰족하고 가장자리에 날카로운 톱니가 있다.

잎 뒷면 잎몸은 8~16㎝ 길이이고 뒷면은 연녹색이며 양면에 털이 거의 없다.

갈라진 잎 잎을 당기면 찢어지면서 고무질이 실처럼 길게 늘어난다.

겨울눈 겨울눈은 달걀 모양이며 끝이 뾰족하다.

곁눈

잎자국

곁눈과 잎자국 겨울눈은 8~10개의 눈비늘조각에 싸여 있으며 잎자국은 반원형 또는 콩팥 모양이다.

나무껍질 나무껍질은 회갈색~흑회색이며 세로로 불규칙하게 갈라진다.

재스민 향기가 나는 바람개비 꽃 마삭줄

협죽도과 | *Trachelospermum asiaticum* 🌿 늘푸른덩굴나무 ✳ 꽃 5~6월 🍃 열매 9~11월

마삭줄은 남부 지방의 산이나 숲 가장자리에 분포하는 늘푸른덩굴나무로 줄기에서 나오는 붙음뿌리로 다른 물체에 달라붙으면서 5~10m 길이로 벋는다. 봄에 피는 흰색 꽃은 5장의 꽃잎이 바람개비를 닮았으며 재스민과 비슷한 감미로운 향기가 나는데 꽃잎은 점차 가장자리가 뒤로 약간 말리고 꽃 색깔이 연노란색으로 바랜다. '마삭줄'이라는 이름은 덩굴지는 줄기가 삼으로 만든 밧줄인 '마삭(麻索)'과 비슷하다는 데서 유래되었다고 한다. 북한에서는 '마삭덩굴'이라고 부른다.

마삭줄은 향기로운 꽃과 잎이 아름다워서 남부 지방에서는 정원석이나 큰 나무줄기를 타고 자라게 심어 기르며 분재의 소재로도 이용한다. 특히 꽃이 많이 피고 잎이 큰 변종을 '백화등(var. *majus*)'이라고 해서 많이 기르지만 마삭줄과 같은 종으로 본다. 마삭줄은 관상용으로 인기가 높아서 잎이 다양한 색깔이나 무늬가 여러 가지인 많은 품종이 개발되었다. 그늘에도 잘 견디지만 양지바른 곳에서 잘 자란다.

6월의 마삭줄 담장

6월의 꽃봉오리 꽃자루는 털이 없고 뾰족한 꽃봉오리 밑부분을 싸고 있는 꽃받침조각은 뒤로 젖혀지지 않는다.

6월에 핀 꽃 5~6월에 가지 끝이나 잎겨드랑이에서 나오는 갈래꽃차례에 흰색 꽃이 모여 핀다.

꽃 모양 꽃부리는 고배 모양이며 5갈래로 갈라져 수평으로 벌어지며 지름 2~3cm이다.

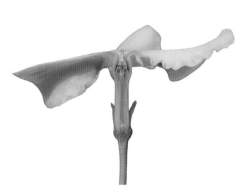

꽃 단면 수술은 5개이며 꽃부리 통 부분 안쪽에 있고 끝부분만 꽃부리 밖으로 약간 나온다.

8월의 어린 열매 가느다란 원기둥 모양의 열매는 보통 2개씩 달리며 15~25cm 길이이고 어릴 때는 연녹색이다.

마삭줄의 영어 이름은 '아시아자스민(Asiatic Jasmine)'으로 감미로운 꽃향기의 특징을 잘 나타낸 이름이다.

씨앗 선형 씨앗은 1.3cm 정도 길이이고 끝에 2.5cm 길이의 갓털이 모여 있어서 바람에 잘 날려 퍼진다.

봄에 새로 돋은 잎 새로 돋는 잎은 단풍잎처럼 붉은색이 돈다.

12월의 열매 9~12월에 붉게 익은 열매는 세로로 끝부분부터 둘로 쪼개지면서 씨앗이 나온다.

잎 뒷면 잎몸은 가죽질이고 앞면은 광택이 있으며 뒷면은 연녹색이고 양면에 털이 없다.

10월의 단풍잎 잎은 상록성이지만 오래된 잎은 붉은색으로 단풍이 들고 낙엽이 진다.

잎 앞면 잎은 마주나고 타원형~달걀형이며 3~9cm 길이이고 끝이 둔하며 가장자리가 밋밋하다.

줄기의 붙음뿌리 가지는 연갈색~갈색이며 붙음뿌리가 많이 나와서 다른 물체에 달라붙어 오른다.

*털마삭줄(*T. jasminoides*) 마삭줄과 비슷하지만 잎 뒷면에 털이 있고 꽃받침조각이 옆으로 벌어지며 수술이 꽃부리 밖으로 나오지 않는 것으로 구분한다.

나무껍질 나무껍질은 회색~회갈색이고 붙음뿌리가 남아 있다.

*백화등(var. *majus*) **분재** 꽃이 많이 피고 잎몸이 좀 더 크며 두꺼운 변종이지만 지금은 마삭줄과 같은종으로 본다.

*마삭줄 '오곤니시키'('Ogonnishiki') 마삭줄의 원예 품종으로 새로 돋은 잎은 황적색 얼룩무늬가 있지만 점차 황금색으로 변한다.

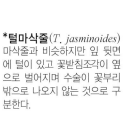

노란색 물감의 원료 치자나무

꼭두서니과 | *Gardenia jasminoides*　　🌲 늘푸른떨기나무　❀ 꽃 6~7월　🟠 열매 11~12월

치자나무는 키가 작은 떨기나무로 높이 1~2m로 자라며 늘푸른나무이다. 중국 원산으로 남부 지방에서 관상용으로 키우지만 일부에서는 재배하기도 하고 중부 지방에서는 화분에 심어 기른다.

6~7월에 가지 끝에 탐스러운 흰색 꽃이 피는데 캐러멜처럼 달콤한 향기가 난다. 겹꽃이 피는 품종을 '겹치자나무', '천엽치자' 또는 '꽃치자'라고 하는데, 향기가 너무 강해서 멀리서 맡아야 은은한 꽃향기를 감상할 수 있다. 여러 종류의 재배 품종이 개발되어 심어지고 있다.

꽃이 진 후에 열리는 끝이 뾰족한 타원형 열매를 '치자'라고 하며 길이 2㎝ 정도로 자라고 가을에 누런빛이 도는 붉은색으로 익는다. 치자는 불면증과 황달을 치료하는 한약재로 쓰이고 오줌을 잘 나오게 하는 효과도 있다. 또 치자 열매에서 얻는 노란색 물감은 음식물에 노란색 물을 들이는 데 사용한다.

6월의 치자나무

6월에 핀 꽃 6~7월에 가지 끝에 흰색 꽃이 1개씩 피는데 향기가 강하다.

꽃 모양 꽃은 지름이 5~7㎝이며 꽃부리는 6~7갈래로 갈라져 벌어지는데 두껍고 점차 누런색으로 변한다.

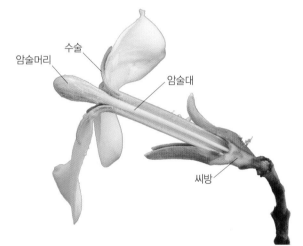

암술머리　수술　암술대　씨방

꽃 단면 암술대는 길게 자라 암술머리가 꽃부리 밖으로 나온다. 수술의 개수는 꽃잎 수와 같고 젖혀지는 꽃부리 목 부분에 달린다.

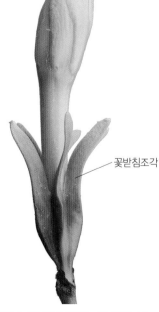

꽃받침조각

꽃봉오리 꽃봉오리 때에는 꽃부리가 나선 모양으로 말려 포개져 있다. 꽃받침은 5~7갈래로 골이 지며 갈라진다.

*겹치자나무('Fortuniana') 겹꽃이 피는 품종을 '겹치자나무', '천엽치자' 또는 '꽃치자'라고 하며 관상수로 심는다.

*겹치자나무 묵은 꽃 치자나무와 겹치자나무 꽃은 오래되면 꽃잎이 누런색으로 변한다.

　풍류를 아는 옛 사람들은 달콤한 향기가 나는 치자 꽃잎을 술잔에 띄워 마시거나 꽃잎으로 술을 담그기도 했다.

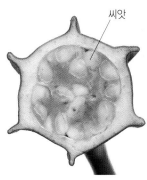

씨앗

8월 초의 어린 열매 열매는 모가 진 꽃받침에 싸여 자란다. 긴 타원형 열매는 길이 2~3cm이고 끝에 꽃받침 갈래조각이 그대로 남아 있다.

열매 가로 단면 열매는 세로로 5~7개의 모가 있다.

열매 세로 단면 붉은 열매살 속에 씨앗이 촘촘히 박혀 있다.

씨앗 둥근 달걀 모양의 씨앗은 납작하고 길이가 4mm 정도이다.

10월의 열매 열매는 가을에 황홍색으로 익는다.

잎 모양 잎은 마주나거나 3장씩 돌려난다. 긴 타원형 잎은 끝이 뾰족하고 가장자리가 밋밋하며 광택이 있다.

잎 뒷면 잎몸은 5~12cm 길이이고 뒷면은 연녹색이며 양면에 털이 없고 잎맥이 튀어나온다.

물감으로 이용하는 나무

지금은 화학적 방법으로 물감을 만들어 쓰지만 옛날에는 나무와 같은 식물에서 물감을 뽑아서 옷감이나 생활 도구에 물을 들이는 경우가 많았다.

오배자

감나무 어린 감을 으깨어 옷이나 고기 그물에 물을 들인다.

붉나무 벌레집인 오배자에는 타닌이 많이 들어 있으며 털을 염색하거나 잉크를 만드는 데 쓴다.

오리나무 열매는 붉은색이나 흑갈색 물을 들이는 데 이용하였다.

치자나무는 진딧물이 잘 생기기 때문에 관리를 잘해 주어야 하며 생명력이 강해 꺾꽂이로도 번식이 잘 된다.

구슬 모양의 꽃송이를 달고 있는 구슬꽃나무

꼭두서니과 | *Adina rubella* 　　🌳 갈잎떨기나무 　✳ 꽃 7~8월 　🌰 열매 10~12월

구슬꽃나무는 낙엽이 지는 떨기나무로 가지가 많이 갈라지며 높이 3~4m로 자란다. 제주도의 습기가 있고 토심이 깊은 낮은 산골짜기에서 자라며 중국의 중남부에도 분포한다. 추위에 약하지만 심어 기르는 것은 중부 지방에서도 월동을 하고 꽃을 피운다. 습기가 있고 물 빠짐이 좋은 비옥한 땅에서 잘 자란다. 반질거리는 잎과 머리 모양의 꽃송이와 열매송이가 특이해서 관상용으로도 심는다. 한방에서는 잎가지와 열매를 열을 내리거나 통증을 줄여 주는 약재로 쓴다.

여름에 가지 끝마다 달리는 둥근 꽃송이의 모양이 스님의 까까머리를 닮아 속어를 써서 '중대가리나무'라고 했는데 어감이 좋지 않아서 저명한 학자가 '구슬꽃나무'로 이름을 바꾸었으며, 북한에서는 '머리꽃나무'라고 부른다. 제주도에서는 '물하레비낭'이라고 부른다. 한자로 '승두목(僧頭木)'이라고 부르는 사람도 있지만 중국에서 쓰는 한자 이름은 '세엽수단화(細葉水団花)'이다.

8월의 구슬꽃나무

갓 피기 시작한 꽃 꽃송이는 머리모양꽃차례이며 작은 꽃봉오리가 촘촘히 모여 있고 하나둘씩 꽃이 피기 시작한다.

8월의 꽃봉오리 여름이면 가지 끝에서 3~4cm 길이로 자란 긴 꽃자루 끝에 둥근꽃송이가 나온다.

8월에 핀 꽃 둥근 꽃송이는 가지 끝뿐만 아니라 윗부분의 잎겨드랑이에서도 나온다.

꽃송이 단면 연녹색 꽃받침은 5갈래로 갈라진다. 꽃부리는 깔때기 모양이며 끝이 5갈래로 갈라져 벌어지고 표면에 적갈색 털이 많다. 수술은 5개이고 꽃부리보다 짧다.

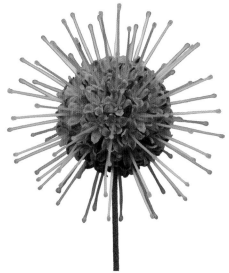

활짝 핀 꽃송이 꽃차례는 지름 1.5~2cm이고 촘촘히 모여 달린 꽃부리 밖으로 기다란 암술이 벋는다.

시드는 꽃 단면 꽃부리는 점점 적갈색으로 변하고 암술머리도 시들기 시작한다.

시든 꽃 시든 꽃부리는 점차 모두 떨어져 나가고 연녹색 꽃받침만 남는다.

어린 열매 모양 꽃이 진 어린 열매송이의 모양이 더욱 스님의 까까머리 모양을 닮았다. 어린 열매에 남아 있는 꽃받침조각은 주홍빛이 돌기 시작한다.

어린 열매 단면 꽃받침 밑부분의 씨방이 길게 자라기 시작한다.

10월의 열매 열매가 자라면서 꽃받침조각은 더욱 붉게 변한다.

다음 해 1월의 열매 열매송이는 지름 5~10mm이며 익으면 갈색으로 변한다.

열매 단면 잘 익은 열매송이는 조금씩 부서지면서 씨앗이 나온다.

씨앗 씨앗은 달걀 모양의 피침형이며 양 끝에 얇은 날개가 있다.

봄에 돋은 새순 봄이 오면 겨울눈이 벌어지면서 붉은빛이 도는 새순이 돋는다.

잎 모양 가지에 2장씩 마주나는 잎은 넓은 피침형~달걀 모양의 피침형이며 2.5~4cm 길이이고 앞면은 광택이 있다.

잎 뒷면 뒷면은 연녹색이며 짧은 잎자루는 대부분 붉은빛이 돈다.

겨울눈

겨울눈 겨울눈은 작은 반원형이며 가지에 바짝 붙는다. 잎자국도 반원형이다. 가지 끝은 대부분 말라 죽는다.

나무껍질 나무껍질은 회색~회갈색이고 점차 불규칙하게 갈라진다.

닭 오줌 냄새가 나는 덩굴 계요등

꼭두서니과 | *Paederia foetida* ✿ 갈잎덩굴나무 ✾ 꽃 7~9월 🍂 열매 10~11월

계요등은 경기도와 충북 지역에서도 자라지만 주로 남부 지방에서 흔히 볼 수 있는 갈잎덩굴나무로 특히 바닷가 근처의 숲 가장자리나 길가의 양지바른 곳에서 잘 자란다. 줄기는 다른 물체를 감고 5~7m 길이로 벋는다. 계요등은 동아시아 지역에 넓게 분포하며 북미와 하와이 등지에도 귀화하여 자라고 있다. 줄기나 잎을 자르면 닭의 똥오줌과 같은 불쾌한 냄새가 난다. '계요등(鷄尿藤)'이란 한자 이름을 직역하면 닭 오줌 냄새가 나는 덩굴나무란 뜻의 이름이며 '구렁내덩굴'이라고도 부른다. 한방에서는 관절염이나 황달을 치료하는 약재로 쓴다.

계요등은 마주나는 잎의 모양이 타원형에서 좁은 타원형으로 변화가 많은데 예전에는 좁은 잎을 가진 변종을 '좁은잎계요등(var. *angustifolia*)'으로, 잎 뒷면에 털이 많은 변종을 '털계요등(var. *velutina*)'으로 구분하기도 하였지만 지금은 모두 계요등과 같은 종으로 본다.

10월 말의 계요등

꽃차례 꽃부리는 원통형이며 7~12mm 길이이고 끝부분은 4~5갈래로 얕게 갈라져서 수평으로 벌어지거나 약간 뒤로 젖혀지며 통부분 입구는 적자색이다. 꽃부리는 흰색 털이 빽빽하며 갈래조각 가장자리는 불규칙한 톱니가 있다.

8월에 핀 꽃 여름에 가지 끝이나 잎겨드랑이에서 나온 원뿔꽃차례 또는 갈래꽃차례에 연홍빛이 도는 흰색 꽃이 모여 핀다.

꽃 단면 꽃부리 통 부분 안쪽은 적자색이고 5개의 수술은 통 부분 안쪽에 있으며 암술은 2개로 가늘게 갈라지고 꽃부리 밖으로 나오기도 한다. 꽃받침은 종 모양이고 끝부분이 5갈래로 얕게 갈라진다.

꽃의 구멍 꽃부리 밑부분에 구멍을 뚫고 꿀을 빨아먹는 곤충도 있는데 꽃가루받이에는 도움이 되지 않는다.

구멍

10월의 열매 꽃이 지면 열리는 둥근 열매는 점차 연한 황갈색으로 변한다.

열매차례 갈래꽃차례 모양대로 열매가 열린다. 둥근 열매는 지름 5~7mm이고 광택이 있다.

11월의 열매 열매는 늦가을에 적갈색으로 익으며 끝에는 꽃받침자국이 남아 있다.

씨앗 씨앗은 동글납작하며 지름 3~4mm이다.

잎가지 잎은 마주나고 달걀형~긴 달걀형이며 끝이 뾰족하고 밑부분은 편평하거나 얕은 심장저이며 가장자리는 밋밋하다.

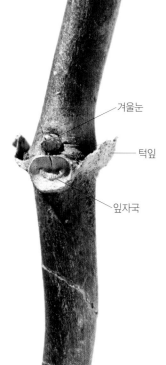

겨울눈

턱잎

잎자국

겨울눈 겨울눈은 작고 원뿔형~달걀형이며 둥근 잎자국은 가운데가 오목하게 들어가고 양쪽에 턱잎이 남아 있기도 한다.

잎 뒷면 잎몸은 5~9cm 길이이고 모양의 변화가 심한 편이며 뒷면은 연녹색이고 잎맥 주위에 털이 있다.

*좁은잎계요등 잎이 좁고 긴 피침형인 것을 '좁은잎계요등'이라고 하지만 지금은 계요등과 같은 종으로 본다.

나무껍질 나무껍질은 갈색~회갈색이고 껍질눈이 있으며 점차 세로로 얕게 갈라진다.

주홍색 트럼펫 모양의 꽃 능소화

능소화과 | *Campsis grandiflora*　　🌳 갈잎덩굴나무　✲ 꽃 7~9월　🍂 열매 10월

능소화는 낙엽이 지는 덩굴나무로 길이 10m 정도로 번는다. 덩굴지는 줄기는 마디에서 나오는 붙음뿌리로 다른 물체에 달라붙는다. 중국 원산으로 아주 오래전에 우리나라에 들어와 관상수로 심었다.

여름이면 가지 끝에서 늘어진 꽃대에 커다란 주홍색 꽃이 모여 피는 모습이 아름다워서 공원이나 정원에 관상수로 심은 것을 흔히 볼 수 있다. 추위에 약하기 때문에 남부 지방에서는 정원에 흔히 심지만 중부 지방에서는 겨울 추위를 견딜 수 있도록 월동 준비를 해 주어야 한다. 옛날에는 양반집에만 심을 수 있어 '양반꽃'이라고 불렀다고 한다.

여름에 피는 주홍색 꽃은 두 달 넘도록 피고 지기를 반복하면서 나무 가득 큼직한 꽃을 달고 있는 것이 무궁화와 닮았고, 꽃이 질 때는 활짝 핀 꽃 모양 그대로 떨어지는 것이 동백꽃과 비슷하다. 활짝 핀 나팔 모양의 꽃을 옆에서 보면 트럼펫을 닮았다.

7월의 능소화

7월에 핀 꽃 여름이 되면 가지 끝에 달리는 원뿔꽃차례에 5~15개의 큼직한 주홍색 꽃이 달린다.

꽃 모양 끝부분이 넓게 벌어지는 깔때기 모양의 꽃은 지름이 6~7cm이며 5갈래로 얕게 갈라진다.

꽃 단면 꽃잎 안쪽은 연한 주홍색에 진한 주홍색 줄무늬가 있으며 수술과 암술이 들어 있다.

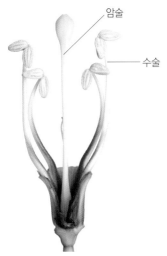

암술

수술

암술과 수술 하나의 꽃에는 1개의 암술과 4개의 수술이 들어 있다. 수술 2개는 길고 2개는 짧다.

수술 모양 수술은 끝부분이 안쪽으로 휘어지고 팔(八)자로 달리는 꽃밥은 세로로 갈라지면서 연노란색 꽃가루가 나온다.

벌어진 암술머리 암술머리는 꽃가루를 받을 때가 되면 아래위 2갈래로 갈라져 벌어진다.

암술 모양 황록색 암술머리는 타원형으로 납작하며 벌어졌다가 수정이 끝나거나 손으로 만지면 바로 닫힌다.

능소화처럼 4개의 수술 중에 2개의 수술이 긴 것을 '2강수술(2강웅예:二强雄蘂)'이라고 한다. 2강수술은 능소화과, 꿀풀과, 현삼과 등의 꽃에서 흔히 볼 수 있다.

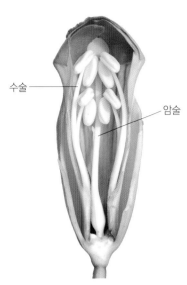

수술

암술

꽃봉오리 꽃잎 바깥쪽은 연한 주홍색이고 연녹색 꽃받침은 중간까지 5갈래로 깊게 갈라진다.

꽃봉오리 단면 꽃봉오리 속에는 다 자란 암술과 수술이 들어 있다.

갓 피기 시작한 꽃 겹쳐진 꽃봉오리 끝부분이 벌어지면서 꽃이 피기 시작한다.

잎 모양 가지에 2장씩 마주나는 잎은 20~30㎝ 길이이고 7~11장의 작은잎이 마주 붙는 홀수깃 꼴겹잎이다.

잎 뒷면 작은잎은 가장자리에 날카로운 톱니가 있고 끝이 뾰족하다. 뒷면은 연녹색이며 양면에 털이 없다.

단풍잎 잎은 가을에 노란색이나 황갈색으로 단풍이 든다.

곁눈

붙음뿌리

잎자국

*미국능소화(*C. radicans*) 북아메리카 원산의 갈잎덩굴나무로 관상수로 심는데 능소화보다 꽃이 조금 작고 여러 개의 꽃이 촘촘히 모여 핀다.

붙음뿌리 줄기의 마디에서 붙음뿌리가 자라 다른 물체에 달라붙어 줄기가 위로 오른다.

겨울눈 동그스름한 잎자국 위의 겨울눈은 겉으로 조금 드러난다.

나무껍질 나무껍질은 회갈색이며 오래되면 세로로 얇게 갈라진다.

능소화의 연노란색 꽃가루에는 갈고리 같은 것이 있으므로 눈에 들어가지 않도록 주의해야 한다.

빼빼로 모양의 열매가 열리는 개오동

능소화과 | *Catalpa ovata*　　🌳 갈잎큰키나무　✳ 꽃 6~7월　🍂 열매 10월

개오동은 낙엽이 지는 큰키나무로 높이 8~12m로 자란다. 중국 원산으로 마을이나 집 주변에 심는다. 커다란 잎이 달린 나무 모양이 오동나무와 비슷하지만 쓸모가 오동만은 못해서 '개오동'이라는 이름이 붙었다. 개오동은 꽃이나 잎에서 좋은 향기가 난다. 그래서 북한에서는 '향오동나무'라고 부른다.

꽃이 진 뒤에 열리는 열매는 길이가 30~40㎝로 빼빼로처럼 가늘고 길다. 지방에 따라서는 기다란 열매가 노끈처럼 생겼다 하여 '노끈나무' 또는 '노나무'라고도 한다. 기다란 열매는 한방에서 오줌을 잘 나오게 하는 이뇨제로 쓴다. 최근에는 개오동에서 노화된 간세포의 기능을 회복시켜 주는 물질이 발견되어 주목을 끌고 있다. 빨리 자라지만 단단하면서도 뒤틀리지 않는 목재는 습기에 견디는 힘이 강해 나막신이나 철도 침목 등으로 사용되었다. 이 나무를 뜰에 심어 두면 벼락을 맞지 않는다는 속설 때문에 궁궐이나 사원 등에 심기도 했다.

경복궁 뜰의 개오동

6월에 핀 꽃 6~7월에 가지 끝에 연노란색 꽃송이가 달린다.

꽃 모양 넓은 깔때기 모양의 꽃은 안쪽에 노란색과 자주색 무늬가 있다.

꽃송이 원뿔꽃차례는 길이 10~25㎝이며 털이 없다.

암술
꽃밥
꽃 단면 꽃부리는 2~3㎝ 길이이며 위쪽에 5개의 수술과 1개의 암술이 있다.

꽃받침조각
갓 피기 시작한 꽃 꽃받침은 2개로 깊게 갈라지고 털이 없다.

8월의 개오동 8월에 나무 가득 가늘고 긴 열매가 매달린다.

초여름에 가지 끝마다 촘촘히 달리는 개오동 꽃에는 꿀이 많이 들어 있어서 양봉농가에 큰 도움이 된다.

9월의 열매 여러 개가 모여 달리는 열매는 길이 30~40㎝, 지름 5~8㎜이다.

10월의 열매 열매는 가을에 갈색으로 익는다.

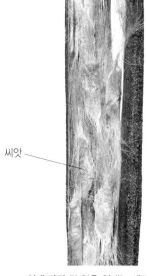

씨앗

열매 단면 잘 익은 열매는 세로로 길게 갈라지면서 씨앗이 나온다.

씨앗 씨앗은 납작한 타원형이며 양쪽에 긴털이 많이 있어서 바람에 잘 날린다.

잎 모양 잎은 가지에 마주나거나 3장씩 돌려난다. 넓은 달걀형 잎은 끝이 뾰족하고 잎몸이 3~5갈래로 갈라지기도 한다.

잎 뒷면 잎몸은 10~25㎝ 길이이고 뒷면은 연녹색이며 잎맥 위에 잔털이 있거나 없다.

잎자국

곁눈

겨울눈 가지는 굵고 껍질눈이 많다. 겨울눈은 동그스름하고 지름 1~3㎜이며 잎자국도 동그랗다.

골속

가지 단면 가지 단면의 골속은 흰색이며 꽉 차 있다.

나무껍질 나무껍질은 회갈색이고 세로로 얕게 갈라진다.

***꽃개오동**(*C. bignonioides*) 북아메리카 원산의 갈잎큰키나무로 개오동과 비슷하지만 꽃이 더 크고 흰색이다.

겨울눈이 작살처럼 생긴 작살나무

꿀풀과 | *Callicarpa japonica* 🌳 갈잎떨기나무 ✽ 꽃 6~8월 🍂 열매 10월

작살나무는 낙엽이 지는 떨기나무로 높이 1~3m로 자란다. 작살나무는 산기슭이나 산 중턱에서 흔히 자라고 있어 쉽게 만날 수 있는 나무이다.

작살나무는 가운데 가지를 중심으로 양쪽으로 가지가 갈라지는 모양이 막대기 끝에 삼지창 모양의 쇠를 박아 만든 물고기나 짐승을 잡는 데 쓰는 작살을 닮아서 '작살나무'라고 부른다고 한다. 또 다른 사람은 작살나무의 가지에 겨울눈이 달린 모양이 작살을 닮아서 붙여진 이름이라고 하는데 겨울눈의 모양이 가지 모양보다 작살과 더욱 비슷하다.

가을에 익는 둥근 보라색 열매는 지름 3~7㎜로 작지만 송이송이 매달려 있어 매우 아름답다. 이 열매는 새들이 좋아하는 먹이가 된다. 요즘은 아름다운 열매를 보기 위해 관상수로 많이 심는데 열매가 좀 더 탐스러운 좀작살나무를 많이 심는다. 열매가 달린 가지는 꽃꽂이 소재로 이용한다.

11월의 작살나무

6월에 핀 꽃 6~8월에 잎겨드랑이에 연자주색 꽃이 모여 피는데 크기가 작아 눈에 잘 띄지 않는다.

꽃송이 갈래꽃차례에 모여 달리는 꽃은 길이 3~5㎜이고 연녹색 꽃받침통은 종 모양이다.

암술

수술

꽃잎

꽃 모양 끝이 4갈래로 갈라져 벌어지는 꽃부리 밖으로 4개의 수술과 1개의 암술이 길게 벋는다.

9월 초의 어린 열매 꽃이 지면 둥근 연녹색 열매가 열린다.

10월의 열매 열매는 가을에 보라색으로 익는다.

열매 모양 열매는 지름이 3~7mm이다.

'꽃받침통(악통:萼筒)'은 꽃받침이 서로 합쳐져서 통 모양으로 만들어지는 것을 말한다.

씨앗 타원형~달걀형 씨앗은 길이가 2mm 정도이다.

잎 모양 가지에 2장씩 마주나는 잎은 긴 타원형이며 끝이 길게 뾰족하고 가장자리에 잔톱니가 있다.

잎 뒷면 잎몸은 6~13cm 길이이고 뒷면은 연녹색이며 털이 없거나 잔털이 약간 있다.

겨울눈 길쭉한 겨울눈은 짧은 자루가 있으며 털에 싸여 있다. 전체적으로 작살 모양과 비슷하다.

봄에 돋은 새순 겨울눈은 눈비늘조각이 없는 맨눈으로 봄이 오면 그대로 잎으로 자란다.

나무껍질 나무껍질은 회갈색이며 둥근 껍질눈이 많다.

＊새비나무(C. mollis) **열매** 작살나무속에 속하는 갈잎떨기나무로 남쪽 섬에서 자란다. 어린 가지와 잎 뒷면에 별모양털이 빽빽하다.

＊좀작살나무(C. dichotoma) **열매** 산기슭에서 자라는 갈잎떨기나무이다. 9월에 익는 보라색 열매송이가 작살나무보다 좀 더 탐스럽다. 잎은 윗부분에만 톱니가 있다.

＊좀작살나무 겨울눈 동그스름한 겨울눈은 자루가 없으며 털에 싸여 있다. 가지 끝은 말라 죽는다.

＊흰좀작살나무(for. albifructa) **열매** 좀작살나무의 변종으로 흰색 꽃이 피고 열매도 흰색으로 익는다. 좀작살나무와 함께 관상수로 심는다.

작살나무속(Callicarpa)은 예전에는 마편초과에 속했지만 APG 분류 체계에서는 꿀풀과로 분류한다.

보라색 꽃송이가 층층으로 달리는 층꽃나무

9월의 층꽃나무

꿀풀과 | *Caryopteris incana*　　🌿 갈잎떨기나무　❋ 꽃 7~9월　🍂 열매 10~11월

주로 전남과 경남 지방에 분포하지만 전북 고창과 경북 청도에서도 드물게 자란다. 바닷가의 양지쪽에서 더 잘 자라는 갈잎떨기나무로 줄기는 여러 대가 모여나 30~60㎝ 높이로 위를 향한다. 줄기 윗부분의 잎겨드랑이마다 보라색 꽃송이가 층층으로 달리며 나지막하게 무리 지어 자라는 모습이 풀처럼 보여서 '층꽃풀'이라고 불렀지만, 줄기 밑부분이 목질화되는 엄연한 나무이기 때문에 저명한 학자가 '층꽃나무'로 이름을 바꾸었다. 우리나라뿐만 아니라 중국, 일본, 대만에도 분포한다.

여러 대가 모여나는 줄기에 여름부터 늦가을까지 박하 향과 같은 향기로운 냄새가 나는 꽃이 층층으로 달린 모습이 아름다워서 중부 이남에서 관상용으로 널리 기르고 있다. 꽃이 핀 줄기를 잘라 꽃꽂이 소재로도 사용하며 벌과 나비가 많이 모여드는 밀원식물이기도 하다. 보라색 꽃이 피는 층꽃나무와 흰색 꽃이 피는 흰층꽃나무 외에도 층꽃나무속의 여러 종들이 외국에서 들여와 심어지고 있다.

9월의 꽃봉오리 여름이 끝나갈 무렵에 줄기 끝과 윗부분의 잎겨드랑이에 꽃봉오리차례가 나온다.

꽃봉오리차례 둥근 꽃봉오리는 보라색이다.

10월 초에 핀 꽃 꽃봉오리가 벌어지면서 꽃부리 밖으로 암수술이 길게 벋는다. 꽃은 밑에서부터 차례대로 피어 올라간다.

꽃차례 잎겨드랑이에 층층으로 달리는 꽃차례는 위가 편평한 갈래꽃차례이다.

꽃받침 연녹색 꽃받침통은 털로 덮여 있으며 끝부분이 5갈래로 깊게 갈라지고 갈래조각은 피침형이다.

큰 갈래조각

꽃 모양 통 모양의 자주색 꽃부리는 5갈래로 갈라지고 그중 1개의 갈래조각이 가장 크며 가늘게 갈라진다.

　층꽃나무속(*Caryopteris*)은 예전에는 마편초과에 속했지만 APG 분류 체계에서는 꿀풀과로 분류한다.

10월의 어린 열매송이 오므라든 연녹색 꽃받침 속에서 5개의 열매가 영근다.

씨앗 씨앗은 세모진 달걀형이고 가장자리에 날개가 있으며 표면에 털이 있다.

잎가지 잎은 十자로 마주나고 달걀형~피 침형이며 2~6㎝ 길이이고 가장자리에 큰 톱니가 있다.

다음 해 2월의 묵은 열매 열매는 늦가을에 갈색으로 익으면 벌어지면서 씨앗이 나온다.

잎 뒷면 잎 뒷면은 회백색이고 부드러운 털이 촘촘히 난다. 잎자루는 3~17㎜ 길이이다.

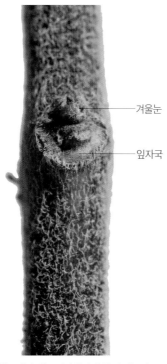

겨울눈

잎자국

나무껍질 나무껍질은 회갈색~적갈색이고 노목은 작은 조각으로 얇게 벗겨진다.

겨울눈 잔가지는 적갈색이며 약간 네모지 고 흰색 털이 많다. 겨울눈은 작고 동그스 름하며 잎자국은 반원형이다.

*흰층꽃나무('Candida') 흰색 꽃이 피는 품종을 '흰층꽃나무'라고 하며 정원수로 심어 기른다.

나무에서 누린내가 나는 **누리장나무**

꿀풀과 | *Clerodendrum trichotomum*　　🌳 갈잎떨기나무　✳ 꽃 7~8월　🍂 열매 10월

누리장나무는 낙엽이 지는 떨기나무로 높이 2m 정도로 자란다. 강원도와 황해도 이남의 산기슭이나 산골짜기 또는 바닷가에서 자란다.

꽃이 아름다운 누리장나무에서는 꽃과 어울리지 않는 누린내가 나서 '누리장나무'라고 하며 '누린내마' 또는 '개나무'라고 하는 곳도 있다. 누리장나무의 성장이 왕성한 봄, 여름에는 근처에만 가도 역겨운 누린내가 난다. 특히 잎을 만지거나 자르면 냄새가 더욱 지독하다.

누리장나무는 한여름이 되면 가지 끝마다 흰색 꽃송이가 달린다. 꽃송이에 촘촘히 모여 피는 꽃은 5갈래로 갈라진 꽃부리 사이로 암수술이 길게 벋고 붉은빛이 도는 꽃받침이 있어서 더욱 보기 좋다. 꽃이 지고 나서 열리는 열매도 별 모양의 붉은색 꽃받침에 싸여 있다. 꽃과 열매가 특이한 누리장나무는 관상수로 관심을 끌고 있다. 봄에 어린순을 뜯어다가 데쳐서 물에 우려낸 다음에 나물로 먹는다.

8월의 누리장나무

7월의 꽃봉오리 여름이 되면 가지 끝에 꽃봉오리가 만들어진다.

8월에 핀 꽃 꽃봉오리가 자라면서 흰색 꽃이 핀다.

꽃송이 갈래꽃차례에 모여 달리는 꽃은 모두 앞만 보고 핀다.

꽃 모양 대롱 모양의 꽃부리는 2~2.5㎝ 길이이고 끝이 보통 5갈래로 갈라져서 활짝 벌어지며 암술과 수술이 꽃잎 밖으로 길게 벋는다.

꽃받침조각

갓 피기 시작한 꽃 꽃의 대롱 부분은 붉은색이며 꽃받침도 붉은색이다. 꽃받침은 5갈래로 얕게 갈라진다.

8월의 어린 열매 붉은색 꽃받침 속에서 열매가 만들어진다.

　　누리장나무속(*Clerodendron*)은 예전에는 마편초과에 속했지만 APG 분류 체계에서는 꿀풀과로 분류한다.

어린 열매 꽃받침에 싸여 있는 어린 열매는 연녹색이다.

9월의 열매 열매는 9~11월에 익는다.

열매송이 꽃받침조각 속에 든 열매는 점차 청록색으로 변하다가 청자색으로 익는다.

열매 모양 둥근 열매는 지름이 6~7mm이며 열매가 익으면 붉은색 꽃받침조각이 벌어진다.

씨앗 동그스름한 씨앗은 표면에 그물 모양의 무늬가 있다.

잎 모양 가지에 2장씩 마주나는 달걀형 잎은 끝이 뾰족하고 가장자리가 거의 밋밋하다.

잎 뒷면 잎몸은 8~15cm 길이이며 뒷면은 회녹색이고 잎맥에 털이 있다.

겨울눈

겨울눈 겨울눈은 자갈색 털로 덮여 있고 끝이 뾰족하다.

봄에 돋은 새순 겨울눈은 눈비늘조각이 없는 맨눈으로 봄이 오면 그대로 잎으로 자란다.

나무껍질 나무껍질은 회색~어두운 회색이며 껍질눈이 많고 오래되면 세로로 얕게 갈라진다.

누리장나무는 잎이 오동 잎을 닮았지만 냄새가 나서 한자로는 '취오동(臭梧桐)'이라고도 한다. 한방에서는 누리장나무를 혈압을 낮추거나 중풍과 마비 증상을 치료하는 약재로 쓴다.

가지가 모래땅 속으로 잠수하는 순비기나무

꿀풀과 | *Vitex trifolia* ssp. *litoralis*　🌳 갈잎떨기나무　✳ 꽃 7~9월　🌰 열매 10~11월

순비기나무는 중부 이남의 바닷가에 분포하는 갈잎떨기나무로 모여나는 줄기는 많은 가지를 치면서 바닷가 모래밭이나 자갈 위로 기듯이 자라며 군데군데에서 뿌리를 내린다. 주로 바닷가나 주변의 섬에서 무리를 이루며 자라는 것을 흔히 볼 수 있다. 여름부터 가을까지 가지 끝의 꽃송이에 깔때기 모양의 청자색 꽃이 피어난다.

'순비기'라는 이름은 '숨비기'에서 유래되었는데 숨비기는 제주도 사투리로 해녀가 잠수할 때 숨을 비워서 물속으로 들어가는 동작을 말한다. 순비기나무도 가지가 숨비기를 하는 것처럼 모래땅 속으로 들어가는 나무란 뜻으로 붙여진 이름이다.

순비기나무 잎과 가지는 특유의 향기가 있어서 목욕할 때 넣거나 방향제로 이용하기도 한다. 한방에서는 두통이나 눈이 침침할 때 약재로 사용한다. 순비기나무속 (*Vitex*)에는 순비기나무 외에 좀목형이 중부 이남의 산기슭에서 자라고 중국 원산인 목형은 관상수로 심어 기른다.

8월의 순비기나무

8월 초에 핀 꽃 여름에 가지 끝에서 자란 원뿔꽃차례는 4~6cm 길이이며 연한 청자색 꽃이 모여 핀다.

꽃 모양 깔때기 모양의 꽃부리는 끝부분이 5갈래로 갈라지는데 특별히 크게 발달하는 아랫부분의 갈래조각 안쪽에 흰색 무늬와 함께 털이 있다. 꽃부리 밖으로 벋는 수술은 4개이고 꽃밥은 흑자색이다. 수술보다 긴 암술머리는 끝이 2개로 갈라진다.

꽃받침 꽃차례자루는 회백색 털로 덮여 있다. 꽃받침은 4~5mm 길이이며 끝부분이 5갈래로 얕게 갈라지고 표면은 부드러운 털과 샘털로 덮여 있다.

순비기나무속(*Vitex*)은 예전에는 마편초과에 속했지만 APG 분류 체계에서는 꿀풀과로 분류한다.

열매 모양 둥근 열매는 지름 6~7mm이고 밑부분은 꽃이 진 후에 크게 자란 꽃받침에 싸여 있으며 가을에 흑갈색으로 익는다.

씨앗 둥근 씨앗은 지름 5mm 정도이며 흑갈색이고 윗부분에 4개의 얕은 골이 진다.

10월의 열매 꽃차례 모양대로 영근 열매송이에는 둥근 열매가 모여 달린다.

잎 앞면 잎은 마주나고 넓은 달걀형~타원형이며 3~6cm 길이이고 끝이 둔하며 가장자리가 밋밋하다.

잎 뒷면 잎은 양면에 부드러운 털이 있고 뒷면은 회백색이다. 잎자루는 5~10mm 길이이고 부드러운 털이 있다.

겨울눈
잎자국

겨울눈 어린 가지는 네모지고 회백색의 짧은털로 덮여 있다. 작고 둥그스름한 겨울눈은 부드러운 털로 덮여 있다.

나무껍질 나무껍질은 회갈색이며 밋밋하지만 오래되면 갈라지기도 한다.

*좀목형(*V. negundo*) 중부 이남에서 자라는 갈잎떨기나무로 손꼴겹잎은 작은잎 가장자리에 큰 톱니가 있기도 한다.

*목형(*V. negund* v. *cannabifolia*) 중국 원산의 갈잎떨기나무로 손꼴겹잎은 작은잎 가장자리에 거친 톱니가 있다.

물을 푸르게 하는 물푸레나무

물푸레나무과 | *Fraxinus chinensis ssp. rhynchophylla* 🌀 갈잎큰키나무 ✳ 꽃 4~5월 🍂 열매 9월

물푸레나무는 낙엽이 지는 큰키나무로 높이 15m 정도로 자란다. 전국의 산기슭과 산골짜기에서 자라며 중국과 러시아 극동 지방에도 분포한다. 물푸레나무는 어릴 때는 그늘에서도 잘 자라는 음수(陰樹)이지만 커가면서 햇볕을 좋아하는 양수(陽樹)로 바뀌어 크게 자란다.

물푸레나무 가지를 꺾어서 물에 담그면 물이 푸른색을 띠므로 '물푸레나무'라는 이름이 유래되었으며, 한자로는 '수청목(水靑木)'이라고 한다.

물푸레나무 목재는 무겁고 단단하며 질기고 탄력이 있어 야구방망이나 스키와 같은 운동기구를 만드는 재료로 쓰인다. 옛날에는 가지를 이용해 '도리깨'라고 하는 타작할 때 쓰는 농기구를 비롯해 도끼 자루를 만드는 데 썼으며, 목재로는 목기 등의 생활용품을 만들었다. 한방에서는 물푸레나무 껍질을 열을 내리거나 통증을 멈추는 약으로 쓴다. 옛날 스님들은 물푸레나무 잿물로 승복을 염색했다고 한다.

경기도 파주 무건리의 물푸레나무(천연기념물 제286호)

4월 말의 수꽃봉오리 암수딴그루로 수그루의 겨울눈이 벌어지면서 진한 적갈색 수꽃봉오리가 뭉쳐 자란다.

수꽃봉오리 수꽃봉오리는 자라면서 밑으로 처진다.

5월에 핀 수꽃 밑으로 늘어지는 원뿔꽃차례는 5~10㎝ 길이이며 밑에서부터 꽃이 피어 올라간다. 꽃받침은 4갈래로 갈라지며 2개의 수술이 있다.

암꽃봉오리 암그루의 겨울눈에서는 암꽃송이가 잎과 함께 나온다.

암꽃송이 암꽃차례는 자라면서 윗부분이 점차 밑으로 비스듬히 처진다.

양성화 암꽃차례에는 1개의 암술과 2개의 수술이 있는 양성화가 핀다.

적성면 무건리의 물푸레나무는 나무 밑동의 둘레가 3.7m, 높이 13.5m, 수령 약 5백 년으로 우리나라에서 가장 크고 오래된 물푸레나무이다.

7월의 어린 열매 암그루에는 가늘고 길쭉한 열매가 모여 달린다.

10월의 열매 열매는 가을에 진갈색으로 익는데 열매의 한쪽 끝에 긴 타원형 씨앗이 들어 있고 나머지 부분에는 날개가 있어 프로펠러처럼 날아간다.

잎 모양 잎은 가지에 2장씩 마주나며 5~7장의 작은잎이 마주 붙는 홀수깃꼴겹잎이다.

잎 뒷면 작은잎은 달걀형~타원형이며 5~15cm 길이이고 끝에 달린 것이 가장 크다. 뒷면은 회녹색이며 주맥 위에 털이 있다.

단풍잎 잎은 가을에 붉은색으로 단풍이 든다.

긴가지의 겨울눈 겨울눈은 넓은 달걀형이며 표면이 미세한 털로 덮여 있다. 잎자국은 가장자리가 도드라진다.

짧은가지의 겨울눈 잎자국이 다닥다닥 달린 모양이 번데기처럼 생겼다. 잎자국의 수를 세면 가지의 나이를 알 수 있다.

나무껍질 어린 줄기와 가지에 흰색 반점을 가지고 있다.

오래된 나무껍질 오래된 나무껍질은 흰색 반점이 희미해지고 세로로 불규칙하게 갈라진다.

*****쇠물푸레**(F. sieboldiana) 중부 이남의 산에서 자라는 갈잎큰키나무이다. 꽃은 햇가지 끝이나 잎겨드랑이에 달리며 꽃잎은 흰색이다.

물푸레나무의 사촌 들메나무

10월의 들메나무

물푸레나무과 | *Fraxinus mandshurica* ⬆ 갈잎큰키나무 ✳ 꽃 4~5월 🍂 열매 9~10월

들메나무는 낙엽이 지는 큰키나무로 잘 자란 것은 높이가 30m에 달하기도 한다. 깊은 산골짜기에서 자라지만 북쪽으로 갈수록 낮은 지대의 냇가에서도 자라는 것을 볼 수 있다. 어릴 때는 매우 빨리 자라며 비옥하고 습기가 있는 땅을 좋아한다.

들메나무는 물푸레나무와 가까운 형제 나무로 모양이 비슷해서 구분하기가 어렵다. 들메나무는 봄에 피는 꽃이 묵은 가지에 달리지만, 물푸레나무는 봄에 피는 꽃이 새로 자라는 가지에서 나오는 점이 다르다. 따라서 열매이삭도 들메나무는 묵은 가지에 달리고, 물푸레나무는 새로 자란 가지에 달리는 것으로 둘을 구분한다.

들메나무도 물푸레나무처럼 목재가 무겁고 단단하며 질기고 탄력이 있어 운동기구나 농기구를 만드는 데 썼으며 목기 등의 생활용품도 만들었다. 북유럽 신화에 우주를 떠받치고 있는 거대한 '위그드라실(Yggdrasil)'이라는 나무가 나오는데 들메나무가 속한 물푸레나무속 나무라고 한다.

4월의 수꽃봉오리 암수딴그루로 이른 봄에 묵은 가지에서 꽃봉오리가 나온다.

4월에 핀 수꽃 잎보다 먼저 붉은색 꽃봉오리가 자라면서 원뿔꽃차례에 꽃이 핀다.

꽃밥

수꽃송이 수꽃은 꽃잎이 없고 2개로 갈라진 수술이 있다.

4월의 암꽃봉오리 이른 봄에 암그루의 묵은 가지에서 암꽃봉오리가 나온다.

4월에 핀 양성화 암그루에 피는 양성화는 2개의 수술과 1개의 암술이 있다. 꽃이 필 때쯤 잎도 함께 자라기 시작한다.

열매를 맺기 시작한 양성화 잎이 펼쳐질 때쯤 암꽃이삭도 자라면서 작은 열매가 맺힌다.

들메나무는 물푸레나무와 자라는 곳이 비슷하지만 좀 더 깊은 산에서 자라며 크기도 훨씬 더 크고 높게 자란다.

5월의 어린 열매 길쭉한 열매가 모여 달린 열매이삭은 밑으로 처진다.

9월의 열매 열매는 가을에 갈색으로 익는다.

열매 모양 길쭉한 열매는 2.5~3cm 길이이며 한쪽이 날개가 있어 바람에 잘 날려 퍼진다.

잎 모양 가지에 2장씩 마주나는 잎은 40cm 정도 길이이며 7~11장의 작은잎이 마주 붙는 홀수깃꼴겹잎이다.

잎 뒷면 작은잎은 길쭉한 타원형이며 끝이 뾰족하고 뒷면은 연녹색이며 잎맥 위에 털이 있다.

잎자루 작은잎이 만나는 부분에 갈색 털이 모여난다.

긴가지의 겨울눈 원뿔 모양의 끝눈은 잎눈이고 5~8mm 길이이다. 둥근 곁눈은 꽃눈이다.

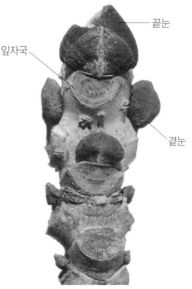

짧은가지의 겨울눈 겨울눈과 반달 모양의 잎자국이 돌아가며 다닥다닥 달린다.

봄에 돋은 새순 잎눈이 벌어지면서 나오는 새잎은 갈색 털이 있다.

나무껍질 나무껍질은 회백색이고 세로로 갈라진다.

부채 모양의 열매가 열리는 미선나무

물푸레나무과 | *Abeliophyllum distichum*   🍃 갈잎떨기나무   ✳ 꽃 3~4월   🌰 열매 9~10월

미선나무는 낙엽이 지는 떨기나무로 높이 1~2m로 자란다. 가지는 둥글게 휘어지면서 끝부분이 밑으로 처진다. 어린 가지는 네모지고 자줏빛이 돈다.

미선나무는 우리나라에서만 자생하는 특산종으로 미선나무속에 오직 미선나무만이 있는 1속 1종의 귀한 나무이다. 충북 진천, 괴산, 영동, 그리고 전북의 내변산에서 자라는데, 4곳의 나무 모두 천연기념물로 지정되어 보호되고 있다. 미선나무가 자생하는 곳은 모두 바위와 자갈로 이루어진 돌밭으로 다른 나무와의 경쟁에서 밀려난 것으로 보인다.

미선나무는 얼핏 보면 개나리와 비슷한데 흰색 꽃이 피는 점이 다르다. 둥근 열매의 모양이 '미선(尾扇)'이라고 하는 부채를 닮아서 '미선나무'란 이름을 얻었다. 미선(尾扇)은 여러 갈래로 갈라진 대나무 살에 명주천이나 종이를 붙여서 만든 것으로 용왕 곁의 시녀가 들고 있는 부채이다.

4월의 미선나무

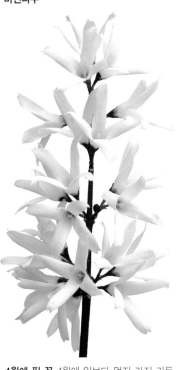

4월에 핀 꽃 4월에 잎보다 먼저 가지 가득 흰색 꽃이 피는데 은은한 향기가 난다. 꽃은 지름 1.5~2cm 정도이다.

꽃 모양 간혹 5갈래로 갈라지는 꽃도 있다. 꽃밥은 노란색이다.

꽃잎

꽃받침조각

꽃받침 꽃자루와 꽃받침은 붉은색이 돌며 꽃받침은 4갈래로 얕게 갈라진다.

*분홍미선(for. *lilacinum*) 분홍색 꽃이 피는 것을 '분홍미선'이라고 한다. 근래에는 미선나무와 같은 종으로 본다.

꽃 모양 깔때기 모양의 꽃부리는 4갈래로 깊게 갈라져서 벌어지고 1개의 암술과 2개의 수술이 있다.

*상아미선(for. *eburneum*) 상아색 꽃이 피는 것을 '상아미선'이라고 한다. 근래에는 미선나무와 같은 종으로 본다.

미선나무는 씨뿌리기나 포기나누기보다 꺾꽂이가 가장 간편하게 번식시킬 수 있는 방법이다.

8월 말의 열매 열매는 가을에 갈색으로 익는다.

열매 단면 납작한 열매는 가운데에 2개의 씨앗이 들어 있고 둘레에 날개가 있다.

5월의 열매 동글납작한 열매는 지름 2~2.5㎝ 정도이고 끝이 오목하게 들어간다.

씨앗 납작한 씨앗은 긴 타원형~긴 달걀형이다.

잎 모양 가지에 2장씩 마주나는 달걀형 잎은 끝이 뾰족하고 가장자리가 밋밋하다.

잎 뒷면 잎몸은 3~8㎝ 길이이고 뒷면은 연녹색이며 주맥이 튀어나온다.

꽃눈

잎눈

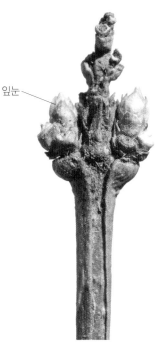

꽃눈 어린 가지는 네모지며 자줏빛이 돌고 둥근 꽃눈이 모여 달린다.

잎눈 보통 가지 끝은 말라 죽는다. 잎눈은 둥근 달걀형이며 잎자국은 반달 모양이다.

봄에 새로 돋은 잎 봄에 돋는 새잎은 붉은빛이 약간 돈다.

나무껍질 오래된 나무껍질은 회갈색이며 얇고 불규칙하게 갈라진다.

봄 소식을 전하는 황금종 개나리

물푸레나무과 | *Forsythia koreana*   갈잎떨기나무   꽃 4월   열매 9~10월

개나리는 우리나라에서만 자생하는 특산종이다. 낙엽이 지는 떨기나무로 양지바른 산기슭에서 자란다. 여러 대가 촘촘히 모여나는 줄기는 높이 3m 정도이고 가지가 많이 갈라져 빽빽하게 자라기 때문에 생울타리로 많이 심는다. 봄이 오면 잎이 돋기도 전에 나무 가득 노란색 꽃을 매단 화사한 모습이 아름다워서 많은 사람의 사랑을 받는다.

4갈래로 갈라진 통꽃이 가득 핀 나무를 보고 서양 사람들은 '골든 벨(Golden Bell)' 즉, '황금종'이라는 예쁜 이름으로 부른다. 중국에서는 '연교(連翹)'라고 부르는데, 꽃이 다닥다닥 달린 비스듬히 벋는 긴가지의 모습이 마치 새의 긴 꼬리와 비슷하다고 해서 붙여진 이름이다.

개나리는 가지 가득 꽃이 피지만 열매는 구경하기가 쉽지 않다. 그래서 번식시킬 때는 대부분 가지를 휘묻이하거나 꺾꽂이한다.

4월의 개나리

4월에 핀 꽃 4월에 잎보다 먼저 피는 꽃은 잎겨드랑이에 1~3개씩 달린다.

꽃 모양 종 모양의 꽃부리는 지름 3cm 정도이며 4갈래로 깊게 갈라져 벌어진다.

작은 암술   꽃밥

단주화 2개의 수술은 꽃밥이 서로 뭉쳐 있고 그 밑에 작은 암술이 있다. 대부분의 개나리는 단주화이다.

암술   헛수술

장주화 암술이 길고 수술은 작다. 장주화도 단주화처럼 결실률이 낮아서 열매를 보기가 힘들다.

꽃봉오리 꽃잎은 나선 모양으로 포개져 있다가 벌어진다. 작은 꽃받침도 꽃잎처럼 4갈래로 갈라진다.

9월에 핀 꽃 날씨의 변화에 민감한 개나리는 계절을 잘못 알고 가을에 꽃이 피기도 한다. 잎은 가을에 붉은색이나 노란색으로 단풍이 든다.

6월의 어린 열매 달걀형 열매는 끝이 뾰족하고 길이 1.5cm 정도이며 표면에 사마귀 같은 돌기가 있다.

    '단주화(短柱花)'는 수술이 길고 암술이 짧은 꽃이며, '장주화(長柱花)'는 암술이 길고 수술이 짧은 꽃이다.

어린 열매 단면 열매 가운데에서 씨앗이
촘촘히 만들어진다.

어린 씨앗

9월 말의 열매 열매는 가을에 진갈색으로
익으면 2개로 쪼개지면서 씨앗이 나온다.

씨앗 갈색 씨앗은 길이가 5~6mm이다.

잎가지 긴 타원형 잎은 끝이 뾰족하
며 가장자리에 톱니가 있다. 어린 가
지에 달리는 잎은 잎몸이 3갈래로
갈라지는 것도 있다.

잎 뒷면 잎몸은 5~10cm 길이이고
뒷면은 연녹색이며 양면에 털이 없다.

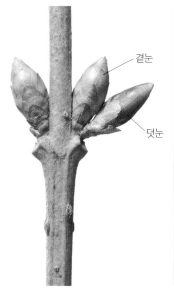

겯눈

덧눈

겨울눈 겨울눈은 긴 타원형이며
3~5mm 길이이고 끝이 뾰족하다.
겯눈 옆에 커다란 덧눈이 달린다.

나무껍질 나무껍질은 진한 회색~회갈색
이며 가로로 긴 껍질눈이 많다.

*만리화(*F. ovata*) **꽃** 중부 지방의
산기슭에서 자라는 갈잎떨기나무로
4월에 피는 꽃은 개나리와 비슷하다.

*만리화 잎가지 넓은 달걀형 잎은 끝이 뾰족하고
앞면은 광택이 있다.

*영춘화(*Jasminum nudiflorum*) 중국 원
산의 갈잎떨기나무로 관상수로 심는다.
이른 봄에 개나리와 비슷한 꽃이 피지만
가지가 녹색을 띤다.

헛수술은 퇴화하여 꽃밥이 생기지 않는 수술을 말한다. 한자로는 '가웅예(假雄蘂)'라고 한다.

우리나라에서만 자생하는 특산나무

특산식물(特産植物)은 어느 한정된 지역에서만 자라는 고유식물(固有植物)을 말한다. 우리나라 특산식물은 한반도의 자연 환경에 적응해 살아가면서 진화해 온 오직 우리나라에만 분포하는 독특한 식물로 우리나라의 소중한 유전 자원이다. 우리나라의 특산식물은 4,000여 종의 자생식물 가운데 약 10% 정도인 400여 종이 조금 못 된다. 특산식물 중에는 환경 때문에 분포 면적이 매우 좁고 개체 수가 얼마 남지 않은 종들도 많으므로 잘 보존해야 한다.

병꽃나무(*Weigela subsessilis*) 전국의 산기슭 양지에서 자라며 봄에 피는 깔때기 모양의 연노란색 꽃은 점차 붉은색으로 변한다. 꽃이 병을 닮아서 '병꽃나무'라고 하지만 열매도 기다란 병 모양이다.

미선나무(*Abeliophyllum distichum*) 전북과 충북의 숲 경사지나 바위 지대에서 드물게 자란다. 1속 1종의 희귀한 나무로 봄에 잎보다 먼저 가지 가득 흰색 꽃이 핀다. 둥글납작한 열매가 미선이라는 부채를 닮아서 '미선나무'라고 한다.

섬오갈피(*Eleutherococcus nodiflorus*) 제주도 바닷가의 산기슭에서 드물게 자란다. 가지에 날카롭고 굽은 가시가 있다. 여름에 가지 끝의 우산꽃차례에 자잘한 황록색 꽃이 핀다. 촘촘히 심어서 생울타리를 만들며 나무껍질은 한약재로 쓴다.

섬개야광나무(*Cotoneaster horizontalis* v. *wilsonii*) 울릉도의 바닷가 근처 경사지나 바위 지대에서 자란다. 5~6월에 가지 끝에 흰색 꽃이 모여 피고 둥근 열매는 가을에 암적색으로 익는다.

키버들(*Salix koriyanagi*) 제주도를 제외한 전국의 개울가나 습지와 숲 가장자리에서 자란다. 가지로 키나 고리 등의 세공품을 만든다.

개느삼(*Sophora koreensis*) 강원도 이북의 건조한 산지의 능선이나 풀밭에서 자란다. 땅속줄기가 벋으며 봄에 노란색 꽃이 모여 핀다.

구상나무(*Abies koreana*) 한라산, 지리산, 덕유산의 높은 지대에서 자란다. 솔방울조각 끝이 아래로 처지는 것이 특징이다.

왕벚나무(*Prunus yedoensis*) 제주도 한라산 중턱과 전남 대둔산에서 드물게 자라지만 꽃이 풍성하기 때문에 가로수나 공원수로 널리 심고 있다. 일본의 나라꽃처럼 알려져 있지만 일본에는 자생지가 없다고 한다. 열매인 버찌는 날로 먹는다.

만리화(*Forsythia ovata*) 강원도와 경북의 바위 지대나 석회암 지대에서 자란다. 개나리에 비해 잎이 넓은 달걀형~넓은 타원형이다.

히어리(*Corylopsis coreana*) 경남, 전남, 경기도, 강원도의 산기슭이나 중턱에서 드물게 자란다. 봄에 잎보다 먼저 가지 가득 늘어지는 노란색 꽃이 아름답다.

매자나무(*Berberis koreana*) 지리산 이북의 숲 가장자리나 개울가에서 자란다. 5~6월에 노란색 꽃송이가 늘어지고 둥근 열매는 붉게 익는다.

개나리(*Forsythia koreana*) 전국의 공원이나 정원에서 생울타리로 널리 심는다. 봄에 가지 가득 노란색 꽃이 핀다. 만리화에 비해 잎이 피침형이다.

검팽나무(*Celtis choseniana*) 황해도 이남의 숲 가장자리나 너덜 지대에서 자란다. 열매는 자루가 길고 검은색으로 익는다.

노랑팽나무(*Celtis edulis*) 강원도와 함북의 명천군에서 드물게 자란다. 열매는 자루가 길고 등황색으로 익는다.

진한 꽃향기를 풍기는 라일락

4월 말의 라일락

물푸레나무과 | *Syringa vulgaris* 🌀 갈잎떨기나무 ✹ 꽃 4~5월 🌍 열매 9월

라일락은 유럽 남부 원산의 갈잎떨기나무로 2~4m 높이로 자란다. 북부 지방에서 자라는 수수꽃다리와 비슷해서 '서양수수꽃다리'라는 한글 이름으로도 불리지만, 영어 이름인 '라일락'으로 널리 불리며, 프랑스어 이름인 '릴라' 또는 '리라'로 부르기도 한다. 라일락의 꽃말은 '첫사랑' 또는 '젊은 날의 추억'이다.

봄에 2년생 가지 끝마다 달리는 풍성한 연자주색 꽃송이는 달콤한 꽃향기를 널리 풍기기 때문에 홍자색, 흰색 등 여러 가지 색깔의 품종이 개발되어 전 세계의 온대 지방에서 관상수로 널리 심어 기르고 있다.

라일락이 속한 개회나무속(*Syringa*)에는 개회나무, 버들개회나무, 꽃개회나무, 털개회나무 등이 남한의 산에서 자라는데 모두 꽃향기가 진하다. 특히 털개회나무는 미국에서 왜성종으로 개량된 품종이 다시 우리나라로 들어와 '미스김라일락'이라는 이름으로 관상수로 심어지고 있다.

4월의 꽃봉오리 봄이면 2년생 가지 끝에 잎과 함께 꽃봉오리가 나온다. 어린잎은 적자색이 돈다.

4월에 피기 시작한 꽃송이 원뿔꽃차례는 10~20㎝ 길이이며 꽃차례 밑부분에서부터 차례대로 연자주색 꽃이 피어 올라간다.

꽃 모양 꽃부리는 끝이 4갈래로 갈라져서 벌어지며 갈래조각은 타원형이다.

4월에 핀 꽃 연자주색 꽃이 활짝 피면 나는 향기는 은은하면서도 오래 간다.

꽃 뒷면 컵 모양의 꽃받침은 끝이 4갈래로 얕게 갈라진다. 꽃부리는 가는 대롱 모양이며 길이 6~10㎜ 정도이다.

6월의 어린 열매 꽃이 지면 꽃차례 모양대로 열매송이가 열린다. 열매는 달걀 모양의 타원형~긴 타원형이며 1.5㎝ 정도 길이이고 표면에 껍질눈이 없이 밋밋하다.

다음 해 1월 초의 열매 가을에 갈색으로 익어 둘로 갈라진 열매가 겨우내 매달려 있다.

씨앗 씨앗은 긴 타원형이고 납작하며 끝이 뾰족하다.

잎가지 잎은 마주나고 넓은 달걀형~세모진 달걀형이며 4~10㎝ 길이이다. 잎 끝은 뾰족하며 밑부분은 편평하거나 얕은 심장저이고 가장자리는 밋밋하다.

잎 뒷면 잎 양면에 털이 없으며 앞면은 광택이 있고 뒷면은 연녹색이다.

가짜끝눈

겨울눈 가지 끝에 달리는 2개의 가짜끝눈은 둥근 달걀형이고 적갈색이며 털이 없다.

봄에 돋은 새순 봄이 오면 겨울눈이 벌어지면서 새순이 나와 자란다.

나무껍질 나무껍질은 회갈색이고 노목은 세로로 얕게 갈라진다.

*라일락 '아그네스 스미스'('Agnes Smith') 원예 품종으로 가지 끝에 큼직한 흰색 꽃송이가 달린다.

개회나무속(*Syringa*) 나무의 비교

개회나무(*S. reticulata* ssp. *amurensis*) 지리산 이북의 산에서 자라며 흰색 꽃이 피고 열매에 껍질눈이 있다.

버들개회나무(*S. fauriei*) 강원도에서 자라며 개회나무와 비슷하지만 잎이 버들잎처럼 길쭉하고 열매에 껍질눈이 거의 없다.

꽃개회나무(*S. villosa* ssp. *wolfii*) 지리산 이북의 높은 산에서 자라며 햇가지 끝에 홍자색 꽃이 피고 열매에 껍질눈이 없다.

털개회나무(*S. pubescens* ssp. *patula*) 깊은 산에서 자라며 2년생 가지 끝에 연자주색~흰색 꽃이 피고 열매에 껍질눈이 있다.

사발에 수북이 담긴 쌀밥나무 이팝나무

물푸레나무과 | *Chionanthus retusus*　🌳 갈잎큰키나무　✳ 꽃 5월　🌐 열매 10~11월

이팝나무는 중부 이남의 산과 들에 분포하는 갈잎큰키나무로 20m 정도 높이로 자란다. 옛날에는 쌀밥을 '이밥'이라고도 했는데, '이팝나무'는 '이밥나무'가 변한 이름으로 쌀밥나무란 뜻의 이름이다. 살림이 궁핍했던 조상들의 눈에는 5월에 흰색 꽃이 풍성하게 핀 나무가 마치 사발에 수북이 담긴 쌀밥처럼 보였기 때문이다.

이팝나무는 모내기철에 꽃이 피는데 나무에 이밥처럼 꽃이 만개하면 농부들은 풍년이 온다고 믿었기에 마을 어귀에 이밥나무를 한 그루씩 심었다. 그렇게 심고 가꾼 나무 중에 오래된 노목은 여러 그루가 천연기념물로 지정되어 보호받고 있다.

이팝나무는 나무 모양이 단정하고 흰색 꽃이 아름다워 가로수나 조경수로 널리 심고 있다. 속명인 치오난투스(*Chionanthus*)는 그리스어로 '눈꽃'이란 뜻이다. 이팝나무 종류의 영어 이름은 '프린지 트리(Fringe Tree)'인데 'Fringe'는 솔이나 스카프 가장자리에 붙이는 술 장식으로 깊게 갈라진 가는 꽃잎을 보고 붙인 이름이다.

5월의 이팝나무

5월에 핀 꽃 암수딴그루로 늦은 봄에 햇가지 끝에 달리는 원뿔꽃차례는 3~12㎝ 길이이고 흰색 꽃이 무더기로 모여 달린다.

꽃 모양 꽃부리는 4갈래로 깊게 갈라지며 갈래조각은 가는 선형이고 1.5~2㎝ 길이이다. 암그루에 피는 양성화는 밑부분이 통통하며 2개의 수술과 1개의 암술이 있다. 수그루에 피는 수꽃은 밑부분이 좁고 2개의 수술만 있다.

8월의 어린 열매 암그루의 꽃이 지면 꽃송이 모양대로 열매송이가 열려서 밑으로 늘어진다.

어린 열매 모양 열매는 타원형~달걀형이며 1.5~2㎝ 길이이고 표면에 흰색 껍질눈이 있다.

어린 열매 단면 열매 속에는 1개의 씨앗이 만들어진다.

씨앗 타원형 씨앗은 1~1.5cm 길이이며 표면에 그물 모양의 무늬가 있다.

10월 말의 열매 열매는 가을에 검푸른색으로 익는다.

열매차례 열매는 시간이 지나면 열매살이 마르면서 우글쭈글해진다.

잎 앞면 잎은 마주나고 긴 타원형~ 거꿀달걀형이며 4~12cm 길이이고 잎자루는 5~20mm 길이이다.

잎 뒷면 잎몸은 끝이 둔하거나 뾰족하다. 잎 가장자리는 밋밋하며 뒷면은 연녹색이고 잎맥에 털이 있다.

10월의 단풍잎 잎은 가을에 노란색으로 단풍이 든다.

겨울눈 어린 가지는 가는털이 있다. 겨울눈은 원뿔형이며 잎자국은 반달 모양이고 튀어나온다.

나무껍질 나무껍질은 회갈색이고 노목은 세로로 불규칙하게 갈라진다.

순천 평중리 이팝나무 전남 순천에 있는 이 팝나무는 수령 4백여 년으로 추정되며 천연기념물 제36호로 지정되었다.

양산 신전리 이팝나무 경남 양산에 있는 이 팝나무는 수령 3백여 년으로 추정되며 천연기념물 제234호이다.

열매가 쥐똥처럼 생긴 쥐똥나무

5월 말의 쥐똥나무

물푸레나무과 | *Ligustrum obtusifolium* 🔵 갈잎떨기나무 ✳ 꽃 5~6월 🍂 열매 10~12월

쥐똥나무는 낙엽이 지는 떨기나무로 중부 지방의 산과 들에서 흔하게 자란다. 도시에서는 생울타리로 가장 많이 이용되는데 공원이나 길가, 학교 등의 생울타리는 대부분이 쥐똥나무로 되어 있다. 쥐똥나무는 가지를 다듬고 다시 잘라 내도 계속 새순을 만들며 자라는 생명력이 강한 나무이다.

'쥐똥나무'란 이름은 가을에 검게 익는 열매의 모양이 쥐똥처럼 생겨서 얻은 이름이다. 북한에서는 열매의 모양을 보고 '검정알나무'라고 부르며 '털광나무'라고도 한다. 남부 지방에서는 생울타리를 만들 때 쥐똥나무 대신 광나무를 이용해 만들기도 한다. 광나무는 쥐똥나무와 가까운 형제 나무로 가을에 낙엽이 지는 쥐똥나무와 달리 늘푸른나무인데 타원형 잎은 두껍고 광택이 있다. 이들과 함께 관상수로 심는 제주광나무는 작은키나무로 광나무보다 좀 더 크게 자라고 열매가 둥근 타원형인 점이 광나무와 다르다.

6월에 핀 꽃 봄에 햇가지 끝에 달리는 송이꽃차례는 2~4㎝ 길이이고 자잘한 흰색 꽃이 모여 피는데 향기가 매우 강하다.

꽃송이 깔때기 모양의 꽃부리는 끝부분이 4갈래로 갈라져 벌어지고 꽃부리 안에 1개의 암술과 2개의 수술이 있다.

어린 열매 꽃이 지면 연녹색 열매송이가 달린다.

어린 씨앗

어린 열매 단면 열매 속에서는 씨앗이 만들어지고 있다.

11월의 열매 열매는 가을에 검은색으로 익는다.

열매 모양 타원형 열매는 지름이 7~8㎜이며 표면에 광택이 있다.

끝눈

잎자국

씨앗 타원형 씨앗은 6㎜ 정도 길이이며 흑갈색이다. 나무 밑에 잔뜩 떨어져 있는 씨앗을 보면 열매보다 더 쥐똥처럼 생겼다.

잎가지 잎은 가지에 2장씩 마주 달린다. 긴 타원형 잎은 끝이 둥글고 가장자리가 밋밋하며 주맥이 뚜렷하다.

잎 뒷면 잎몸은 2~6㎝ 길이이며 뒷면의 주맥 위에 털이 있거나 없다.

겨울눈 어린 가지는 잔털이 있고 겨울눈은 달걀 모양이며 2~3㎜ 길이이다.

껍질눈

봄에 돋은 새순 새로 돋는 잎은 광택이 있다.

나무껍질 나무껍질은 회백색~회갈색이며 껍질눈이 있다.

쥐똥나무 생울타리 쥐똥나무는 촘촘히 심어 생울타리를 만든다.

*왕쥐똥나무(*L. ovalifolium*) 남부 지방에서 자라는 쥐똥나무 종류로 잎의 일부가 겨울을 나는 반상록성 나무이다. 남부 지방에서 관상수로 심는다.

*광나무(*L. japonicum*) 남부 지방의 산기슭에서 자라는 늘푸른떨기나무이다. 6월에 가지 끝에 원뿔 모양의 흰색 꽃송이가 달린다. 남부 지방에서 관상수로 심는다.

*제주광나무(*L. lucidum*) 제주도에서 자라는 늘푸른작은키나무로 남부 지방에서 관상수로 심는다. 6~7월에 가지 끝에 흰색 꽃이 핀다.

쥐똥나무나 광나무의 가지에 백랍벌레의 애벌레가 만든 '백랍(白蠟)'이라는 하얀 가루로 초를 만들었다.

거문고와 가야금을 만드는 참오동

10월의 참오동

오동나무과 | *Paulownia tomentosa*

🍃 갈잎큰키나무 ❋ 꽃 5~6월 🌰 열매 10월

참오동은 낙엽이 지는 큰키나무로 10~15m 높이로 자란다. 중국 원산으로 전국의 산과 들에 야생화되어 자란다. 5월에 피는 자주색 꽃잎 안쪽에는 자줏빛 점선이 있는데, 우리나라에서만 자생하는 특산종인 오동나무는 자줏빛 점선이 없어서 구분이 된다. 근래에는 둘을 같은 종으로 보는 추세이다.

참오동과 오동나무는 잎이 큰 나무로 널리 알려져 있다. 큰 잎은 길이가 30㎝ 정도 되는 것도 있고 특히 어린 나무에 달리는 잎은 1m를 넘는 것도 있다. 이렇게 큰 잎을 가지고 영양분을 만들기 때문인지 매우 빨리 자란다. 15년에서 20년 정도만 키우면 쓸 만한 재목으로 자란다. 목재는 나뭇결이 아름답고 갈라지거나 뒤틀리지 않으며 좀이 잘 슬지 않아 가구를 만드는 데 으뜸으로 쳤다. 또 울림이 좋아서 거문고나 가야금 같은 악기를 만들면 소리가 맑고 곱다. 옛날에는 목재로 나막신을 만들어 신었는데 가벼우면서 땀이 차지 않는다고 한다.

꽃 모양 종 모양의 꽃부리는 5갈래로 갈라져 벌어지고 안쪽에 자줏빛 점선이 있다.

*오동나무 참오동 꽃과 비슷하지만 꽃잎 안쪽에 자줏빛 점선이 없다. 근래에는 오동나무를 참오동과 같은 종으로 본다.

5월에 핀 꽃 5~6월에 가지 끝에 달리는 커다란 원뿔꽃차례에 연보라색 꽃이 피는데 향기가 진하다.

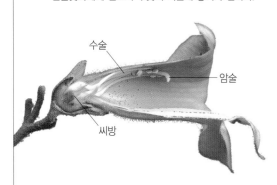

수술
암술
씨방

꽃 단면 1개의 암술과 4개의 수술은 꽃잎 위쪽으로 붙는다.

꽃 뒷면 꽃은 길이 5~6㎝이며 표면에 끈적거리는 샘털이 있다.

꽃받침조각

꽃봉오리 꽃받침은 5갈래로 갈라지고 갈색 털이 빽빽이 있다.

오동나무속(*Paulownia*)은 예전에는 현삼과에 속했지만 APG 분류 체계에서는 오동나무과로 독립시켰다.

8월의 어린 열매 둥근 달걀 모양의 열매는 끝이 뾰족하고 밑부분에 꽃받침이 남아 있다.

어린 열매 가로 단면 열매 속은 2개의 방으로 나뉘어 있다.

11월의 열매 달걀 모양의 열매는 3~4cm 길이이고 익으면 2개로 갈라진다.

씨앗

열매 세로 단면 2개의 방마다 씨앗이 촘촘히 들어 있다.

씨앗 씨앗은 길이 3~4mm이고 둘레에 투명한 날개가 있어 바람에 날려 퍼진다.

잎 모양 가지에 2장씩 마주나는 잎은 잎몸에 3~5개의 모서리가 있고 가장자리가 밋밋하다.

잎 뒷면 잎몸은 15~30cm 길이이며 뒷면은 연녹색이고 양면에 털이 빽빽이 난다.

9월의 꽃눈 9월이면 가지마다 둥근 꽃눈이 가득 달리는데 꽃눈은 갈색 털로 덮여 있다.

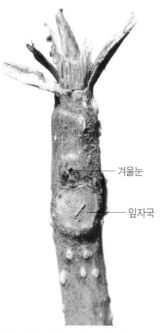

겨울눈

잎자국

겨울눈 둥근 잎자국 위에 있는 혹 모양의 작은 겨울눈은 4~6개의 눈비늘조각에 싸여 있다.

나무껍질 나무껍질은 회갈색이며 세로로 얕게 갈라진다.

한약재로 널리 쓰이는 구기자나무

가지과 | *Lycium chinense*　　🌳 갈잎떨기나무　❋ 꽃 6~9월　🌰 열매 9~11월

구기자나무는 낙엽이 지는 떨기나무로 높이 2~4m로 자란다. 마을 주변의 둑이나 냇가 또는 산비탈 등에서 자라며 밭에 심어 기르기도 한다. 여러 대가 모여나는 줄기는 비스듬히 휘어지고 가지 끝은 밑으로 처진다. '구기(枸杞)'란 이름은 탱자나무처럼 줄기에 가시가 있고 키버들처럼 줄기가 휘면서 자라서 만들어진 이름이다.

구기자나무 꽃은 6월경부터 피기 시작하는데 계속 피고 지기를 반복하면서 10월까지 핀다. 꽃이 피고 지는 사이에 열매도 익기 때문에 8월쯤부터는 한 가지에 꽃과 열매가 함께 달린 것을 볼 수 있는 실화상봉수(實花相逢樹)의 하나이다.

구기자나무의 열매인 '구기자(枸杞子)'는 몸이 약해졌을 때 보약으로 쓰며 흔히 술을 담가 먹는다. 또 뿌리껍질을 말린 것은 '지골피(地骨皮)'라고 하여 한약재로 쓰고 잎도 나물로 먹으며 차를 끓여 마신다. 이처럼 구기자나무는 여러 부분을 약용하거나 식용하는 유용한 나무이다.

6월 초의 구기자나무

8월에 핀 꽃 여름부터 가을까지 잎겨드랑이에 1~4개의 자주색 꽃이 핀다. 꽃부리는 1㎝ 정도 길이이다.

꽃 모양 5갈래로 갈라져 벌어지는 꽃부리 안쪽은 자주색이며 더 진한 줄무늬가 있다.

꽃 뒷면 종 모양의 꽃받침은 연녹색이며 윗부분이 보통 5갈래로 갈라지고 갈래조각 끝은 뾰족하다.

암술

수술

씨방

꽃 단면 기다란 1개의 암술과 5개의 수술은 꽃부리 밖으로 길게 벋는다.

개화하는 꽃과 시든 꽃 꽃부리 뒷면은 흰빛이 도는 자주색이다. 꽃부리는 시든 채로 오래간다.

9월 초의 어린 열매 시든 꽃잎이 떨어지면 연녹색 열매가 드러난다.

구기자는 차를 끓여 마시는데 열매로 끓인 차는 '구기자차', 잎으로 끓인 차는 '구기엽차', 뿌리로 끓인 차는 '지골피차'라고 한다.

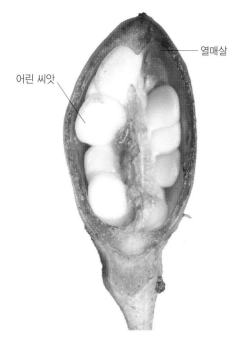

어린 씨앗

열매살

어린 열매 단면 두꺼운 열매살 안에 10∼20개의 씨앗이 촘촘히 박혀 있다.

10월의 열매 가을에 붉은색으로 익는 달 걀 모양의 열매는 길이 1.5∼2cm이며 표면 은 광택이 있다.

열매 단면 붉게 잘 익은 열매는 열매살도 붉은색이다.

둥근 열매 나무에 따라 열매의 모양이 조금씩 다른데 드물게 둥근 열매를 맺는 나무도 있다.

씨앗 동글납작한 씨앗은 한쪽이 오목하게 들어간 것이 콩팥 모양을 닮았으며 길이가 2∼3mm이다.

9월의 구기자 빨간 열매와 함께 꽃이 핀 것을 볼 수 있는 실화상봉수이다.

잎 모양 잎은 가지에 서로 어긋나게 달 리지만 짧은가지 끝에서는 촘촘히 모여 달린다. 타원형∼긴 타원형 잎은 2∼4cm 길이이고 가장자리가 밋밋하다.

잎 뒷면 뒷면은 연녹색이며 양면에 털이 없다.

가지의 가시 짧은가지의 일부는 가시로 변한다.

나무껍질 나무껍질은 회갈색이며 세로로 얕게 튼다.

겨울의 붉은 열매가 아름다운 먼나무

12월의 먼나무

감탕나무과 | *Ilex rotunda* 　　🌳 늘푸른큰키나무 　✳️ 꽃 6월 　🍒 열매 11~12월

먼나무는 늘푸른나무로 제주도를 비롯한 남쪽 섬의 바닷가에서 잘 자라며 일본과 중국, 베트남까지 분포한다. 줄기는 높이 10m 정도로 곧게 자라는 큰키나무이다. 먼나무가 자라는 제주도에서는 '먹낭'이라고 부르는데 나무껍질이 검은빛이 돈다는 뜻의 이름이며 여기에서 '먼나무'란 이름이 유래되었다.

먼나무 열매는 늦가을에 붉은색으로 익기 시작해서 겨우내 나무에 매달려 있다. 겨울에 제주도를 여행한 사람들은 길가에 심어진 가로수에 콩알만 한 빨간색 열매가 가득 달린 모습을 보고 감탄하는데 이 나무가 바로 먼나무이다. 먼나무는 열매가 달린 나무 모습이 아름다워서 남쪽 지방에서 가로수나 공원수로 많이 심는다. 목재는 재질이 좋아 기구를 만들거나 조각을 하는 재료로 쓴다.

먼나무와 가까운 형제 나무인 감탕나무는 생김새가 비슷해 구분하기가 쉽지 않은데, 감탕나무는 먼나무에 비해 꽃자루와 잎자루가 짧고 열매는 조금 더 크다.

6월에 핀 수꽃 암수딴그루로 5~6월에 햇가지의 잎겨드랑이에 자잘한 꽃이 모여 핀다. 꽃의 지름은 4~5mm이다.

꽃잎　　　수술

수꽃 모양 꽃자루에 몇 개씩 모여 피는 수꽃은 4~6장의 꽃잎이 뒤로 젖혀지며 4~6개의 수술이 꽃잎 밖으로 길게 벋는다.

6월에 핀 암꽃 암그루의 잎겨드랑이에는 암꽃이 모여 핀다.

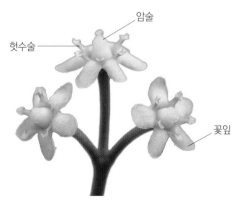

헛수술　　　암술

꽃잎

암꽃 모양 암꽃의 꽃잎은 4~6장이며 연녹색 암술 둘레에 4~6개의 퇴화된 수술이 있다.

8월의 어린 열매 꽃이 지고 나면 연녹색 열매가 열린다.

어린 열매 모양 어린 열매는 타원형이지만 점차 둥글게 자란다.

　　헛수술은 퇴화하여 꽃밥이 생기지 않는 수술을 말한다. 한자로는 '가웅예(假雄蘂)'라고 한다.

11월의 열매 열매는 늦가을에 붉은색으로 익는다.

열매송이 열매는 지름이 5∼8mm이며 광택이 있다.

씨앗 열매 속에는 4∼6개의 길쭉한 씨앗이 들어 있다.

잎 모양 가지에 서로 어긋나는 타원형 잎은 끝이 뾰족하고 가장자리가 밋밋하며 광택이 있다.

잎 뒷면 잎몸은 6∼10cm 길이이며 잎은 가죽처럼 질기고 양면에 털이 없으며 뒷면은 연녹색이다.

끝눈

곁눈

잎자루

겨울눈 어린 가지는 붉은색을 띠고 겨울눈은 길이 1mm 정도로 매우 작다.

나무껍질 나무껍질은 회갈색∼회백색이고 밋밋하다.

***감탕나무**(*I. integra*) **수꽃** 4∼5월에 잎겨드랑이에 자잘한 꽃이 모여 피는데 꽃자루가 거의 없다.

***감탕나무 열매** 열매는 지름이 1∼1.2cm로 먼나무보다 약간 크며 잎자루가 짧다.

11월의 먼나무 가로수 나무 모양이 보기 좋아 제주도에서는 가로수로 많이 심는다.

'먼나무'는 꽃송이가 새로 자란 가지의 잎겨드랑이에 달리고, '감탕나무'는 묵은 가지의 잎겨드랑이에 달린다.

호랑이도 무서워하는 가시잎 호랑가시나무

감탕나무과 | *Ilex cornuta* ✿ 늘푸른떨기나무 ✻ 꽃 4~5월 ◐ 열매 9~10월

호랑가시나무는 키가 작은 늘푸른떨기나무로 2~3m 높이로 자란다. 따뜻한 남쪽 지방의 바닷가에 있는 낮은 산의 양지쪽에 분포한다. '호랑가시나무'는 두꺼운 잎 모서리가 날카로운 가시로 되어 있는데, 이 가시가 어찌나 날카로운지 호랑이도 무서워한다고 하여 붙여진 이름이다. 제주도에서는 '가시낭'이라고 부르기도 한다.

흔히 크리스마스카드에 많이 그려져 있는 빨간 열매에 가시잎을 가진 나무가 바로 호랑가시나무이다. 영어 이름은 '홀리(Holly)'라고 하는데 세계적으로 많은 종류의 홀리가 있으나, 우리나라의 호랑가시나무(Korean Holly)가 선명한 붉은색 열매와 진한 녹색 잎 때문에 관상용으로 가장 인기가 높다.

호랑가시나무처럼 가시잎을 가진 나무가 남부 지방에서 관상수로 심어지고 있어서 호랑가시나무와 혼동되기도 하는데 이들은 일본과 대만 원산인 구골나무와 구골목서이다.

10월 말의 호랑가시나무

4월에 핀 수꽃 암수딴그루로 4월에 꽃이 핀다. 잎겨드랑이에 자잘한 꽃이 촘촘히 모여 피는데 향기가 강하다.

수꽃 모양 수꽃은 지름 7~8mm이며 4장의 황록색 꽃잎에 4개의 수술이 있다. 연노란색 꽃밥은 꽃이 핀 후 검게 변한다.

헛수술   암술

암꽃 모양 4장의 연한 황록색 꽃잎 가운데에 타원형의 녹색 암술이 있고 그 둘레에 4개의 헛수술이 있다. 꽃자루는 5~6mm 길이이다.

7월의 어린 열매 꽃이 지고 나면 둥근 열매가 열린다.

어린 열매 모양 둥근 열매는 지름이 8~10mm로 자란다.

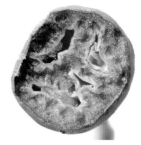

어린 열매 단면 열매살 속에는 여러 개의 씨앗이 만들어진다.

10월의 열매 10월경에 붉은색으로 익기 시작하는 열매는 겨우내 그대로 매달려 있다.

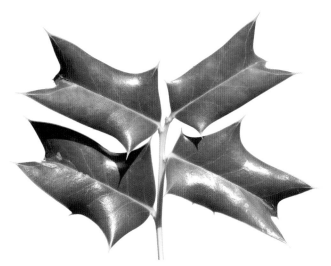

잎 모양 잎은 보통 기다란 육각형이며 모서리에 날카로운 가시가 있다. 잎몸은 단단하고 진녹색이며 햇볕을 받으면 뒤로 말린다.

잎 뒷면 잎몸은 4~10cm 길이이고 뒷면은 연녹색이며 양면에 털이 없다.

씨앗 1개의 열매에 4개의 세모진 타원형 씨앗이 들어 있다.

나무껍질 나무껍질은 회백색~회갈색이며 껍질눈이 많다.

꺾꽂이 호랑가시나무는 씨앗으로도 번식하지만 가지를 잘라 땅에 꺾꽂이를 해도 뿌리를 잘 내린다.

*호랑가시나무 '오 스프링'('O' Spring) 잎에 노란색 무늬가 들어간 원예 품종으로 남부 지방에서 관상수로 심고 있다.

*완도호랑가시나무(I. × wandoensis) 감탕나무와 호랑가시나무 사이에서 만들어진 잡종으로 추정되며 완도에서 자란다.

*구골나무(Osmanthus heterophyllus) 물푸레나무과에 속하는 늘푸른나무로 높이 4~8m이며 남부 지방에서 관상수로 심는다. 단단한 잎은 가장자리가 밋밋하거나 가시로 된 모서리가 2~5개 있다.

*구골목서(Osmanthus × fortunei) 구골나무와 목서 사이에서 생긴 잡종으로 남부 지방에서 관상수로 심는다. 단단한 잎은 가장자리에 가시 모양의 톱니가 8~10쌍이 있다.

호랑가시나무의 잎과 뿌리는 관절염에 좋고 체력을 회복시키는 효과가 있다고 한다.

가지를 잘라서 딱총을 만드는 **딱총나무**

연복초과 | *Sambucus racemosa* ssp. *kamtschatica* 🌳 갈잎떨기나무 ✹ 꽃 4~5월 🍂 열매 7월

딱총나무는 낙엽이 지는 떨기나무로 높이 3~5m로 자란다. 낮은 산에서부터 높은 산까지 흔히 만날 수 있는데 약간 그늘지고 습한 산골짜기에서 잘 자란다. 딱총나무는 중국과 러시아, 일본에도 분포한다.

가지를 잘라서 가운데에 있는 골속을 파낸 다음에 화약을 종이에 싸서 만든 총알을 넣고 세게 치면 화약이 터지면서 '딱!' 하고 날아가기 때문에 '딱총나무'라고 부른다고 한다. 한자 이름은 '접골목(接骨木)'인데 이름처럼 관절이 삐거나 뼈가 부러졌을 때 치료하는 약재로 사용했기 때문이다. 봄에 돋는 새순을 나물로 먹기도 한다.

국내에서 자생하는 딱총나무속(*Sambucus*) 나무는 변이가 심해서 구분이 어렵다. 딱총나무와 제주도에서 자라는 덧나무는 꽃차례가 위를 향하는 것이 닮았지만 암술머리가 딱총나무는 연노란색이고, 덧나무는 흑자색인 것으로 구분한다. 울릉도에서 자라는 말오줌나무는 꽃차례가 밑으로 늘어지기 때문에 비교적 쉽게 구분된다.

7월 초의 딱총나무

5월의 꽃봉오리 봄이 오면 나오는 햇가지에 잎과 함께 꽃봉오리가 자란다.

꽃 모양 꽃부리는 지름 5~7mm이며 5갈래로 갈라지고 갈래조각은 뒤로 젖혀진다. 암술머리는 연노란색이며 수술은 5개이고 꽃밥은 노란색이다.

5월 말에 핀 꽃 햇가지 끝에 달리는 원뿔꽃차례에 자잘한 연노란색~황록색 꽃이 모여 피는데 꽃자루가 짧다. 꽃차례에는 털이 빽빽하다.

5월의 새로 돋은 잎 새로 자라는 잎은 흑갈색이 돌기도 하지만 점차 녹색이 된다. 잎은 마주나고 홀수깃꼴겹잎이며 작은잎은 3~7장이다.

6월 말의 열매 가지 끝에 꽃송이 모양대로 열리는 열매송이는 6월이면 붉게 익기 시작한다.

딱총나무속(*Sambucus*)은 예전에는 인동과에 속했지만 APG 분류 체계에서는 연복초과로 구분한다.

열매이삭 열매는 둥근 달걀형이며 끝에 암술대가 남아 있고 길이가 4~5mm이다.

씨앗 씨앗은 납작한 달걀형이며 2mm 정도 길이이고 미세한 돌기가 있다.

잎 뒷면 뒷면은 연녹색이며 전체에 털이 있거나 없다. 작은잎은 긴 타원형~달걀형 이며 5~10cm 길이이고 끝이 뾰족하며 가 장자리에 뾰족한 톱니가 있다.

가지 단면 가지 단면에 연한 황갈 색 골속이 있는데 이를 파내고 딱 총을 만든다.

겨울눈 꽃눈과 잎눈이 함께 들 어 있는 섞임눈(혼아:混芽)은 거 의 동그랗다.

꽃으로 자랄 부분　잎으로 자랄 부분

섞임눈 세로 단면 섞임눈은 잘라 보면 가운데에 꽃송이로 자랄 부분 이 들어 있고 잎으로 자랄 부분은 가장자리에 둘러 있다.

봄에 돋은 새순 봄에 섞임눈이 벌어지면 서 둥글게 뭉쳐 있는 꽃봉오리 밑에 어린 잎이 마주 달린 햇가지가 나와 자란다.

눈에 덮인 새순 이른 봄에 돋는 새순은 꽃샘추위를 만나기도 한다.

나무껍질 나무껍질은 회색~회갈색 이고 노목은 코르크가 발달하며 세 로로 갈라진다.

*덧나무(*S. sieboldiana* var. *pinnatisecta*) 제주도에서 자라며 작은잎은 폭이 좁고 암술 머리가 흑자색인 점이 딱총나무와 다르다.

*말오줌나무(*S. racemosa* ssp. *pendula*) 울릉도에서 자라며 커다란 꽃송이는 털이 없 고 밑으로 처지는 점이 딱총나무와 다르다.

'섞임눈'은 하나의 겨울눈 속에 꽃눈과 잎눈이 함께 섞여 있는 눈을 말하며, 한자로는 '혼아(混芽)'라고 한다. 겉으로 보기에는 꽃눈(화아:花芽)처럼 생겨서 꽃눈에 포함시키기도 한다.

나무껍질이나 가지살이 검은 **가막살나무**

연복초과 | *Viburnum dilatatum* 　　　🌳 갈잎떨기나무 　✳ 꽃 5~6월 　🍂 열매 9~10월

가막살나무는 중부 이남의 산에 분포하는 갈잎떨기나무로 줄기는 여러 대가 모여
나 2~3m 높이로 자란다. 가막살나무는 중국과 일본, 대만에도 분포한다.
봄에 가지 끝마다 탐스러운 흰색 꽃송이가 모여 달리고 가을에 붉은색으로 익는 열
매는 오래도록 매달려 있기 때문에 정원이나 공원 등에 무더기로 심어 놓은 것을
쉽게 만날 수 있다. 오래도록 매달려 있는 붉은색 열매살을 까마귀가 즐겨 먹는다
고 해서 '가막살나무'라고 한다는 이야기도 있고, 나무껍질이나 가지살이 검은빛이
라서 '가막살나무'라고 한다는 이야기도 있다. 어린순을 나물로 먹고 민간에서는 줄
기와 잎을 말린 것을 열감기나 아토피 등의 피부 질환을 치료하는 데 쓴다.
가막살나무와 비슷한 나무로 덜꿩나무가 경기도 이남의 산에서 자라는데 덜꿩나무
는 잎몸이 달걀형~타원 모양의 피침형이며 짧은 잎자루 밑부분에 실 모양의 턱잎
이 오래 남아 있는 것으로 구분한다.

10월의 가막살나무

5월 말에 핀 꽃 5~6월에 가지 끝에 달리는 납
작한 갈래꽃차례는 지름 6~10㎝이고 자잘한
흰색 꽃이 촘촘히 모여 피며 향기가 있다.

꽃차례 꽃부리는 지름 5~8㎜이며 5갈래로 갈라
져 비스듬히 벌어지고 5개의 수술은 꽃부리 밖으
로 나오며 꽃밥은 흰색이다. 둥근 암술은 암술대가
짧고 꽃부리 안쪽에 들어 있다.

꽃차례 뒷면 꽃차례 가지에는 털이 있으며
작은 꽃받침은 5갈래로 깊게 갈라진다.

8월 초의 어린 열매 꽃이 지면 꽃차례 모양대로
열매송이가 열린다.

　가막살나무속(*Viburnum*)은 예전에는 인동과에 속했지만 APG 분류 체계에서는 연복초과로 구분한다.

어린 열매차례 열매는 넓은 달걀형이며 끝에 암술대가 남아 있다.

9월 말의 열매 가을에 붉은색으로 익는 열매는 시큼한 맛이 나며 오래도록 매달려 있다.

열매 모양 넓은 달걀형 열매는 6~8mm 길이이며 끝에 암술대가 남아 있고 광택이 있다.

씨앗 씨앗은 납작한 달걀형이며 5~6mm 길이이고 약간 울퉁불퉁하며 희미한 세로줄이 있다.

잎 뒷면 잎은 양면에 털이 있고 특히 잎맥 주위에 많으며 뒷면은 연녹색이다. 잎자루는 5~20mm 길이이며 털이 많고 턱잎은 없다.

잎가지 잎은 마주나고 거꿀달걀형~넓은 달걀형이며 5~14cm 길이이고 끝은 뾰족하며 가장자리에 얕은 톱니가 있다.

겨울눈 어린 가지와 겨울눈은 별 모양털이 빽빽하다. 겨울눈은 달걀형이고 끝이 뾰족하다.

나무껍질 나무껍질은 회갈색이며 세로로 불규칙하게 얕은 골이 지고 껍질눈이 흩어져 난다.

*덜꿩나무(*V. erosum*) 경기도 이남에서 자라며 가막살나무와 비슷하지만 잎몸은 달걀형~타원 모양의 피침형이며 짧은 잎자루 밑부분에 실 모양의 턱잎이 오래 남아 있는 것으로 구분한다.

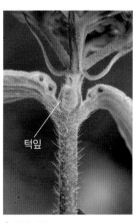

*덜꿩나무 턱잎 짧은 잎자루 밑부분에 실 모양의 턱잎이 열매가 익을 때까지 남아 있다.

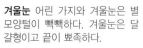

분꽃을 닮은 꽃이 피는 **분꽃나무**

연복초과 | *Viburnum carlesii*　　🍂 갈잎떨기나무　❋ 꽃 4~5월　🍂 열매 9~10월

분꽃나무는 가을에 낙엽이 지는 떨기나무로 밑에서 여러 대의 줄기가 모여나 높이 2~3m로 자란다. 볕이 잘 드는 산기슭이나 숲 가장자리, 바닷가의 산기슭에서 자라며 특히 석회암 지대에서 흔히 볼 수 있다. 중국, 러시아, 몽골에도 분포한다.

봄이 오면 가지 끝에 달리는 큼직한 갈래꽃차례에 흰색 꽃이 공처럼 둥글게 모여 피는데 그윽한 향기가 일품이다. 깔때기 모양의 꽃부리는 안쪽은 흰색이지만 바깥쪽은 연분홍색이다. 꽃의 모양이 분꽃을 닮아서 또는 향긋한 꽃내음이 여자들이 얼굴에 칠하는 분 냄새와 비슷해서 '분꽃나무'라고 한다. 바닷가에서 자라며 잎이 약간 좁고 길며 꽃이 작은 것을 '섬분꽃나무(v. *bitchuense*)'로 구분하기도 한다.

가지는 계속 둘씩 갈라지며 벋어 나가고 전체적으로 위쪽이 둥근 나무 모양이 된다. 나무 모양이 단정하고 큼직한 꽃송이와 타원형 잎이 달린 모습이 보기 좋아서 관상 가치가 높으며 근래에 조경수로 많이 심고 있다.

5월의 분꽃나무

4월의 꽃봉오리 봄에 잎이 돋을 때 꽃봉오리도 따라서 나온다. 어린 꽃봉오리는 붉은색이다.

5월 초에 핀 꽃 가지 끝에 달리는 갈래꽃 차례는 지름이 3~6cm로 큼직하며 향기가 진하다. 꽃차례는 4~6개의 가지가 방사상으로 갈라지며 별모양털이 있다.

꽃부리 깔때기 모양의 꽃부리는 길이가 8~10mm이며 표면이 연분홍색이지만 점차 색깔이 연해진다. 꽃받침통은 5갈래로 얕게 갈라진다.

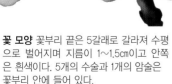

꽃 모양 꽃부리 끝은 5갈래로 갈라져 수평으로 벌어지며 지름이 1~1.5cm이고 안쪽은 흰색이다. 5개의 수술과 1개의 암술은 꽃부리 안에 들어 있다.

6월의 어린 열매 꽃이 지면 납작한 타원형 열매가 열린다.

어린 열매 모양 납작한 열매 끝에는 암술머리가 남아 있다. 가지에는 별모양털도 그대로 남아 있다.

가막살나무속(*Viburnum*)에 속하는 분꽃나무는 예전에는 인동과에 속했지만 APG 분류 체계에서는 연복초과로 구분한다.

10월 초의 열매 열매는 가을에 붉은색으로 변했다가 검은색으로 익는다.

열매 모양 열매는 타원형이며 약간 납작하고 길이가 8~10mm이며 끝에 암술머리는 그대로 남아 있다.

씨앗 타원형 씨앗은 납작하며 길이가 6~8mm이고 세로로 골이 진다.

잎 모양 가지에 마주나는 잎은 넓은 달걀형~타원형이며 길이가 3~10cm이다. 잎 끝은 뾰족하며 밑부분은 둥글거나 얕은 심장저이고 가장자리에 치아 모양의 톱니가 있다.

잎 뒷면 뒷면은 연녹색이며 별모양털이 있다.

11월 초의 단풍잎 잎은 가을에 붉은색으로 단풍이 든다.

꽃눈
잎눈   잎눈

겨울눈(꽃눈) 꽃눈은 동그스름하고 좌우에 기다란 잎눈이 함께 달린다.

겨울눈(잎눈) 기다란 잎눈은 가지 끝에 2개씩 달리기 때문에 가지는 항상 둘로 갈라진다. 겨울눈은 별모양털로 덮여 있다.

봄에 돋은 새순 3월 말이면 잎눈이 벌어지면서 새순이 돋는다.

나무껍질 나무껍질은 회갈색~회색이고 껍질눈이 있다.

꽃송이가 접시처럼 납작한 백당나무

연복초과 | *Viburnum opulus* ssp. *calvescens* ✿ 갈잎떨기나무 ✱ 꽃 5~6월 🍂 열매 9월

백당나무는 낙엽이 지는 떨기나무로 높이 3m 정도로 자란다. 산과 들의 습한 곳에서 잘 자라며 잎은 잎몸이 오리발처럼 3갈래로 갈라진 모양이어서 구분하기가 쉽다. 5월이면 가지 끝에 접시 모양의 커다란 꽃송이가 피어나는데, 가장자리에는 장식꽃이 빙 둘러 있고 가운데에 자잘한 양성화가 모여 핀다. 북한에서는 접시 모양의 꽃송이를 보고 '접시꽃나무'라고 부른다.

백당나무와 가까운 형제 나무들은 꽃 모양에 특색이 있어서 관상용으로 심고 있다. 불두화는 백당나무의 원예 품종으로 양성화를 모두 장식꽃으로 바꾸어서 둥근 꽃송이가 모두 장식꽃만으로 되어 있는데, 둥근 꽃송이가 부처님 머리와 비슷해서 '불두화'라고 한다. 일본 원산인 별당나무는 백당나무와 같은 꽃차례를 달고 있지만 잎몸이 갈라지지 않는 점이 다르다. 별당나무와 비슷하고 둥근 꽃송이가 모두 장식꽃만으로 이루어진 품종을 설구화(雪毬花)라고 하며 별당나무와 함께 관상수로 심고 있다.

6월의 백당나무

장식꽃

양성화

5월에 핀 꽃 5~6월에 가지 끝에 달리는 접시 모양의 고른꽃차례는 지름 6~12cm로 큼직하며 가장자리에는 장식꽃이 빙 둘러 있다.

꽃봉오리 꽃송이 가장자리에 있는 장식꽃이 먼저 벌어지기 시작한다.

꽃 모양 가장자리의 장식꽃은 지름이 2~3cm이며 4~5갈래로 깊게 갈라진다.

수술

꽃부리

암술

양성화 꽃송이 가운데에 모여 피는 양성화는 지름 4~5mm이며 흰색 꽃부리 밖으로 5개의 수술이 길게 벋고 한가운데에 짧은 암술이 있다.

9월의 열매 가을에 붉게 익는 열매는 붉게 물드는 단풍잎과 잘 어울려 관상수로 많이 심어지고 있다.

열매 모양 둥근 열매는 지름 6~9mm이며 투명한 붉은색으로 익는다.

가막살나무속(*Viburnum*)에 속하는 백당나무는 예전에는 인동과에 속했지만 APG 분류 체계에서는 연복초과로 구분한다.

씨앗 동글납작한 씨앗은 하트 모양과 비슷하며 지름이 6~7mm이다.

잎가지 가지에 2장씩 마주나는 잎은 잎몸이 3갈래로 갈라지는 것이 오리발과 비슷하다. 위쪽 가장자리에는 큰 톱니가 있다.

잎 뒷면 잎몸은 4~12cm 길이이며 뒷면은 연녹색이고 3개의 큰 잎맥이 뚜렷하다.

꿀샘

잎자루의 꿀샘 잎자루 윗부분에는 꿀샘이 있다.

단풍잎 잎은 가을에 붉은색으로 단풍이 든다.

겨울눈 어린 가지는 굵고 달걀 모양의 겨울눈은 5~8mm 길이이며 가지 끝에 2개가 모여 달린다.

나무껍질 나무껍질은 진한 회갈색이며 오래되면 세로로 얕게 갈라진다.

여름에 새로 돋은 잎 여름에 돋는 잎은 붉은색이 돈다.

*불두화('Sterile') 백당나무의 원예 품종으로 5~6월에 가지 끝에 둥근 공 모양의 꽃송이가 달린다. 잎은 백당나무와 비슷하지만 꽃은 모두 장식꽃이다.

*별당나무(V. plicatum var. tomentosum) 일본 원산의 떨기나무로 관상수로 심고 있다. 꽃은 백당나무와 비슷하지만 넓은 타원형 잎은 잎몸이 갈라지지 않는다.

*설구화(V. plicatum) 일본 원산으로 관상수로 심는다. 별당나무와 비슷하지만 꽃이 모두 장식꽃이다.

가을에 나무 가득 달리는 백당나무의 붉은 열매송이에서는 한동안 구린내가 나는데, 이 냄새는 새를 불러 모으기 위해서라고 한다.

댕강댕강 잘 부러지는 댕강나무

인동과 | *Abelia mosanensis*　　🌳 갈잎떨기나무　✳ 꽃 5월　🍂 열매 9월

5월의 댕강나무

댕강나무는 낙엽이 지는 떨기나무로 높이 2m 정도로 자란다. 평안북도와 강원도 영월, 충북 단양의 양지바른 석회암 지대에서 자라며 향기로운 꽃이 핀 나무 모양이 아름다워 관상수로 많이 심고 있다. 댕강나무는 뻣뻣한 가지를 휘면 가지가 '댕강댕강' 잘 부러져서 '댕강나무'라는 이름이 붙었다. 줄기에 세로로 6개의 줄이 있어 '육조목(六條木)'이란 한자 이름도 가지고 있다.

댕강나무속(*Abelia*)에는 몇 종의 댕강나무 종류가 저절로 자라거나 심어지고 있는데 꽃과 열매의 모양이 모두 비슷하다. 관상수로 흔히 볼 수 있는 것은 댕강나무와 꽃댕강나무이며 꽃댕강나무는 중국 원산의 늘푸른떨기나무이다. 산에서 자라는 댕강나무 종류는 드물게 만날 수 있는데 영월이나 제천 등지의 석회암 지대에 가면 털댕강나무를 비교적 쉽게 만날 수 있다.

5월의 꽃봉오리 꽃봉오리 표면은 붉은색이 돈다.

5월에 핀 꽃 5월에 가지 끝에 모여 피는 꽃은 1.5~2.2cm 길이이며 향기가 짙다.

꽃 모양 깔때기 모양의 꽃은 끝부분이 5갈래로 갈라져 벌어진다.

꽃받침통

꽃받침 꽃받침통은 길이 3~5mm이며 잔털로 덮여 있고 끝이 5갈래로 갈라져 비스듬히 벌어진다.

6월의 어린 열매 꽃이 져도 꽃받침통은 그대로 남으며 열매가 자란다.

10월의 열매 열매는 9~10월에 익는다. 열매 끝에는 꽃받침조각이 그대로 남아 있다.

영월과 제천에서 자라는 종은 예전에는 줄댕강나무(*A. tyaihyoni*)라고 했지만 지금은 평북에서 자라는 댕강나무와 같은 종으로 보는 추세이다.

꽃받침조각

꽃받침통

열매 모양 열매를 싸고 있는 꽃받침통은 털이 있다.

잎 모양 가지에 2장씩 마주나는 길쭉한 타원형 잎은 끝이 뾰족하고 가장자리가 밋밋하다.

잎 뒷면 잎몸은 3~6㎝ 길이이고 뒷면은 연녹색이며 주맥을 따라 털이 있다.

마른 가지

단풍잎 잎은 가을에 붉은색으로 단풍이 든다.

겨울눈

겨울눈 가지 끝에는 2개의 겨울눈이 달린다.

봄에 돋은 새순 봄이 되면 겨울눈이 벌어지면서 잎이 먼저 돋는다.

나무껍질 나무껍질은 회갈색이며 세로로 6개의 골이 진다.

*꽃댕강나무(*A*. × *grandiflora*) 중국 원산의 떨기나무로 관상수로 심는다. 6~11월에 가지 끝에 깔때기 모양의 분홍빛이 도는 흰색 꽃이 달린다.

*털댕강나무(*A*. *biflora*) 경북과 강원도의 산에서 자라며 5월에 가지 끝에 꽃이 2개씩 핀다. 잎몸은 위쪽에 몇 개의 톱니가 있다.

*주걱댕강나무(*Diabelia spathulata*) 경남 천성산에서 드물게 자라는 갈잎떨기나무이며 관상수로 심는다. 꽃은 2개씩 달리고 꽃잎 안쪽에 노란색 무늬가 있다. 예전에는 댕강나무속(*Abelia*)으로 분류했었다.

병 모양의 열매를 맺는 병꽃나무

4월 말의 병꽃나무

인동과 | *Weigela subsessilis* 　🌳 갈잎떨기나무 　✳ 꽃 5~6월 　🍂 열매 9~10월

병꽃나무는 우리나라에서만 자생하는 특산종이다. 병꽃나무는 낙엽이 지는 떨기나무로 많은 줄기가 모여나와 큰 포기를 이루며 높이 2~3m로 자란다. 산기슭이나 산골짜기의 개울가에서 자라는데 메마르고 거친 땅에서도 잘 자란다. 5월이면 잎겨드랑이에 긴 깔때기 모양의 꽃이 1~2개씩 모여 핀다. 갓 피어난 꽃은 연노란색이지만 시간이 지나면서 점차 붉은색으로 변하는 것이 특징이다.

병꽃나무 꽃을 거꾸로 세워 놓은 모습이 병 모양을 닮아서 '병꽃나무'라고 하는 사람도 있고, 열매의 모양이 병 모양을 닮아서 '병꽃나무'라고 한다는 사람도 있다. 둘 다 일리가 있는 이야기이지만 열매의 모양이 병 모양과 더욱 비슷한 것 같다.

꽃 모양이 아름답고 꽃 피는 기간이 20일 이상으로 비교적 긴 편이라서 관상수로 적합하고 세계적으로 많은 원예 품종이 개발되어 심어지고 있다. 목재는 화력이 좋아 숯으로 널리 쓰였다.

5월에 핀 꽃 봄에 잎겨드랑이에 긴 깔때기 모양의 꽃이 1~2개씩 모여 핀다. 꽃부리는 25~35mm 길이이다.

붉게 변한 꽃 갓 피어난 꽃은 연노란색이지만 점차 자홍색으로 변한다.

꽃 모양 꽃은 끝부분이 5갈래로 갈라지고 5개의 수술과 1개의 암술이 있다.

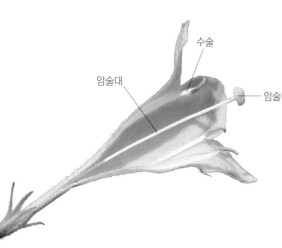

수술　암술대　암술머리

암술과 수술 암술은 암술대가 길어 꽃잎 밖으로 나오며 암술머리는 둥글다. 수술은 꽃잎 안쪽에 붙어 있다.

꽃봉오리 꽃자루와 꽃받침. 꽃잎 표면은 짧은털로 덮여 있다. 꽃받침은 5갈래로 깊게 갈라진다.

열매

7월의 어린 열매 꽃이 진 후에 길이 1~1.5cm의 길쭉한 열매가 열린다.

열매 모양 원통형 열매는 끝부분이 길게 좁아지는 것이 병 모양과 비슷하며 표면에 털이 있다.

9월 말의 열매 열매는 익으면 세로로 쪼개지면서 씨앗이 나온다. 열매는 봄까지 그대로 달려 있다.

잎 모양 가지에 2장씩 마주나는 잎은 거꿀달걀형이며 끝이 뾰족하고 가장자리에 잔톱니가 있다.

잎 뒷면 잎몸은 3~7㎝ 길이이고 뒷면은 연녹색이며 양면에 털이 있고 잎자루가 거의 없다.

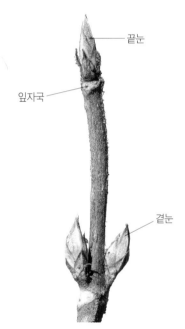

끝눈

잎자국

곁눈

겨울눈 잔가지는 회갈색이며 털이 없다. 겨울눈은 둥근 달걀형이며 끝이 뾰족하다.

껍질눈

나무껍질 나무껍질은 회갈색이며 세로로 얕게 갈라진다.

***붉은병꽃나무**(*W. florida*) 산에서 자라는 갈잎떨기나무로 봄에 피는 꽃은 필 때부터 홍자색이다.

***흰병꽃**(for. *candida*) 붉은병꽃나무의 변종으로 봄에 피는 꽃은 필 때부터 흰색이다.

***반잎병꽃**('Variegata') 붉은병꽃나무의 원예 품종으로 잎 가장자리에 얼룩무늬가 있다. 관상수로 많이 심는다.

***일본병꽃나무**(*W. coraeensis*) 일본 원산으로 관상수로 심는데 봄에 피는 흰색 꽃은 점차 붉은색으로 변한다.

병꽃나무는 줄기가 잘 휘어지기 때문에 예전에는 국수나무 줄기와 함께 숯을 담는 섶을 만드는 데 쓰기도 했다.

열매의 모양이 특이한 괴불나무

인동과 | *Lonicera maackii*　　🍃 갈잎떨기나무　✳ 꽃 5~6월　🍂 열매 9~10월

괴불나무는 낙엽이 지는 떨기나무로 높이 2~4m로 자란다. 산기슭이나 산골짜기에서 자라며 중국과 일본에도 분포되어 있다. 괴불나무속(*Lonicera*)에는 괴불나무를 비롯해 올괴불나무, 왕괴불나무, 홍괴불나무 등 20종 가까이 되는 나무가 있다. 이들은 모두 입술 모양으로 갈라지는 꽃을 피우는 것이 특징이다.

괴불나무 종류는 보통 꽃이 2개씩 모여 피고, 2개씩 열리는 열매의 일부분이 합쳐지는 것도 있는데 종마다 합쳐지는 정도가 조금씩 다르다. '괴불'은 아이들이 주머니끈에 차는 노리개인데 괴불나무 종류 중에서는 두 열매가 반쯤 합쳐진 길마가지나무 열매가 가장 괴불과 비슷하다. 괴불나무 열매는 두 열매가 합쳐지지 않고 붙어만 있지만 홍괴불나무처럼 두 열매가 완전히 하나로 합쳐지는 종도 여럿 있다. 북한에서는 '아귀꽃나무'라고 부르는데 꽃이 잎아귀(잎겨드랑이)에 달려서 붙인 이름인 것 같다.

9월 말의 괴불나무

5월에 핀 꽃 5~6월에 잎겨드랑이에 2개씩 모여 피는 흰색 꽃은 2cm 정도 길이이고 점차 누런색으로 변하며 향기가 좋다.

암술　　　　　수술

꽃 모양 원통형 꽃은 입술 모양으로 2개로 갈라지는데 위쪽 갈래조각은 끝부분이 4갈래로 얕게 갈라지고 암술과 수술은 꽃부리 밖으로 벋는다.

꽃받침조각

7월의 어린 열매 둥근 열매는 꽃처럼 잎겨드랑이에 2개씩 열린다.

10월의 열매 둥근 열매는 지름이 5~7mm이며 가을에 붉은색으로 익는다.

꽃봉오리 꽃자루는 2~4mm 길이로 짧고 녹색 꽃받침은 5갈래로 갈라진다.

열매 모양 2개씩 모여 달리는 열매는 서로 합쳐지지 않는다.

괴불나무는 꽃향기가 좋고 겨울까지 매달려 있는 붉은 열매도 아름다워 흔히 생울타리로 심는다.

씨앗 달걀 모양의 씨앗은 납작하며 길이가 3~4mm이다.

잎 모양 가지에 2장씩 마주나는 잎은 긴 달걀형이며 끝이 길게 뾰족하고 가장자리가 밋밋하다.

잎 뒷면 잎몸은 5~9cm 길이이고 뒷면은 연녹색이며 잎맥 위에 털이 있는 것도 있다.

겨울눈 어린 가지는 갈색이고 고불고불한 털이 있다. 겨울눈은 달걀형이고 끝이 뾰족하다.

괴불나무속(*Lonicera*) 나무의 열매 비교

9월의 각시괴불나무(*L. chrysantha*) 깊은 산에서 자라며 2개의 열매는 합쳐지지 않고 자루가 길다. 긴 달걀형 잎은 끝이 길게 뾰족하다.

9월의 구슬댕댕이(*L. ferdinandii*) 깊은 산에서 자라며 붉은색으로 익는 2개의 열매는 밑부분이 약간 합쳐지고 밑을 포가 싸고 있다.

5월의 길마가지나무(*L. harae*) 산기슭 양지쪽에서 자라며 4월에 꽃이 피고 5월에 열매가 익는다. 2개의 열매는 절반 이상이 합쳐진다. '길막이나무'라고도 한다.

7월의 왕괴불나무(*L. vidalii*) 산에서 자라며 5~6월에 잎겨드랑이에 2개의 흰색 꽃이 핀다. 2개의 열매는 절반 정도 합쳐지고 7월에 붉은색으로 익는다.

5월 말의 섬괴불나무(*L. tatarica* var. *morrowii*) 울릉도에서 자라는 갈잎떨기나무로 5~6월에 잎겨드랑이에 2개의 흰색 꽃이 핀다. 2개의 둥근 열매는 밑부분이 약간 합쳐진다.

여물지 못한 열매

5월의 올괴불나무(*L. praeflorens*) 산에서 자라며 2개의 열매는 합쳐지지 않는다. 달걀형 잎은 양면에 부드러운 털이 빽빽하다.

9월 초의 홍괴불나무(*L. maximowiczii*) 높은 산에서 자라며 6월에 잎겨드랑이에 홍자색 꽃이 2개씩 모여 핀다. 둥근 열매는 2개가 완전히 합쳐져 하나처럼 보이며 여름에 붉은색으로 익는다.

겨울 추위를 이겨 내는 인동덩굴

인동과 | *Lonicera japonica*   🍂 갈잎덩굴나무   ✳ 꽃 5~6월   🍂 열매 10~12월

6월의 인동덩굴

인동덩굴은 낙엽이 지는 덩굴나무로 길이 4~5m로 벋는다. 산기슭이나 숲 가장자리에서 흔하게 자라며 중국과 일본에도 분포한다. 덩굴지는 줄기는 가지가 많이 갈라지며 다른 물체를 감고 무성하게 퍼진다. 중부 지방에서는 겨울에 잎이 대부분 떨어지지만 남쪽 지방에서는 잎의 일부가 남아서 추위를 이겨 내며 꽃을 피우기도 한다. 그래서 참을 인(忍), 겨울 동(冬)자를 써서 '인동(忍冬)'이라는 이름을 얻었다.

초여름에 잎겨드랑이에 피는 흰색 꽃은 점차 노란색으로 변하기 때문에 한 그루에 흰색과 노란색 꽃이 함께 피어 있다. 노란색 꽃을 '금화'라고 하고 흰색 꽃을 '은화'라고 하며 합쳐서 '금은화(金銀花)'라고 부른다. 또 덩굴식물로 왼쪽으로 감고 올라간다 하여 '좌전등(左纏藤)'이라고도 부른다.

인동덩굴의 줄기와 잎은 해열과 진통에 효과가 있고, 꽃은 소변을 잘 나오게 하고 염증을 삭이는 데 효과가 있다. 노랗게 변한 꽃잎은 말려서 차를 끓여 마신다.

6월에 핀 꽃 6~7월에 가지 끝부분의 잎겨드랑이에 흰색 꽃이 모여 핀다.

꽃송이 꽃은 2개씩 짝을 지어 달리며 흰색 꽃부리는 3~4cm 길이이고 점차 노란색으로 변한다.

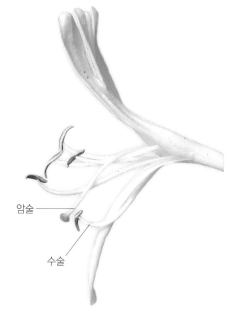

암술

수술

암술과 수술 입술처럼 2개로 갈라져 벌어지는 꽃부리 사이로 5개의 수술과 1개의 암술이 벋는다.

8월의 어린 열매 꽃이 지고 나면 둥근 열매가 열린다.

10월의 열매 열매는 지름이 5~6mm이고 가을에 검은색으로 익는다.

씨앗 넓은 타원형 씨앗은 흑갈색이며 길이가 3mm 정도이다.

인동덩굴은 중부 지방에서는 대부분 낙엽이 지지만 남부 지방에서는 잎의 일부가 겨울을 난다.

잎가지 잎은 가지에 2장씩 마주난다. 어린 줄기 밑부분에 달리는 잎은 드물게 잎몸이 새깃처럼 갈라지기도 한다.

잎 모양 잎은 긴 달걀형~긴 타원형이며 3~7cm 길이이다. 잎 끝은 약간 뾰족하고 가장자리가 밋밋하다.

잎 뒷면 뒷면은 연녹색이고 일부에 털이 남아 있다.

다음 해 3월의 잎가지 남부 지방에서는 잎을 단 채로 추운 겨울을 나고 여기에 새로운 잎이 돋는 것을 볼 수 있다.

감는 줄기 덩굴지는 줄기는 왼쪽으로 감고 올라간다.

곁눈

겨울눈 적갈색 가지는 털이 있고 겨울눈도 털로 덮여 있다.

나무껍질 나무껍질은 회갈색이며 얇은 조각으로 갈라져 벗겨진다.

*무늬인동덩굴('Aureoreticulata') 인동덩굴의 원예 품종으로 노란색 잎에 녹색 그물 무늬가 있으며 관상수로 심고 있다.

*잔털인동(v. chinensis) 인동덩굴의 변종으로 산과 들에서 자란다. 윗입술꽃잎이 반 이상 갈라지며 꽃잎 표면은 붉은색이 돈다.

*붉은인동(L. periclymenum 'Belgica') 북아메리카 원산의 덩굴나무로 관상수로 심는다. 5~9월에 가지 끝에 붉은색 꽃이 모여 핀다.

인동덩굴처럼 낙엽성이나 상록성으로 보기도 어려운 식물을 '반상록성 식물'이라고 한다.

바닷가의 담쟁이덩굴 송악

두릅나무과 | *Hedera rhombea* 🌿 늘푸른덩굴나무 ✳ 꽃 10～11월 🌑 열매 다음 해 5월

송악은 남부 지방의 나무나 바위에 붙어서 자라는 늘푸른덩굴나무로 줄기에서 많은 공기뿌리가 나와 다른 물체에 달라붙어 위로 오른다. 줄기에 촘촘히 달리는 둥근 세모꼴 잎은 관엽식물로 기르는 아이비(송악속 식물)와 닮았다. 송악은 아이비와 가까운 친척으로 '동양의 아이비'라고 말하는 사람도 있다. 늦가을에 꽃이 피고 늦은 봄에 검은색 열매를 맺는데, 남쪽 지방에서는 소가 잘 먹는다고 '소밥나무'라고도 한다.

따뜻한 남쪽 지방에서는 송악을 담쟁이덩굴처럼 바닷가 돌담이나 시멘트 담장에 올려 키우는데 강한 바닷바람에도 끄떡없고 사계절 반질거리는 푸른 잎을 달고 있어서 담쟁이덩굴보다 인기가 높다.

한방에서는 줄기와 잎을 '상춘등(常春藤)'이라 하여 고혈압을 완화하거나 피를 멈추게 하는 지혈제로 사용하기도 한다.

송악 담장

10월에 피기 시작한 꽃 늦가을에 가지 끝에 자잘한 황록색 꽃이 모여 핀다.

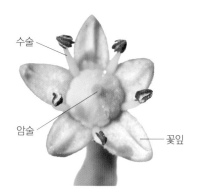

수술
암술
꽃잎

꽃 모양 꽃은 지름이 1cm 정도이며 꽃잎과 수술은 각각 5개이고 가운데에 1개의 암술이 있다.

시든 꽃 가지 끝에는 여러 개의 우산꽃차례가 모여 달린다. 꽃이 시들면 꽃잎과 수술이 떨어져 나간다.

12월의 어린 열매 어린 열매 끝에는 뾰족한 암술대가 남아 있다.

다음 해 4월의 열매 다음 해 봄이 되면 열매가 익기 시작한다.

암술대

열매송이 둥근 열매는 지름이 8～10mm 이며 끝에 암술대가 남아 있고 5～6월에 검은색으로 익는다.

공기뿌리를 가진 덩굴나무 중에는 공기뿌리가 다른 물체에 달라붙는 붙음뿌리 역할을 하는 것도 있다.

열매 단면 열매 속에는 보통 5개의
씨앗이 들어 있다.

씨앗

씨앗 동그스름한 씨앗은
지름 5mm 정도이다.

잎 모양 가지에 서로 어긋나는 잎은 삼
각형~오각형이며 잎몸이 3~5갈래로
얕게 갈라진다. 잎은 가죽처럼 질기고
광택이 있다.

잎 뒷면 잎몸은 3~7㎝ 길이이고
뒷면은 연녹색이며 털이 없다.

붙음뿌리를 가진 나무

송악 줄기나 가지에서 공기뿌리가 나와 다른 물체에
달라붙는다.

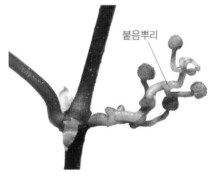

붙음뿌리

담쟁이덩굴(*Parthenocissus tricuspidata*) 덩굴손이
변한 붙음뿌리는 갈라진 끝부분이 동그랗게 부
풀면서 단단히 달라붙는다.

붙음뿌리

미국담쟁이덩굴(*Parthenocissus quinquefolia*) 덩굴손이
변한 붙음뿌리는 갈라진 끝부분이 동그랗게 부풀면서
단단히 달라붙는다.

덩굴옻나무(*Toxicodendron orientale*) 남쪽 섬에서
자라는 덩굴나무로 줄기나 가지에서 공기뿌리가
나와 다른 물체에 달라붙는다.

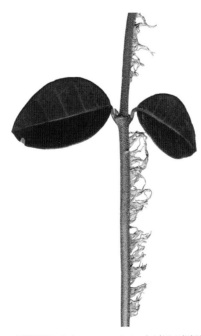

마삭줄(*Trachelospermum asiaticum*) 남부 지방의
산에서 자라며 줄기에서 공기뿌리가 나와 다른
물체에 달라붙는다.

모람(*Ficus sarmentosa* var. *nipponica*) 남해안과 남
쪽 섬에서 자라는 덩굴나무로 줄기에서 공기뿌
리가 나와 다른 물체에 달라붙는다.

모람은 남해안 이남에서 송악과 함께 자라는 덩굴식물로 송악처럼 돌담이나 시멘트 담장에 올려 키우기도 한다.

8갈래로 갈라진 손바닥 모양의 잎 **팔손이**

두릅나무과 | *Fatsia japonica* 🌲 늘푸른떨기나무 ❀ 꽃 11~12월 🍊 열매 다음 해 4~5월

팔손이는 남쪽 섬의 바닷가 숲속에서 드물게 자생하는 늘푸른떨기나무로 2~3m 높이로 자란다. 일본의 관동 지방 서쪽의 숲 가장자리에도 분포하며 대만에서도 자란다. '팔손이'란 이름은 손가락이 8개인 손이란 뜻인데 잎몸이 보통 7~9갈래로 갈라지기 때문에 평균적으로 8갈래라고 해서 붙여진 이름이다. 일본에서 사용하는 한자 이름인 '팔수(八手)'에서 따온 이름일 거라고도 한다. 하지만 팔손이 잎을 보면 7갈래나 9갈래로 갈라지는 것이 대부분이며 8갈래로 갈라진 것은 드문 편이다. 이 나무의 자생지인 경남 비진도에서는 '총각나무'라고 부른다.

자그마한 키에 손바닥 모양의 늘 푸른 잎이 독특하고 겨울에 피는 꽃도 아름다워서 남부 지방에서는 그늘진 곳이나 반그늘진 곳에 정원수로 심거나 생울타리를 만든다. 중부 지방에서는 대부분 화분에 심어 실내에서 관엽식물로 널리 기르고 있다. 한방에서는 잎을 말린 것을 가래를 삭이는 약재로 쓰지만 독성이 강하다.

11월의 팔손이

10월 초의 꽃봉오리 10월 초가 되면 가지 끝에서 황록색 포조각에 싸인 꽃봉오리가 나와 자라기 시작한다.

포조각

10월의 꽃봉오리 포조각이 벌어지면서 맨 끝의 꽃송이부터 둥근 꽃봉오리가 벌어지기 시작한다. 각각의 우산꽃차례가 모여서 커다란 원뿔꽃차례를 만든다.

10월 말에 피기 시작한 꽃 가장 끝의 꽃송이부터 흰색 꽃이 활짝 피었다.

꽃차례 5장의 흰색 꽃잎은 뒤로 젖혀지고 5개의 수술은 꽃잎 밖으로 벋으며 5개의 암술은 뭉쳐 있다.

꽃차례 단면 작은 꽃송이는 둥근 우산꽃차례이며 종 모양의 꽃받침통은 3mm 정도 길이이다.

다음 해 1월 초에 핀 꽃 눈이 내리는 한겨울에도 꽃이 피는 대표적인 겨울 꽃나무이다.

다음 해 2월 말의 어린 열매 꽃이 지면 꽃송이 모양대로 연녹색 열매송이가 열린다. 둥그스름한 열매 끝에는 암술대가 남아 있다.

어린 열매차례 단면 열매는 우산살 모양으로 모여 달리며 지름 7~10mm이다.

다음 해 4월 말의 열매 열매는 4월이 되면 점차 적갈색으로 변하기 시작한다.

다음 해 5월의 열매송이 열매는 5월이면 흑자색으로 익고 속에 든 씨앗은 납작한 타원형이며 4~5mm 길이이다.

잎가지 잎은 어긋나지만 가지 끝에서는 모여난다. 둥근 잎몸은 지름 20~40cm이고 7~9갈래로 깊게 갈라져서 손바닥 모양이 된다.

잎 뒷면 갈래조각 끝은 길게 뾰족하고 가장자리에 톱니가 있다. 잎몸은 가죽질이고 앞면은 광택이 있으며 뒷면은 연녹색이다.

단풍잎 늘푸른나무이지만 오래 묵은잎은 노란색으로 단풍이 든 후에 낙엽이 진다.

봄에 돋은 새순 봄에 줄기 끝에서 모여나는 새잎은 갈색 털로 덮여 있지만 점차 털이 떨어져 나간다.

나무껍질 나무껍질은 회갈색이고 껍질눈이 흩어져 난다. 줄기 윗부분에는 잎자국이 있다.

황금빛 칠액을 얻는 **황칠나무**

두릅나무과 | *Dendropanax trifidus*　🌳 늘푸른작은키나무　✳ 꽃 8월　🍂 열매 10월

황칠나무는 늘푸른작은키나무이며 높이 3~8m로 자란다. 남해안과 남쪽 섬의 숲 속에서 자라는데 줄기에 상처를 내면 황금빛 칠액이 나오기 때문에 '황칠나무'라고 하며 '노란옻나무'라고 부르기도 한다.

줄기에 상처를 내면 나오는 수액인 황칠은 가구나 기구의 표면에 칠하는데, 칠이 투명해서 물체의 질감을 그대로 살리면서도 황금빛을 내기 때문에 적갈색을 내는 옻칠보다 더욱 귀한 대접을 받았다. 황칠을 한 제품은 삼국 시대부터 이미 중국으로 수출되었다. 하지만 황칠나무가 자라는 지역이 제한되어 있고 한 나무에서 생산되는 수액의 양이 적어서 항상 공급이 부족했다.

황칠을 한 물건은 황금빛이 날 뿐만 아니라 열에도 강하고 벌레도 끼지 않으며 머리를 맑게 해 주는 성분을 내뿜는다고 한다. 근래에는 황칠이 전자파를 흡수하는 기능이 탁월한 것으로 밝혀져 큰 주목을 끌고 있다.

10월의 황칠나무

8월 초의 꽃봉오리 여름에 가지 끝에 연녹색 꽃봉오리가 달리는데 꽃자루는 길이가 3~5cm이다.

8월에 핀 꽃 8월에 둥근 꽃송이에 꽃이 피기 시작한다.

꽃차례 모양 우산꽃차례에 많은 꽃이 촘촘히 모여 달리는데 밑에 있는 꽃부터 피어 올라간다.

꽃잎
수술

꽃 모양 꽃잎과 수술은 각각 5개이고 꽃밥은 처음에는 연노란색이지만 나중에 적갈색으로 변한다.

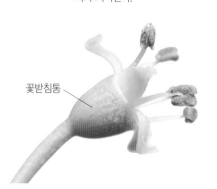

꽃받침통

꽃받침 꽃받침은 종 모양이며 끝이 5갈래로 갈라진다.

9월의 어린 열매 꽃이 지면 꽃차례 모양대로 열매송이가 열린다.

11월의 열매 열매는 초겨울에 흑자색으로 익는다.

열매 모양 타원형 열매는 길이가 6~8mm이며 끝에 암술대가 남아 있다.

씨앗 타원형 씨앗은 세로로 모가 있다.

잎 모양 가지에 서로 어긋나는 잎은 달걀형~타원형이고 7~12cm 길이이며 가장자리가 밋밋하고 두꺼운 가죽질이다.

어린 나무의 잎 어린 나무의 잎은 2~5갈래로 갈라지지만 나무가 자라면서 점차 갈라지지 않는 잎이 많아진다. 잎몸에는 3~5개의 잎맥이 뚜렷하다.

잎 뒷면 뒷면은 연녹색이고 잎맥이 두드러지며 양면에 털이 없다.

나무껍질 나무껍질은 연한 회색이며 매끈하고 껍질눈이 있다.

벗겨 낸 나무껍질 나무껍질은 매우 얇다. 음력 6월쯤 줄기에 칼로 상처를 내서 수액을 채취한다.

황칠나무의 수액은 음력 6월쯤 채취하는데 처음에는 흰색이지만 공기 중에서 산화되면서 노란색으로 변한다.

5장의 잎을 가진 나무 인삼 오갈피나무

두릅나무과 | *Eleutherococcus sessiliflorus* 🌳 갈잎떨기나무 🌸 꽃 8~9월 🍒 열매 10~11월

오갈피나무는 낙엽이 지는 떨기나무로 여러 대가 모여나는 줄기는 높이 2~4m로 자란다. 우리나라 각지의 산골짜기나 산 중턱의 숲에서 자라며 약용 식물로 밭에 심어 기르기도 한다. 중국과 일본에도 분포한다. '오갈피'라는 이름은 '오가피(五加皮)'라는 한자 이름이 변한 것으로 5장의 작은잎이 모여 붙는 손꼴겹잎의 모양과 뿌리껍질을 한약재로 쓰기 때문에 붙여진 이름이다.

인삼과 같은 두릅나무과에 속하는 오갈피나무는 '나무 인삼'이라는 별명이 있을 정도로 중요한 한약재로 인정받고 있다. 한방에서는 뿌리껍질을 '오갈피' 또는 '오가피'라는 이름으로 부르는데 간혹 줄기의 나무껍질도 함께 이용하기도 한다. 오갈피는 몸을 튼튼하게 해 주거나 스트레스를 풀어 주는 등 여러 가지 약효가 있다. 흔히 술을 담가 먹는데 뿌리껍질을 넣어 담근 술을 '오가피주'라고 한다. 어린잎은 소금을 조금 넣은 물에 살짝 데쳐서 나물로 무쳐 먹는다.

8월의 오갈피나무

9월에 핀 꽃 7~9월에 가지 끝에 둥근 꽃송이가 모여 달린다.

꽃송이 꽃가지에는 여러 개의 둥근 꽃송이가 돌아가며 달린다. 꽃송이는 가운데 끝의 꽃송이가 가장 먼저 꽃이 핀다.

꽃송이 단면 꽃송이에는 꽃자루가 거의 없는 자갈색 꽃이 우산 모양으로 촘촘히 모여 달린다. 5개의 수술은 5장의 꽃잎보다 길다.

9월의 열매 열매송이는 가을이 되면 붉은색으로 변한다.

어린 열매송이 열매는 여러 개가 둥글게 모여 달린다.

어린 열매송이 단면 타원형 열매는 1~1.5cm 길이이며 끝에 암술대가 남아 있고 자루가 짧다.

10월의 열매 붉은색으로 변했던 열매는 검은색으로 익는다.

씨앗 길쭉한 씨앗은 길이가 5~6㎜이다.

잎 모양 가지에 서로 어긋나는 잎은 3~5장의 작은잎이 둥글게 모여 붙는 손꼴겹잎이다. 작은잎은 6~15cm 길이이다.

잎 뒷면 작은잎은 타원형~거꿀달걀형이고 끝이 뾰족하며 가장자리에 자잘한 겹톱니가 있다. 작은잎 뒷면은 연녹색이며 잎맥 위에 잔털이 있다.

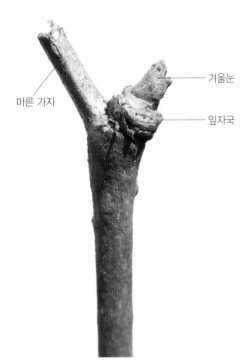

마른 가지

겨울눈

잎자국

겨울눈 잔가지는 굵고 회갈색이며 아주 드물게 가시가 달리고 겨울눈은 달걀형이다.

봄에 돋은 새순 봄에 돋는 새순은 데쳐서 나물로 먹는다.

나무껍질 나무껍질은 회갈색이며 타원형의 작은 껍질눈이 있다.

***가시오갈피**(*E. senticosus*) 산에서 드물게 자라며 어린 가지에 바늘 같은 가시가 많다. 7월에 가지 끝에 작은 꽃이 우산 모양으로 모여 핀다.

***섬오갈피**(*E. nodiflorus*) 제주도에서 자라며 6월에 가지 끝에 작은 꽃이 우산 모양으로 모여 핀다. 오가나무와 비슷하지만 작은잎 뒷면의 잎맥에 털이 있다.

***오가나무**(*E. sieboldianus*) 중국 원산으로 재배하며 5~6월에 가지 끝에 작은 꽃이 우산 모양으로 모여 핀다. 섬오갈피와 비슷하지만 잎 양면에 털이 없다.

오갈피나무속의 나무 중에서 약효가 가장 좋은 가시오갈피가 세계적으로 큰 주목을 받고 있다.

파리가 모여드는 '똥낭' 돈나무

돈나무과 | *Pittosporum tobira*

🌳 늘푸른떨기나무 ✲ 꽃 4~6월 🌰 열매 11~12월

돈나무는 키가 작은 늘푸른떨기나무로 2~3m 높이로 자란다. 제주도를 비롯한 남쪽 섬에서 자란다. 줄기는 밑부분에서 가지가 많이 갈라져서 전체적으로 둥근 나무 모양을 만들며 주걱 모양의 잎을 가득 달고 있어 모습이 단정해 보인다. 늦은 봄에 피는 흰색 꽃은 향기가 진하고 가을에 익어서 벌어진 열매도 꽃처럼 보여 아름답다. 남부 지방에서는 관상수로 많이 심고 있으며, 특히 제주도의 길가나 공원에 심어진 것을 흔히 볼 수 있다.

제주도에서는 돈나무를 '똥낭'이라고 부르는데 '똥나무'란 뜻이다. 가을에 열매가 익으면 3~4갈래로 벌어지면서 끈적거리는 점액질에 싸인 씨앗이 드러나는데, 이 점액질 씨앗에 파리가 많이 모여 들어 '똥낭'이라고 부르던 것이 변해 '돈나무'가 되었다고 한다. 씨앗은 겨울까지 그대로 매달려 있다. 돈나무의 목재는 물기에 강해서 고기 잡는 어구를 만드는 데 쓴다.

5월의 돈나무

수꽃가지 암수딴그루로 5~6월에 흰색 꽃이 피는데 향기가 매우 강하다.

꽃송이 가지 끝의 갈래꽃차례에 몇 개의 꽃이 모여 달린다.

수꽃 꽃은 지름이 1~2cm이며 5장의 꽃잎은 활짝 벌어진다.

꽃밥 ──
── 암술

수꽃 단면 수꽃 속에는 5개의 수술과 수술보다 짧은 1개의 암술이 들어 있다.

암꽃가지 흰색 꽃은 시간이 지나면서 점차 노란색으로 변한다.

── 수술

암술 ──

암꽃 암꽃에 든 5개의 수술은 암술과 길이가 거의 비슷하며 꽃밥이 잘 발달하지 않는다.

돈나무는 나무껍질과 뿌리에서 역겨운 냄새가 나는데 불에 탈 때 냄새가 더 심한 까닭에 땔감으로도 쓰지 않는다고 한다.

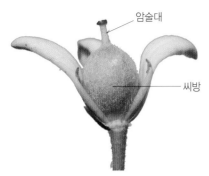

암술대

씨방

시든 암꽃 단면 수정된 암술은 씨방이 둥글게
자라며 표면이 부드러운 털로 덮여 있다.

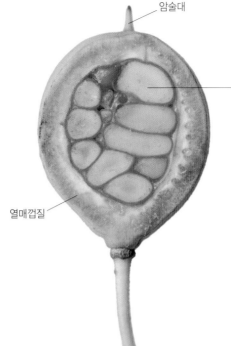

암술대

씨앗

열매껍질

열매 단면 두꺼운 열매껍질 속에 여러 개의
씨앗이 일정하지 않은 방향으로 들어 있고
사이사이에 붉은 점액질이 채워져 있다.

11월의 열매 열매는 가을에
연노란색으로 익는다.

8월 초의 어린 열매 둥근 열매는 지름 1～1.5cm로
자라며 꽃송이 모양대로 여러 개가 모여 달린다.

11월의 갈라진 열매 잘 익은 열매는 갈라져
벌어지면서 씨앗이 드러난다.

갈라진 열매 열매는 4갈래로 갈라지기도 하고
3갈래로 갈라지기도 한다.

씨앗

씨앗 활짝 벌어지는 열매 속에 들어 있는 씨앗은
끈적거리는 점액질에 싸여 있다.

잎 모양 잎은 가지 끝에 촘촘히 어긋나고 5～10cm
길이이며 광택이 있으며 주걱 모양이다. 잎은 주
맥이 뚜렷하다.

잎 뒷면 뒷면은 연녹색이며 가장자리는
밋밋하고 뒤로 약간 말린다.

나무껍질 나무껍질은 회갈색이며
점 모양의 껍질눈이 많다.

돈나무과에는 200여 종의 식물이 있는데 대부분이 열대나 아열대 지방에 분포하며 우리나라에는 돈나무 1종만이 자란다.

소나무의 새싹

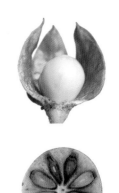

부록 나무의 이해

1. 나무 알아보기

식물은 햇빛을 이용해 양분을 만들기 때문에 햇빛을 더 많이 받기 위해 서로 누가 높이 자라나 경쟁을 한다. 그러나 키가 커질수록 무게가 늘어나기 때문에 줄기를 튼튼하게 만들어야만 한다. 그래서 점점 단단하면서도 굵은 줄기를 갖는 식물이 나타났는데 이것이 '나무'이다.

온대 지방에서 자라는 나무의 줄기는 여름에는 잘 자라고 추운 겨울에는 거의 자라지 못하기 때문에 줄기를 자르면 줄기 단면에 나이테가 만들어진 것을 볼 수 있다. 줄기가 높게 자라면 잎이 햇빛을 잘 받을 수 있을 뿐만 아니라 소나 노루처럼 식물을 먹고 사는 동물들로부터 잎을 보호할 수 있다. 우리가 흔히 쓰는 넓은 의미의 나무는 위로 높이 자라고 가지나 잎이 달린 기다란 나무 기둥이 있는 식물을 말하는데 넓은잎나무, 바늘잎나무, 야자나무, 소철, 나무고사리, 대나무 등이 있다.

동백나무 나무는 보통 위를 향하는 줄기에서 가지가 갈라진다. 갈라진 가지에 넓은 잎이 달리는 나무를 '넓은잎나무'라고 하며 한자로는 '활엽수(闊葉樹)'라고 한다. 넓은잎나무인 동백나무는 겨울 즈음부터 가지 끝에 큼직한 붉은색 꽃이 피기 시작한다.

동백나무 줄기 줄기는 잎과 뿌리를 이어 주는 중심 부분으로 식물의 몸을 지탱해 주는 역할을 한다. 특히 나무는 높게 자란 무거운 몸을 지탱하기 위해서 줄기가 매우 튼튼하다.

동백나무 줄기 단면 나무줄기는 형성층이 있어서 점점 굵게 자라고 '리그닌'이라는 물질을 축적해서 목질화하며 단단해진다. 동백나무와 같은 넓은잎나무는 나이테가 잘 발달하지 않는다.

수수 줄기 단면 풀에 속하는 수수는 줄기가 목질화하지 않기 때문에 단단하지 않고 나이테가 없으며 가을에 말라 죽는다.

소철 원시적인 겉씨식물인 소철은 나무고사리나 야자나무와 닮았다. 굵은 줄기는 소나무처럼 관다발이 발달했지만 그 사이에 유조직이 많아서 힘이 약하고 높게 자라지 못한다. 소철 무리는 300여 종이 아시아와 아프리카, 중앙아메리카의 따뜻하고 강수량이 많은 지역에서 자란다.

소나무 소나무나 주목처럼 대부분 바늘같이 가늘고 뾰족하며 단단한 잎을 가진 나무를 '바늘잎나무' 또는 '침엽수(針葉樹)'라고 한다. 바늘잎나무는 잎맥이 갈라지지 않고 길게 벋는 나란히맥이다. 바늘잎나무는 대부분이 추위에 강해서 북반구의 위도가 높은 지대에 많이 자란다.

측백나무 측백나무처럼 비늘이 포개진 것 같은 모양의 비늘잎(인엽:鱗葉)을 가진 나무도 바늘잎나무에 속한다.

야자나무 주로 열대 지방에서 2,500여 종이 자라며 모양은 소철이나 나무고사리를 많이 닮았다. 가지가 없는 둥근 줄기 끝에 둥근 부채나 깃털 모양의 큼직한 잎이 무더기로 모여난다. 야자나무는 줄기 끝부분에 있는 생장점 바로 밑부분의 세포가 왕성하게 증식하면서 줄기 속에 생기는 여러 개의 관다발을 중심으로 목질화하면서 자란다.

대나무 대나무는 줄기가 높게 자라고 단단해서 이름에 '나무'를 붙여 부른다. 대나무 줄기는 리그닌이 있어서 단단하기는 하지만 형성층이 없어서 줄기가 굵게 자라지 못하고 키만 큰다. 그래서 대나무는 엄밀히 말하면 나무라고 하기가 어렵지만 일반적으로는 나무로 취급하는 경우가 많다. 속이 빈 줄기가 꺾이지 않기 위해 여러 개의 마디가 있다.

나무고사리 주로 열대 지방에서 자라며 모양은 소철이나 야자나무를 많이 닮았다. 나무처럼 굵고 단단한 줄기를 갖고 있지만 이것은 뿌리줄기가 서로 엉키면서 둘러싸서 만들어진 것으로 엄밀히 말하면 나무라고 하기 어렵지만 야자나무를 닮아서 이름에 '나무'가 들어간다. 야자나무나 소철은 씨앗을 생산하지만 나무고사리는 홀씨를 퍼뜨려 번식하는 하등식물이다.

2. 나무의 구분

숲은 여러 종류의 나무가 함께 어우러져 살아가는 공간이다. 제각각 다른 나무들을 비슷한 크기와 모양에 따라 묶어서 구분하면 나무의 모습을 이해하는 데 도움이 된다. 나무는 키와 나무 모양에 따라 '키나무', '떨기나무', '덩굴나무' 등으로 구분한다. 하지만 구분이 애매한 나무도 있고 같은 나무라도 환경에 따라 더 잘 자라는 것과 그렇지 못한 것도 있으므로 절대적인 기준은 아니다. 또 잎 모양에 따라 '바늘잎나무'와 '넓은잎나무'로 구분하고, 추운 겨울에 낙엽이 지는가에 따라 '갈잎나무'와 '늘푸른나무'로도 구분할 수 있다.

① 키나무 · 떨기나무 · 덩굴나무

● **키나무** 줄기와 곁가지가 분명하게 구별되고 대략 높이 5m 이상으로 자라는 나무를 '키나무'라고 한다. 키나무는 크기에 따라서 다시 큰키나무와 작은키나무로 구분하는데, **큰키나무**는 줄기가 곧고 굵으며 높이 10m 이상 자라는 나무로 '교목(喬木)'이라고도 한다. 숲을 가장 많이 차지하는 나무들로 모두 햇빛을 좋아한다. **작은키나무**는 떨기나무보다 크고 큰키나무보다 작은 나무로 보통 높이 5~10m로 자라고 '소교목(小喬木)'이라고도 한다. 보통 큰키나무와 함께 섞여 자란다.

참오동나무 큰키나무로 높이 15m 정도로 자란다.

양버들 큰키나무로 높이 30m 정도까지 자란다.

동백나무 작은키나무로 높이 7m 정도로 자란다.

마가목 작은키나무로 높이 8m 정도로 자란다.

● **떨기나무** 대략 5m 정도 높이까지 자라는 나무로 '관목(灌木)'이라고도 한다. 보통 사람의 키와 비슷한 높이의 나무를 말하지만 훨씬 더 크게 자라는 것도 있다. 흔히 뿌리나 줄기 밑부분에서 여러 개의 가지가 갈라져 자란다.

미선나무 떨기나무로 여러 대의 줄기가 모여나 1~1.5m 높이로 자란다.

박태기나무 떨기나무로 여러 대의 줄기가 모여나 4m 정도 높이로 자란다.

돈나무 떨기나무로 줄기는 흔히 밑부분에서 여러 개로 갈라지며 2~3m 높이로 자란다. 돈나무는 가지를 다듬어서 여러 가지 나무 모양을 만든다.

●**덩굴나무** 혼자 힘으로 곧게 설 수 없고 다른 물체에 감기거나 붙어서 기어오르며 자라는 나무를 '덩굴나무'라고 하며 '만목(蔓木)'이라고도
한다. 덩굴나무는 줄기를 튼튼하게 만들지 않기 때문에 비교적 빠른 속도로 높이 자랄 수 있다.

칡 덩굴나무로 다른 물체를 감고
길이 10m 정도로 벋는다.

멀꿀 덩굴나무로 다른 물체를 감고
길이 15m 정도로 벋는다.

담쟁이덩굴 덩굴나무로 붙음뿌리로 다른
물체에 달라붙으면서 줄기가 오른다.

왕머루 덩굴나무로 잎과 마주나는
덩굴손으로 다른 물체를 감고 오른다.

②갈잎나무·늘푸른나무

●**갈잎나무** 봄에 돋은 잎이 가을이 되면 낙엽이 지는 나무로 '낙엽수(落葉樹)'라고도 한다. 대부분 쌍떡잎식물이지만 겉씨식물인 은행나무나
잎갈나무 등도 가을에 낙엽이 지는 갈잎나무이다.

감태나무 속씨식물로 가을에 적갈색~
황갈색으로 단풍이 들고 낙엽이 진다.

은행나무 겉씨식물로 가을에 노란색으로
단풍이 들고 낙엽이 진다.

다래 속씨식물로 가을에 누런색으로
단풍이 들고 낙엽이 진다.

느티나무 속씨식물로 가을에 적갈색~
황갈색으로 단풍이 들고 낙엽이 진다.

●**늘푸른나무** 계절에 관계없이 1년 내내 잎이 푸른 나무로 '상록수(常綠樹)'라고도 한다. 바늘잎나무는 대부분이 늘푸른나무이고
넓은잎나무 중에서 푸른 잎을 가진 나무는 주로 따뜻한 남쪽 지방에서 자란다.

잣나무 늘푸른바늘잎나무로 기다란
바늘잎은 5개가 1묶음이다.

사철나무 늘푸른떨기나무로 잎이
사철 푸르러서 '사철나무'라고 한다.

동백나무 늘푸른작은키나무로 겨울부터
봄까지 붉은색 꽃이 핀다.

팔손이 늘푸른떨기나무로 늦가을부터
초겨울까지 둥근 흰색 꽃송이가 모여 달린다.

3. 나무의 자람

나무는 줄기나 가지가 길이생장과 부피생장이 함께 이루어지며 자란다. 가지나 줄기 끝에 있는 생장점에서 길게 자라는 것을 '길이생장' 이라고 하고, 줄기 둘레의 관다발(관속:管束)에 있는 부름켜(형성층:形成層)에서 옆으로 굵어지는 것을 '부피생장'이라고 한다. 온대 지방에 서는 이러한 생장이 봄과 여름에 활발하게 일어나고 가을과 겨울에는 생장이 느려지기 때문에 줄기에는 나이테가 만들어진다. 줄기 둘 레의 관다발은 부름켜와 함께 물관과 체관으로 이루어져 있다. 물관(도관:道管)은 뿌리에서 흡수한 물을 올려 보내는 통로이고, 체관(사 관:篩管)은 잎에서 만든 양분을 내려보내는 통로이다. 물과 무기물질을 흡수하는 땅속의 뿌리도 줄기와 마찬가지로 길이생장과 부피생 장을 한다.

● 나무줄기의 구조

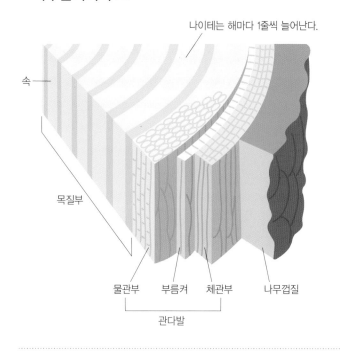

치우쳐 자란 소나무 줄기 이 소나무는 줄기의 중심이 한쪽으 로 심하게 처져 있는데 나이테가 넓은 쪽은 환경 조건이 좋아 서 가지가 잘 자란 쪽이고 좁은 쪽은 그늘이거나 강풍을 맞는 등 조건이 좋지 않아 가지가 드문 쪽이다.

● 리기다소나무 줄기 단면의 나이테

나무껍질은 죽은 세포로 이루어지며 나무 속살을 보호한다.

나무껍질 안쪽에는 부름 켜가 있어서 줄기를 굵 게 만든다.

봄과 여름에는 왕성하게 자라므로 나이테의 간격 이 넓고 색깔이 연하다.

가을과 겨울에는 더디게 자라므로 간격이 좁고 색 깔이 진하다.

나이테는 간격이 일정하지 않은데 간격이 넓은 해는 수분과 온도가 적당해서 자라기 좋은 환경이었다는 뜻이고 간격이 좁은 해는 환경이 좋지 않은 해였음을 나타낸다.

등칡의 줄기 단면 등칡과 같은 쌍떡잎식물은 소나무와 같은 바늘잎나무처럼 줄기에 나이테가 잘 나타나지 않는다.

죽순대 봄에 뿌리줄기에서 돋은 죽순은 하루에 보통 15㎝ 정도 높이로 자라는데 빠르게 자랄 때는 하루에 80㎝ 정도 높이까지 자라기도 한다.

밤나무의 뿌리 뿌리는 줄기나 가지처럼 길이생장과 부피생장이 일어나 차츰 길게 자라고 점점 굵어진다. 뿌리는 물과 무기물질을 빨아올려 줄기를 통해 잎으로 보내고 나무의 몸을 지탱하는 역할을 한다. 흔히 뿌리 깊은 나무는 바람에 흔들리지 않는다고 말하지만 대부분의 나무는 뿌리가 땅속 깊이 들어가지 못하고 옆으로 넓게 퍼져 나간다.

대나무의 뿌리 대나무는 땅속에서 옆으로 굵은 뿌리줄기가 벋으면서 뿌리가 촘촘히 나온다. 뿌리에는 수없이 많은 뿌리털이 있어서 물과 양분을 빨아들인다.

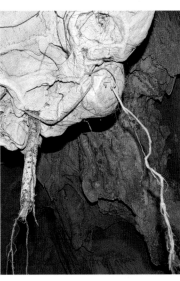

돌도 뚫는 뿌리 나무뿌리가 단단한 석회석을 뚫고 자랐다.

● **특수한 뿌리**

낙우송(*Taxodium distichum*) 늪지에서 자라는 낙우송은 물속에서 공기를 얻지 못하기 때문에 숨을 쉬기 위해 큼직한 혹 모양의 공기뿌리(기근:氣根)를 땅 위로 올려 보낸다.

판다누스(*Pandanus* sp.) 줄기의 밑부분에서 굵은 공기뿌리가 방사상으로 퍼지면서 땅에 박혀 버팀뿌리(지지근:支持根) 역할을 한다. '문어발야단'이라고도 부른다.

반얀나무(*Ficus microcarpa*) 열대아시아 원산으로 줄기에서 나오는 공기뿌리가 땅에 닿으면 줄기처럼 굵어진다. 굵게 자란 공기뿌리가 담장을 감싸고 있다.

케이폭나무(*Ceiba pentandra*)**의 판근(板根)** 나무의 곁뿌리가 평판 모양의 판근으로 되어 땅 위로 노출되며 나무가 넘어지는 것을 막아 주는 역할을 한다.

4. 나무껍질

나무껍질은 나무줄기를 감싸고 있는 부분으로 '수피(樹皮)'라고도 한다. 나무껍질은 줄기 둘레의 부름켜보다 바깥 부분으로 보통 코르크 조직이 두껍게 발달한다. 나무껍질은 줄기 속의 수분이 마르는 것을 막아 주고 동물 등의 공격이나 곰팡이의 침입을 막는 옷과 같은 역할을 한다. 보통 어린 나무의 껍질은 매끈하지만 나이를 먹으면 껍질이 두꺼워지면서 갈라지기도 하고 얇은 껍질 조각이 떨어져 나가기도 한다. 나무껍질의 무늬와 두께는 나무마다 모양이 조금씩 달라 나무를 구분하는 데 도움을 준다.

박달나무 줄기에는 가로로 긴 껍질눈(피목:皮目)이 많이 있는데 숨을 쉬는 역할을 한다.

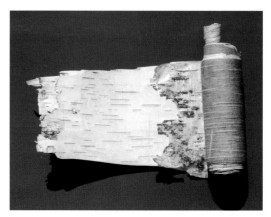

박달나무 어린 박달나무의 나무껍질은 매끈하지만 노목은 나무껍질이 거칠어지면서 불규칙하게 얇은 조각으로 벗겨져 나간다. 박달나무는 목재의 조직이 치밀하고 단단하며 나뭇결이 곱고 뒤틀림이 적어서 건축재나 기구재로 요긴하게 쓰인다. 단단한 목재의 대명사로 널리 알려져 있다.

자작나무 추운 지방에서 자라는 자작나무는 얇은 나무껍질에 기름 성분이 많아서 추위를 막아 주며 불쏘시개로 이용한다.

은행나무 어린 나무의 나무껍질은 매끈한 편이지만 나이가 들면 나무껍질이 두꺼워지면서 불규칙하게 갈라지고 틈이 생긴다.

빅트리(*Sequoiadendron giganteum*) 북아메리카에서 자라는 큰 나무로 두꺼운 나무껍질은 산불이 나도 뜨거운 열을 막아 주어서 줄기를 보호하며 살아남게 해 준다.

섬잣나무 소나무과에 속하는 나무는 줄기에 상처가 나면 투명한 액체가 흘러나오는데 이를 '송진(松津)'이라고 한다. 송진은 상처를 덮어 보호하는 역할을 한다.

잠복소(潛伏所) 나무를 해치는 해충이 겨울을 날 수 있도록 짚이나 새끼 등으로 줄기 중간에 따뜻한 공간을 만들어 유인한 뒤에 이른 봄에 거두어 태워 버린다.

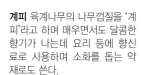

계피 육계나무의 나무껍질을 '계피'라고 하며 매우면서도 달콤한 향기가 나는데 요리 등에 향신료로 사용하며 소화를 돕는 약재로도 쓴다.

너와집 나무가 많은 깊은 산에서 통나무를 잘라 만든 나무판자나 두꺼운 나무껍질로 지붕을 이은 집으로 '너새집'이라고도 한다.

코르크 병마개

코르크참나무(*Quercus suber*) 남유럽에서 자라는 참나무 종류로 지중해성 기후에서 수분 증발을 막기 위해 나무껍질에 두꺼운 코르크층이 발달한다. 두꺼운 코르크를 채취해서 병마개나 벽타일 등을 만든다.

수액 채취 고로쇠나무 줄기를 뚫고 채취한 수액은 경칩을 전후해서 채취하며 음료수로 마시는데 약간 단맛이 나고 향기가 있다.

착생식물 나무껍질에는 둥지파초일엽(*Asplenium nidus*)과 같은 고사리 무리나 난초 종류가 붙어서 살아가기도 하는데 이런 식물을 '착생식물(着生植物)'이라고 한다. 둥지파초일엽은 열대 지방에서 자라며 우리나라에서는 실내에서 관엽식물로 기른다.

둥지파초일엽

연리목(連理木) 뿌리가 서로 다른 나무의 줄기가 이어져 한 나무로 자라는 현상으로 전나무와 느릅나무 줄기가 합쳐졌다.

참나무 줄기에 벌레가 기생해서 벌레집이 만들어졌다.

강한 태풍에 귀룽나무 줄기가 뒤틀어지면서 나무껍질과 함께 찢어졌다.

아프리카의 바오밥나무(*Adansonia digitata*) 건기를 대비해서 줄기에 물을 많이 저장해 둔다. 건기에는 코끼리가 상아로 나무줄기에 상처를 내고 물을 빨아 먹는다.

5. 가지의 나이

가지도 해마다 자라면서 점차 굵어진다. 나무 줄기에 1년마다 나이테가 만들어지는 것처럼 어린 가지에는 1년 동안 자란 자국인 마디를 볼 수 있다. 이 마디를 세면 그 가지의 나이를 알 수 있다.

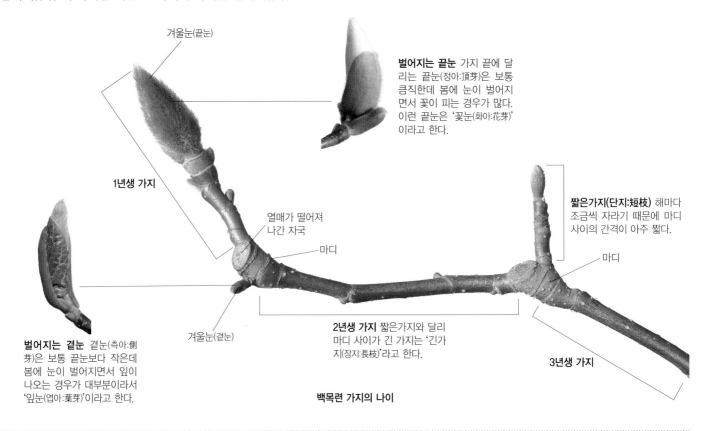

겨울눈(끝눈)

벌어지는 끝눈 가지 끝에 달리는 끝눈(정아:頂芽)은 보통 큼직한데 봄에 눈이 벌어지면서 꽃이 피는 경우가 많다. 이런 끝눈은 '꽃눈(화아:花芽)'이라고 한다.

1년생 가지

열매가 떨어져 나간 자국

마디

짧은가지(단지:短枝) 해마다 조금씩 자라기 때문에 마디 사이의 간격이 아주 짧다.

마디

벌어지는 곁눈 곁눈(측아:側芽)은 보통 끝눈보다 작은데 봄에 눈이 벌어지면서 잎이 나오는 경우가 대부분이라서 '잎눈(엽아:葉芽)'이라고 한다.

겨울눈(곁눈)

2년생 가지 짧은가지와 달리 마디 사이가 긴 가지는 '긴가지(장지:長枝)'라고 한다.

3년생 가지

백목련 가지의 나이

● **가지의 배열** 나무가 햇빛을 많이 받기 위해서는 위로 높이 자라야 할 뿐만 아니라 가지를 넓게 펼쳐서 넓은 면적을 차지하는 것이 유리하다. 이때 가지들은 어느 정도 나선형으로 벋으면서 서로 겹치지 않게 배열해야 가지에 달린 잎들이 골고루 햇빛을 받는 데 유리하다. 잎도 가지와 마찬가지로 서로 겹치지 않게끔 배열한다. 식물의 가지와 잎의 배열 패턴은 흔히 피보나치수열을 따르는 경우가 많다.

열대 지방에서 자라는 인디언아몬드(*Terminalia catappa*)의 가지 배열

피보나치수열은 1, 2, 3, 5, 8, 13, 21, 34, 55…처럼 앞의 두 수의 합이 바로 뒤의 수가 되는 수의 배열을 말한다.

● **겨울눈(동아:冬芽)** 갈잎나무는 가을이 되면 낙엽을 떨구고 앙상한 가지를 드러낸다. 가지에는 내년 봄에 자랄 잎, 꽃, 가지가 준비되어 있는 겨울눈이 있다. 겨울눈은 여름부터 가을에 걸쳐 만들어지고 잎이나 꽃, 또는 가지가 될 부분이 서로 포개져서 눈비늘조각이나 털에 싸여 있다.

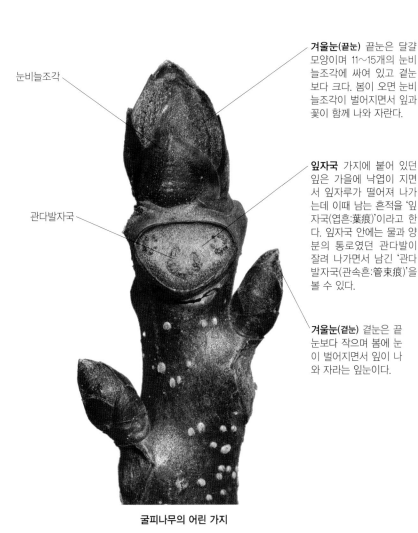

눈비늘조각

관다발자국

겨울눈(끝눈) 끝눈은 달걀 모양이며 11~15개의 눈비늘조각에 싸여 있고 곁눈보다 크다. 봄이 오면 눈비늘조각이 벌어지면서 잎과 꽃이 함께 나와 자란다.

잎자국 가지에 붙어 있던 잎은 가을에 낙엽이 지면서 잎자루가 떨어져 나가는데 이때 남는 흔적을 '잎자국(엽흔:葉痕)'이라고 한다. 잎자국 안에는 물과 양분의 통로였던 관다발이 잘려 나가면서 남긴 '관다발자국(관속흔:管束痕)'을 볼 수 있다.

겨울눈(곁눈) 곁눈은 끝눈보다 작으며 봄에 눈이 벌어지면서 잎이 나와 자라는 잎눈이다.

굴피나무의 어린 가지

눈비늘조각(아린:芽鱗) 겨울눈 속에 있는 꽃이나 잎이 될 어린 조직을 보호하기 위해 겉에서 싸고 있는 비늘 모양의 껍질. 참회나무의 겨울눈은 6~10개의 눈비늘조각에 싸여 있다.

참회나무

잎눈

꽃눈

생강나무 잎눈과 꽃눈의 모양이 다르다. 보통 잎눈은 가늘고 길며 꽃눈은 통통하고 잎눈보다 크다.

가짜끝눈

마른 가지

백당나무 가지 끝이 말라 죽고 양쪽에 2개의 눈이 나란히 달리는데 '가짜끝눈(가정아:假頂芽)'이라고 한다.

맨눈

쪽동백나무 겨울눈이 눈비늘조각이 없이 털로만 덮여 있어서 '맨눈(나아:裸芽)'이라고 한다.

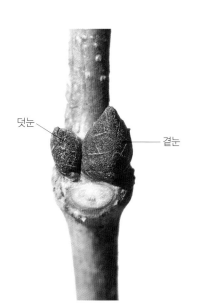

덧눈

곁눈

느티나무 눈 옆에 작은 눈이 나는 것을 '덧눈(부아:副芽)'이라고 한다. 덧눈은 곁눈에 이상이 생겼을 때를 대비하여 만든 보조 눈이다.

눈자루

물오리나무 겨울눈의 밑부분이 굵어져서 자루처럼 된 '눈자루(아병:芽柄)'가 있다.

6. 여러 가지 잎자국

가을에 기온이 내려가면 잎자루와 가지 사이를 이어 주던 떨켜(이층:離層)가 수축되면서 금이 가고 물과 양분의 공급이 중단된다. 단풍이 든 잎은 떨켜 부분이 갈라지면서 떨어져 나가고 가지에는 잎이 떨어져 나간 흔적인 '잎자국(엽흔:葉痕)'이 남게 된다. 나무 종류마다 잎자국의 모양은 조금씩 다르다. 잎자국 안에 흔적을 남기는 관다발자국은 돌기의 수나 배열 방법이 나무의 종류에 따라 조금씩 다르다. 특히 관다발자국이 3개인 잎자국은 동물 등의 얼굴 모양과 비슷해서 관찰하는 재미가 있다.

● **칡의 잎자루가 떨어지는 모양**

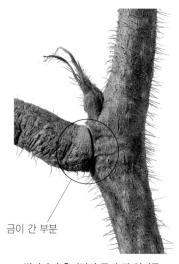

금이 간 부분

떨켜가 수축되면서 금이 간 잎자루

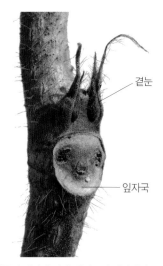

곁눈

잎자국

잎자루가 떨어져 나간 잎자국과 관다발자국

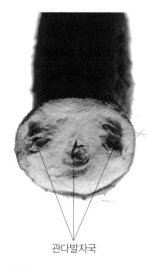

관다발자국

떨어져 나간 잎자루 단면의 관다발자국

중국굴피나무 잎자국은 하트형~반원형이며 관다발자국은 3개이다. 겨울눈은 맨눈이며 자루가 있고 갈색 털로 덮여 있다.

고추나무 잎자국은 반원형~삼각형이며 튀어나오고 관다발자국은 보통 3개이다. 겨울눈은 구형~삼각형이며 2개의 눈비늘조각에 싸여 있다.

느릅나무 잎자국은 반원형이며 관다발자국은 3개이다. 겨울눈은 달걀형이며 광택이 없고 눈비늘조각은 5~6개이며 털이 있다.

가죽나무 잎자국은 하트형이며 매우 크고 많은 관다발자국은 V자형으로 배열한다. 옛날 사람들은 큼직한 잎자국이 호랑이 눈을 닮았다고 '호목수(虎目樹)' 또는 '호안수(虎眼樹)'라고 불렀다. 작은 겨울눈은 반구형이고 눈비늘조각은 2~3개이다.

가래나무 큼직한 잎자국은 T자형~삼각형이며 관다발자국은 3개이다. 끝눈은 맨눈이며 원뿔형이고 짧은 갈색 털로 덮여 있다.

사람주나무 잎자국은 반원형이며 관다발자국은 3개이다. 겨울눈은 세모진 달걀형이며 2개의 눈비늘조각에 싸여 있다.

미국풍나무 짧은가지가 발달한다. 잎자국은 반원형~콩팥형이며 관다발자국은 3개이다. 겨울눈은 달걀형~긴 달걀형이며 광택이 있고 6~10개의 눈비늘조각에 싸여 있다.

다릅나무 잎자국은 반원형이며 관다발자국은 3개이다. 겨울눈은 달걀형이며 2~3개의 눈비늘조각에 싸여 있다.

겨울눈

왕자귀나무 잎자국은 삼각형~반원형이고 튀어나오며 관다발자국은 3개이다. 작고 동그스름한 겨울눈은 잎자국 사이에 있다.

머귀나무 잎자국은 콩팥형~하트형이고 관다발자국은 3개이다. 겨울눈은 반구형이다.

사방오리 잎자국은 삼각형이며 관다발자국은 3개이다. 겨울눈은 피침형이며 3~4개의 눈비늘조각에 싸여 있다.

7. 나무의 새순

추운 겨울이 물러나고 따스한 봄바람이 불면 앙상한 나뭇가지의 겨울눈이 벌어지면서 새순이 돋기 시작한다. 새순은 매우 빠른 속도로 자라는데 겨울눈 속에는 이미 잎이나 꽃의 모양이 갖추어져 있기 때문이다. 겨울눈의 생김새가 제각각인 것처럼 새순의 모양과 색깔도 나무마다 다른데 연둣빛 새순이 돋는 나무가 가장 흔하다. 다양한 색깔의 어린잎은 점차 자라면서 대부분 초록색으로 변해 간다.

잎으로 자랄 부분
꽃으로 자랄 부분
가지로 자랄 부분

끝눈 세로 단면 겨울눈 속에는 앞으로 자랄 잎이나 꽃, 가지 등이 아주 작은 형태로 만들어져 있기 때문에 새순이 트면 빨리 자랄 수 있다.

4월의 새순 봄 햇살에 눈비늘조각이 벌어지면서 주황빛 새순이 자라기 시작한다.

꽃봉오리 끝눈에서는 잎과 함께 꽃봉오리가 나와 자란다.

작은 곁눈에서는 연한 적갈색 새잎이 나와 자란다.

연한 적갈색 새잎은 자라면서 점차 녹색으로 변해 간다.

귀룽나무 이른 봄에 일찍 새순이 돋는 귀룽나무는 꽃샘 추위에 새순이 얼음에 싸이기도 한다. 얼음에 싸인 새순은 추위를 잘 견디지만 눈이 오지 않고 찬바람만 쌩쌩 부는 강추위를 만나면 새순은 얼어 죽고 그 옆에서 다시 돋은 새순이 나와 자란다.

생강나무 연둣빛 새순은 부드러운 털로 덮여 있다.

두릅나무 가지 끝에 달리는 연둣빛 새순은 채취해서 나물로 먹는데 '두릅나물' 또는 '목두채(木頭菜)'라고 한다.

마가목 새순이 말의 이빨처럼 힘차게 돋아서 '마아목(馬牙木)'이라고 하던 것이 변해 '마가목'이 되었다. 새순이 매우 질기고 튼튼하다.

벽오동 가지 끝에 모여나는 새잎은 붉은색이다.

튤립나무 봄에 돋는 새순은 조개가 입을 벌리듯 벌어지면서 새잎이 나온다.

짧은가지 끝에서 짧은 바늘잎이 뭉쳐나온다.

위를 향하는 암솔방울 밑에는 바늘잎이 뭉쳐난다.

일본잎갈나무 봄에 암수솔방울과 함께 새잎이 돋는다. 연둣빛 바늘잎은 짧은가지 끝에 뭉쳐난다.

수솔방울은 밑으로 처진다.

계수나무 새잎은 붉은 자주색이며 2장씩 마주난다.

신갈나무 봄에 연둣빛 새순이 돋을 때까지 낙엽이 남아 있기도 하는데 참나무 종류는 잎자루와 가지 사이에 떨켜가 잘 만들어지지 않기 때문이다.

소태나무 끝눈에서 자란 연둣빛 새순은 납작하게 포개져 나오는데 새잎으로 싸인 한가운데에 꽃봉오리가 숨어 있다.

태백산의 봄 많은 종류의 나무가 어우러져 자라는 깊은 산의 신록은 다양한 색깔이 섞여 있어서 알록달록한 편이다. 하지만 참나무 종류가 주로 자라는 도시 주변의 산은 신록의 색깔이 단순한 편이다.

5월의 층층나무 나무는 햇빛을 잘 받기 위해 가지를 고르게 배치하는 것처럼 가지에 달리는 잎도 새순이 벌어지면서 골고루 배열하는데 배열 방법은 나무 종류마다 조금씩 다르다.

8. 잎

● 잎의 생김새

잎몸
톱니(겹톱니)
잎맥(측맥)
잎맥(주맥)
잎자루
턱잎

국수나무의 잎

가지나 줄기에 붙는 잎은 햇빛을 받아 양분을 만드는 기관으로 종에 따라 모양이 여러 가지이다. 잎은 보통 잎몸(엽신:葉身)과 잎자루(엽병:葉柄)의 두 부분으로 나뉘며 잎자루 밑부분에 턱잎(탁엽:托葉)이 붙기도 한다.

잎몸, 잎자루, 턱잎이 모두 있는 잎을 **갖춘잎**(완전엽:完全葉)이라고 하고, 이 중에서 어느 하나라도 없는 잎을 **안갖춘잎**(불완전엽:不完全葉)이라고 한다. 또 잎자루에 붙는 잎몸이 1개이면 **홑잎**(단엽:單葉), 여러 개이면 **겹잎**(복엽:複葉)이라고 한다.

잎몸에는 잎의 모양을 유지해 주고 물과 양분의 이동 통로 역할을 하는 잎맥(엽맥:葉脈)이 그물처럼 번는다. 잎의 중심부에 있는 가장 큰 잎맥을 주맥(主脈) 또는 중심맥이라고 하고 주맥에서 갈라져 번는 잎맥을 측맥(側脈)또는 곁맥이라고 한다.

● 잎의 모양

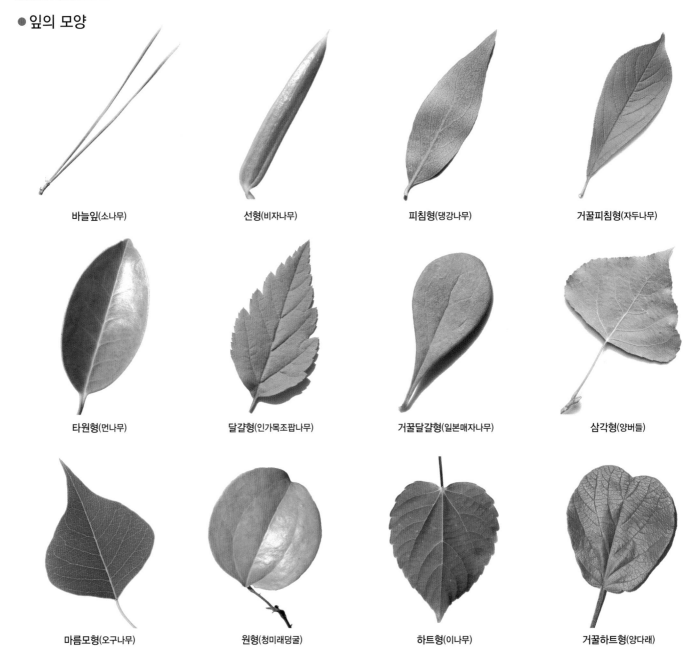

바늘잎(소나무)
선형(비자나무)
피침형(댕강나무)
거꿀피침형(자두나무)

타원형(먼나무)
달걀형(인가목조팝나무)
거꿀달걀형(일본매자나무)
삼각형(양버들)

마름모형(오구나무)
원형(청미래덩굴)
하트형(이나무)
거꿀하트형(양다래)

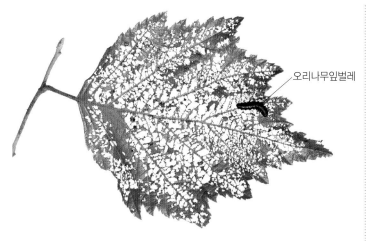

잔잎산오리나무(*Wollemia nobilis*) 나뭇잎은 동물의 먹이가 된다. 오리나무잎벌레의 애벌레가 잎살만 갉아 먹어서 잎맥이 드러났다. 잔잎산오리나무와 같은 쌍떡잎식물의 잎맥은 그물맥이다.

● **갈래잎**   홑잎 중에서 잎몸의 가장자리가 갈라지는 잎을 '갈래잎'이라고 한다. 갈라지는 부분을 한자어로는 '결각(缺刻)'이라고 하기 때문에 '결각잎(결각엽:缺刻葉)'이라고도 한다.

산딸기   단풍나무

● **겹잎(複葉)**   1개의 긴 잎자루에 여러 개의 작은잎이 달리는 잎을 '겹잎'이라고 한다. 겹잎은 잎자루에 붙는 작은잎의 개수와 붙는 방법에 따라 세겹잎, 손꼴겹잎, 깃꼴겹잎으로 나뉜다. **세겹잎(삼출엽:三出葉)**은 잎자루 끝에 3장의 작은잎이 모여 붙는 잎이며, **손꼴겹잎(장상복엽:掌狀複葉)**은 잎자루 끝에 5장 이상의 작은잎이 모여 붙는 잎이다. **깃꼴겹잎(우상복엽:羽狀複葉)**은 긴 잎자루에 작은잎이 새의 깃털처럼 마주 붙는 잎을 말한다. 깃꼴겹잎 중에서 겹잎자루 끝에 작은잎이 달려서 전체가 홀수로 되는 잎을 '홀수깃꼴겹잎(기수우상복엽:奇數羽狀複葉)'이라고 하고, 겹잎자루 끝에 작은잎이 없어서 짝수로 되는 잎을 '짝수깃꼴겹잎(우수우상복엽:偶數羽狀複葉)'이라고 한다.

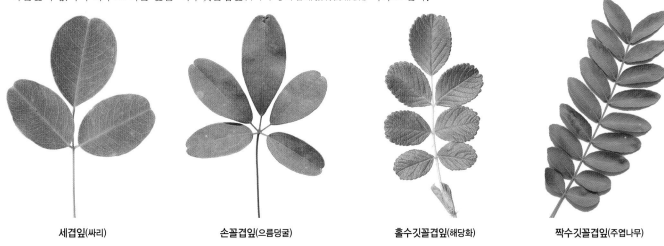

세겹잎(싸리)   손꼴겹잎(으름덩굴)   홀수깃꼴겹잎(해당화)   짝수깃꼴겹잎(주엽나무)

● **잎차례**   식물은 광합성을 하는 잎들이 골고루 햇빛을 많이 받을 수 있도록 잎을 배열한다. 잎이 가지에 붙는 모양을 '잎차례' 또는 '엽서(葉序)'라고 하는데, 잎차례는 식물마다 대부분 일정하다. 1개의 마디에 1장의 잎이 붙는 경우 잎은 서로 어긋나게 달리는데 이런 잎차례를 **어긋나기(호생:互生)**라고 하고, 1개의 마디에 2장의 잎이 마주 붙는 것은 **마주나기(대생:對生)**라고 한다. 1개의 마디에 3장 이상의 잎이 돌려가면서 달리는 것은 **돌려나기(윤생:輪生)**라고 한다. 마디 사이가 아주 짧아 잎이 마치 한 군데에서 나온 것처럼 보이는 것은 **모여나기(총생:叢生)**라고 한다.

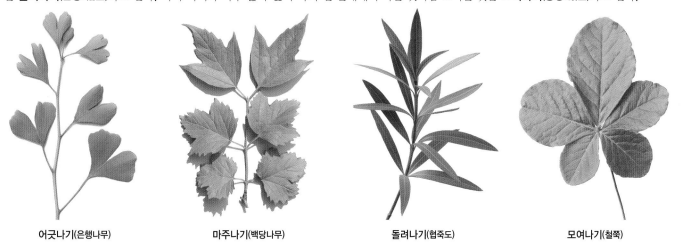

어긋나기(은행나무)   마주나기(백당나무)   돌려나기(협죽도)   모여나기(철쭉)

9. 단풍과 낙엽

봄여름 내내 햇빛 에너지를 받아서 양분을 만들던 녹색 잎은 가을에 기온이 내려가면 나무는 잎을 떨구기 위해 잎자루에 떨켜를 만든다. 떨켜가 만들어지면 잎에서 광합성으로 만들어진 양분이 줄기로 이동하지 못하고 잎에 쌓여 색소로 변하면서 색깔이 나타나는데 이를 '단풍(丹楓)'이라고 한다.

붉은색 단풍은 붉은색 색소인 안토시안이 만들어지면서 나타나고, 노란색 단풍은 카로티노이드 색소에 의해 나타난다. 단풍이 든 잎은 잎자루 끝에 떨켜층이 발달하면서 가지에서 떨어져 나가는데 이것이 '낙엽(落葉)'이다.

엽록소가 파괴된
바깥쪽 부분

떡갈나무 일반적으로 단풍은 찬 공기와 더 많이 접촉하는 바깥쪽부터 엽록소가 파괴되면서 차츰 안으로 물들기 시작한다.

엽록소가
남아 있는
안쪽 부분

단풍나무 보통 붉은색으로 단풍이 들지만 그늘에서는 노란색으로 단풍이 들기도 한다. 붉은 단풍이 아름다워서 가을 단풍을 대표하는 단풍나무가 되었다.

붉나무 단풍이 불타는 듯 붉어서 '붉나무'라고 한다.

감태나무 대부분 적갈색이나 황갈색으로 단풍이 들며 낙엽이 잘 지지 않는다.

● **첫 단풍이 드는 시기** 기상청에서는 해마다 단풍이 드는 시기를 예상해서 발표한다. 첫 단풍은 추위가 빨리 찾아오는 강원도 설악산을 시작으로 서남쪽으로 차츰 내려간다.

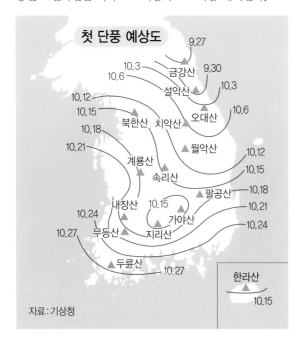

첫 단풍 예상도

9.27
10.3 금강산 9.30
10.6 설악산 10.3
10.12 10.6
10.15 오대산
북한산 치악산
10.18 월악산
10.21 10.12
계룡산 10.15
속리산
10.18
내장산 팔공산 10.21
10.24 10.15 가야산 10.24
무등산 지리산
10.27
두륜산 10.27

한라산
10.15

자료:기상청

● **떡갈나무 낙엽** 떡갈나무를 비롯한 참나무 종류는 떨켜가 잘 발달하지 않기 때문에 겨우내 낙엽을 매달고 있는 경우가 많다.

양버즘나무 공원이나 길가에 많이 심으며 노란색이나 갈색으로 단풍이 든다.

은행나무 공원이나 길가에 많이 심으며 노란색 단풍을 대표하는 나무이다.

서어나무 보통 붉은색으로 단풍이 들지만 갈색, 노란색 등 한 나무에서도 여러 색깔의 단풍을 볼 수가 있다.

개나리 잎은 적갈색~노란색으로 단풍이 든다.

까치박달 산에서 가장 밝은 노란색으로 단풍이 들기 때문에 눈에 잘 띈다.

밤나무 길쭉한 잎은 노란색으로 단풍이 든다.

낙엽(落葉) 단풍잎은 떨켜가 벌어지면서 낙엽이 지고 한 해의 삶을 끝낸다.

소나무 늘푸른바늘잎나무도 오래된 잎은 단풍이 들고 햇가지에는 새잎이 만들어진다.

신갈나무 산에서 가장 흔한 나무로 황적색이나 적갈색으로 단풍이 든다. 땅에 떨어진 단풍잎은 점차 갈색으로 변하면서 마른다.

10. 꽃

● **꽃의 구조** 꽃은 종에 따라 모양과 빛깔이 여러 가지이다. 꽃은 보통 꽃받침(악:萼), 꽃잎(화판:花瓣), 수술(웅예:雄蘂), 암술(자예:雌蘂)의 4가지 기관으로 이루어져 있다. 꽃잎과 꽃받침은 잎이 변해 생긴 것이며 이를 합하여 '꽃덮이(화피:花被)'라고 한다. 꽃덮이는 암술과 수술을 보호하거나 보조하는 구실을 한다.

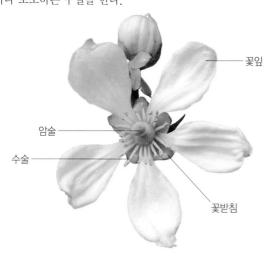

탱자나무의 꽃 5장의 꽃잎 사이로 밑을 받치고 있는 꽃받침이 보인다.

탱자나무의 꽃 단면 꽃 가운데에 있는 1개의 암술을 20개 정도의 수술이 둘러싸고 있다. 암술머리(주두:柱頭)는 동그랗고 밑부분의 씨방(자방:子房)은 항아리처럼 볼록하다.

● **겉씨식물** 꽃은 엄밀히 말하면 속씨식물처럼 꽃잎, 꽃받침, 암술, 수술 등을 모두 갖춘 것을 말하기 때문에 밑씨와 꽃가루만 가지고 있는 겉씨식물은 꽃이라고 할 수가 없다. 그래서 속씨식물의 암꽃, 수꽃에 대응하는 겉씨식물의 기관은 각각 '암솔방울(암구화수)', '수솔방울(수구화수)'로 바꾸어 부르고 꽃가루는 수배우체로 바꾸어 부른다. 은행나무와 같은 겉씨식물은 대부분이 수솔방울에서 만들어진 꽃가루와 같은 수배우체가 바람에 날려 퍼지는 바람나름꽃(풍매화:風媒花)이다.

밑씨

은행나무의 수솔방울 암수딴그루로 봄이면 수그루에 새순과 함께 수솔방울 이삭이 늘어진다. 수솔방울은 차례대로 터지면서 노란색 수배우체가 바람에 날린다.

은행나무의 암솔방울 암그루의 짧은가지 끝에 모여나오는 암솔방울은 긴 자루 끝에 2개의 밑씨가 씨방이 없이 그대로 드러나 있는 겉씨식물이다.

● **암수한그루와 암수딴그루** 사방오리처럼 암술만을 가진 암꽃과 수술만을 가진 수꽃이 한 그루에 따로 피는 것을 '암수한그루(자웅동주:雌雄同株)'라고 한다. 왼쪽의 은행나무처럼 암꽃이 달리는 암그루와 수꽃이 달리는 수그루가 서로 다른 것을 '암수딴그루(자웅이주:雌雄異株)'라고 한다.

암꽃이삭

수꽃이삭

사방오리 위를 향하는 암꽃이삭은 아직 피지 않고 밑으로 늘어지는 수꽃이삭은 활짝 피었다. 꽃이삭의 방향과 피는 시기가 다른 것은 모두 제꽃가루받이(자가수분:自家受粉)를 피하기 위한 수단이다.

● **장식꽃** 수술과 암술이 모두 없어서 열매를 맺지 못하는 꽃을 '장식꽃'이라고 한다. 장식꽃은 암수술이 없어서 열매를 맺지 못하기 때문에 한자로는 '무성화(無性花)' 또는 '중성화(中性花)'라고 한다. 사람들은 품종 개량을 통해 장식꽃만으로 된 풍성한 꽃송이를 가진 품종을 만들어 관상수로 심기도 한다. 백당나무의 꽃송이 가장자리에 빙 둘러 있는 장식꽃은 곤충을 불러들이는 역할을 한다.

장식꽃

양성화

백당나무의 꽃차례 꽃송이 가장자리에는 장식꽃이 빙 둘러 있고 꽃송이 가운데에는 암수술이 있어서 열매를 맺을 수 있는 양성화(兩性花)가 모여 있다.

● **꽃차례** 꽃들이 꽃자루에 붙는 모양을 '꽃차례(화서:花序)'라고 한다. 꽃차례는 여러 가지가 있는데, 식물마다 대체로 일정한 꽃차례를 가진다.

등

송이꽃차례(총상화서:總狀花序) 긴 꽃차례자루에 작은꽃자루가 있는 꽃들이 어긋나게 붙어 피어 올라가는 꽃차례.

단풍나무

고른꽃차례(산방화서:繖房花序) 긴 꽃차례자루에 어긋나게 붙는 작은꽃자루의 높이가 같아져 꽃들이 같은 높이에서 피는 꽃차례.

마가목

겹고른꽃차례(복산방화서:複繖房花序) 어긋나게 붙는 산방꽃차례가 다시 같은 높이로 자라는 꽃차례.

자귀나무

우산꽃차례(산형화서:傘形花序) 꽃자루 끝에서 같은 길이로 우산살처럼 갈라진 작은 꽃가지 끝마다 꽃이 달리는 꽃차례.

붉나무

원뿔꽃차례(원추화서:圓錐花序) 꽃차례자루에서 여러 개의 가지가 갈라져 전체가 원뿔 모양을 이루는 꽃차례.

사철나무

갈래꽃차례(취산화서:聚繖花序) 꽃자루 끝에 피는 꽃 양쪽으로 가지가 갈라져 꽃이 피고 또 가지가 갈라져 꽃이 피기를 반복하는 꽃차례.

삼지닥나무

머리모양꽃차례(두상화서:頭狀花序) 줄기 끝에 많은 꽃들이 촘촘히 모여 달려 있어 전체가 한 송이 꽃처럼 보이는 꽃차례.

족제비싸리

이삭꽃차례(수상화서:穗狀花序) 긴 꽃차례자루에 꽃자루가 없는 작은 꽃들이 촘촘히 붙는 꽃차례.

자작나무

꼬리꽃차례(미상화서:尾狀花序, 유이화서:葇荑花序) 이삭꽃차례가 꼬리처럼 길게 늘어지는 꽃차례.

11. 열매와 씨앗

● **솔방울열매** 대부분의 바늘잎나무는 솔방울과 비슷한 모양의 열매가 열리기 때문에 흔히 '솔방울열매(구과:毬果)'라고 부른다.
솔방울열매는 익으면 솔방울조각이 칸칸이 벌어지면서 씨앗이 나온다.

7월의 솔송나무 솔방울열매

9월 말의 솔송나무 솔방울열매

5월의 솔송나무 어린 솔방울열매 세로 단면 솔방울열매는 솔방울조각 사이마다 씨앗이 만들어진다.

씨앗

어린 씨앗

측백나무의 솔방울열매

측백나무의 솔방울열매 가로 단면

소나무의 솔방울열매

일본잎갈나무의 솔방울열매

● **마른열매** 열매가 익으면 말라서 물기가 적어지는 열매를 '마른열매(건과:乾果)'라고 한다. 마른열매는 익으면 열매의 껍질이 스스로 갈라져서
씨가 나오는 '터진열매(열개과:裂開果)'와 익어도 껍질이 갈라지지 않는 '닫힌열매(폐과:閉果)'로 나뉜다.

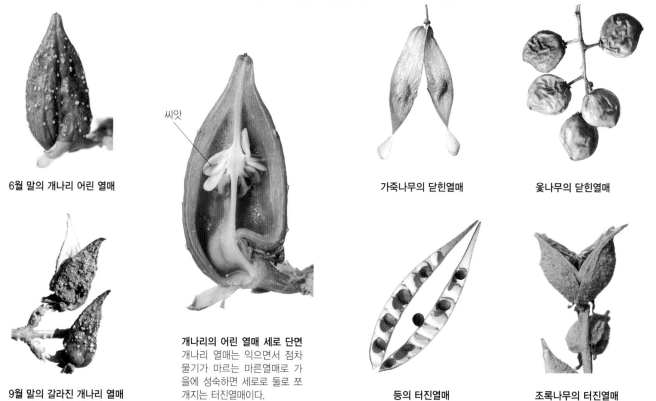

6월 말의 개나리 어린 열매

9월 말의 갈라진 개나리 열매

씨앗

개나리의 어린 열매 세로 단면
개나리 열매는 익으면서 점차 물기가 마르는 마른열매로 가을에 성숙하면 세로로 둘로 쪼개지는 터진열매이다.

가죽나무의 닫힌열매

옻나무의 닫힌열매

등의 터진열매

조록나무의 터진열매

● **살열매** 스스로 씨를 멀리 퍼뜨릴 수 없는 나무 중에는 맛있는 열매살을 만들어 새나 동물을 유혹하는 것들이 있다. 이처럼 물기가 많은 열매살을 가진 열매를 '살열매(다육과:多肉果)'라고 한다.

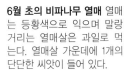

6월 초의 비파나무 열매 열매는 등황색으로 익으며 말랑거리는 열매살은 과일로 먹는다. 열매살 가운데에 1개의 단단한 씨앗이 들어 있다.

황벽나무의 살열매

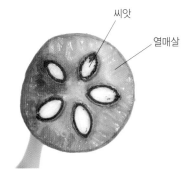

씨앗

열매살

황벽나무의 열매 단면 물기가 있는 열매살 속에는 5개 정도의 씨앗이 들어 있다.

마가목의 살열매

작살나무의 살열매

● **과일나무** 사람들은 맛있는 열매를 맺는 나무들 중에서 좋은 것을 골라 과일나무로 심어 기르기 시작했다. 과일나무는 품종 개량을 통해 더욱 크고 맛있는 열매를 맺는 품종이 만들어지고 있다.

감나무

앵두나무

밤나무

대추나무

● **씨앗** 열매 속에서 만들어지는 씨앗은 '씨'라고도 하며 한자로는 '종자(種子)'라고 한다. 씨앗은 땅에 떨어지면 싹이 터서 새로운 나무로 자란다.

개옻나무의 씨앗

백목련의 씨앗

댕댕이덩굴의 씨앗

스트로브잣나무의 씨앗

12. 우리나라의 산림대

삼면이 바다로 둘러싸여 있는 우리나라는 1년에 평균 1,100㎜ 이상의 비가 내리기 때문에 숲이 잘 발달돼 있다. 남북으로 길게 벋은 반도국인 우리나라는 지역에 따라 산림을 이루고 있는 나무의 종류가 다르다. 기후상으로 우리나라 대부분이 온대(溫帶)에 속하며 사계절이 뚜렷하다. 하지만 개마고원 이북 지방은 추운 아한대(亞寒帶)에 속하고 남해안 일대와 남쪽 섬 지방은 따뜻한 난대(暖帶)에 속한다.

● **아한대림** 연평균 기온이 −1~6℃인 북부 지방의 개마고원 이북에서는 가문비나무나 전나무와 같은 바늘잎나무가 많이 자라는 숲을 볼 수 있는데, 이를 '아한대림(亞寒帶林)'이라고 한다. 중부 지방이나 남부 지방의 높은 산에도 드문드문 바늘잎나무가 숲을 이루고 있다.

분비나무

● **온대림** 북위 35~43도 지역으로 연평균 기온이 6~13℃인 지역에 발달한다. 우리나라의 온대 지방에는 가을에 낙엽이 지는 갈잎나무가 가장 많이 분포하는 숲을 이루고 있다. 우리나라 온대림(溫帶林)에는 신갈나무나 상수리나무 같은 참나무가 많이 자란다.

서어나무

● **난대림** 북위 35도 이남 지역으로 연평균 기온이 14℃ 이상이어서 겨울에도 기온이 영하로 잘 내려가지 않는 남해안 이남은 사계절 푸른 잎을 달고 있는 늘푸른나무가 많이 분포하는 숲을 이루고 있다. 특히 우리나라의 난대림(暖帶林)에는 동백나무 잎처럼 두껍고 잎 앞면에 광택이 나는 늘푸른나무가 많이 자란다.

돈나무   동백나무

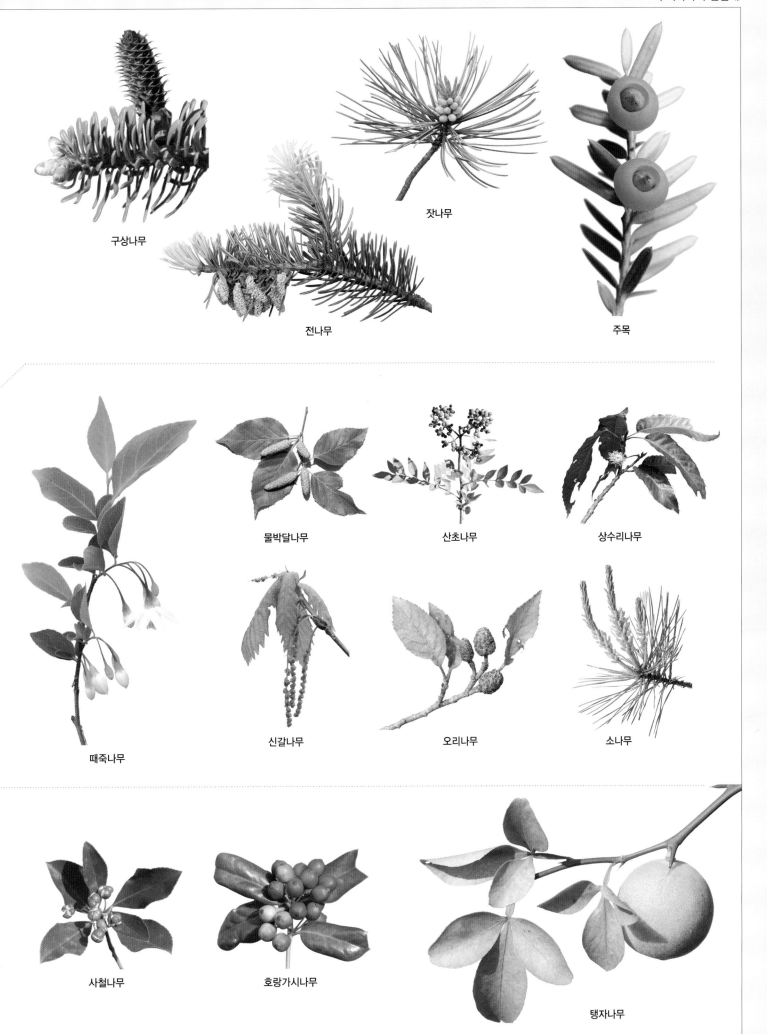

구상나무

전나무

잣나무

주목

물박달나무

산초나무

상수리나무

때죽나무

신갈나무

오리나무

소나무

사철나무

호랑가시나무

탱자나무

13. 관상수로 심는 나무

사람들은 옛날부터 꽃, 열매, 잎이 아름다운 나무를 골라 주변에 심고 가꾸어 왔다. 근래에는 품종 개량을 통해 여러 모양의 새로운 품종을 많이 만들어 관상수로 심고 있다.

● 꽃이 아름다운 나무

개나리 봄에 잎보다 먼저 가지 가득 노란색 꽃이 핀 모습이 아름답다.

능소화 활짝 핀 나팔 모양의 꽃은 옆에서 보면 트럼펫을 닮았다.

동백나무 남부 지방에서 자라며 한겨울부터 봄까지 꽃이 핀다.

명자꽃 화단에 심어 기르며 봄에 붉은색 꽃이 핀다.

모란 봄에 피는 커다란 꽃을 보고 '꽃 중의 왕'이라고 한다.

무궁화 여름내 나무에 꽃이 달려 있는 우리나라의 나라꽃이다.

박태기나무 박태기나무 꽃에는 독성이 조금 있어서 꽃잎을 따서 씹으면 약간 아리다.

배롱나무 꽃이 100일 동안 핀다고 하여 '나무백일홍'이라고도 한다.

산철쭉 물가에서 핀 아름다운 꽃을 보고 지방에 따라 '수달래'라고 부르기도 한다.

수국 둥근 공 모양의 커다란 꽃송이는 장식꽃만으로 이루어져 있다.

● 열매가 아름다운 나무

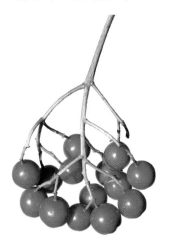

마가목 가을에 붉은색 열매가 매달린 나무 모습이 보기 좋아 관상수로 심는다.

먼나무 남쪽 섬에서 자라는 먼나무의 열매는 늦가을에 붉은색으로 익기 시작하는데 겨우내 매달려 있다.

좀작살나무 가을에 보라색으로 익는 열매송이의 모양이 아름답다.

호랑가시나무 남부 지방에서 자라며 진녹색 잎 사이에 탐스럽게 매달린 붉은 열매가 아름답다.

● 단풍이 아름다운 나무

단풍나무 가을에 붉은색으로 물드는 잎은 가을 단풍의 대명사이다. 새로 돋는 잎도 붉은색으로 아름답다.

담쟁이덩굴 가을에 붉은색으로 뒤덮은 모습이 멋스러워 관상수로 가치가 있다.

화살나무 독특한 날개의 모습과 붉은 단풍을 보려고 관상수로 많이 심는다.

● 가로수로 심는 나무

은행나무 벌레가 끼지 않고 대기 오염에도 강해 도시의 가로수로 가장 많이 심어지고 있다.

메타세쿼이아 원뿔 모양의 나무 모습이 아름다워 가로수나 관상수로 많이 심는다.

왕벚나무 봄에 잎보다 먼저 나무 가득 흰색 꽃이 한꺼번에 피어서 주변을 눈부시게 한다.

회화나무 병충해가 적고 빨리 자라서 좋은 나무 그늘을 만들기 때문에 가로수로 많이 심는다.

14. 나무에서 사는 생물

광합성을 통해 스스로 양분을 만드는 나무에는 먹이를 얻기 위해 많은 생물이 모여든다. 이 생물들은 나뭇잎이나 줄기를 갉아 먹을 뿐만 아니라 알을 낳아서 기르고 병균이 침입하기도 한다. 어떤 나무는 이들에게 먹히지 않기 위해 잎이나 줄기 속에 곤충이 싫어하거나 해를 입힐 수 있는 화학 물질을 만들어서 몸을 지키기도 한다. 하지만 나무에 해충이 많이 발생하는 경우에는 나무가 견디지 못하고 죽기도 한다. 죽은 나무는 비바람 등의 혹독한 자연 환경에 의해 쓰러지고 곤충과 이끼와 곰팡이에 의해 조금씩 부스러지면서 다시 흙으로 돌아간다.

때죽나무 때죽납작진딧물이 어린 가지 끝에 바나나 모양의 벌레집을 만든다.

개다래의 열매 열매에 곰팡이가 기생하는 흑반병이 번져서 검은 반점이 생겼다.

애벌레가 단단한 잎맥은 남겨 둔 채 부드러운 잎살만 갉아 먹고 있다.

보리수나무의 잎 조그만 나방 종류는 애벌레가 나뭇잎 잎살 사이를 터널처럼 파고 들어가면서 잎몸의 속살을 갉아 먹는다.

소태나무 소태나무는 잎과 줄기 속에 '콰신'이라고 하는 쓴 물질이 있어서 곤충이 싫어한다. 그런 소태나무 꽃에도 애벌레가 기생해서 벌레집이 만들어졌다.

산뽕나무의 잎 곤충의 애벌레는 나뭇잎을 먹고 사는 것이 많다. 뒤늦게 깨어난 애벌레가 산뽕나무 잎이 단풍이 들 때까지 갉아 먹고 있다.

● 나뭇잎을 먹고 사는 젖먹이동물

토끼 토끼목 토끼과에 속하는 동물로 귀가 길고 꼬리가 짧다. 풀잎과 나뭇잎을 먹이로 하는데 아래턱을 양옆으로 움직이며 먹이를 뜯어 먹는다.

코끼리 장비목 코끼리과에 속하는 동물로 육지 동물 중에 가장 몸집이 크고 다리가 굵다. 긴 코를 이용해 나뭇잎이나 나무껍질을 먹는데 하루에 400kg이 넘는 많은 양을 먹는다.

기린 소목 기린과에 속하는 동물로 아프리카에 분포한다. 키가 가장 큰 동물로 높은 나무의 나뭇잎을 먹을 수 있도록 목이 길게 자란다.

개박달나무의 잎 대벌레가 잎 가장자리부터 갉아 먹고 있다. 대벌레는 위험을 느끼면 죽은 척하는데 나뭇가지처럼 보인다.

알로에염주나무(*Erythrina livingstoniana*) 열대아프리카 원산으로 새가 꽃의 꿀을 빨아 먹고 꽃가루받이를 도와준다.

밤나무의 씨앗 밤바구미는 긴 주둥이로 밤송이를 뚫고 씨앗에 알을 낳는다. 알에서 깬 애벌레는 밤 속살을 파먹고 자란다.

벌집 벌은 나무의 섬유조직을 씹어서 벌집을 만드는데 각 방은 육각형으로 만들고 방마다 알을 낳아 기른다. 대부분의 벌은 꽃의 꿀을 먹이로 한다.

딱따구리 집 딱따구리가 일본잎갈나무 줄기에 구멍을 뚫어 보금자리를 만들었다. 이런 구멍은 나무줄기를 썩게 해서 수명을 단축시킨다.

썩은 그루터기에 사는 버섯 버섯은 썩은 줄기에서 영양분을 흡수하면서 나무질을 분해하는 역할을 한다.

썩은 나무줄기 썩고 있는 나무는 푸석거리면서 물을 잘 흡수하기 때문에 이끼나 고사리와 같이 수분을 좋아하는 식물이 잘 자란다. 이끼가 자라는 나무줄기는 양탄자처럼 폭신거린다.

노래기 절지동물로 식물의 부식질을 먹고 분해해서 거름으로 만든다.

신갈나무 광릉긴나무좀과 병원균에 의해 발생하는 참나무시들음병에 걸리면 나무가 말라 죽는다. 이를 막기 위해 줄기에 끈끈이테이프를 감아 놓았다.

15. 목재로 이용되는 나무

목재로 쓰기 위해 베어 낸 나무줄기는 먼저 말린 다음에 가로로 켜서 목재를 얻는다. 목재는 단단하면서도 가벼우며 가공하기가 쉬워서 오랜 옛날부터 집을 짓거나 배, 가구, 도구 등을 만드는 재료로 이용되었다. 특히 산이 많은 우리나라는 목재를 얻기가 쉬워서 집을 짓는 목조주택 재료로 널리 이용하였다. 하지만 세계적으로 목재의 수요가 늘어나면서 나무숲이 많이 파괴되어 문제가 되고 있다.

소나무(소나무과) 가장 흔한 목재로 나뭇결이 곱고 부드러우며 오래 가서 건축재나 가구재, 생활용품 등으로 널리 이용했다.

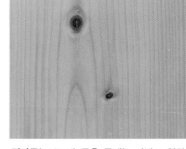

전나무(소나무과) 곧은 목재는 가볍고 연하며 향기가 있다. 건축재나 가구재, 선박재 등에 이용되며 펄프의 원료로도 쓴다.

삼나무(낙우송과) 곧은 목재는 건축재로 널리 쓰인다. 목재는 재질이 연하고 향기가 나며 피톤치드가 나와 건강에 좋다.

향나무(측백나무과) 붉은색을 띠는 목재는 향기가 좋으며 벌레가 끼지 않아 생활용품이나 가구 등을 만드는 재료로 쓴다.

대추나무(갈매나무과) 목재는 아주 단단해서 연장이나 공예품을 만든다. 벼락 맞은 대추나무로 만든 도장은 행운이 온다고 한다.

감나무(감나무과) 굵은 나무에는 검은 줄무늬가 있어 보기 좋고 단단해서 가구와 같은 장식 용품을 만드는 데 쓴다.

음나무(두릅나무과) 목재는 가공하기가 쉽고 무늬가 아름다워 가구재나 기구재로 쓰이며 악기를 만드는 데도 쓴다.

층층나무(층층나무과) 목재는 연한 황백색으로 재질이 고르고 단단하여 공예품이나 젓가락을 만들고 가구를 만들기도 한다.

● 열대 지방에서 생산되는 대표적인 목재

티크(마편초과) *Tectona grandis* 열대아시아 원산으로 가지 끝에 자잘한 흰색 꽃이 모여 핀다. 무겁고 단단한 목재는 뒤틀리거나 갈라지지 않으며 목재 조직에 실리카와 오일을 함유하고 있어서 잘 썩지 않고 내구성이 강해 야외에서도 백 년 이상을 견딘다.

티크로 지은 '왓 판타오(Wat Phan Tao)' 태국의 북부 치앙마이에 있는 사원이다. 건물은 단단하고 오래가는 티크 목재를 이용해 지었다. 원래는 왕궁의 일부이던 것을 불교 사원으로 개조하였기 때문에 왕의 상징이 곳곳에 남아 있다.

마호가니(멀구슬나무과) *Swietenia mahogani* 열대아메리카 원산으로 흰색 꽃이 모여 피고 달걀 모양의 큼직한 열매는 적갈색으로 익는다. 적갈색이 나는 목재는 단단하고 윤기가 있으며 나뭇결이 아름다워서 고풍스러운 느낌을 주기 때문에 장롱이나 책상 등을 만드는 데 널리 쓰인다.

합판 목재를 얇은 판으로 만들면 나뭇결을 따라 쪼개지기 쉽고 수분이 마르면서 뒤틀리는 등의 단점이 있다. 합판은 목재를 쪼갠 얇은 판을 나뭇결이 서로 교차되도록 가로와 세로로 번갈아 붙여서 만들기 때문에 쪼개지거나 뒤틀리지 않으며 자투리 목재도 사용할 수 있어서 경제성이 높다.

● 목공예(나무공예) 제품

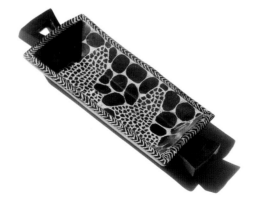

키 곡식 등을 담고 까불러서 쭉정이나 검부러기 등을 제거하는 기구로 주로 대나무로 만든다. 대나무는 공예품을 만드는 데 널리 이용된다.

나무 그릇 아프리카에서 만든 그릇으로 음식이나 물건을 담기 위해 사용한다.

가면 인도에서 장식용으로 나무를 조각해서 만든 가면으로 험상궂은 모습을 하고 있다.

16. 세계의 나무

지구상에는 대략 10만 종이 넘는 나무가 살아가며 모두 합하면 3조 그루가 넘는다. 많은 나무들이 모여 있는 숲은 각종 생물들이 생태계를 이루며 더불어 살아가는 공간으로 인간에게 꼭 필요한 산소를 공급해 줄 뿐만 아니라 공기를 맑게 해 주고 물의 양을 조절해서 홍수나 가뭄의 피해를 줄여 주며 바람을 막는 역할도 한다.

나무의 절반 이상은 열대 지방에 분포하지만 사막이나 극 지방처럼 가혹한 환경에서 살아가는 종도 있으며 환경에 따라 나무가 자라는 모양도 다양하다. 나무는 지구상에 살고 있는 생명체 가운데 가장 큰 존재이기도 하고 가장 오래 살기도 해서 옛날 사람들은 신성한 존재로 떠받들기도 하였다.

● 바오밥나무(*Adansonia digitata*)

아프리카와 호주 원산으로 5천 년까지 사는 나무도 있다. 줄기가 술통처럼 부풀어 올라 '병나무(Bottle Tree)'라고도 한다. 아프리카에서는 신성한 나무로 여기기 때문에 오래된 큰 나무가 많다. 생텍쥐페리가 지은 《어린 왕자》라는 책에 나오는 나무이다.

● 올리브나무(*Synsepalum dulcificum*)

지중해 연안 원산으로 열매는 절여 먹거나 기름을 짠다. 올리브 기름은 식용, 약용, 공업용 등으로 널리 쓰인다. 성경에서는 '감람나무'라고 한다. 노아의 방주에서 비둘기가 올리브 잎을 물고 돌아와서 평화와 안전의 상징이 되었다.

● 용혈수(*Dracaena draco*)

아프리카 카나리제도 원산으로 줄기 끝에서 갈라진 가지 끝에 긴 칼 모양의 잎이 모여난다. 줄기에 상처를 내면 나오는 붉은색 즙이 용의 피를 닮아서 '용혈수(龍血樹)'라는 이름을 얻었다. 옛날에는 용혈을 채취해 화장품으로 사용하거나 미라를 만드는 데 썼다.

● 미라클 프루트(*Synsepalum dulcificum*)

서아프리카 원산이다. 붉게 익는 열매 자체는 단맛이 없지만 이 열매를 먹은 다음, 쓰거나 신 음식을 먹어도 단맛을 느끼기 때문에 '미라클 프루트(Miracle Fruit : 기적의 과일)'라는 이름이 붙었다. 이런 효과는 30~60분 정도 지속된다고 한다.

● 인도반얀나무(*Ficus benghalensis*)

세상에서 가장 넓은 땅을 차지하는 나무이다. 반얀나무는 가지에서 기다란 공기뿌리가 많이 늘어지는데 땅에 닿으면 땅속으로 뿌리를 내리면서 줄기처럼 자라서 한 그루가 숲을 이룬 것처럼 보인다. 인도에서 자라는 나무는 한 그루가 거의 2헥타르에 달하는 면적을 덮고 있다.

● **카카오**(*Theobroma cacao*)

중앙아메리카 원산으로 줄기에 자잘한 흰색 꽃이 피고 럭비공 모양의 열매가 열린다. 열매 속에 든 씨앗을 말린 것을 '카카오 콩'이라고 하며 가루를 내어서 설탕과 우유, 향신료를 배합하면 초콜릿이 된다. 가루에서 기름을 뺀 것은 '코코아'라고 한다.

● **바라밀**(*Artocarpus heterophyllus*)

인도와 말레이시아 원산으로 지구상에서 가장 큰 과일 열매를 맺는다. 타원형 열매는 길이가 25～90㎝로 보통은 무게가 10㎏ 남짓 되지만 큰 것은 40㎏에 달하는 것도 있다. 영어 이름은 '잭프루트(Jackfruit)'인데 큰 열매라는 뜻이다.

● **파라고무나무**(*Hevea brasiliensis*)

남아메리카 아마존 원산으로 나무줄기에 비스듬히 상처를 내면 나오는 흰색 유액을 채취해서 탄성 고무의 원료로 쓴다. 아마존강 유역이 원산지이지만 영국이 동남아에서 많이 재배하였기 때문에 지금도 이곳에서 탄성 고무가 가장 많이 생산된다.

● **빅트리**(*Sequoiadendron giganteum*)

세상에서 가장 큰 나무이다. 미국 캘리포니아주 세쿼이아 국립공원에 있는 나무는 높이가 84m, 둘레가 31m이며 수령은 2천 백 년 정도이고 무게가 약 2천 톤으로 추정된다. 사진의 수형은 영국 큐가든에서 자라는 나무이다.

● **레드우드**(*Sequoia sempervirens*)

세상에서 가장 높게 자라는 나무이다. 미국 캘리포니아주 레드우드국립공원에 있는 나무는 높이가 111m 정도이며 수령은 6백 년 이상이라고 한다. 나무는 높게 자랄수록 물관을 통해 물을 올릴 수 없기 때문에 수분의 절반 정도를 안개에서 얻는다.

● **크레졸덤불**(*Larrea tridentata*)

세상에서 가장 오래 사는 나무이다. 늘푸른떨기나무로 높이는 1.2m 정도이며 매우 느리게 자란다. 미국의 팜스프링스사막에는 만 천7백 년 이상 자란 나무도 있다. 건조한 사막에서 적응하며 자라는 나무로 비가 온 후에는 잎에서 소독약인 크레졸 같은 자극적인 냄새가 난다.

속명 찾아보기 🫐

나무 이름 찾아보기

저자 **윤주복**

식물생태연구가이며, 자연이 주는 매력에 빠져 전국을 누비며
꽃과 나무가 살아가는 모습을 사진에 담고 있다.
저서로는 《우리나라 나무 도감》, 《APG 나무 도감》, 《APG 풀 도감》,
《나뭇잎 도감》, 《나무 쉽게 찾기》, 《겨울나무 쉽게 찾기》, 《열대나무 쉽게 찾기》,
《들꽃 쉽게 찾기》, 《화초 쉽게 찾기》, 《나무 해설 도감》, 《식물 학습 도감》,
《어린이 식물 비교 도감》, 《봄 · 여름 · 가을 · 겨울 식물도감》 등이 있다.

나무 해설 도감

초판 발행 – 2008년 4월 5일
개정판 1쇄 – 2019년 9월 24일
개정판 3쇄 – 2022년 11월 25일
사진 · 글 – 윤주복
발행인 – 허진
발행처 – 진선출판사(주)
편집 – 김경미, 최윤선, 최지혜
디자인 – 고은정, 김은희
총무 · 마케팅 – 유재수, 나미영, 허인화
주소 – 서울시 종로구 삼일대로 457 (경운동 88번지) 수운회관 15층
　　　　전화 (02)720 - 5990 팩스 (02)739 - 2129
　　　　www.jinsun.co.kr
등록 – 1975년 9월 3일 10 - 92

※ **책값은 뒤표지에 있습니다.**

ⓒ 윤주복, 2019
편집 ⓒ 진선출판사, 2019

ISBN 978 - 89 - 7221 - 596 - 7 06480

*이 도서의 국립중앙도서관 출판예정도서목록(CIP)은 서지정보유통지원시스템
(http://seoji.nl.go.kr)과 국가자료종합목록(http://www.nl.go.kr/kolisnet)에서
이용하실 수 있습니다. (CIP제어번호: CIP2019032755)

진선 books는 진선출판사의 자연책 브랜드입니다.
자연이라는 친구가 들려주는 이야기 – '진선북스'가 여러분에게 자연의 향기를 선물합니다.